互联网＋新编全功能实战型教材

中文版 After Effects 影视后期特效设计与制作案例教程

（含微课）

主　编　汤　池　王来哲　周扬帆
副主编　杨　丹　胡祎琳

北京希望电子出版社
Beijing Hope Electronic Press
www.bhp.com.cn

内 容 简 介

After Effects 是 Adobe 公司推出的基于桌面操作的优秀的高级视频制作软件。

全书共由 20 章 300 个案例组成，重点讲解 After Effects 常用高级特技，包括三维空间合成、运动控制、文字效果、滤镜特效、插件利器、影视包装、婚礼庆典、电子相册、MV 情调、美术风格以及影视特效等。最后通过 9 个综合案例，充分展现 After Effects 高超的创造力，使读者掌握更全面的合成技巧，能够以更高的水准和更快的速度完成作品。

本书技术实用、讲解清晰，非常适合 After Effects 的初、中级读者自学使用，也可以作为大中专院校相关专业以及影视后期、广告、电视包装和特效培训基地的师生学习与查阅。

本书配套资源包含书中所有实例的素材、工程文件和教学视频，绘声绘影的讲解让您一学就会、一看就懂。

图书在版编目（CIP）数据

中文版 After Effects 影视后期特效设计与制作案例教程 / 汤池, 王来哲, 周扬帆主编. -- 北京：北京希望电子出版社, 2020.8（2023.8重印）

ISBN 978-7-83002-783-4

Ⅰ. ①中… Ⅱ. ①汤… ②王… ③周… Ⅲ. ①图像处理软件－教材 Ⅳ. ①TP391.413

中国版本图书馆 CIP 数据核字（2020）第 154719 号

出版：北京希望电子出版社	封面：赵俊红
地址：北京市海淀区中关村大街 22 号	编辑：安 源
中科大厦 A 座 10 层	校对：李 萌
邮编：100190	开本：889mm×1194mm　1/16
	印张：22.75（全彩印刷）
网址：www.bhp.com.cn	字数：873 千字
电话：010-82626270	印刷：唐山唐文印刷有限公司
传真：010-62543892	版次：2023 年 8 月 1 版 2 次印刷

定价：89.80 元

实 例 欣 赏

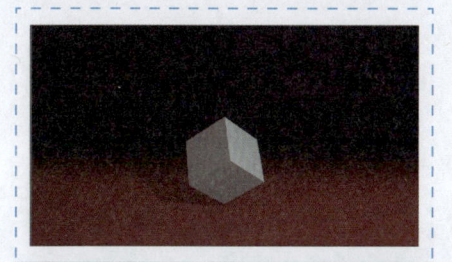

实例001　立方体合成

实例002　彩色灯光阵列

实例003　玻璃透射效果

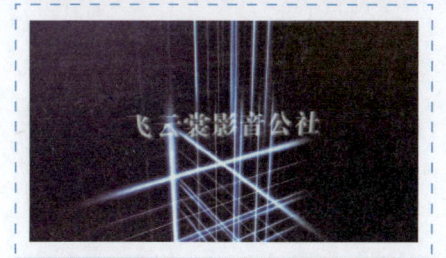

实例006　三维网格空间

实例014　图层混合

实例016　高级抠像

实例020　立体开花

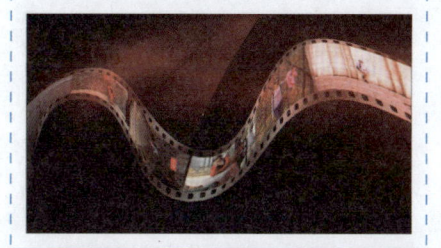

实例024　胶片穿行

实例027　无级变速

实例030　蝴蝶飞舞

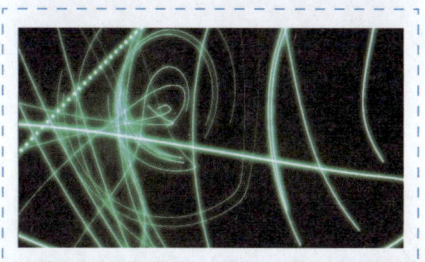

实例034　舞动音频线

实例037　光晕追踪

实例038　飞船拖尾

实例042　倒角立体字

实例044　时码变换

实例048　撕扯文字

实例053　泡泡文字

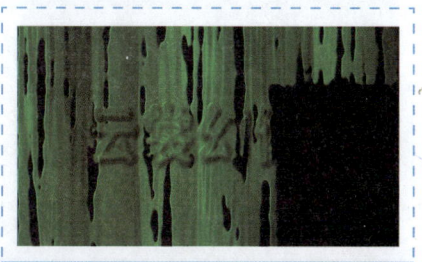

实例056　油漆字效

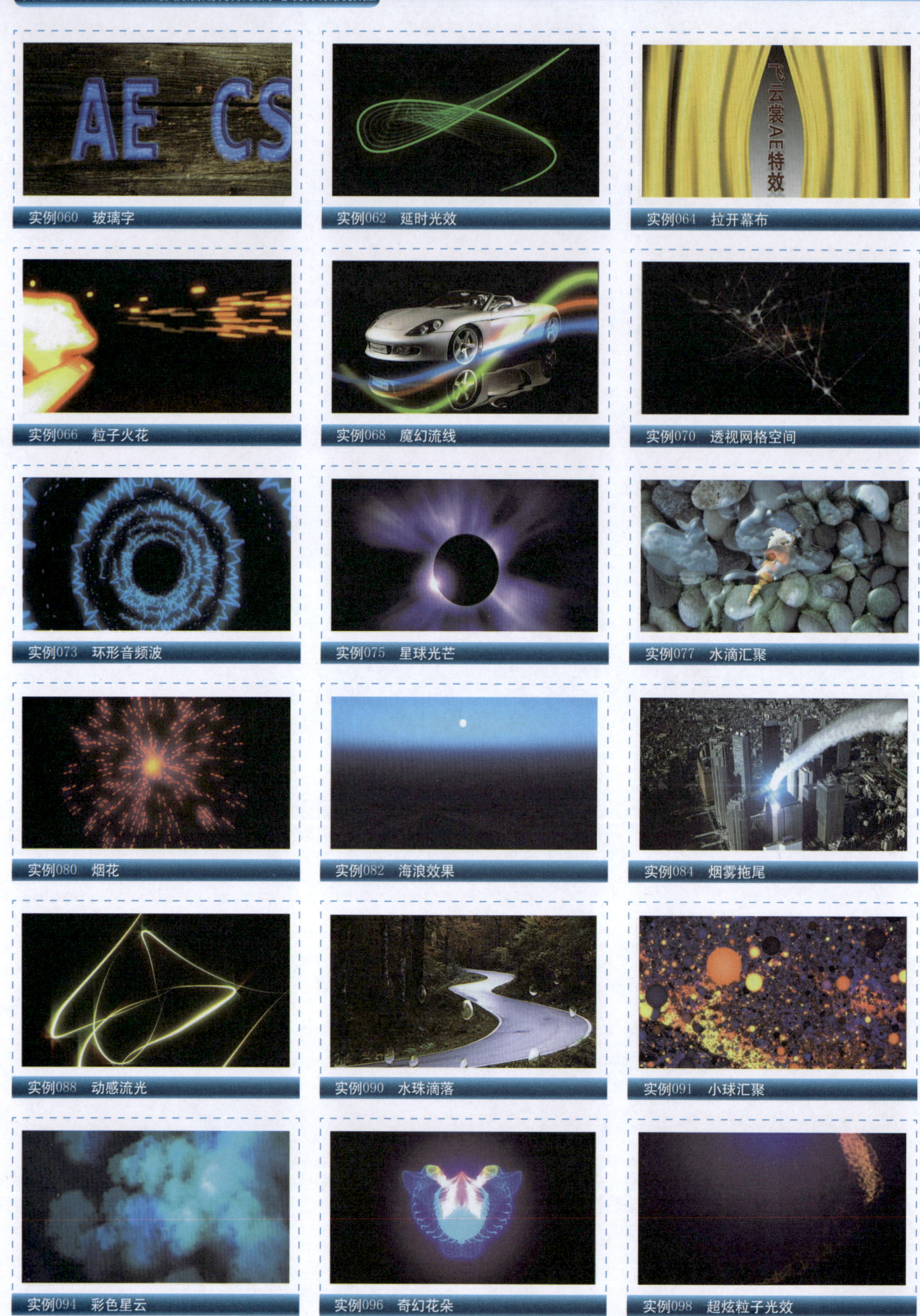

中文版After Effects影视后期特效设计与制作案例教程

实例060　玻璃字

实例062　延时光效

实例064　拉开幕布

实例066　粒子火花

实例068　魔幻流线

实例070　透视网格空间

实例073　环形音频波

实例075　星球光芒

实例077　水滴汇聚

实例080　烟花

实例082　海浪效果

实例084　烟雾拖尾

实例088　动感流光

实例090　水珠滴落

实例091　小球汇聚

实例094　彩色星云

实例096　奇幻花朵

实例098　超炫粒子光效

实例欣赏

实例099　冰冻效果

实例103　光芒出字

实例104　极速粒子

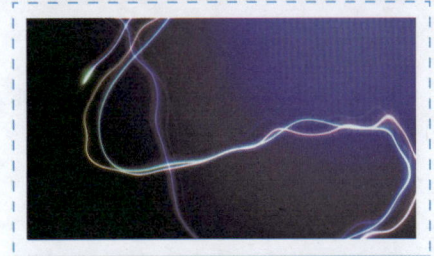

实例107　扰动光线

实例115　舞动的音频线

实例117　生长特效

实例123　浪漫心星

实例125　空中开花

实例128　星光文字

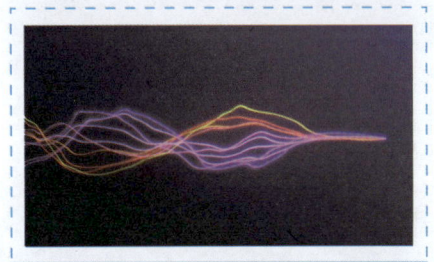

实例132　飞速流线

实例138　文字流沙

实例142　花瓣雨

实例147　清新色粉调

实例149　绚丽清晰色彩

实例151　极光效果

实例154　飞溅的粒子

实例157　场景补光

实例163　留色效果

实例168　涂鸦背景　　　　　　实例171　炫彩图案　　　　　　实例175　火龙

实例178　字幻飞舞　　　　　　实例183　古街飘雪　　　　　　实例186　眼睛发光

实例189　牛奶倾倒　　　　　　实例192　粒子流线　　　　　　实例197　水漫Logo

实例200　人物烟化　　　　　　第12章　《音乐巅峰》栏目片头　　第13章　《新闻聚焦》栏目片头

第14章　婚庆片头　　　　　　第15章　企业宣传广告　　　　　第16章　珍爱相册

第17章　影院推广片　　　　　第19章　赛事聚焦　　　　　　　第20章　AE特效大讲堂

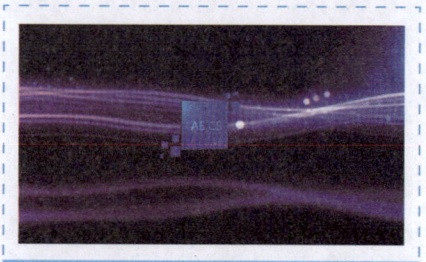

前 言 PREFACE

　　After Effects是Adobe公司推出的基于桌面操作的优秀的高级视频制作软件之一,其功能非常强大,不仅可以很轻松地制作神奇的视觉效果,同时也提供了后期编辑和字幕特技。除此之外,它还具有非常大的开放性,支持大量第三方开发的特效插件。目前,After Effects已经被广泛应用于高级后期合成,不仅被用于数字视频的后期制作、影视广告的高级合成,还大量应用于多媒体制作和互联网内容。

　　本书通过讲解具体实例方式全面学习After Effects软件的各个模块和功能,内容涉及三维空间合成、运动控制、文字和绘画、视音频特效、典型插件等常用特技,并针对影视包装、婚礼、电子相册、MV及广告特效等不同行业进行分类,最后以9个综合实例介绍使用After Effects软件进行项目创作的流程和方法。

　　本书结合作者多年从事影视后期特效合成的丰富经验和技术理论,以300个典型实例详细讲述After Effects软件在视频后期工作中的使用技巧。通过对特效实例的剖析,启发读者的想象力,将设计理念融会其中,使读者能够举一反三,扩展思路,使应用软件成为影视制作强有力的工具。针对初中级用户,本书可以帮助读者在较短时间内熟练掌握后期制作的技巧和创作流程,不断提高制作效率和作品质量;针对从事影视后期工作多年的读者,可以在制作技巧和难度上有所提升,提高软件的综合创作水平。

本书配套视频和工程文件内容非常多,下面为内容的详细分布。

\工程文件:书中所有实例所需的工程文件。

\视频:书中所有实例的视频文件。

本书由辽宁理工职业学院的汤池、辽宁经济管理学院的王来哲和湖南财经工业职业技术学院的周扬帆担任主编,由江苏省南通职业大学的杨丹和湖南科技职业学院的胡琳担任副主编。本书的相关资料可扫封底微信二维码或登录www.bjzzwh.com下载获得。

编者

目录 CONTENTS

第1章　三维空间合成

实例001	立方体合成	1
实例002	彩色灯光阵列	4
实例003	玻璃透射效果	7
实例004	立体光环球	10
实例005	模拟反射	10
实例006	三维网格空间	14
实例007	彩色投影	17
实例008	3D投射阴影	19
实例009	照片立体化	20
实例010	3D雾效	23
实例011	深度光斑	25
实例012	遮罩变形动画	25
实例013	置换投影	27
实例014	图层混合	27
实例015	抠像合成	31
实例016	高级抠像	31
实例017	喷溅合成	35
实例018	透明人幻影	39
实例019	立体字标版	39
实例020	立体开花	40

第2章　运动控制

实例021	弹跳球	41
实例022	碎块变形	44
实例023	飞落的卡片	48
实例024	胶片穿行	48
实例025	时间停滞	51
实例026	运动拖尾	53
实例027	无极变速	53
实例028	草图动画	55
实例029	震颤	58
实例030	蝴蝶飞舞	58
实例031	弹跳果冻	61
实例032	弹簧字	64
实例033	音量指针	65
实例034	舞动音频线	67
实例035	变形特效	67
实例036	素材稳定	70
实例037	光晕跟踪	70
实例038	飞船拖尾	72
实例039	透视运动跟踪	72
实例040	更换天空背景	73

第3章　文字效果

实例041	打字机效果	74
实例042	倒角立体字	76
实例043	坠落字符	76
实例044	时码变换	78
实例045	文字扫光	78
实例046	爆炸文字	80
实例047	金属文字	81
实例048	撕扯文字	83
实例049	立体旋转的文字	86
实例050	星空发光字	86
实例051	眩光文字	88
实例052	斑驳的字牌	90
实例053	泡泡文字	93
实例054	冲击字幕	93
实例055	电光文字	95
实例056	油漆文字	98
实例057	飘扬的文字	100
实例058	手写字	100
实例059	火焰文字	102
实例060	玻璃字	102

第4章　滤镜特效

实例061	天空云雾	105
实例062	延时光效	107
实例063	闪烁方块	108
实例064	拉开幕布	109
实例065	广告牌翻转	111
实例066	粒子火花	111
实例067	水面波纹	114
实例068	魔幻流线	116
实例069	翻书效果	118
实例070	透视网格空间	118
实例071	描边光效	121
实例072	音频彩条	122
实例073	环形音频波	123
实例074	万花筒	125
实例075	星球光芒	127
实例076	魔光球	127
实例077	水滴汇聚	129
实例078	跳动的亮点	129
实例079	飘落的树叶	130
实例080	烟花	132

第5章　插件利器

实例081	闪烁光斑	135
实例082	海浪效果	138
实例083	雷电效果	140
实例084	烟雾拖尾	140
实例085	雨珠涟漪	143
实例086	礼花	144
实例087	绒毛效果	146
实例088	动感流光	147
实例089	魔幻空间	148
实例090	水珠滴落	151
实例091	小球汇聚	153
实例092	水流效果	154
实例093	旋转射灯球	155
实例094	彩色星云	157
实例095	立体光芒	160
实例096	奇幻花朵	160
实例097	能量波	162
实例098	超炫粒子光效	162
实例099	冰冻效果	162
实例100	数字人像	165

第6章　影视包装

实例101	景深效果	166
实例102	卡片拼图	168
实例103	光芒出字	170
实例104	极速粒子	170
实例105	铬钢字牌	173
实例106	光线飞舞	173
实例107	扰动光线	175
实例108	音乐现场	175
实例109	太空俯视	176
实例110	空间裂变	179
实例111	辉煌展示	179
实例112	粒子圈	183
实例113	粒子打印	185
实例114	字烟效果	186
实例115	舞动的音频线	189

第7章　婚礼庆典

实例116	3D线条	190
实例117	生长特效	192
实例118	音画背景	195
实例119	彩球碰撞	196
实例120	七彩星星	199
实例121	光点飞舞	199
实例122	心形光线	201
实例123	浪漫心星	203
实例124	线格背景	205
实例125	空中开花	206
实例126	网格金光	208
实例127	炫彩背景	210
实例128	星光文字	210
实例129	眩光文字	212
实例130	流星拖尾	213

第8章　电子相册

实例131	时钟	216
实例132	飞速流线	218
实例133	粒子光球	221
实例134	飞舞的羽毛	221
实例135	炽热激情	223
实例136	快门转场	223
实例137	时空隧道	225
实例138	文字流沙	225
实例139	倒放	228
实例140	点阵发光	228
实例141	花饰字幕版	230
实例142	花瓣雨	233
实例143	玻璃雪球	235
实例144	飞散的方块	237
实例145	路径穿行动画	238

第9章　MV情调

实例146	林间透光	239
实例147	清新粉色调	241
实例148	皮肤润饰	243
实例149	绚丽清晰色彩	245
实例150	旧胶片	247
实例151	极光效果	248
实例152	时间扭曲	250
实例153	粒子飞旋	250
实例154	飞溅的粒子	253
实例155	海上日出	253
实例156	光影变字	255
实例157	场景补光	256
实例158	LOMO色调	256
实例159	稀落的字符	258
实例160	水晶球	259

第10章　美术风格

实例161	立体卡通色	263
实例162	水彩画效果	265
实例163	留色效果	266
实例164	水墨效果	267
实例165	淡彩效果	269
实例166	墨迹飘逸	269
实例167	墨滴晕开	271
实例168	涂鸦背景	271
实例169	铅笔素描	274
实例170	炫彩LOGO	274
实例171	炫彩图案	276
实例172	巧克力	278
实例173	异彩流光	278
实例174	燃烧效果	281
实例175	火龙	283
实例176	铁艺花饰	283
实例177	泥胎文字	287
实例178	字幻飞舞	287
实例179	油面背景	289
实例180	七彩折扇	289

第11章　影视特效

实例181	定向爆破	292
实例182	喷墨效果	294
实例183	古街飘雪	294
实例184	揉纸效果	297
实例185	太空星球	297
实例186	眼睛发光	297
实例187	释放光波	298
实例188	机枪扫射	298
实例189	牛奶倾倒	301
实例190	水底效果	301
实例191	脸皮脱落	302
实例192	粒子流线	304
实例193	实拍场景修饰	304
实例194	深入地下	306
实例195	游动波纹	307
实例196	恐怖字效	307
实例197	水漫LOGO	308
实例198	真实立体LOGO	311
实例199	火焰效果	312
实例200	人物烟化	312

第12章　《音乐巅峰》栏目片头

实例201	唱盘标题	316
实例202	唱盘制作	318
实例203	唱盘装饰	318
实例204	音频波线动画	318
实例205	音频点状元素	318
实例206	音频花饰	318

第13章　《新闻聚焦》栏目片头

实例207	背景制作	319
实例208	环绕文字效果	321
实例209	点阵装饰	321
实例210	圆形装饰	321
实例211	彩色大圆组合	321
实例212	刻度圆环	321
实例213	栏目标题倒影	322
实例214	摄像机动画	322
实例215	拖尾光效	322
实例216	场景照明效果	322

第14章　婚庆片头

实例217	标题版制作	323
实例218	靓照进场	323
实例219	靓照组合（一）	323
实例220	照片滑入动画	324
实例221	单色调效果	324
实例222	靓照组合（二）	324
实例223	转场动画	324
实例224	滑动入画	325

实例225	靓照组合（三）	325
实例226	转场特效	325
实例227	最终合成	325

第15章　企业宣传广告

实例228	制作LOGO图形	326
实例229	LOGO淡出效果	328
实例230	LOGO发射粒子	328
实例231	完成场景（一）	328
实例232	完成场景（二）	328
实例233	定版粒子	328
实例234	定版转场动画	329
实例235	片段编辑	329
实例236	圆圈装饰（一）	329
实例237	圆圈装饰（二）	329
实例238	炫目光斑（一）	329
实例239	炫目光斑（二）	330
实例240	炫目光斑（三）	330
实例241	最终合成	330

第16章　珍爱相册

实例242	花饰背景制作	331
实例243	封皮制作	333
实例244	封面装饰	333
实例245	相册第一页	334
实例246	第一页花饰动画	334
实例247	翻页效果	334
实例248	相册第二页	334
实例249	第二页花饰动画	334
实例250	翻页动画	335
实例251	相册第三页	335
实例252	第三页动画效果	335
实例253	相册合成	335

第17章　影院推广片

实例254	LOGO制作	336
实例255	烟雾阵列	336
实例256	圆环装饰效果	336
实例257	初步合成	337
实例258	合成润饰	337
实例259	三维灯笼旋转	337
实例260	广告（二）初合成	337
实例261	色彩润饰	337
实例262	广告（三）初合成	338

实例263	星云场景动画	338
实例264	星星光斑装饰	338
实例265	最终合成	338

第18章　子弹冲击波

实例266	路径跟踪	339
实例267	子弹拖尾烟雾	341
实例268	枪火特效	341
实例269	碎片喷发	341
实例270	金属字破碎	341
实例271	子弹击碎金属字	341
实例272	烟尘效果	342
实例273	玻璃板破碎	342
实例274	子弹击穿玻璃板	342
实例275	立体字效	342
实例276	铬钢字幕	342
实例277	击穿铬钢字幕	343
实例278	最终校色合成	343

第19章　赛事聚焦

实例279	粒子光点背景	344
实例280	立体字变形	344
实例281	文字破碎	344
实例282	光斑动效	345
实例283	光斑装饰	345
实例284	动态地面效果	345
实例285	闪烁星光	345
实例286	粒子光点	345
实例287	赛事（一）转场动画	346
实例288	赛事（二）转场动画	346
实例289	赛事转场组接	346
实例290	片头总合成	346

第20章　AE特效大讲堂

实例291	LOGO动画	347
实例292	LOGO粒子动效	349
实例293	光效倒影	349
实例294	光纤LOGO动画	349
实例295	光纤特效LOGO	350
实例296	创建立体LOGO	350
实例297	3D光线LOGO	351
实例298	扫光LOGO	351
实例299	闪光LOGO过渡	352
实例300	粒子球LOGO	352

第 1 章　三维空间合成

在影视后期合成中，三维空间的构建、元素的排列以及灯光和摄像机的运用，极大地丰富了创作手段，可以使一些平面的、静态的素材更加具有运动感和纵深感。无论是在广告的设计，还是影视包装的创作中，三维空间合成都得到了重视，专业人士希望在自己的作品中将合成很好地发挥。

实例001　立方体合成

立方体作为很常见的设计元素，在三维场景中操作起来很简单。为了获得比较理想的立体效果，灯光和投影将是很重要的成分。

设计思路

在三维空间中将6个图层组成立方体，用一个空白对象统一控制多个图层的移动和旋转运动，通过设置灯光和阴影参数强化立方体的立体感，尤其是地面图层作为参照物，就更容易展现三维的场景效果。如图1-1所示为案例分解部分效果展示。

图1-1　效果展示

图1-2　新合成设置

技术要点

● 三维图层属性：调整图层在三维空间的位置和角度。

制作过程

案例文件	工程文件\第1章\001 立方体合成		
视频文件	视频\第1章\实例001.mp4		
难易程度	★★	学习时间	17分39秒

❶ 打开After Effects软件，选择主菜单"图像合成"｜"新建合成组"命令，创建一个新的合成，选择"预置"为HDV/HDTV 720 25，设置时长为5秒，如图1-2所示。

❷ 在时间线空白处单击右键，选择"新建"｜"固态层"命令，新建一个红色图层，如图1-3所示。

图1-3　红色固态层设置

❸ 激活该图层的三维属性，设置"X轴旋转"的数值为90°，并调整其位置至地面，如图1-4所示。

图1-4 调整图层角度和位置

❹ 在时间线空白处单击右键，从弹出的菜单中选择"新建"|"固态层"命令，新建一个白色图层，设置"宽"和"高"的数值均为200px，重命名为"面01"，如图1-5所示。

图1-5 白色图层设置

❺ 激活该图层的三维属性，复制"面01"，并重命名为"面02"。继续复制直到"面06"，如图1-6所示。

图1-6 复制多个图层

❻ 切换预览视图为左视图，分别调整这6个面的角度和位置，组成一个立方体。

❼ 在时间线空白处单击右键，选择"新建"|"摄像机"命令，新建一个50mm的摄像机，如图1-7所示。

图1-7 新建摄像机

❽ 切换预览视图为双屏显示模式，这样方便在一个视图中调整摄像机，而在另一个视图中直接查看效果，如图1-8所示。

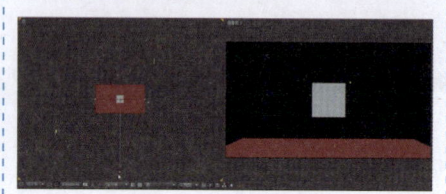

图1-8 双视图显示

❾ 在顶视图中调整摄像机的位置，可以查看立方体的透视效果，如图1-9所示。

图1-9 调整摄像机位置

❿ 在时间线空白处单击右键，选择"新建"|"空白对象"命令，新建一个空白对象，激活其3D属性，然后将立方体的6个面链接为子对象，如图1-10所示。

图1-10 设置父子对象

⓫ 展开空白对象的变换属性，调整其角度，如图1-11所示。

⓬ 在时间线空白处单击右键，选择"新建"|"照明"命令，新建一个点光源，如图1-12所示。

图1-11 调整空白对象角度

图1-12 新建点光源

⓭ 分别在前视图、左视图和顶视图中调整灯光的位置到摄像机附近，如图1-13所示。

图1-13 调整点光位置

⓮ 在时间线空白处单击右键，选择"新建"|"照明"命令，新建一个环境光，调整灯光强度，如图1-14所示。

图1-14 新建环境光

❶❺ 在时间线面板中，展开"照明1"的"照明选项"，设置"投射阴影"项为"打开"，如图1-15所示。

图1-15 打开投射阴影项

❶❻ 选择立方体的6个面，展开"质感选项"，设置"投射阴影"项为"打开"，如图1-16所示。

图1-16 打开投射阴影项

❶❼ 选择底层的红色图层，在预览视图中调整大小，如图1-17所示。

图1-17 调整地面大小

❶❽ 在时间线空白处单击右键，选择"新建"|"空白对象"命令，新建一个"空白2"，激活其3D属性，然后将"空白1"链接为子对象，如图1-18所示。

图1-18 父子链接

❶❾ 在时间线面板中选择"空白2"，按P键展开位置属性，分别在0、1、2、3、4、5秒处设置位置关键帧，创建弹跳动画，如图1-19所示。

图1-19 设置弹跳关键帧

❷⓿ 单击按钮，展开运动图形编辑器，分别设置0、2、4秒处的关键帧的插值为"柔缓曲线"，如图1-20所示。

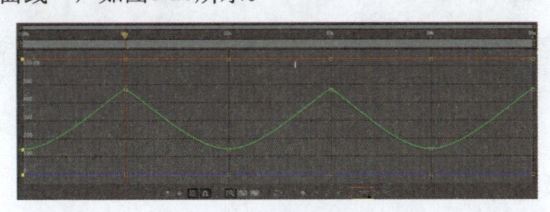

图1-20 编辑运动虚线

❷❶ 双击红色图层，打开图层视图，绘制一个矩形遮罩，如图1-21所示。

图1-21 绘制矩形遮罩

❷❷ 切换到合成视图，调整遮罩的大小，设置遮罩的参数，如图1-22所示。

图1-22 设置遮罩参数

❷❸ 调整红色图层的大小，形成完整的地面，如图1-23所示。

图1-23 调整地面大小

㉔ 保存工程文件，单击播放按钮▶，查看动画预览效果，如图1-24所示。

图1-24　预览合成效果

实例002　彩色灯光阵列

灯光在影视场景中是非常重要的造型工具，不仅突出表现质感，也可以应用在渲染气氛上，创建需要的背景。

设计思路

利用多个灯光组成阵列，调整照射强度和投影属性，丰富背景的内容，构建纵深感强烈的三维场景。如图1-25所示为案例分解部分效果展示。

图1-25　效果展示

技术要点

● 照明设置：设置灯光的颜色、强度以及阴影参数，创建需要的场景气氛。

制作过程

案例文件	工程文件\第1章\002 彩色灯光阵列		
视频文件	视频\第1章\实例002.mp4		
难易程度	★★★★	学习时间	15分11秒

❶ 打开After Effects 软件，选择主菜单"图像合成"|"新建合成组"命令，创建一个新的合成，选择"预置"为HDV/HDTV 720 25，设置时长为6秒，如图1-26所示。

图1-26　新建合成设置

❷ 在时间线空白处单击右键，在弹出的菜单中选择"新建"|"固态层"命令，新建一个白色图层，命名为"地面"，如图1-27所示。

图1-27　新建白色固态层

❸ 激活三维属性🔲，调整图层的角度和位置，如图1-28所示。

图1-28　调整图层角度和位置

❹ 复制图层"地面"，重命名为"墙面01"。按R键展开旋转属性，调整角度，然后在左视图中调整该图层的位置，与"地面"图层衔接，如图1-29所示。

图1-29　调整墙面角度和位置

❺ 两次复制图层"墙面01"，重命名为"墙面02"和"墙面03"，分别调整位置，如图1-30所示。

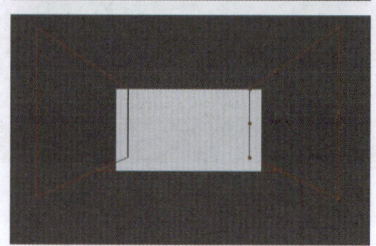

图1-30　调整墙面位置

❻ 在时间线空白处单击右键，选择"新建"|"照明"命令，新建一个聚灯光，如图1-31所示。

图1-31 新建聚光灯

⑦切换到左视图，调整灯光的位置，如图1-32所示。

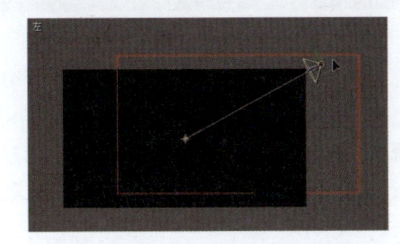

图1-32 调整灯光位置

⑧在时间线面板中，展开"照明1"的"照明选项"，调整灯光的颜色为浅蓝色，如图1-33所示。

图1-33 调整灯光颜色

⑨在时间线空白处单击右键，选择"新建"|"照明"命令，新建一个点灯光，设置颜色为黄色，如图1-34所示。

图1-34 新建点光

⑩分别在左视图和摄像机视图中调整灯光的位置，如图1-35所示。

图1-35 调整灯光位置

⑪将"照明2"重命名为"点光01"，然后进行复制，自动命名为"点光02"，在摄像机视图中调整其位置，如图1-36所示。

图1-36 调整灯光位置

⑫复制"点光02"两次，自动命名为"点光03"和"点光04"，在摄像机视图中调整其位置，如图1-37所示。

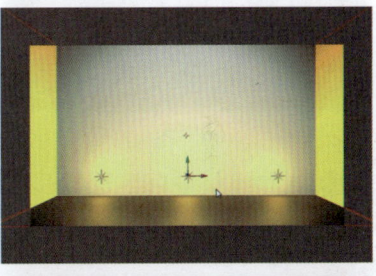

图1-37 调整灯光位置

⑬分别在左视图和摄像机视图中再调整4个点光的位置，如图1-38所示。

图1-38 调整灯光位置

⑭在时间线空白处单击右键，选

择"新建"|"摄像机"命令，新建一个35mm的摄像机，如图1-39所示。

图1-39　新建摄像机

⑮ 选择Z轴轨道摄像机工具，调整摄像机视图，如图1-40所示。

图1-40　调整摄像机视图

⑯ 在时间线空白处单击右键，选择"新建"|"固态层"命令，新建一个白色固态层，命名为"球"，如图1-41所示。

图1-41　新建白色固态层

⑰ 选择主菜单"效果"|"透视"|"CC球体"命令，添加"CC球体"滤镜，设置"半径"值为120，如图1-42所示。

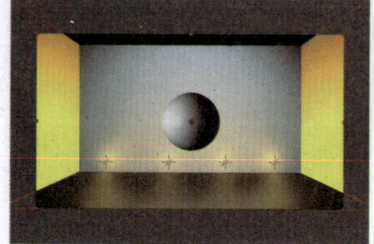

图1-42　设置球体滤镜参数

⑱ 在时间线面板中选择图层"球"，激活3D属性，展开"质感选项"，设置"投射阴影"项为"打开"，如图1-43所示。

图1-43　打开投射阴影选项

⑲ 在时间线面板中展开图层"照明1"的"照明选项"面板，设置"投射阴影"项为"打开"，如图1-44所示。

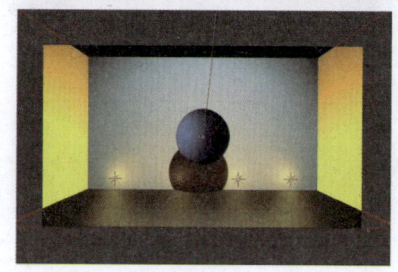

图1-44　打开投射阴影项

⑳ 设置"阴影暗度"为50%、"阴影扩散"为30像素、"锥形角度"为60°，如图1-45所示。

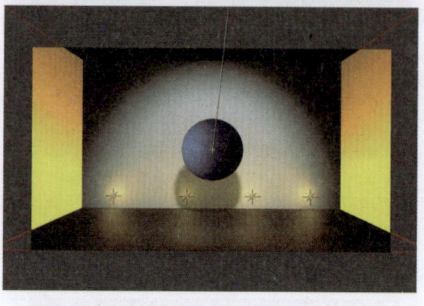

图1-45　调整照明参数

㉑ 按P键展开图层"球"的位置属性，分别在0、1、2、3、4、5和6秒处设置关键帧，创建小球跳跃的动画。拖动当前指针查看动画效果，如图1-46所示。

㉒ 在时间线面板中单击"位置"，选择全部关键帧，单击按钮，展开曲线编辑器视图，设置0、2、4、6秒处的关键帧插值为"柔缓曲线"模式，如图1-47所示。

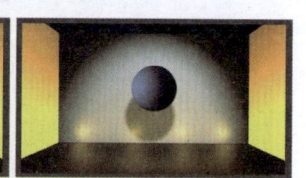

图1-46　球跳跃动画效果

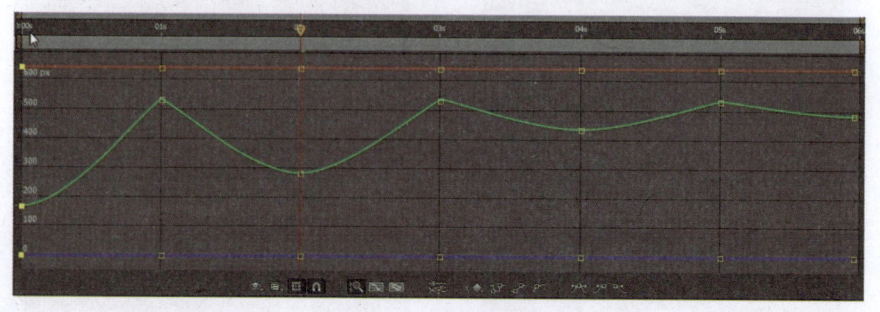

图1-47　编辑运动曲线

㉓ 在时间线空白处单击右键，选择"新建"|"照明"命令，新建一个环境光，如图1-48所示。

㉔ 保存工程文件，单击播放按钮，查看灯光阵列的预览效果，如图1-49所示。

图1-48　新建环境光

图1-49　预览灯光阵列效果

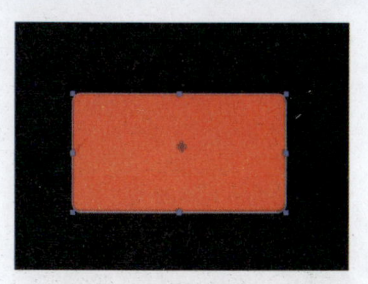

图1-52　绘制矩形

❸ 调整圆角矩形的颜色和勾边，如图1-53所示。

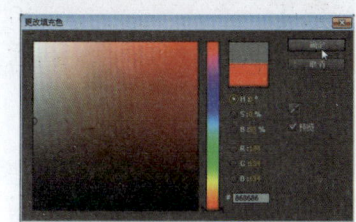

图1-53　调整矩形颜色

❹ 选择主菜单"效果"|"风格化"|"CC玻璃"命令，添加"CC玻璃"滤镜，调整其参数，如图1-54所示。

实例003　玻璃透射效果

在广告和影视包装的作品中，经常用到玻璃这样的元素。晶莹剔透是外在的表现，在运动过程中产生的背景折射变形恰恰是更吸引人的地方。

设计思路

玻璃板的折射要求有一定的厚度，通过置换变形模拟折射效果，通过图层的混合模式增强玻璃的透射感，再辅以扫光来模拟高光效果。如图1-50所示为案例分解部分效果展示。

图1-50　效果展示

技术要点

- CC玻璃：应用分形噪波滤镜产生动态的光线效果。
- CC扫光：调整图层在三维空间的位置和角度。

制作过程

案例文件	工程文件\第1章\003 玻璃透射效果		
视频文件	视频\第1章\实例003.mp4		
难易程度	★★★★	学习时间	15分29秒

❶ 打开After Effects软件，选择主菜单"图像合成"|"新建合成组"命令，创建一个新的合成，命名为"玻璃板"，选择"预置"为"PAL D1/DV方形像素"，设置长度为2秒，如图1-51所示。

❷ 选择矩形遮罩工具▭，在合成视图中绘制一个矩形，如图1-52所示。

图1-51　新建合成

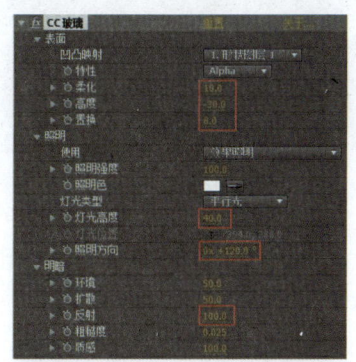

图1-54　设置"CC玻璃"滤镜参数

❺ 选择主菜单中的"效果"|"生成"|"CC扫光"命令，添加"CC扫光"滤镜，调整其参数，如图1-55所示。

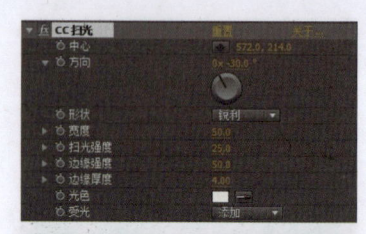

图1-55 设置"CC扫光"滤镜参数

⑥ 在时间线面板中展开滤镜"CC扫光"的属性，分别在合成的起点和终点处设置"中心"的关键帧，如图1-56所示。

图1-56 设置"CC扫光"中心的关键帧

⑦ 选择主菜单"效果"|"透视"|"斜面Alpha"命令，添加"斜面Alpha"滤镜，调整其参数，如图1-57所示。

图1-57 设置"斜面Alpha"滤镜参数

⑧ 选择主菜单"效果"|"杂波与颗粒"|"分形杂波"命令，添加"分形杂波"滤镜，调整其参数，如图1-58所示。

图1-58 设置"分形杂波"滤镜参数

⑨ 在时间线面板中设置图层"Y轴旋转"角度的关键帧，0秒时"Y轴旋转"的数值为45°，2秒时"Y轴旋转"的数值为-44°。拖动当前指针，查看图层旋转的动画效果，如图1-59所示。

图1-59 旋转动画效果

⑩ 在滤镜控制面板中，调整滤镜的顺序，拖动滤镜"CC扫光"和"斜面Alpha"到"分形杂波"滤镜的下级，如图1-60所示。

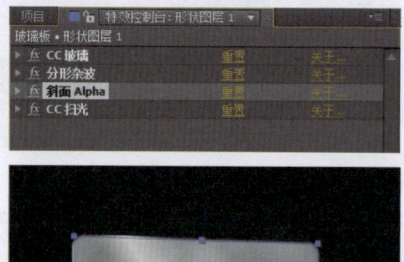

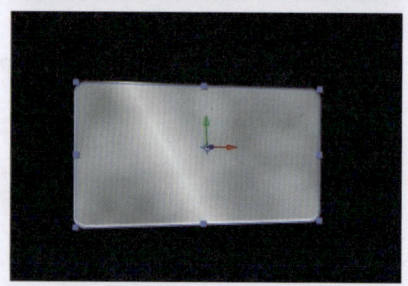

图1-60 调整滤镜顺序

⑪ 选择主菜单"图像合成"|"新建合成组"命令，新建一个合成，选择"预置"为"PAL D1/DV方形像素"，设置时长为5秒，如图1-61所示。

图1-61 新建合成

⑫ 从项目窗口中拖动合成"玻璃板"至时间线上，如图1-62所示。

图1-62 拖动玻璃板到时间线

⑬ 导入图片素材"照片042.jpg"到项目窗口并拖动到时间线上"玻璃板"的下一层，如图1-63所示。

图1-63 添加图片素材

⑭ 选择主菜单"图层"|"变换"|"适配为合成高度"命令，如图1-64所示。

图1-64　调整背景图片大小

⑮ 在时间线面板中选择图层"玻璃板"，设置图层混合模式为"强光"，如图1-65所示。

图1-65　设置图层混合模式

⑯ 选择背景图层"照片042"，选择主菜单中的"图层"|"预合成"命令，在弹出的"预合成"对话框中选择"移动全部属性到新建合成中"项，如图1-66所示。

图1-66　预合成

⑰ 选择图层"背景"，选择主菜单"效果"|"扭曲"|"置换映射"命令，添加"置换映射"滤镜，调整其参数，如图1-67所示。

图1-67　设置"置换映射"滤镜参数

⑱ 拖动当前时间线指针，查看玻璃板的折射变形效果，如图1-68所示。

图1-68　玻璃折射效果

⑲ 导入一个图片素材至时间线，放置于顶层作为反射图像，激活3D属性，设置混合模式为"柔光"，参照玻璃板调整图片的大小，如图1-69所示。

图1-69　设置反射图层

⑳ 在时间线面板上单击合成"玻璃板"，复制"Y轴旋转"的关键帧，粘贴到"合成1"中顶层图片素材的"Y轴旋转"属性，这样该图片和玻璃板具有相同的旋转动画，如图1-70所示。

图1-70　复制旋转关键帧

㉑ 选择矩形遮罩工具绘制一个圆角矩形遮罩，如图1-71所示。

图1-71　绘制遮罩

㉒ 展开该图层的遮罩属性面板，设置遮罩的参数，如图1-72所示。

图1-72　设置遮罩羽化值

㉓ 调整遮罩的大小，如图1-73所示。

图1-73　调整遮罩大小

㉔ 调整该图层的透明度为60%，如图1-74所示。

图1-74　调整图层透明度

㉕ 拖动当前时间线指针，查看旋转玻璃板的反射效果，如图1-75所示。

图1-75　玻璃反射效果

㉖ 在时间线面板中激活合成"玻璃板"，调整"分形杂波"滤镜中的"亮度"数值为0，如图1-76所示。

图1-76　调整"分形杂波"滤镜参数

㉗ 在时间线面板中激活"合成1"，查看合成预览效果，如图1-77所示。

图1-77　玻璃透射效果

㉘ 保存工程文件，单击播放按钮▶，查看旋转玻璃板的透射效果，如图1-78所示。

图1-78　玻璃板透射效果

实例004　立体光环球

光环效果作为常用的光效之一，可以作为场景中的背景元素，也可以作为字幕的陪衬。

设计思路

将两条光线变形成圆弧线，再由4组圆弧线构建一个光环球，在中心配以一个强光晕，增强球体的立体感。如图1-79所示为案例分解部分效果展示。

图1-79　效果展示

技术要点

- 极坐标：平直的线条变形成圆弧形。
- 镜头光晕：创建光斑效果。

案例文件	工程文件\第1章\004 立体光环球		
视频文件	视频\第1章\实例004.mp4		
难易程度	★★★	学习时间	11分55秒

实例005　模拟反射

为了在立体空间中表现真实的距离关系，很典型的方法就是做出反射，这样就能体现竖直的物体在地面上的效果，同时能够强调立体空间的纵深感。

设计思路

在一个模拟无限延伸的地面上，一组相框在地面上移动。由于地面很光滑，需要表现出相框贴近地面；创建反射倒影既能体现相框与地面的距离感，又能表现三维空间的纵深感。如图1-80所示为案例分解部分效果展示。

图1-80　效果展示

技术要点

- 预合成：将多个图层组织在一起预合成，可以作为单个的素材来使用。
- 线性擦除：创建倒影图层逐渐衰减的效果。

制作过程

案例文件	工程文件\第1章\005 模拟反射
视频文件	视频\第1章\实例005.mp4
难易程度	★★★★	学习时间	21分08秒

❶ 打开After Effects软件，选择主菜单"图像合成"|"新建合成组"命令，新建一个合成，选择"预置"为"PAL D1/DV方形像素"，并设置时间长度为5秒，如图1-81所示。

图1-81 新建合成

❷ 在时间线空白处单击右键，从弹出的菜单中选择"新建"|"固态层"命令，新建一个黑色图层，命名为"地面"，如图1-82所示。

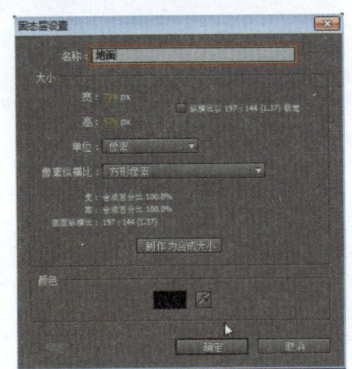

图1-82 新建固态层

❸ 在时间线面板中调整图层"地面"的角度，在预览视图中移动该图层的位置，如图1-83所示。

图1-83 调整地面的角度和位置

❹ 选择主菜单"效果"|"生成"|"渐变"命令，添加"渐变"滤镜，具体参数设置和效果如图1-84所示。

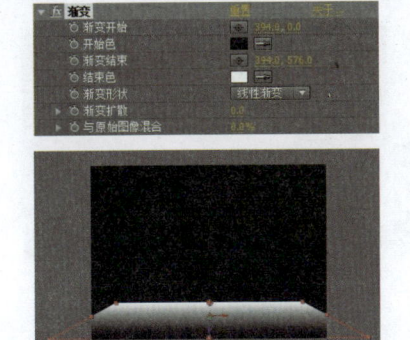

图1-84 应用"渐变"滤镜

❺ 复制图层"地面"，重命名为"背景"，在时间线面板中调整角度，参数如图1-85所示。

图1-85 调整图层角度

❻ 在左视图中调整"背景"层与"地面"层的相对位置，使两面紧密相连，如图1-86所示。

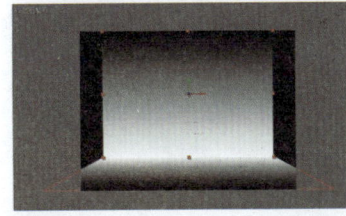

图1-86 调整图层位置

❼ 在透视图中调整两个图层的大小至满屏，如图1-87所示。

❽ 导入4张照片，拖动其中的一张到时间线上，激活3D属性，调整大小和位置，如图1-88所示。

图1-87 调整图层大小

图1-88 调整照片的大小和位置

❾ 导入一张相框的图片，放置于时间线的顶层，激活3D属性，调整大小和位置，如图1-89所示。

图1-89 调整相框的大小和位置

❿ 在时间线面板中选择相框和照片图层，选择主菜单"图层"|"预合成"命令，在弹出的"预合成"对话框中选择"移动全部属性到新建合成中"项进行预合成，如图1-90所示。

图1-90 预合成

⑪ 选择图层"预合成1",激活3D属性,调整该图层的位置,如图1-91所示。

图1-91 调整图层位置

⑫ 按S键展开该图层的"缩放"属性,调整图层的大小,如图1-92所示。

图1-92 调整图层大小

⑬ 按P键展开该图层的位置属性,分别在0、2和4秒处设置关键帧,创建该图层滑动的动画,如图1-93所示。

图1-93 设置图层关键帧

⑭ 按R键展开图层的旋转属性,分别在0、2和4秒处设置"Y轴旋转"的关键帧,数值分别为-20°、0°和20°。

⑮ 在时间线面板的空白处单击右键,从弹出的菜单中选择"新建"|"摄像机"命令,创建一个35mm的摄像机。

⑯ 选择摄像机工具,调整摄像机构图,如图1-94所示。

图1-94 调整构图

⑰ 切换到顶视图,调整图层运动的路径,如图1-95所示。

图1-95 调整运动路径

提 示

根据需要可以调整图层的位置,获得更理想的构图。

⑱ 选择图层"预合成1",选择主菜单"图层"|"预合成"命令,在弹出的"预合成"对话框中选择"保留[合成1]之中的全部属性"项进行预合成,自动命令为"预合成1",如图1-96所示。

图1-96 预合成

⑲ 在时间线面板中双击图层"预合成1",打开该预合成并复制图层,重命名为"倒影"。选择图层"倒影",调整"X轴旋转"的数值为180°,再调整上下位置,如图1-97所示。

图1-97 调整倒影的角度和位置

⑳ 选择主菜单"效果"|"过渡"|"线性擦除"命令,添加"线性擦除"滤镜,具体参数设置如图1-98所示。

图1-98 设置"线性擦除"参数

㉑ 按T键展开图层的透明度属性，设置透明度的数值为40%，如图1-99所示。

图1-99　调整透明度

㉒ 切换到"合成1"的时间线，查看照片的反射效果，如图1-100所示。

图1-100　反射效果

㉓ 调整图层"预合成1"的关键帧数值，如图1-101所示。

图1-101　调整关键帧

㉔ 在项目窗口中选择"预合成1"，选择主菜单"编辑"|"副本"命令，复制一个合成，自动命名为"预合成2"。双击该合成，打开其时间线面板，选择图层"照片07"，按住Alt键从项目窗口中拖动"照片04"到"照片07"上释放鼠标进行替换，然后调整新图片的大小以匹配相框，如图1-102所示。

图1-102　替换图片

㉕ 在项目窗口中选择"预合成1"，选择主菜单"编辑"|"副本"命令，复制一个合成，自动命名为"预合成2"。双击该合成，打开其时间线面板，选择图层"预合成1"，按住Alt键从项目窗口中拖动"预合成2"到"预合成1"上释放鼠标进行替换，同样的方法替换"倒影"层，如图1-103所示。

图1-103　替换图层

㉖ 切换到"合成1"的时间线，从项目窗口中拖动"预合成2"到"合成1"的时间线上，激活3D属性，调整位置，如图1-104所示。

图1-104　调整图层位置

㉗ 选择主菜单"效果"|"模糊与锐化"|"高斯模糊"命令，添加"高斯模糊"滤镜，调整其参数，如图1-105所示。

图1-105　设置滤镜

㉘ 用上面的方法为图层"预合成2"添加位置关键帧，创建左右滑动的动画，如图1-106所示。

图1-106　设置图层动画

㉙ 选择摄像机工具拉大景别，并调整"地面"图层和"背景"图层的尺寸，形成更好的构图，如图1-107所示。

图1-107　调整构图

提示

为了获得需要的构图，使用摄像机工具也可以调整视角和机位。

㉚ 保存工程文件，单击播放按钮，查看三维合成空间中模拟反射的动画效果，如图1-108所示。

图1-108 模拟反射效果

实例006 三维网格空间

在影片中经常用网格空间作为字幕和LOGO展示的背景，也可以将这些信息元素排布在三维空间中，通过摄像机的运动，更巧妙地展示这些设计元素。

设计思路

将光线和网格组合在一起，通过不同角度的设置组件立体空间，而光线是由动态的杂波图层拉长变形而形成的，再配以摄像机的运动，这个立体空间也就具有了一定的动感。如图1-109所示为案例分解部分效果展示。

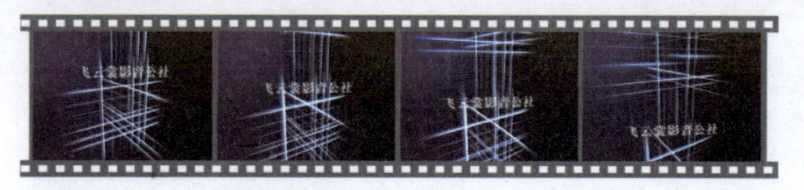

图1-109 效果展示

技术要点

- 分形噪波：应用分形噪波滤镜产生动态的光线效果。
- 三维图层属性：调整图层在三维空间的位置和角度。

制作过程

案例文件	工程文件\第1章\006 三维网格空间
视频文件	视频\第1章\实例006.mp4
难易程度	★★★ 学习时间 24分10秒

❶ 打开After Effects软件，选择主菜单"图像合成"|"新建合成组"命令，创建一个新的合成，选择"预置"为"PAL D1/DV方形像素"，设置长度为10秒，命名为"光束"，如图1-110所示。

图1-110 新建合成

❷ 在时间线面板空白处单击右键，选择"新建"|"固态层"命令，创建一个黑色固态层。

❸ 选择主菜单"效果"|"杂波与颗粒"|"分形杂波"命令，添加"分形杂波"滤镜，设置参数，如图1-111所示。

图1-111 设置分形杂波参数

❹ 展开"附加设置"选项组，设置相关参数，如图1-112所示。

图1-112 设置附加选项

❺ 设置"附加旋转"的关键帧，从0到3度；设置"演变"的关键帧，从0到80度。查看动画效果，如图1-113所示。

图1-113 设置关键帧

❻ 拖动当前指针，查看光线动画效果，如图1-114所示。

图1-114 光线动画效果

❼ 选择主菜单"效果"|"风格化"|"辉光"命令，添加"辉光"滤镜，设置相关参数，如图1-115所示。

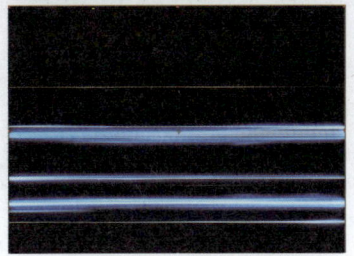

图1-115　设置辉光参数

❽ 在"分形杂波"滤镜控制面板中,展开"演变选项"参数组,勾选"循环演变"项,设置"随机种子"为20,如图1-116所示。

图1-116　设置演变选项

❾ 拖动当前时间线指针,查看光线的动画效果,如图1-117所示。

图1-117　光线动画效果

❿ 选择主菜单"图像合成"|"新建合成组"命令,新建一个合成,设置长度为8秒,命名为"栅格",尺寸为15000px×576px,如图1-118所示。

图1-118　新建合成

⓫ 在时间线空白处单击右键,从弹出的菜单中选择"新建"|"固态层"命令,新建一个黑色固态层,尺寸与合成尺寸一致。

⓬ 选择主菜单"效果"|"生成"|"栅格"命令,添加"栅格"滤镜,设置"大小来自"为"宽度滑块",设置"宽"为95,如图1-119所示。

图1-119　设置网格参数

⓭ 选择主菜单"图像合成"|"新建合成组"命令,新建一个合成,命名为"网格空间",设置长度为8秒,如图1-120所示。

图1-120　新建合成

⓮ 在时间线空白处单击右键,选择"新建"|"固态层"命令,新建一个黑色图层,命名为"背景",如图1-121所示。

图1-121　新建固态层

⓯ 选择主菜单"效果"|"生成"|"四色渐变"命令,添加"四色渐变"滤镜,设置"颜色1"为蓝色、"颜色2"为绿色、"颜色3"为紫色、"颜色4"为黑色,如图1-122所示。

图1-122　设置四色渐变参数

⓰ 在时间线空白处单击右键,选择"新建"|"空白对象"命令,新建一个空白对象,激活3D属性。

⓱ 从项目面板中拖动合成"光束"到时间线面板中,激活3D属性,设置图层的混合模式为"添加",如图1-123所示。

图1-123　设置图层混合

⑱ 复制两次图层"光束",分别调整角度,呈立体交叉分布,如图1-124所示。

图1-124 立体分布光束

⑲ 把3个"光束"图层链接为"空白1"的子对象,然后创建一个28mm的广角摄像机,调整视角,查看空间效果,如图1-125所示。

图1-125 设置摄像机

⑳ 选择主菜单"效果"|"模糊与锐化"|"高斯模糊"命令,为光束图层添加"高斯模糊"滤镜,设置模糊参数,如图1-126所示。

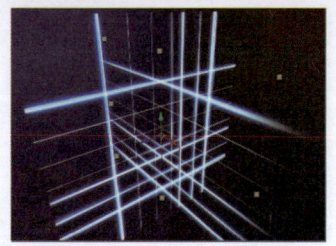

图1-126 设置模糊参数

㉑ 复制"高斯模糊"滤镜并粘贴到其他"光束"图层,查看合成预览效果,如图1-127所示。

图1-127 复制迷糊滤镜

㉒ 从项目窗口中拖动合成"栅格"到时间线面板中,并链接为"空白1"的子物体,然后进行复制两次,分别调整角度,构成三维空间,如图1-128所示。

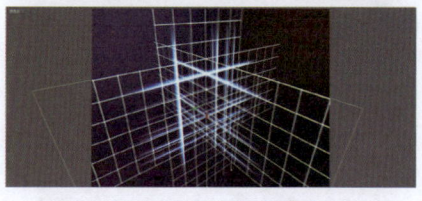

图1-128 调整栅格分布

㉓ 选择这3个栅格图层,按T键展开透明度属性,调整透明度均为10%;设置3个栅格图层的混合模式均为"添加",查看合成预览效果,如图1-129所示。

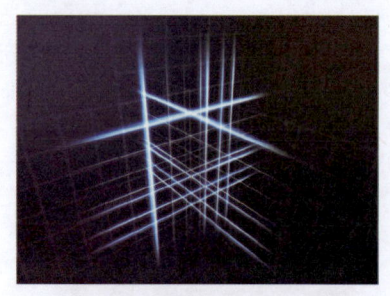

图1-129 栅格空间效果

㉔ 复制"光束"和"栅格"图层,并调整位置,延长立体空间的高度,如图1-130所示。

㉕ 选择文本工具T,输入字符"飞云裳影音公社",设置颜色为白色,调整文字的大小及位置,如图1-131所示。

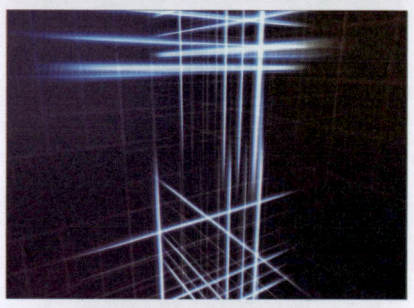

图1-130 延长立体空间

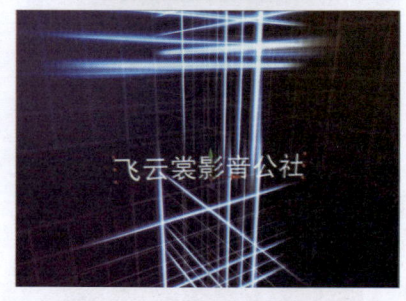

图1-131 设置文本属性

㉖ 选择主菜单"效果"|"透视"|"阴影"命令,添加"阴影"效果,如图1-132所示。

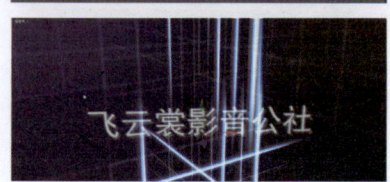

图1-132 添加阴影效果

㉗ 选择主菜单"效果"|"透视"|"斜面Alpha"命令,添加倒角效果,调整字体为方正大标宋,如图1-133所示。

第 1 章　三维空间合成

图1-133　添加倒角

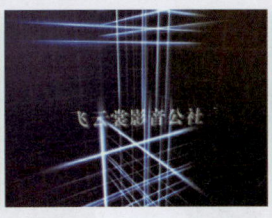

图1-136　三维网格效果

实例007　彩色投影

彩色投影在影视后期中有着特别的应用，比如模拟幻灯片放映和彩色玻璃透光等，虚虚实实很有意境，再加上杂波效果更会显得梦幻。

设计思路

在一个简单的立体空间中，不是将图像叠加在墙面上，而是用强烈的灯光将动态的图像投射到墙面上，这些依赖于灯光的特性设置。如图1-137所示为案例分解部分效果展示。

㉘ 展开摄像机的位置属性，在合成的起点设置关键帧，如图1-134所示。

图1-137　效果展示

技术要点

● 照明传输：光能量传输的特性，设置较大的值，可以将图像内容以彩色阴影的方式透射到其他图层。

制作过程

案例文件	工程文件\第1章\007 彩色投影		
视频文件	视频\第1章\实例007.mp4		
难易程度	★★★	学习时间	15分09秒

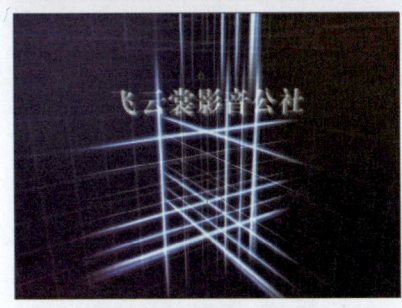

图1-134　设置摄像机位置关键帧

㉙ 拖动当前指针到合成的终点，调整摄像机的位置参数，创建摄像机的移镜动画，如图1-135所示。

❶ 打开After Effects软件，选择主菜单"图像合成"|"新建合成组"命令，新建一个合成，选择"预置"为"PAL D1/DV方形像素"，命名为"彩色投影"，设置时长为6秒，如图1-138所示。

择"新建"|"固态层"命令，新建一个白色图层，命名为"墙"。

❸ 激活三维属性，复制一层，重命名为"地"，调整两个图层的角度和位置，如图1-139所示。

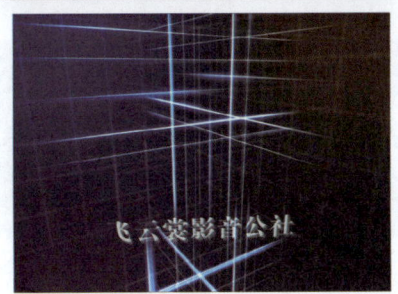

图1-135　设置摄像机位置关键帧

㉚ 整体效果完成，单击播放按钮，查看三维空间网格效果，如图1-136所示。

图1-138　新建合成

❷ 在时间线空白处单击右键，选

图1-139　调整图层角度和位置关系

❹ 在时间线空白处单击右键，选择"新建"|"摄像机"命令，新建一

17

个28mm的摄像机，调整位置，获得比较理想的构图，如图1-40所示。

图1-140 调整摄像机视图

❺ 选择图层"地"，选择主菜单"图层"|"固态层设置"命令，调整图层的颜色为浅灰色，如图1-141所示。

图1-141 调整图层颜色

❻ 用相同的方法调整图层"墙"的颜色。

❼ 两次复制图层"墙"，重命名为"墙左"和"墙右"，分别调整位置和角度，构成封闭的立体空间，如图1-142所示。

图1-142 构建立体空间

❽ 在时间线空白处单击右键，选择"新建"|"照明"命令，新建一个

点光源，如图1-143所示。

图1-143 创建点光

❾ 切换到左视图，调整灯光的位置，如图1-144所示。

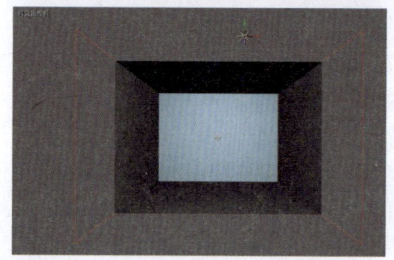

图1-144 调整灯光位置

❿ 导入图片"照片121.jpg"，拖动到时间线中，激活三维属性，切换到左视图，调整位置，如图1-145所示。

图1-145 调整图片位置

⓫ 切换到摄像机视图，调整图片的大小，如图1-146所示。

图1-146 调整图片大小

⓬ 在时间线空白处单击右键，选择"新建"|"照明"命令，新建一个平行光源，在左视图中调整光源的位置，如图1-147所示。

图1-147 创建平行光

⓭ 在时间线面板中展开图片的"质感属性"，设置"投射阴影"项为"打开"、"照明传输"的数值为100%，如图1-148所示。

图1-148 设置属性

⓮ 在左视图中调整灯光和图片的位置，如图1-149所示。

⓯ 调整"照明2"的"锥形角度"和"锥形羽化"参数，如图1-150所示。

图1-149 调整灯光和图片位置

图1-150 调整灯光参数

⑯ 调整图片的大小和位置，获得比较理想的投影构图，如图1-151所示。

图1-151 调整构图

⑰ 调整"照明1"的强度为150%，"照明2"的强度为60%，不过这时墙面和地面仍比较暗。新建一个环境光，设置其参数，如图1-152所示。

图1-152 创建环境光

⑱ 导入视频素材"饮食样片.mp4"，在时间线上替换用于投影的图片素材，调整该视频的入点和大小，如图1-153所示。

图1-153 设置视频素材的出入点

⑲ 调整"照明1"的强度为100%，"照明2"的强度为30%，使得整个场景的光照比较满意，如图1-154所示。

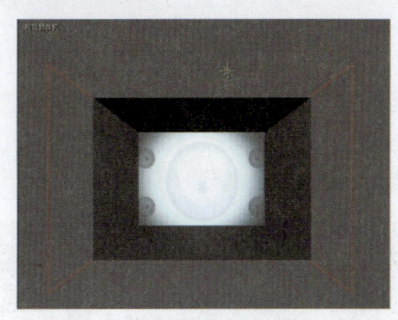

图1-154 调整照明强度

⑳ 保存工程文件，单击播放按钮，查看最终的彩色投影效果，如图1-155所示。

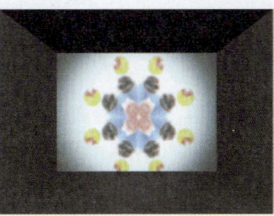

图1-155 彩色投影效果

实例008　3D投射阴影

阴影效果可以将前景和背景有效地分离开，还能强调三维场景的层次感。在巧妙设计灯光的情况下，阴影可以营造恐怖或庄重的气氛。

设计思路

在一个很大的地面上，竖立的字幕投射阴影，随着摄像机的平移，透射在地面上的阴影也随之移动，增强三维场景的立体感和庄重气氛。如图1-156所示为案例分解部分效果展示。

图1-156 效果展示

技术要点

● 灯光投影特性：三维对象投射阴影。

案例文件	工程文件\第1章\008 3D投射阴影		
视频文件	视频\第1章\实例008.mp4		
难易程度	★★★	学习时间	14分51秒

实例009　照片立体化

在影视后期中，不仅要处理很多实拍的视频素材，也经常会使用照片素材，尤其是一些特殊的很难拍摄的场景，在After Effects中具有很好的解决方案。将静态照片的场景转化成立体的场景时，可以添加其他元素，也可以通过摄像机的运动增强真实感。

设计思路

将一张照片中的场景立体化，首先用几个角度的图层与地面或者墙面匹配，通过调整摄像机视图进行对位，灯光能量的传输将源图像投射到三维图层上从而构建一个立体空间，之后就可以自由地在这个空间中添加物体和摄像机运动了。如图1-157所示为案例分解部分效果展示。

图1-157　效果展示

技术要点

- 摄像机对位：根据地面网格与照片地面的关系调整摄像机的位置和角度。
- 彩色投影属性：将背景图片投射到地面和墙面等图层上。

制作过程

案例文件	工程文件\第1章\009 照片立体化		
视频文件	视频\第1章\实例009.mp4		
难易程度	★★★★	学习时间	19分09秒

① 导入图片"街景2.jpg"，拖动到合成图标上，新建一个与其尺寸相同的合成。

② 复制该图层，激活顶级图层的三维属性，并关闭可视性，如图1-158所示。

图1-158　复制图层

③ 在时间线空白处单击右键，选择"新建"|"摄像机"命令，新建一个15mm的摄像机，如图1-159所示。

图1-159　新建摄像机

④ 在时间线空白处单击右键，选择"新建"|"照明"命令，新建一个白色点光源，如图1-160所示。

图1-160　新建点光源

⑤ 在时间线面板中将激活3D属性的街景图层重命名为"投影"，与"照明1"一起链接为摄像机的子对象，如图1-161所示。

图1-161　链接父子关系

⑥ 在时间线空白处单击右键，选择"新建"|"固态层"命令，新建一个白色固态层，命名为"地面"，激活三维属性，调整位置到地面，如图1-162所示。

图1-162　新建地面图层

⑦ 选择主菜单"效果"|"生成"|"网格"命令，添加网格滤镜，接受默认参数即可。

⑧ 在时间线面板中展开图层"地面"的"质感选项"，设置"接受照明"项为"关闭"，如图1-163所示。

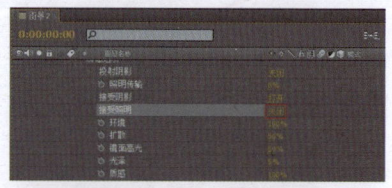

图1-163　关闭"接受照明"

⑨ 在摄像机视图中调整图层"地面"的大小，如图1-164所示。

图1-164　调整地面大小

⑩ 复制图层"地面"，重命名为"墙"，调整其角度为竖直方向，在顶视图中调整其位置与地面相连，如图1-165所示。

图1-165　调整墙的角度和位置

⑪ 复制图层"墙"，自动命名为"墙2"，调整其位置，如图1-166所示。

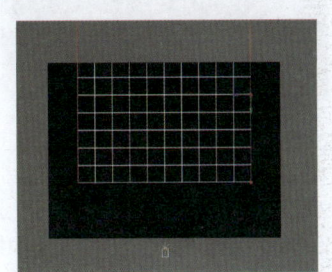

图1-166　调整墙2的位置

⑫ 切换到摄像机视图，查看网格与照片场景匹配的效果，如图1-167所示。

图1-167　网格与照片匹配

⑬ 选择摄像机工具，直接在摄像机视图中调整视角，使3个网格与照片中的地面和墙面尽可能匹配，如图1-168所示。

图1-168　摄像机对位

⑭ 一旦调整好了视角，接下来要仔细调整地面和墙网格的大小，与照片上地面与墙的交界线对齐，如图1-169所示。

图1-169　调整网格大小

⑮ 复制图层"地面"，重命名为"后面"，调整其角度和位置，如图1-170所示。

图1-170　调整后面的角度和位置

⑯ 在时间线面板中，展开摄像机的位置属性并复制。选择图层"投影"，按P键展开位置属性，粘贴位置数据，这样"投影"图层与摄像机是重合的，如图1-171所示。

图1-171　复制位置数据

⑰ 在左视图中将图层"投影"移动离开摄像机一点点，如图1-172所示。

⑱ 缩小图层"投影"的比例，在摄像机视图中看到该图层刚好与合成尺寸相当，如图1-173所示。

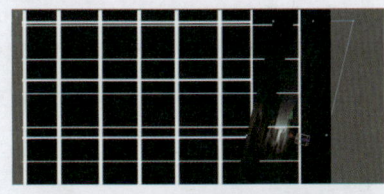

图1-172　调整"投影"层位置

图1-173　调整投影层大小

⑲ 展开图层"投影"的"质感选项"，设置参数，如图1-174所示。

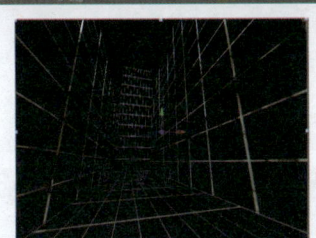

图1-174　设置质感选项

⑳ 暂时关闭图层"地面""后面""墙"和"墙2"的"网格"滤镜，如图1-175所示。

图1-175　关闭网格滤镜

㉑ 复制图层"地面",重命名为"天",调整位置,如图1-176所示。

图1-176　调整图层位置

㉒ 到目前为止,通过投影构成的三维空间已经完成,接下来就是创建摄像机的动画。拖动当前指针到合成的起点,激活摄像机"目标兴趣点"和"位置"前的码表,创建关键帧,如图1-177所示。

图1-177　创建摄像机位置关键帧

㉓ 拖动当前指针到2秒,选择摄像机工具调整视图,自动创建关键帧,如图1-178所示。

㉔ 拖动当前指针到4秒,选择摄像机工具调整视图,自动创建关键帧,如图1-179所示。

㉕ 拖动当前指针到合成的终点,选择摄像机工具推进镜头,自动创建关键帧,如图1-180所示。

图1-178　调整摄像机视图

图1-179　调整摄像机视图

图1-180　调整摄像机视图

㉖ 单击播放按钮,查看在照片场景中镜头穿梭的动画效果,如图1-181所示。

图1-181　镜头穿梭动画

㉗ 选择主菜单"图像合成"|"图像合成设置"命令,打开"高级"选项卡,单击"选项"按钮,设置"阴影映射分辨率"为2000,如图1-182所示。

图1-182　设置阴影映射分辨率

第1章 三维空间合成

提 示

提高阴影映射分辨率的目的是使透射在地面和墙面的图像更清晰。

㉘ 选择文本工具，输入字符"飞云裳影音公社"，激活3D属性，调整图层的大小和位置，如图1-183所示。

图1-183 创建文本图层

㉙ 保存工程文件，单击播放按钮，查看在照片空间中镜头穿梭的动画效果，如图1-184所示。

图1-184 镜头穿梭动画

实例010 3D雾效

在影视后期工作中，包含针对其他三维软件渲染输出的图像素材的进一步加工。除颜色的调校之外，也可以添加光电、云雾等环境效果。还有一种很特别的处理，就是通过ID识别对场景中的个别单元进行单独处理。

设计思路

为三维软件渲染输出的图像序列在后期中添加雾效，又要体现出深度感，这就需要在后期合成时能够识别三维场景的深度数据，而使用的RPF图像序列包含了深度和对象ID等信息，配合After Effects软件中的3D后期雾效滤镜，可轻松完成在三维场景添加云雾的任务。如图1-185所示为案例分解部分效果展示。

图1-185 效果展示

技术要点

- ID蒙板：根据对象ID提取或隐藏对象。
- 雾化3D：根据深度创建云雾效果。

制作过程

案例文件	工程文件\第1章\010 3D雾效		
视频文件	视频\第1章\实例010.mp4		
难易程度	★★★★	学习时间	12分25秒

① 打开After Effects软件，导入"####.rpf"序列图像，如图1-186所示。

图1-186 导入序列图像

② 在项目窗口中拖动该素材到合成图标上，创建一个新的合成，如图1-187所示。

图1-187 查看素材内容

③ 选择主菜单"效果"|"3D通道"|"深度蒙板"命令，添加"深度蒙板"滤镜，设置"景深"值为-950，"羽化"值为400，如图1-188所示。

图1-188 设置"深度蒙板"参数

④ 关闭"深度蒙板"滤镜，选择主菜单"效果"|"3D通道"|"ID蒙板"命令，添加"ID蒙板"滤镜，选择"辅助通道"为"对象ID"项，设

置"ID选择"的数值为1,这样就只显示了前面的方柱,如图1-189所示。

图1-189 设置"ID蒙板"参数

💡 **提示**

渲染图像中的对象ID是在三维软件中通过属性设置设定的,包含在RPF图像文件中。

⑤ 复制图层,然后选择底层,关闭"ID蒙板"滤镜,选择主菜单"效果"|"3D通道"|"雾化3D"命令,添加"雾化3D"滤镜,如图1-190所示。

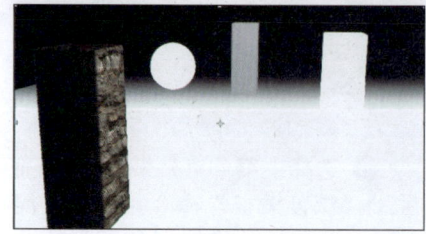

图1-190 添加"雾化3D"滤镜

⑥ 关闭顶层的可视性。

⑦ 在时间线空白处单击右键,选择"新建"|"固态层"命令,新建一个白色图层,尺寸与合成的尺寸一致。

⑧ 选择主菜单"效果"|"杂波与颗粒"|"分形杂波"命令,添加"分形杂波"滤镜,如图1-191所示。

⑨ 选择白色固态层,选择主菜单"图层"|"预合成"命令,在打开的对话框中选择"移动全部属性到新建合成中"项,进行预合成,如图1-192所示。

⑩ 把预合成图层拖动到最底层,选择第二图层,指定"雾化3D"滤镜中"渐变层",并调整"应用层"的数值,这样就应用了杂波纹理到雾化

效果中,如图1-193所示。

图1-191 设置"分形杂波"参数

图1-192 预合成

⑪ 继续调整"雾化开始深度"和"雾化结束深度"的数值,如图1-194所示。

图1-193 应用渐变层

图1-194 调整雾化参数

⑫ 双击预合成图层,打开该合成的时间线,选择白色固态层,设置"分形杂波"滤镜面板中"演变"旋转一周的关键帧,如图1-195所示。

图1-195 设置滤镜

⑬ 激活合成"三维场景",拖动当前时间线指针,查看雾气流动的效果,如图1-196所示。

图1-196 雾气流动效果

⑭ 打开顶层的可视性,调整该图层的"透明度"数值为50%,如图1-197所示。

图1-197 调整透明度

⑮ 选择顶层,选择主菜单"效果"|"色彩校正"|"三色调"命令,添加"三色调"滤镜,如图1-198所示。

24

图1-198 设置三色调参数

⑯ 在时间线空白处单击右键，选择"新建"|"固态层"命令，新建一个白色图层，放置于底层。选择主菜单"效果"|"生成"|"渐变"命令，添加"渐变"滤镜，设置参数如图1-199所示。

图1-199 添加渐变滤镜

⑰ 保存工程文件，单击播放按钮，查看最终的雾效动画，如图1-200所示。

图1-200 查看雾效动画

实例011　深度光斑

在影视后期工作中，针对其他三维软件渲染输出的图像素材做进一步加工，除了上面讲述的ID识别对场景中的个别单元外，还可以根据深度信息提取前景和背景对象进行深度相关的处理。

设计思路

为三维软件渲染输出的图像序列在后期中添加光斑，由于存在前面的遮挡物，才能更好地体现场景的深度感。本例中使用RPF序列图像中的深度数据创建蒙板来控制图层的透明度，以实现前景物体对光晕的遮挡。如图1-201所示为案例分解部分效果展示。

图1-201 效果展示

技术要点

- 深度蒙板：根据深度数据创建灰度蒙板，用以控制透明度。
- 镜头光晕：创建光线直射镜头的光晕效果。

案例文件	工程文件\第1章\011 深度光斑		
视频文件	视频\第1章\实例011.mp4		
难易程度	★★★	学习时间	5分57秒

实例012　遮罩变形动画

变形特效在影视后期工作中是司空见惯的效果，比如从一个对象变形成另一对象，也可以是一种图形变形成另一个图形，还可以将图形的局部进行形状的改变，从而创建动画效果。

设计思路

用一张静态的天空图片作为素材，通过改变多个遮罩的形状，创建图像中云的形状的变形，创建一段动态的天空流云效果。如图1-202所示为案例分解部分效果展示。

图1-202 效果展示

技术要点

- 变形滤镜：根据遮罩形状之间的变化产生图像的变形。

制作过程

案例文件	工程文件\第1章\012 遮罩变形动画		
视频文件	视频\第1章\实例012.mp4		
难易程度	★★★	学习时间	9分17秒

第1章 三维空间合成

25

❶ 打开After Effects软件，选择主菜单"图像合成"|"新建合成组"命令，新建一个合成，选择"预置"为HDV/HDTV 720 25，设置时间长度为6秒。

❷ 导入静态的天空图片sky01.jpg，拖动到时间线上，选择主菜单"图层"|"变换"|"适配为合成宽度"命令，调整图层的大小，如图1-203所示。

图1-203 适配为合成宽度

❸ 选择矩形工具，绘制一个矩形遮罩，在时间线面板中展开遮罩属性，设置模式为"无"，如图1-204所示。

图1-204 设置遮罩模式

❹ 选择钢笔工具，绘制一个自由遮罩，自动命名为"遮罩 2"，设置模式为"无"，如图1-205所示。

图1-205 绘制自由遮罩

❺ 选择"遮罩2"，选择主菜单"编辑"|"副本"命令，复制一次，自动命名为"遮罩3"。为了方便操作"遮罩3"，锁定"遮罩1"和"遮罩2"，如图1-206所示。

图1-206 锁定遮罩

❻ 在预览视图中调整"遮罩3"的形状，如图1-207所示。

图1-207 调整遮罩形状

❼ 在时间线面板中选择图层sky01.jpg，选择主菜单"效果"|"扭曲"|"变形"命令，添加"变形"滤镜，设置参数，如图1-208所示。

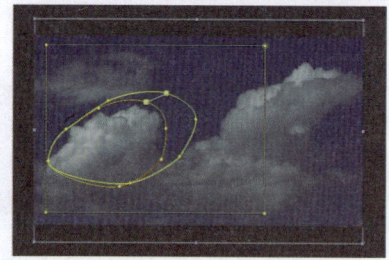

图1-208 设置变形参数

❽ 在时间线面板中展开"变形"滤镜属性，确定当前时间线在合成的起点，激活"百分比"的关键帧记录器，创建关键帧。

❾ 拖动当前指针到3秒，调整"百分比"的数值为100%，如图1-209所示。

图1-209 设置百分比关键帧

❿ 拖动当前时间线指针，查看云朵的变形情况，如图1-210所示。

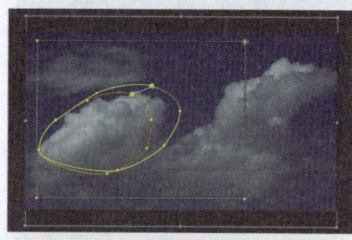

图1-210 云变形效果

⓫ 选择主菜单"图层"|"预合成"命令，在"预合成"对话框中选择"移动全部属性到新建合成中"项。然后选择"预合成"图层，选择矩形工具，绘制一个矩形遮罩，设置模式为"无"，如图1-211所示。

图1-211 绘制矩形遮罩

⑫ 选择钢笔工具，绘制一个自由遮罩，设置模式为"无"，如图1-212所示。

图1-212 绘制自由遮罩

⑬ 在时间线面板中复制"遮罩2"，自动命名为"遮罩3"。锁定"遮罩1"和"遮罩2"，调整"遮罩3"的形状，如图1-213所示。

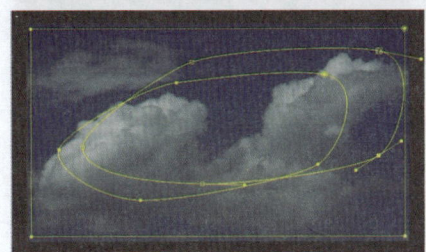

图1-213 锁定遮罩

⑭ 添加"变形"滤镜，指定遮罩选项，如图1-214所示。

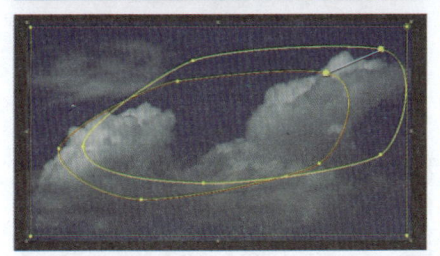

图1-214 设置变形参数

⑮ 确定当前时间线在合成的起点，激活"百分比"的关键帧记录器，创建第一个关键帧，拖动时间线指针到合成的终点，调整"百分比"的数值为100%，如图1-215所示。

⑯ 在滤镜控制面板中，选择"弹性"模式为"液态"，如图1-216所示。

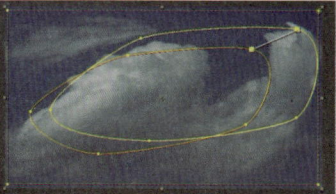

图1-215 调整百分比

图1-216 选择弹性模式

⑰ 拖动时间线指针，查看云朵变形的动画效果，如图1-217所示。

图1-217 云朵变形效果

实例013　置换投影

图像或文字透射在人物的面部或身体上，都会跟随身体的凹凸产生变形，这样就有了很强烈的附着效果。

设计思路

人物的身体是运动的，跟随的文字运动路径也就需要是变化的，这并不难实现。让文字跟随身体的起伏产生凹凸感，不仅要使用合适的图层混合模式，最重要是产生置换变形。如图1-218所示为案例分解部分效果展示。

图1-218 效果展示

技术要点

- 文本路径：文字排列在路径上或沿路径运动。
- 置换映射：根据指定图层的亮度产生凹凸变形。

案例文件	工程文件\第1章\013 置换投影		
视频文件	视频\第1章\实例013.mp4		
难易程度	★★★★	学习时间	16分05秒

实例014　图层混合

图层混合是影视后期最常用的技巧，也是很普通的技巧。但通过巧妙地组合不同的混合模式，经常会获得意想不到的视觉效果。

设计思路

不同颜色、不同图案的混合，在不断尝试不同混合模式的时候，很可能发生意外，怎么也得不到预先设计的效果。可获得你喜欢的意料之外的画面，在后期工作中经常是很幸运的事。如图1-219所示为案例分解部分效果展示。

图1-219　效果展示

技术要点

- 图层混合模式：应用不同的混合模式，获得不同的合成效果。

制作过程

案例文件	工程文件\第1章\014 图层混合		
视频文件	视频\第1章\实例014.mp4		
难易程度	★★★	学习时间	17分33秒

❶ 打开After Effects软件，进入工作界面，选择主菜单"图像合成"｜"新建合成组"命令，新建一个合成，选择"预置"为PAL D1/DV 方形像素，设置时长为8秒，如图1-220所示。

图1-220　新建合成

❷ 双击项目窗口的空白区域，打开"导入文件"窗口，选择IMAGE02.psd文件，设置"导入为"为"合成"，单击"打开"按钮，弹出导入设置面板，单击"确定"按钮，如图1-221所示。

图1-221　导入psd文件

❸ 在项目窗口中可以看到新的素材以合成和文件夹的方式存在，如图1-222所示。

图1-222　导入合成

❹ 拖动项目窗口中的合成IMAGE02到"合成1"的时间线中，按S键，设置"缩放"的数值为46%，使其与合成尺寸匹配，如图1-223所示。

图1-223　调整图层大小

❺ 双击项目窗口的空白区域，打开"导入文件"窗口，选择图片025.jpg、037.jpg和DSC002.jpg，单击"打开"按钮，如图1-224所示。

❻ 在项目窗口的空白区域单击右键，选择"新建文件夹"命令，新建一个文件夹，重命名为"图片"，将导入的图片拖动到其中，如图1-225所示。

图1-224　导入多个图片

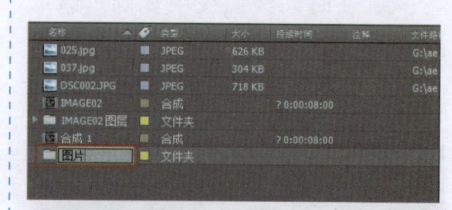

图1-225　新建文件夹

❼ 拖动项目窗口中的素材025.jpg到"合成1"的时间线中的顶层，按S键，设置"缩放"的数值为30%，在预览视图中调整位置，如图1-226所示。

图1-226　调整图片大小和位置

❽ 在时间线面板中，设置该图层的混合模式为"叠加"，如图1-227所示。

图1-227　设置混合模式

⑨ 双击图层025.jpg，打开图层视图，选择椭圆工具◯，为该层添加遮罩。然后在时间线面板中展开遮罩属性，设置羽化等参数，如图1-228所示。

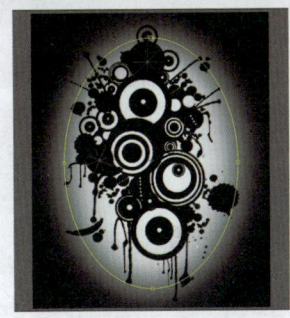

图1-228　绘制遮罩

⑩ 切换到合成视图，查看合成预览效果，如图1-229所示。

图1-229　合成预览效果

⑪ 拖动项目窗口中的素材DSC002.jpg到"合成1"的时间线中的顶层，选择主菜单"图层"|"变换"|"适配为合成高度"命令，再调整图片的位置，如图1-230所示。

图1-230　调整图层大小和位置

⑫ 设置图层的混合模式为"典型颜色减淡"，如图1-231所示。

图1-231　选择混合模式

⑬ 设置缩放参数，将图片水平翻转，如图1-232所示。

图1-232　翻转图片

⑭ 选择工具栏中的矩形遮罩工具▭，为该层添加遮罩，并设置遮罩参数，如图1-233所示。

图1-233　添加矩形遮罩

⑮ 选择工具栏中的文字工具T，输入文字"飞云裳AE特效"，设置颜色为橘黄色，字体为"方正大标宋"简体，如图1-234所示。

⑯ 选择文字图层的混合模式为"柔光"，调整文字勾边的颜色和宽度，如图1-235所示。

图1-234　创建文字图层

图1-235　调整文字勾边

⑰ 选择文字图层，选择主菜单"效果"|"透视"|"阴影"命令，添加"阴影"滤镜，如图1-236所示。

图1-236　添加阴影

⑱ 右键单击时间线面板的空白区域，从弹出的菜单中选择"新建"|"调节层"命令，新建一个调节层，添加"曲线"滤镜，增强对比度和改变色调，如图1-237所示。

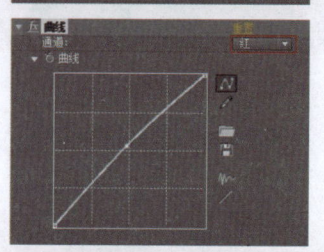

图1-237 调整曲线

⑲ 拖动项目窗口中的素材037.jpg到"合成1"的时间线中的第2层，调整该图层的大小和位置，如图1-238所示。

图1-238 调整图层大小和位置

⑳ 复制该图层，选择下面图层的蒙板模式为"亮度反转"，如图1-239所示。

图1-239 设置蒙板

㉑ 选择上面作为蒙板的图层，添加"色阶"滤镜，降低亮度，如图1-240所示。

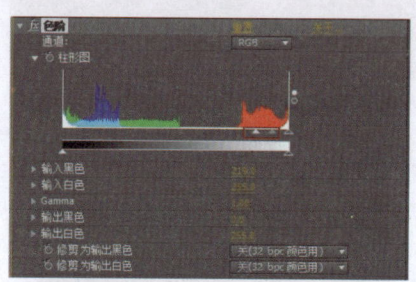

图1-240 调整色阶

㉒ 链接蒙板图层作为子对象，调整第3层的大小，如图1-241所示。

图1-241 链接父子对象

㉓ 单击时间线面板的空白区域，从弹出的菜单中选择"新建"|"固态层"命令，新建一个固态层，添加"分形杂波"滤镜，具体参数设置和效果如图1-242所示。

图1-242 设置分形杂波参数

㉔ 设置图层混合模式为"添加"，按S键，取消"缩放"属性的链接按钮，设置"缩放"的数值为（100,30%），如图1-243所示。

图1-243 调整图层大小

㉕ 确定当前指针在合成的起点，在"分形杂波"滤镜控制面板中激活"演变"属性的关键帧记录器，设置其数值为0°。拖动当前时间指针到合成的终点，调整"演变"的数值为3周，创建第2个关键帧。拖动时间线指针查看光线动画效果，如图1-244所示。

㉖ 调整光线图层的透明度数值为60%。

㉗ 选择文本图层，按P键展开位置属性，确认当前时间指针在0秒，激活"位置"属性的关键帧记录器，调整其数值为（-1174.1,348.7），如图1-245所示。

㉙ 单击图标 展开运动曲线编辑器，调整曲线形状，如图1-247所示。

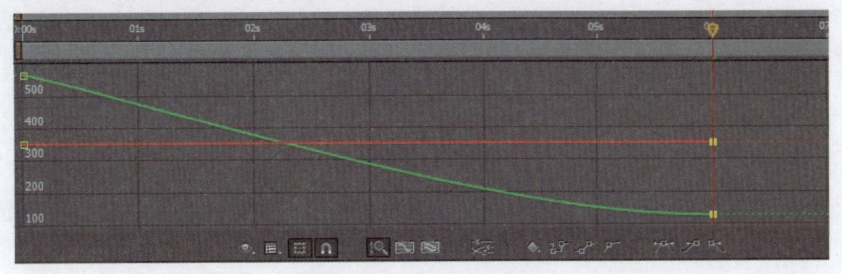

图1-247　调整运动曲线

㉚ 保存工程文件，单击播放按钮 ，查看最终的合成预览效果，如图1-248所示。

图1-248　最终合成效果

图1-244　光线动画

图1-245　设置位置关键帧

㉘ 移动当前时间指针到6秒，调整位置数值为（1951.9,348.7），如图1-246所示。

图1-246　设置位置关键帧

实例015　抠像合成

抠像就是吸取画面中的某一种颜色作为透明色，将它从画面中抠去，从而使背景透出来，形成二层画面的叠加合成，这样在室内拍摄的人物经抠像后与各种景物叠加在一起，能形成神奇的艺术效果。

设计思路

通常情况下的抠像，是指拍摄的素材较好，如背景色较干净、单纯、均匀，抠像时选取色键并在颜色样本窗里选取要抠去的背景色，适当地调整4个参数（色彩空间、模糊性、最大值、最小值）即可一次抠去背景色，显露出欲合成的底层图像。如图1-249所示为案例分解部分效果展示。

图1-249　效果展示

技术要点

- 色彩范围：基本的抠像工具。
- 垃圾遮罩：消除不必要的元素。

案例文件	工程文件\第1章\015 抠像合成		
视频文件	视频\第1章\实例015.mp4		
难易程度	★★★	学习时间	10分17秒

实例016　高级抠像

由于种种原因，在抠像时总会遇到一些棘手的问题，如背景颜色不干净，光线不匀，人物与背景太近而留下较宽较重的阴影。这样在后期抠像时出现一些麻烦，此时可以使用一些很强大的抠像插件，比如KeyLight就是蓝绿屏幕抠像插件，操作简便，尤其擅长处理反光、半透明状态和毛发等。

设计思路

KeyLight插件集成了一系列工具，包括erode、软化、despot和其他操作，以满足特定需求；另外，它还包括了不同颜色校正、抑制和边缘校正工具来更加精细地微调。如图1-250所示为案例分解部分效果展示。

图1-250　效果展示

技术要点

- KeyLight：一款高级抠像工具，可以实现方便快捷地精确抠像。

制作过程

案例文件	工程文件\第1章\016 高级抠像		
视频文件	视频\第1章\实例016.mp4		
难易程度	★★★★	学习时间	12分42秒

❶ 启动After Effects软件，选择主菜单"图像合成"|"新建合成组"命令，创建一个新的合成，如图1-251所示。

图1-251　新建合成

❷ 双击项目窗口空白处，导入抠像素材"群鸽子飞起.avi"和背景图片"照片02.jpg"，如图1-252所示。

图1-252　导入素材

❸ 从项目窗口中拖动图片"照片02.jpg"到时间线上，选择主菜单"图层"|"变换"|"适配为合成宽度"命令，并调整上下的位置，如图1-253所示。

图1-253　调整素材大小和位置

❹ 从项目窗口中拖动视频素材"群鸽子飞起.avi"到时间线上的顶层，选择主菜单"图层"|"变换"|"适配为合成宽度"命令，因为周边存有黑边框，稍调整图层的宽度，如图1-254所示。

❺ 选择主菜单"效果"|"键控"|"Keylight(1.2)"命令，添加高级抠像器。在效果控制面板中单击取色吸管，在预览窗口中的蓝色背景上单击，当释放鼠标时，可以看见蓝色被抠除，显现后面的背景图层，如图1-255所示。

图1-254　调整素材大小

图1-255　拾取蓝幕颜色

❻ 在效果控制面板中，从"视图"下拉菜单中选择"状态"项，查看键控状况，如图1-256所示。

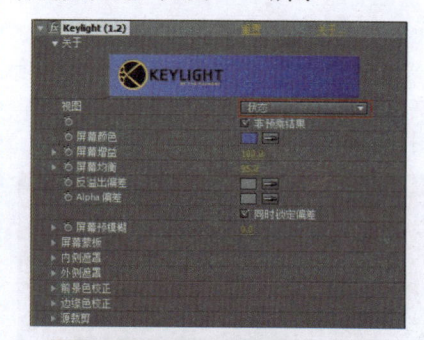

图1-256　查看状态视图

> **提示**
> 在状态视图中，白色代表保留部分，黑色代表抠除部分。

❼ 调整"屏幕增益"和"屏幕均衡"的数值，查看键控状况，如图1-257所示。

图1-257　调整屏幕参数

❽ 从"视图"下拉菜单中选择"屏幕蒙板"项，查看键控蒙板，其中白色代表保留部分，黑色代表抠除部分，如图1-258所示。

图1-258　查看屏幕蒙板

❾ 在仔细调整"屏幕蒙板"的参数，获得了比较整齐的蒙板，如图1-259所示。

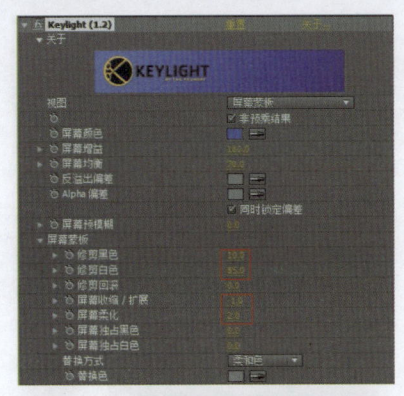

图1-259　调整蒙板参数

❿ 在效果控制面板，从"视图"下拉菜单中选择"最终结果"项，拖动时间线指针查看动态画面的键控结果，如图1-260所示。

图1-260　查看键控结果

⓫ 从合成预览来看，抠像结果还比较满意，但鸽子的边缘还残留了很多蓝色。为了更好地检查边缘，新建一个绿色图层放置于底层，暂时关闭照片的可视性，如图1-261所示。

图1-261　对比绿色检查边缘

⓬ 继续调整"屏幕蒙板"的参数，收缩边缘，如图1-262所示。

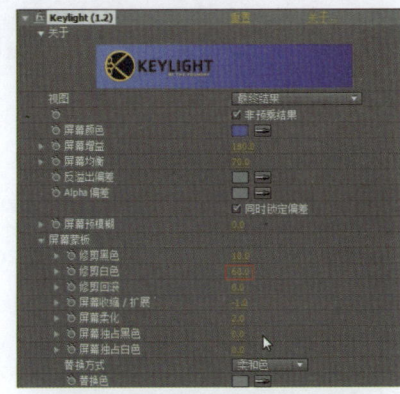

图1-262　收缩边缘

⓭ 打开照片的可视性，查看合成预览效果，如图1-263所示。

图1-263　查看合成效果

⓮ 展开"前景色校正"选项组，调整饱和度和亮度参数，如图1-264所示。

> **提示**
> KeyLight作为高级抠像器，不仅具有超强的抠像功能，还具有调整前景和边缘颜色以及抑制颜色的功能。

图1-264　前景色校正

⑮ 设置颜色抑制以及颜色平衡，如图1-265所示。

图1-265　颜色抑制

⑯ 展开"边缘色校正"选项组，调整颜色抑制参数，如图1-266所示。

图1-266　边缘色校正

⑰ 展开"前景色校正"选项组中的"颜色平衡"项，调整颜色调和盘，如图1-267所示。

⑱ 展开"边缘色校正"选项组中的颜色平衡项，调整颜色调和盘，如图1-268所示。

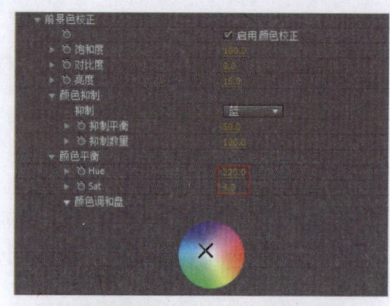

图1-267　调整颜色平衡

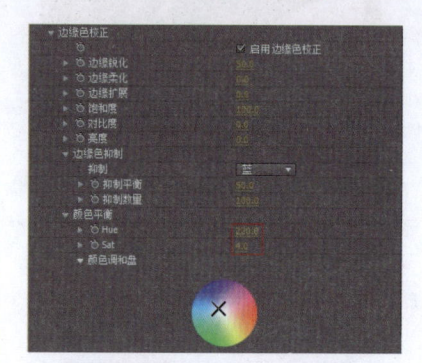

图1-268　调整颜色调和盘

⑲ 在应用了抠像之后，还要应用颜色抑制效果。选择主菜单"效果"|"键控"|"溢出抑制"命令，添加"溢出抑制"滤镜，拾取与抠像相同的蓝色，如图1-269所示。

图1-269　设置溢出抑制

⑳ 至此抠像工作基本完成，单击播放按钮查看抠像效果，如图1-270所示。

图1-270　抠像效果

㉑ 接下来对鸽子应用"曲线"滤镜，调高亮度，如图1-271所示。

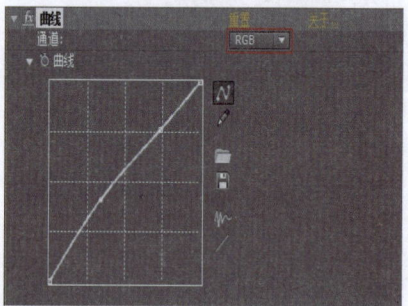

图1-271　调整曲线

㉒ 选择照片图层，添加"曲线"滤镜，降低亮度和减少红色，如图1-272所示。

图1-272 调整曲线

❷❸ 单击播放按钮▶，查看最终的抠像效果，如图1-273所示。

图1-273 最终抠像效果

实例017 喷溅合成

在现代的设计中应用传统的元素已经成为一种时尚，在影片中大量应用毛笔、山水画、墨滴等图案，可以使本土观众有很强烈的亲切感和认同感。

设计思路

用一组照片完成一段动感的相册，如果只是使用常规的转场特效，难免缺乏新意。若使用墨滴图案作为蒙板来实现图片之间的过渡，则产生一种传统或者怀旧的味道。如图1-274所示为案例分解部分效果展示。

图1-274 效果展示

技术要点

- 图层蒙板：通过蒙板确定前景图像与背景的合成区域。

制作过程

案例文件	工程文件\第1章\017 喷溅合成		
视频文件	视频\第1章\实例017.mp4		
难易程度	★★★	学习时间	27分07秒

❶ 启动After Effects软件，新建一个合成，选择"预置"为"PAL D1/DV方形像素"，设置时长为10秒，如图1-275所示。

❷ 导入多个墨滴图片素材，如图1-276所示。导入多张照片素材，如图1-277所示。

图1-275 新建合成

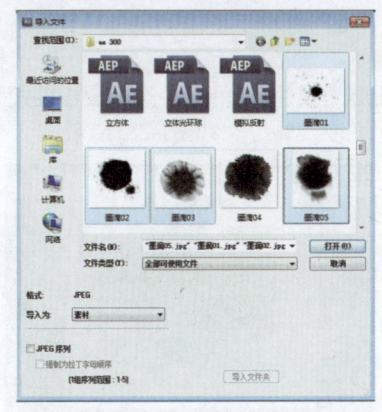

图1-276 导入多个图片

图1-277 导入多张照片

❸ 拖动"照片22.jpg"到时间线上，如图1-278所示。拖动"照片13.jpg"，调整缩放参数，匹配合成的高度，如图1-279所示。

图1-278 添加素材

图1-279 调整图片大小

❹ 选择底层图片，选择主菜单"图层"|"变换"|"适配为合成高度"命令，自动调整图层的大小。

第 **1** 章 三维空间合成

35

❺ 拖动"墨滴03.jpg"到顶层，调整缩放参数，如图1-280所示。选择图层"照片13.jpg"，选择蒙板模式为"亮度反转"，如图1-281所示。

图1-280　调整图层大小

图1-281　选择蒙板模式

❻ 选择顶层，选择主菜单"图层"|"预合成"命令，在弹出的"预合成"对话框中选择"移动全部属性到新建合成中"项，如图1-282所示。

图1-282　预合成

❼ 双击打开该预合成，新建一个白色图层，放置于底层，如图1-283所示。

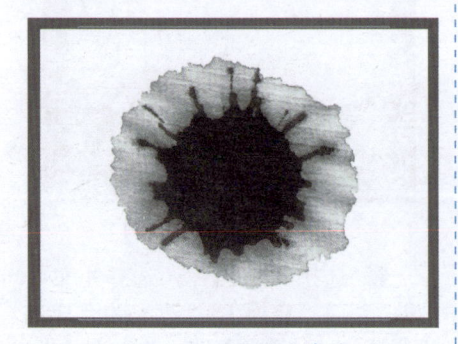

图1-283　添加白色底层

❽ 选择墨滴图层，添加"色阶"滤镜，降低亮度和增加对比度，如图1-284所示。选择"照片13.jpg"及顶层的蒙板预合成，调整大小和位置，如图1-285所示。

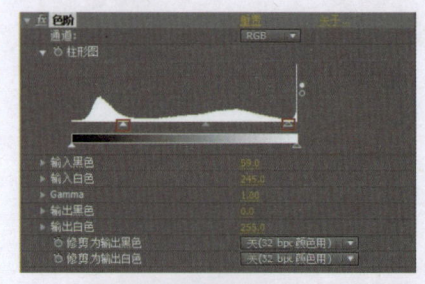

图1-284　调整色阶

图1-285　调整图层大小位置

❾ 关闭底层的可视性，导入背景图片"科技01.jpg"，如图1-286所示。为背景图片添加"三色调"滤镜，调整整体色调，如图1-287所示。

❿ 激活预合成时间线，设置墨滴在0～1秒之间的缩放关键帧，数值分别为2%和63%，创建墨滴扩散的动画。切换到"合成1"的时间线，拖动当前时间线指针，查看合成预览效果，如图1-288所示。

图1-286　添加背景

图1-287　调整色调

图1-288　合成动画预览

⓫ 打开图层"照片22.jpg"的可视性，拖动"墨滴01"到上一层，进行预合成，选择"移动全部属性到新建合成中"项，然后双击打开该预合成，新建一个白色固态层，放置于底层。

⓬ 选择图层"墨滴01.jpg"，展开"缩放"属性，在0秒和1秒处创建关键帧，数值分别为6%和270%。切换到"合成1"，设置预合成"墨滴01.jpg 合成1"为图层"照片22.jpg"的子对象，如图1-289所示。

图1-289　设置父子对象

⑬ 调整图层"照片22.jpg"的位置，如图1-290所示。

⑯ 拖动"墨滴05.jpg"到时间线顶层，选择"照片15.jpg"的蒙板模式为"亮度反转"。

⑰ 选择图层"墨滴05.jpg"，预合成，选择"移动全部属性到新建合成中"项，然后双击打开预合成，调整图层"墨滴05.jpg"的缩放数值为60%。在1秒处创建关键帧，拖动当前指针到起点，调整缩放数值为2%。新建一个白色图层，放置于底层，拖动当前指针，查看墨滴动画，如图1-295所示。选择图层"墨滴05.jpg"，添加"色阶"滤镜，降低亮度，如图1-296所示。

图1-290　调整图层位置

⑭ 选择"照片22.jpg"和蒙板，向后拖动起点到1秒处，如图1-291所示。拖动时间线指针，查看预览效果，如图1-292所示。

图1-291　调整图层起点

图1-292　合成预览效果

⑮ 调整图层"墨滴01.jpg 合成1"的缩放参数，如图1-293所示。拖动"照片15.jpg"到时间线顶层，起点在3秒处，调整其缩放和位置参数，如图1-294所示。

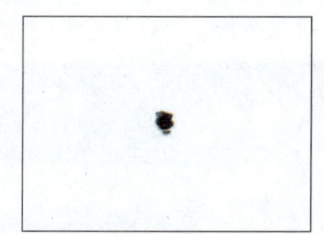

图1-295　墨滴缩放动画

图1-293　调整图层大小

图1-294　调整图层大小和位置

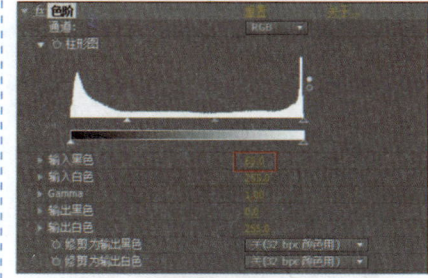

图1-296　调整色阶

⑱ 切换到"合成1"的时间线，旋转预合成-90°，调整"照片15.jpg"和蒙板图层的大小和位置，如图1-297所示。选择"照片15.jpg"，绘制一个矩形遮罩，裁切超出蒙板层的部分，如图1-298所示。

图1-297　调整图层的角度、大小和位置

图1-298　绘制遮罩

⑲ 选择"照片13.jpg"，设置4～5秒之间透明度由100%～0%的关键帧，创建该图层的淡出动画。拖动当前指针查看动画效果，如图1-299所示。

图1-299　图层淡出动画

⑳ 拖动"照片19.jpg"到时间线，设置起点为4秒处，调整大小和位置，如图1-300所示。拖动"墨滴02.jpg"到时间线上，设置"照片19.jpg"的蒙板模式为"亮度反转"。

图1-300　调整图层大小和位置

㉑ 选择图层"墨滴02.jpg"，预合成，选择"移动全部属性到新建合成中"项，双击打开预合成，调整图层"墨滴02.jpg"的缩放数值为88%。在1秒处创建关键帧，拖动当前指针到起点，调整缩放数值为2%。

㉒ 新建一个白色图层，放置于底层。切换到"合成1"的时间线，调整"照片19.jpg"和蒙板图层的大小与位置，如图1-301所示。

图1-301　调整图层大小和位置

㉓ 拖动当前指针，查看合成预览效果，如图1-302所示。选择"照片22.jpg"，设置5～6秒之间透明度由100%～0%的关键帧，创建该图层的淡出动画。

㉔ 拖动"照片23.jpg"到时间线，设置起点为6秒，调整大小和位置，如图1-303所示。

㉕ 拖动合成"墨滴03.jpg合成1"到时间线上，选择"照片23.jpg"的蒙板模式为"亮度反转"。调整蒙板图层的位置，如图1-304所示。

㉖ 选择"照片15.jpg"，设置7～8秒之间透明度由100%～0%的关键帧，创建该图层的淡出动画。拖动"照片04.jpg"到时间线，设置起点为8秒，调整大小和位置，如图1-305所示。

图1-302　合成预览效果

图1-303　调整图层大小和位置

图1-304　调整图层位置

图1-305　调整图层大小和位置

㉗ 拖动合成"墨滴02.jpg合成1"到时间线上，设置起点为8秒，选择"照片04.jpg"的蒙板模式为"亮度反转蒙板"。旋转蒙板图层-90°，调整其位置，如图1-306所示。

图1-306　调整图层角度和位置

㉘ 选择"照片15.jpg"，将透明度关键帧向前移动一秒，选择"照片04.jpg"和蒙板层，起点向前移动到7秒处。

㉙ 选择"照片19.jpg"，设置7～8秒之间透明度由100%～0%的关键帧，创建该图层的淡出动画。拖动"照片20.jpg"到时间线，设置起点为8秒处，调整大小和位置，如图1-307所示。

图1-307　调整图层大小和位置

㉚ 拖动合成"墨滴01.jpg合成1"到时间线上，设置起点为8秒处，选择"照片20.jpg"的蒙板模式为"亮度反转"。旋转蒙板图层180°，调整其位置，如图1-308所示。

图1-308　调整图层角度和位置

㉛ 保存工程文件，单击播放按钮，查看最终的墨滴合成效果，如图1-309所示。

图1-309　最终墨滴合成效果

实例018　透明人幻影

在影像中创建虚幻的轮廓效果，也是图像混合的一种方式，因为不同区域颜色和亮度的不同所呈现的变化造就了另类的视觉效果。

设计思路

一个草原背景，前景是舞蹈的女孩，应用玻璃滤镜和置换映射将二者混合一起，保留了舞蹈者优美的身形轮廓，同时又透射出草原的魅力。如图1-310所示为案例分解部分效果展示。

图1-310　效果展示

技术要点

- CC玻璃：创建折射效果。
- 置换映射：创建置换变形，增强立体感。

案例文件	工程文件\第1章\018 透明人幻影		
视频文件	视频\第1章\实例018.mp4		
难易程度	★★★	学习时间	12分37秒

实例019　立体字标版

在广告和影视片头中制作立体字标版是司空见惯的，不仅使文字或图形具有厚度，最重要的是有质感，且大多数情况下要求的是金属质感。

设计思路

砖面的墙壁作为背景，应用Element插件制作真实的立体字，赋予金属材质，为了强调立体感，再创建摄像机的动画。如图1-311所示为案例分解部分效果展示。

图1-311　效果展示

技术要点

- Element：挤出文字创建立体字，并应用材质预设。

案例文件	工程文件\第1章\019 立体字标版		
视频文件	视频\第1章\实例019.mp4		
难易程度	★★★	学习时间	16分59秒

实例020　立体开花

花朵作为装饰元素，在影视广告或者片头中用的很多，样式也很多，可以是实拍的素材，也可以是三维制作的花开动画。

设计思路

长条形状图层的弯曲变形模拟花瓣，应用DE-FreeFromAE滤镜产生的图层弯曲是基于三维空间的，多个花瓣组合成花朵开放的动画，调整摄像机的视角来增强透视感。如图1-312所示为案例分解部分效果展示。

图1-312　效果展示

技术要点

- DE-FreeFromAE：图层变形创建花瓣的弯曲动画。
- 描边：沿路径描边创建生长的藤蔓效果。

案例文件	工程文件\第1章\020 立体开花		
视频文件	视频\第1章\实例020.mp4		
难易程度	★★★★	学习时间	36分42秒

第 2 章　运动控制

影视后期相当一部分工作就是创建新的元素，或者让静态的素材运动起来。除了常规的关键帧和曲线可以实现对运动的控制，表达式作为高级的运动控制方法也越来越多地被应用。在与实拍场景的配合中，通过运动跟踪来创建其他对象的运动是必不可少的，在广告和影视剧的后期中运用也相当广泛。作为特技的变形运动更是能够创作出神奇的效果，让观众叹为观止。

实例021　弹跳球

球体的弹跳运动看似很简单，通过位置关键帧的设置就可以完成，但需要注意小球着地时的变形，否则就不是"弹"跳了。

设计思路

首先创建小球上下运动的关键帧，通过调整运动曲线改变小球下落和弹起的速度，再配以球体形状的改变来模拟弹性，最后添加投影灯光，增加整个场景的三维感。如图2-1所示为案例分解部分效果展示。

图2-1　效果展示

技术要点

● 设置关键帧创建弹跳变形效果。

制作过程

案例文件	工程文件\第2章\021 弹跳球		
视频文件	视频\第2章\实例021.mp4		
难易程度	★★★	学习时间	12分17秒

❶ 打开After Effects软件，创建一个新的合成，命名为"球体"，选择"预置"为"PAL D1/DV方形像素"，设置时长为5秒，如图2-2所示。

❷ 新建一个"白色"固态层，选择主菜单"效果"|"生成"|"渐变"命令，添加"渐变"滤镜，设置参数，如图2-3所示。

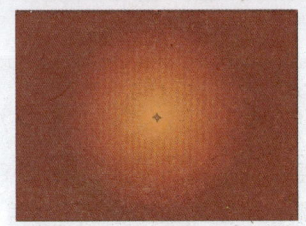

图2-3　设置渐变参数

❸ 选择主菜单"效果"|"生成"|"网格"命令，添加"网格"滤镜，设置参数，如图2-4所示。

图2-2　新建合成

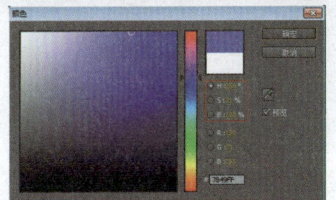

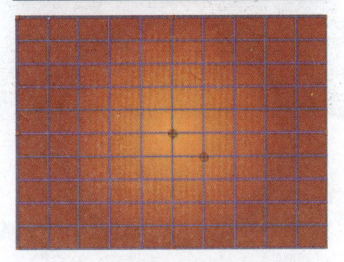

图2-4　设置网格参数

41

④ 选择主菜单"效果"|"透视"|"CC球体"命令，添加"CC球体"滤镜，使其变成球体，设置参数，如图2-5所示。

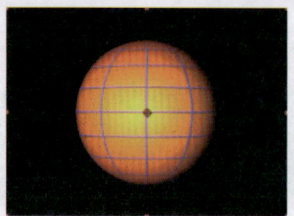

图2-5 设置球体参数

⑤ 在时间线空白处单击右键，从弹出的菜单中选择"新建"|"固态层"命令，新建一个固态层，命名为"地面"，添加"渐变"滤镜，接受默认值，如图2-6所示。

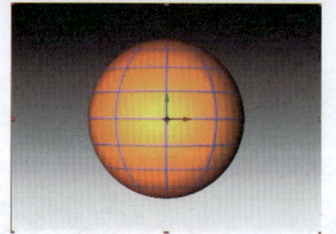

图2-6 添加渐变滤镜

⑥ 激活图层"地面"的3D属性，调整角度和位置，如图2-7所示。

图2-7 调整地面角度和位置

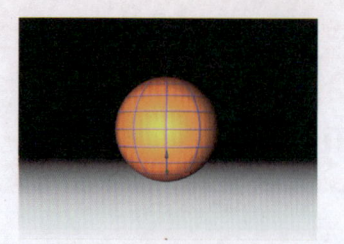

⑦ 创建一个35mm的摄像机，打开"白色"图层的3D属性，选择摄像机工具调整构图，如图2-8所示。

图2-8 调整摄像机视图

> **提示**
>
> 由于摄像机拉远，根据需要调整地面图层的大小。

⑧ 选择锚点工具调整球体的轴心点到底端，如图2-9所示。

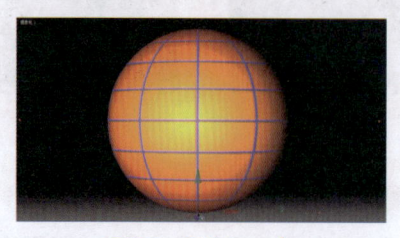

图2-9 调整轴心点

⑨ 拖动当前指针到合成的起点，调整球体的位置，设置第1个关键帧，如图2-10所示。

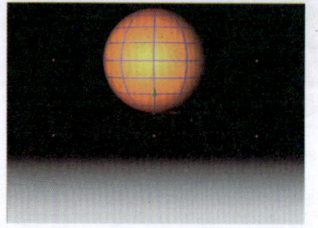

图2-10 创建球体位置关键帧

⑩ 拖动当前指针到1秒处，调整球体位置，创建第2个关键帧，如图2-11所示。

图2-11 创建球体位置关键帧

⑪ 按Shift+S组合键，展开"缩放"属性，在合成的起点激活码表创建第一个关键帧，拖动当前指针到1秒，调整缩放参数，产生压扁形状，如图2-12所示。

图2-12 创建缩放关键帧

⑫ 复制起点处的关键帧，粘贴到2秒处，如图2-13所示。

图2-13 复制关键帧

⑬ 将第1个缩放关键帧向后移动到20帧处，将2秒的缩放关键帧移动到1秒5帧处，如图2-14所示。

图2-14 移动关键帧

⑭ 单击图标展开运动曲线编辑器，调整位置曲线插值，如图2-15所示。

⑮ 调整小球下落速度，向前移动关键帧，如图2-16所示。

第 2 章 运动控制

图2-15 编辑运动曲线

图2-16 调整关键帧间距

⑯ 将2秒的关键帧移动到1秒15帧，单击播放按钮，查看小球下落弹跳的效果，如图2-17所示。

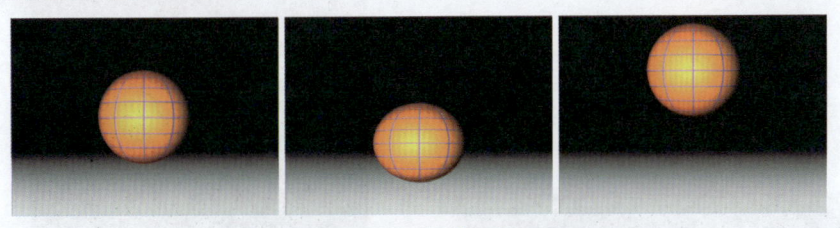

图2-17 小球弹跳动画

⑰ 复制关键帧，创建小球下落弹跳循环，如图2-18所示。

图2-18 复制关键帧

⑱ 创建一个聚光灯，勾选"投射阴影"复选框，如图2-19所示。
⑲ 切换到左视图，调整灯光的位置，如图2-20所示。

图2-19 投射阴影

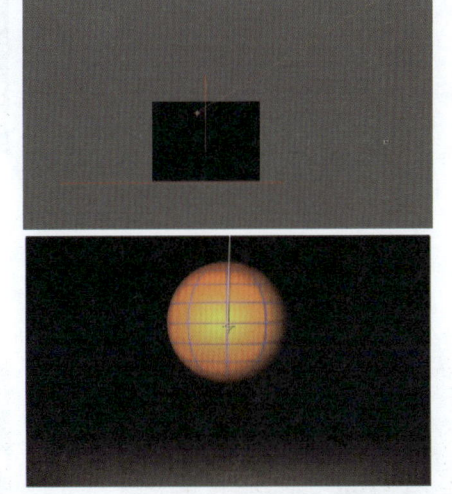

图2-20 调整灯光位置

⑳ 在时间线面板中，展开球的"质感选项"选项组，打开"投射阴影"项，如图2-21所示。
㉑ 调整灯光的阴影参数，如图2-22所示。

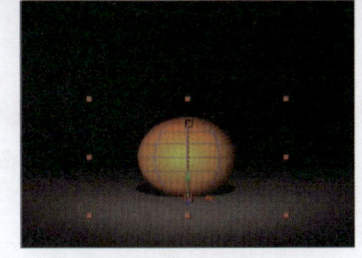

图2-21 打开"投射阴影"项

图2-22 调整阴影参数

㉒ 创建一个环境光，如图2-23所示。

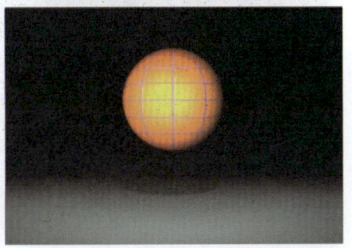

图2-23 新建环境光

㉓ 单击播放按钮 ▶，查看最终的小球弹跳效果，如图2-24所示。

图2-24　最终小球弹跳效果

实例022　碎块变形

随处飞扬的碎片，看似杂乱无章，但按照设计意图最终汇聚或演变成另一个对象后，不仅具有强烈的冲击力，也能在吸引观众眼球的同时引导注意力到变形而成的标版上。

设计思路

绘制多个遮罩，将预先设计的标版切割成多块，设置每一块的位置关键帧飞离原地，这样就完成了碎块动画，再反向播放碎块飞离动画就可以汇聚成自己需要的新的标版，如图2-25所示为案例分解部分效果展示。

图2-25　效果展示

技术要点

- 多个遮罩：利用多个遮罩创建碎块效果。
- 摄像机运动：利用摄像机创建动画。

制作过程

案例文件	工程文件\第2章\022 碎块变形		
视频文件	视频\第2章\实例022.mp4		
难易程度	★★★	学习时间	33分22秒

❶ 打开After Effects软件，选择主菜单"图像合成"|"新建合成组"命令，创建一个新合成，选择"预置"为"PAL D1/DV方形像素"，设置时长为15秒。

❷ 选择文本工具 T，输入字符"飞云裳AE特效课堂"，调整文本的大小、位置和颜色，如图2-26所示。

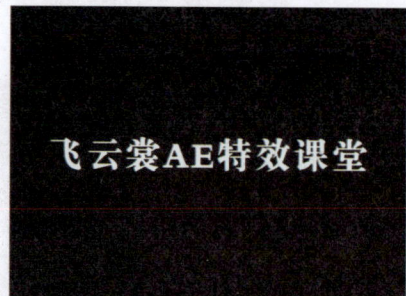

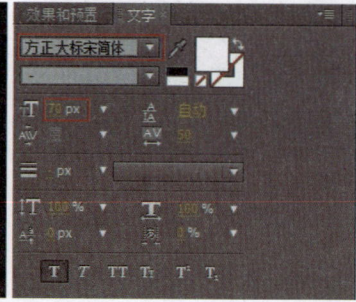

图2-26　创建文本

❸ 选择文本图层，选择主菜单"效果"|"透视"|"斜面Alpha"命令，为文字添加倒角效果，改变文字的颜色，如图2-27所示。

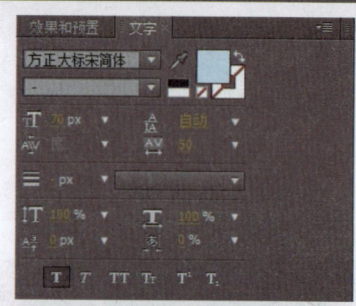

图2-27　添加文字倒角

❹ 选择矩形遮罩工具 ▭，绘制一个圆角矩形，将遮罩图层拖至时间线面板的底层，并调整遮罩的位置和填充颜色，如图2-28所示。

图2-28　绘制圆角矩形

❺ 在项目窗口中，复制"合成1"，自动命名为"合成2"。双击打开该合成，修改字符内容，如图2-29所示。

图2-29　修改字符

⑥ 关闭"斜面Alpha"滤镜，为文字图层添加"阴影"滤镜，如图2-30所示。

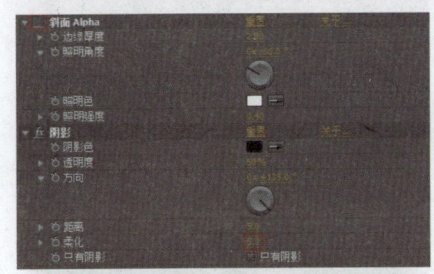

图2-30 设置阴影参数

⑦ 调整圆角矩形的填充颜色为蓝色，如图2-31所示。

图2-31 调整图形颜色

⑧ 选择主菜单"效果"｜"生成"｜"CC扫光"命令，添加"CC扫光"滤镜，设置参数，如图2-32所示。

图2-32 设置扫光参数

⑨ 新建一个合成，自动命名为"合成3"。拖动"合成1"到时间线上，绘制一个矩形遮罩，如图2-33所示。

图2-33 绘制矩形遮罩

⑩ 在时间线面板中复制"遮罩1"，自动命名为"遮罩2"。调整"遮罩2"的位置和形状，如图2-34所示。

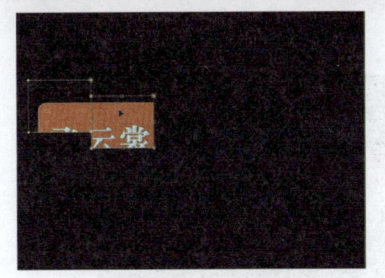

图2-34 复制遮罩

⑪ 依此类推，复制多个遮罩，调整位置和形状，直到覆盖全部的标版，如图2-35所示。

图2-35 多次复制遮罩

⑫ 选择图层"合成1"，除保持"遮罩1"的模式为"加"外，其他遮罩的模式全部选择"无"，如图2-36所示。

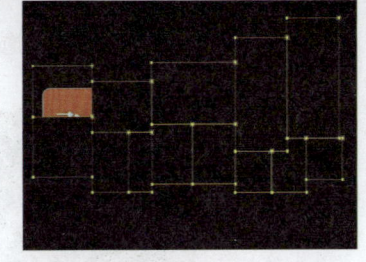

图2-36 设置遮罩模式

⑬ 复制图层"合成1"，重命名为"合成2"，除保持"遮罩2"的模式为"加"外，其他遮罩的模式全部选择"无"，如图2-37所示。

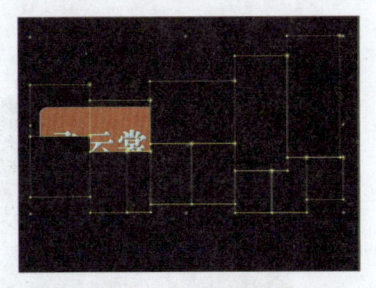

图2-37 设置遮罩模式

⑭ 依此类推，复制多个图层，设置相应的遮罩模式，这样就完成了碎块拼成整个标版，如图2-38所示。

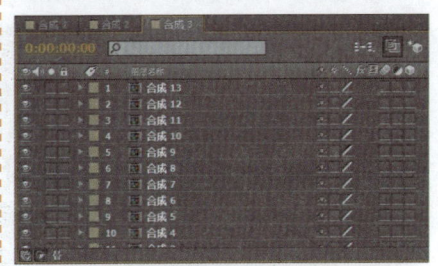

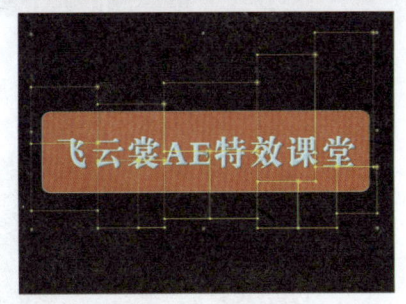

图2-38 标版分块

⑮ 选择所有的图层，激活3D属性，按P键展开位置属性，在2秒处设置关键帧，如图2-39所示。

45

图2-39 创建位置关键帧

⓰ 创建一个24mm的摄像机，拖动当前指针到合成的起点，分别调整各个图层的位置，如图2-40所示。

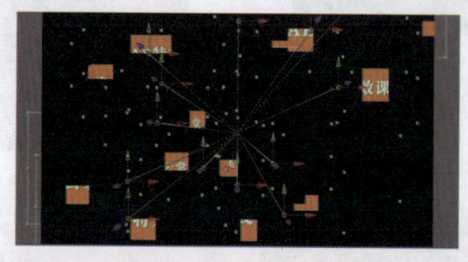

图2-40 创建位置关键帧

提 示
位置的随意性能使碎块动画更自然。

⓱ 创建一个点光源，如图2-41所示。

图2-41 新建点光源

⓲ 创建一个环境光，如图2-42所示。

图2-42 新建环境光

⓳ 查看碎块拼合的动画。为了增加碎块运动不规律性，调整个别图层的第2个位置关键帧的时间位置，如图2-43所示。

图2-43 调整关键帧的时间

⓴ 单击播放按钮，查看碎块拼合标版的动画效果，如图2-44所示。

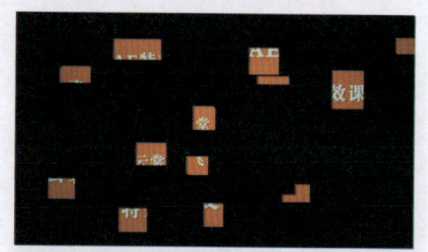

图2-44 碎块拼合效果

㉑ 在项目窗口中复制"合成3"，自动命名为"合成4"。双击打开该合成，在时间线面板中选择全部图层，按住Alt键，从项目窗口中拖动"合成2"到时间线上的图层进行替换，如图2-45所示。

图2-45 替换素材

㉒ 创建一个新的合成，命名为"合成最终"，将"合成3"和"合成4"拖至时间线面板，拖动当前指针到5秒，选择"合成4"，按Alt+]组合键设置出点，如图2-46所示。

图2-46　设置图层出点

㉓ 选择主菜单"图层"|"时间"|"时间反向层"命令，然后向后移动该图层，起点对齐4秒10帧，如图2-47所示。

图2-47　反向播放图层

㉔ 拖动当前指针到5秒，选择"合成3"，按Alt+]组合键设置出点。选择主菜单"效果"|"过渡"|"块溶解"命令，添加"块溶解"滤镜，如图2-48所示。

图2-48　设置块溶解参数

㉕ 创建一个24mm摄像机，激活图层的"塌陷变换"属性，如图2-49所示。

图2-49　激活"塌陷变换"属性

> **提　示**
>
> 激活"塌陷变换"属性可以使作为图层的三维合成保持三维特性。

㉖ 拖动当前指针到合成的起点，选择摄像机工具，调整摄像机视图，并创建摄像机的位移关键帧，如图2-50所示。

图2-50　创建摄像机关键帧

㉗ 拖动当前指针到合成的终点，调整摄像机视图，如图2-51所示。

图2-51　创建摄像机关键帧

㉘ 拖动当前指针到4秒，调整摄像机视图，如图2-52所示。

图2-52　创建摄像机关键帧

㉙ 复制"合成4"中的灯光并粘贴到"合成最终"的时间线上，如图2-53所示。

图2-53　复制灯光

㉚ 导入一张背景图片，放置于底层，添加"曲线"滤镜，如图2-54所示。

图2-54　调整曲线

㉛ 新建一个黑色固态层，命名为"背景"，放置于底层，添加"渐变"滤镜，如图2-55所示。

图2-55 设置渐变参数

㉜ 选择图片的混合模式为"强光"，设置透明度的数值为50%，如图2-56所示。

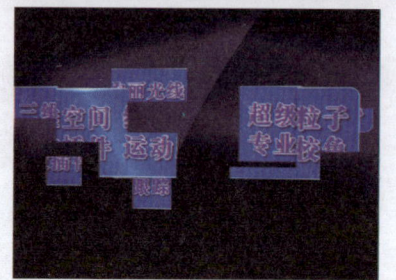

图2-56 设置图层混合模式

㉝ 单击播放按钮，查看最终的碎块动画效果，如图2-57所示。

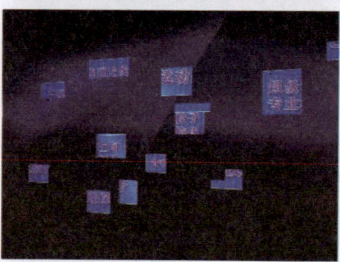

图2-57 最终碎块效果

实例023　飞落的卡片

很多张卡片、图片或者海报随风飘落，有着一种浪漫的情怀，这种景象在影视剧、怀旧的相册或婚庆片头中经常出现，配以舒缓的音乐，感人至深。

设计思路

由于卡片飞落时既有由上到下的位置变化，还有不同方向的旋转动画，最后平放在地面上，为了方便控制空片的多中运动组合，可由空白对象作为卡片的父级层来控制卡片的运动。如图2-25所示为案例分解部分效果展示。

图2-58 效果展示

技术要点

- 父子链接：通过控制虚拟父物体，比较方便地控制其他多图层的运动。

案例文件	工程文件\第2章\023 飞落的卡片		
视频文件	视频\第2章\实例023.mp4		
难易程度	★★★	学习时间	27分00秒

实例024　胶片穿行

胶片作为影视的典型设计元素，能够给观众很直接的信息。将胶片和图片组合在一起，可以连贯地表达一定的内容，比如故事简介等。

设计思路

将多个图片和胶片格组合在一起，首先实现在移动过程中循环动画，其次是长的胶片在穿行过程中产生变形，而且是立体空间的变形。如图2-59所示为案例分解部分效果展示。

图2-59 效果展示

技术要点

- 偏移：产生图层循环移动的动画。
- DE-FreeForm：创建胶片的立体变形效果。

制作过程

案例文件	工程文件\第2章\024 胶片穿行		
视频文件	视频\第2章\实例024.mp4		
难易程度	★★★	学习时间	23分06秒

❶ 打开After Effects软件，导入一个无接缝的胶片素材文件"胶片单

元.pct"。

❷ 在项目窗口中单击右键，选择"新建文件夹"命令，新建一个文件夹，命名为"胶片素材"，然后导入一些用于胶片格内容的图片，如图2-60所示。

图2-60　新建文件夹

❸ 从项目窗口中拖动"胶片单元.pct"到合成图标■上，新建一个合称，如图2-61所示。

图2-61　新建合成

❹ 选择主菜单"图像合成"|"图像合成设置"命令，设置时间为5秒，如图2-62所示。

图2-62　调整合成设置

❺ 从项目窗口中将一个素材图片拖动到时间线上，调整大小和位置，使图片对应在一个胶片格上，如图2-63所示。

图2-63　对齐图片

❻ 绘制矩形遮罩，匹配胶片格，如图2-64所示。

图2-64　绘制矩形遮罩

❼ 如此方法添加其他图片素材到时间线上，调整大小和位置，绘制矩形遮罩，使图片刚好对齐胶片格，如图2-65所示。

图2-65　对齐图片

❽ 在项目窗口中复制合成"胶片单元"，重命名为"胶片单元2"。双击该合成并打开时间线，用项目窗口中的图片替换原来的图片素材，如图2-66所示。

图2-66　替换素材

❾ 新建一个合成，命名为"胶片"，设置"宽"为1500、"高"为167，如图2-67所示。

图2-67　新建合成

❿ 拖动合成"胶片单元"和"胶片单元2"到时间线上，调整水平位置，将两个图层无缝对接，如图2-68所示。

图2-68　调整图层位置

⓫ 调整合成的尺寸，如图2-69所示。

图2-69　调成合成宽度

⓬ 从项目窗口中拖动合成"胶片"到合成图标■上，新建一个合成，重命名为"胶片移动"，如图2-70所示。

图2-70　新建合成

⓭ 选择图层"胶片"，选择主菜单"效果"|"扭曲"|"偏移"命令，添加"偏移"滤镜，分别在合成的起点和终点设置"中心移位"参数的关键帧，数值从0变到1260。

⓮ 拖动时间线指针，查看胶片移动效果，如图2-71所示。

图2-71　胶片偏移动画

⓯ 在时间线空白处单击右键，选择"新建"|"固态层"命令，新建一个白色图层。选择主菜单"效

49

果"|"生成"|"渐变"命令，添加渐变滤镜，从左向右由黑色渐变到白色，如图2-72所示。

图2-72　添加渐变滤镜

⑯ 选择图层"胶片"，设置蒙板选项为"亮度"，查看合成预览效果，如图2-73所示。

图2-73　设置蒙板模式

⑰ 选择主菜单"图像合成"|"新建合成组"命令，新建一个合成，命名为"胶片穿行"，选择"预置"为"PAL D1/DV方形像素"，设置时间为5秒，如图2-74所示。

图2-74　新建合成

⑱ 将合成"胶片移动"拖动到时间线上，导入背景图片素材"科技01.jpg"，查看合成预览效果，如图2-75所示。

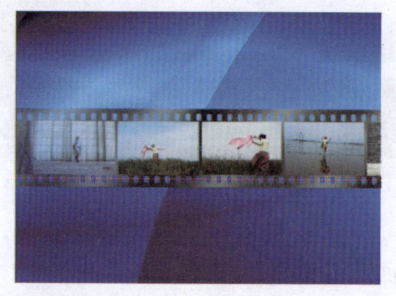

图2-75　合成预览效果

⑲ 选择背景图层，选择主菜单"效果"|"色彩校正"|"彩色光"命令，添加"彩色光"滤镜，如图2-76所示。

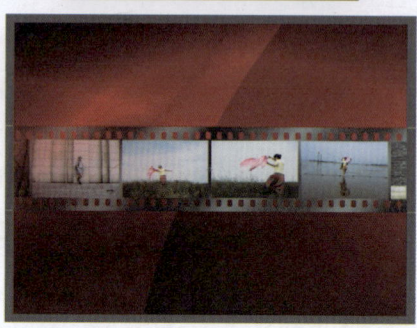

图2-76　设置彩色光参数

⑳ 选择图层"胶片移动"，选择主菜单"效果"|"Digieffect FreeForm"|"DE-FreeFormAE"命令，添加DE-FreeFormAE滤镜，如图2-77所示。

图2-77　添加DE-FreeFormAE滤镜

㉑ 展开"网格"选项组，设置"行"的数值为1，"列"的数值为4，如图2-78所示。

㉒ 在时间线空白处单击右键，选择"新建"|"摄像机"命令，新建一个35mm的摄像机，调整摄像机视图，如图2-79所示。

图2-78　设置网格参数

图2-79　调整摄像机视图

㉓ 选择图层"胶片移动"的DE-FreeFormAE滤镜，在预览窗口中直接调整控制点和切线句柄，直到获得需要的形状，如图2-80所示。

图2-80　调整图层变形

㉔ 展开"3D网格控制"选项组，设置"X轴旋转"的数值为-10度，"Y轴旋转"的数值为-15度，如图2-81所示。

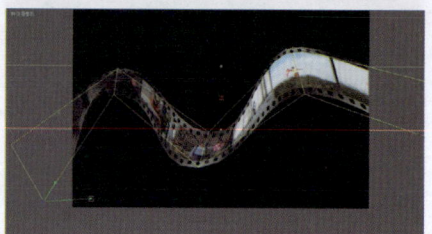

图2-81　设置3D网格参数

第 2 章 运动控制

㉕ 展开"3D网格品质"选项组,设置"网络细分"的数值为50,这样胶片的网格段数增大,弯曲变形就比较光滑了,如图2-82所示。

图2-82 设置3D网格品质

㉖ 打开背景图片"科技01.jpg"的可视性,选择图层"胶片移动",选择混合模式为"添加",查看合成预览效果,如图2-83所示。

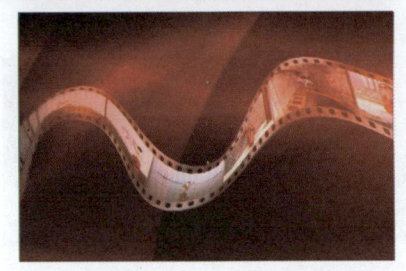

图2-83 设置混合模式

㉗ 选择底层图片,添加"曲线"滤镜,降低亮度,如图2-84所示。

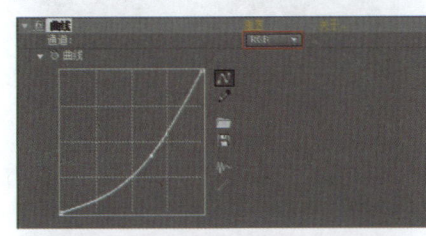

图2-84 曲线滤镜

㉘ 新建一个白色图层,添加"分形杂波"滤镜,如图2-85所示。

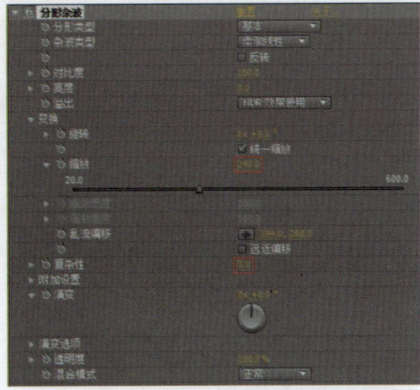

图2-85 设置分形杂波参数

㉙ 选择白色图层,执行预合成,在弹出的"预合成"对话框中选择"移动全部属性到新建合成中"项,然后拖动该预合成到底层,选择图层"胶片移动",在DE-FreeFormAE滤镜控制面板中展开"置换控制"选项组,指定"置换图层"的选项,如图2-86所示。

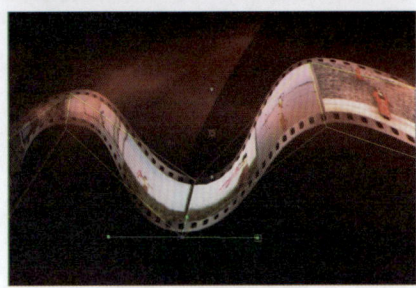

图2-86 指定置换图层

㉚ 保存工程文件,单击播放按钮，查看最终的胶片穿行的动画效果,如图2-87所示。

图2-87 胶片穿行动画

实例025　时间停滞

时间停滞即Dead Time,是指在时间轴线的某一点停止,插入在该时间点另一个空间的变换。比如前景人物处于静态,而背景正常播放;或者人物停止在某个动作节点,接下来却是摄像机围绕人物旋转的镜头。它展现在观众眼前的完全是出乎意料的景象,大大提高了人们兴趣点和注意力。

设计思路

在人物动作的某节点将素材剪成两个片段,通过遮罩将人物分离出来保持静态,而背景图层继续播放速度。如图2-88所示为案例分解部分效果展示。

图2-88 效果展示

技术要点

● 时间重置:通过设置和编辑关键帧来自由调整动态素材的播放速度。

制作过程

案例文件	工程文件\第2章\025 时间停滞
视频文件	视频\第2章\实例025.mp4
难易程度	★★★
学习时间	6分03秒

① 运行After Effects软件，导入视频文件"时间停滞.mp4"，单击播放按钮，查看素材内容，如图2-89所示。

图2-89 查看素材内容

② 在项目窗口中，拖动素材到合成图标上，新建一个合成。选择该图层，添加"曲线"滤镜，提高对比度，如图2-90所示。

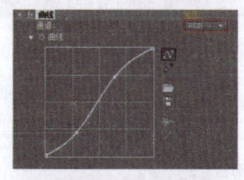

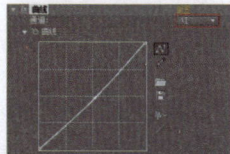

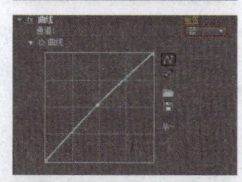

图2-90 调整曲线

③ 复制该图层，然后选择顶层，重命名为"男生停滞"，选择主菜单"图层"|"时间"|"启用时间重置"命令，自动添加两个关键帧，如图2-91所示。

图2-91 启用时间重置

④ 拖动当前时间线指针到2秒处，添加关键帧，不修改素材当前关键帧所在时间，如图2-92所示。

图2-92 添加关键帧

⑤ 拖动当前时间线指针到6秒，添加关键帧，如图2-93所示。

图2-93 添加关键帧

⑥ 修改"时间重置"的数值为02:00，如图2-94所示。

图2-94 修改时间重置数值

提 示

可以从合成预览窗口中看到，镜头中的人物处于倾斜（马上就要摔倒在地）的状态，人物保持02:00时间位置的状态一直到6秒，也就是说，在这期间人物是静止的。

⑦ 选择工具栏中的钢笔工具，直接在合成预览窗口中参照人物轮廓绘制遮罩，如图2-95所示。

图2-95 绘制遮罩

⑧ 单击播放按钮，查看时间停滞的预览效果，如图2-96所示。

图2-96 时间停滞效果

实例026　运动拖尾

因为视觉暂留效应，运动的物体会出现拖尾；也正是因为有了拖尾，可从此判断出运动的速度之快。不过在影视后期中可以故意强调拖尾效果，甚至让行走的人物留下虚幻的声影。

设计思路

实拍的素材中只有一个行走的人物，产生拖尾不是为了表现运动速度，只是一种特殊的视觉效果，应用"拖尾"滤镜即可完成。如图2-97所示为案例分解部分效果展示。

图2-97　效果展示

技术要点

- 拖尾：创建运动拖尾效果，产生运动物体的延迟。

案例文件	工程文件\第2章\026 运动拖尾		
视频文件	视频\第2章\实例026.mp4		
难易程度	★★★	学习时间	5分27秒

实例027　无极变速

在影视后期中谈到变速包含两个方面：一个是运动速度的变速，一个是实拍素材变速播放。根据影片节奏调整素材的速度，一方面可以延长需要观众注意的时间，也可以强化动感。无论调速的目的是什么，调速之后运动的平滑是最根本的要求。

设计思路

实拍的素材可以先分段再分别调整速度，不过要特别注意剪接点的速度一致性，否则会有顿挫感。最好的办法是不分段，应用时间重置来创建关键帧，通过调整曲线的方法实现平滑的无极变速。如图2-98所示为案例分解部分效果展示。

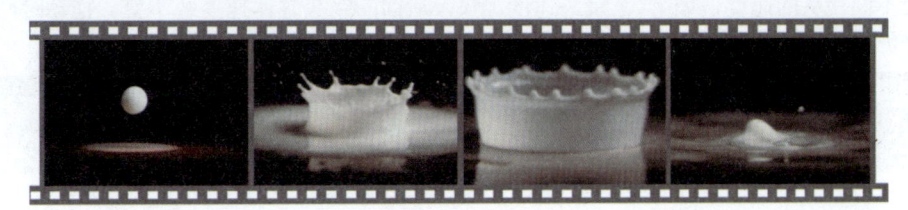

图2-98　效果展示

技术要点

- 启用时间重置：通过调整关键帧的位置和数值来调整素材的速度。

制作过程

案例文件	工程文件\第2章\027 无极变速		
视频文件	视频\第2章\实例027.mp4		
难易程度	★★★	学习时间	9分02秒

❶ 打开After Effects软件，导入一段视频素材Milk.MPG，从项目窗口中将素材图标拖动到合成图标■上，创建一个新的合成。

❷ 双击该图层打开素材预览窗口，设置该素材的入点为00:07:16，出点为00:37:15，如图2-99所示。

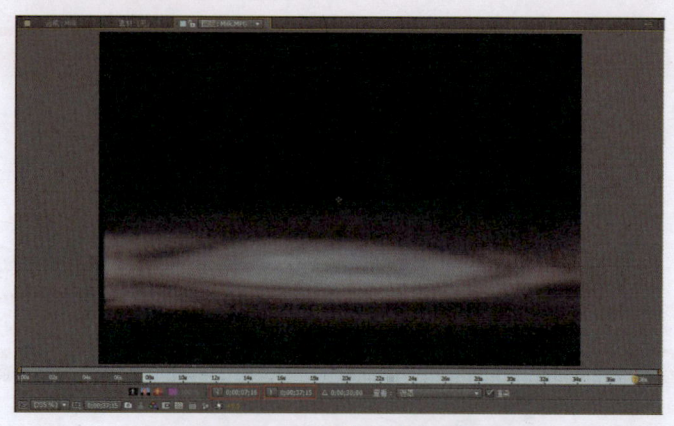

图2-99　设置素材入点和出点

❸ 选择主菜单"图层"|"时间"|"启用时间重置"命令，自动为图层添加时间重置的关键帧，如图2-100所示。

图2-100　添加时间重置关键帧

❹ 切换到合成预览视窗，拖动当前指针到7秒22帧，单击按钮■添加一个关键帧，如图2-101所示。

图2-101　添加关键帧

❺ 拖动当前指针到12秒29帧处，也是下一个镜头的切点位置，添加一个关键帧；拖动指针到18秒13帧处，添加一个关键帧；拖动指针到24秒10帧处，添加一个关键帧；拖动指针到29秒29帧，也就是该片段的终点，添加一个关键帧，并删除最后的那个关键帧，如图2-102所示。

图2-102　添加关键帧

❻ 接下来改变不同镜头的速度，如第1个镜头速度加快，后面的镜头整体速度暂不变。拖动时间线指针到3秒27帧位置处，框选第2~6个关键帧，向左移动，对齐当前指针，如图2-103所示。

图2-103　移动关键帧

❼ 选择后面3个关键帧，向后移动到图层的末端，这样可以使第3段的素材变慢，如图2-104所示。

图2-104　移动关键帧

❽ 拖动当前指针到29秒29帧处，按N键设置工作区域的末端，如图2-105所示。

图2-105　设置工作区范围

❾ 单击播放按钮■，查看变速完成的效果，如图2-106所示。

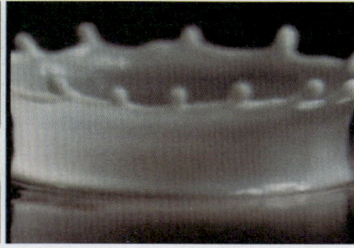

图2-106　查看变速结果

❿ 拖动当前指针到33秒29帧处，拖动最后一个关键帧与当前指针对齐，按N键延长图层的出点，这样第5段素材的速度也就变慢了，如图2-107所示。

图2-107　移动关键帧

⓫ 选择"时间重置"属性，也就选择了全部的关键帧，单击按钮，展开运动曲线编辑器，如图2-108所示。

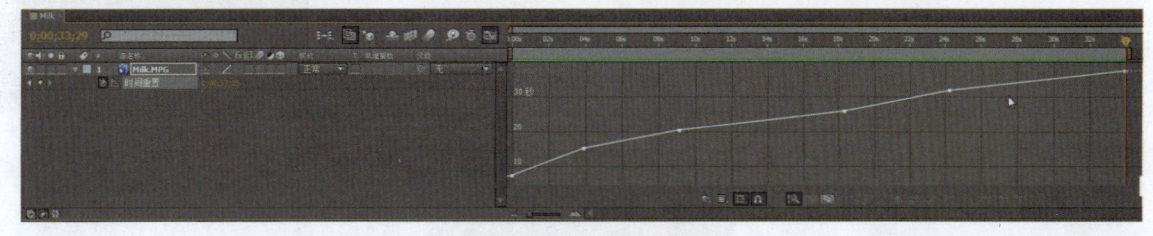

图2-108　曲线编辑器

⓬ 调整关键帧插值，增强运动的平滑性，如图2-109所示。

图2-109　调整运动曲线

⓭ 保存工程文件，单击播放按钮，查看调速后的牛奶动画效果，如图2-110所示。

图2-110　查看牛奶调速效果

实例028　草图动画

前面讲了很多关于关键帧控制动画的例子，在After Effects中有一种更自由地控制动画的方法，那就是"动态草图"，可以手动绘制运动路径。

设计思路

首先为小色块图层应用"动态草图"，在预览视图中直接绘制一条路径，小色块就可以沿路径运动，然后通过拖尾使之连贯起来。如图2-111所示为案例分解部分效果展示。

图2-111 效果展示

技术要点

- 动态草图：用鼠标绘制运动路径。
- 拖尾：创建运动对象延迟以及多个副本的效果。

制作过程

案例文件	工程文件\第2章\028 草图动画		
视频文件	视频\第2章\实例028.mp4		
难易程度	★★	学习时间	7分51秒

❶ 打开After Effects软件，选择主菜单"图像合成"|"新建合成组"选项，创建一个新合成，选择"预置"为"PAL D1/DV方形像素"，设置时长为20秒，如图2-112所示。

图2-112 新建合成

❷ 新建一个蓝色固态层，设置"宽"和"高"的数值均为100，如图2-123所示。

图2-113 新建蓝色固态层

❸ 选择主菜单"窗口"|"动态草图"命令，打开"动态草图"面板，如图2-114所示。

图2-114 "动态草图"面板

❹ 将固态层移到合适的位置，在"动态草图"面板中单击"开始采集"按钮，拖动固态层在合成窗口绘制移动路线，如图2-115所示。

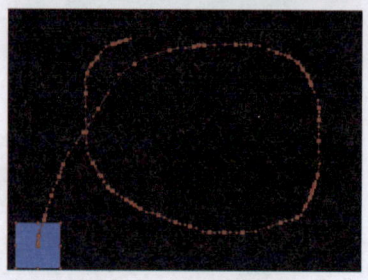

图2-115 绘制移动路径

❺ 在时间线面板中展开图层的"变换"属性，查看运动曲线，如图2-116所示。

❻ 选择主菜单"窗口"|"平滑器"命令，设置"宽容度"的数值为2，单击"应用"按钮，减少关键帧，如图2-117所示。

图2-116 运动曲线

图2-117 应用平滑器

❼ 可以查看关键帧减少了很多，如图2-118所示。

图2-118 减少关键帧

第 2 章 运动控制

⑧ 在项目中拖动"合成1"至合成图标上，创建一个新的合成，自动命名为"合成2"。

⑨ 选择图层"合成1"，选择主菜单"效果"|"时间"|"拖尾"命令，添加"拖尾"滤镜，如图2-119所示。

图2-119 设置拖尾参数

⑩ 激活"合成1"的时间线，调整蓝色图层的大小，如图2-120所示。

图2-120 调整图层大小

⑪ 调整"拖尾"滤镜参数，如图2-121所示。

图2-121 调整拖尾参数

⑫ 选择主菜单"图层"|"时间"|"时间伸缩"命令，改变速度，如图2-122所示。

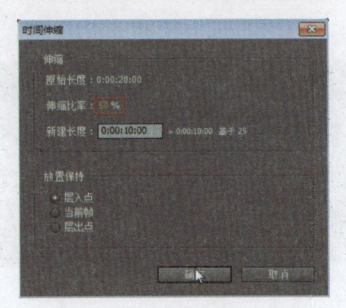

图2-122 调整时间伸缩

⑬ 拖动当前指针到9秒23帧，按N键，设置工作区域的末端，如图2-123所示。

图2-123 设置工作区域

⑭ 选择主菜单"效果"|"Trapcode"|"Starglow"命令，添加Starglow滤镜，如图2-124所示。

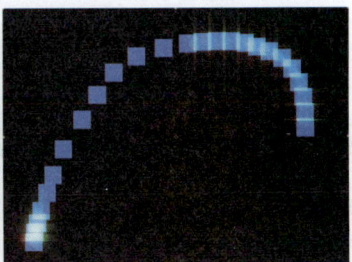

图2-124 添加Starglow滤镜

⑮ 选择主菜单"效果"|"模糊与锐化"|"CC矢量模糊"命令，添加"CC矢量模糊"滤镜，设置"数量"值为50，单击播放按钮，查看效果，如图2-125所示。

图2-125 设置矢量模糊参数

⑯ 切换到"合成1"的时间线，调整蓝色图层的大小为60%，如图2-126所示。

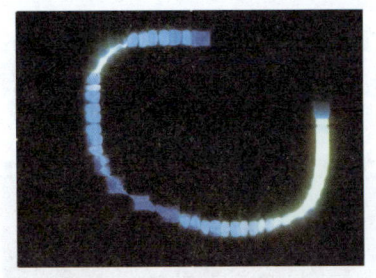

图2-126 调整色块大小

⑰ 调整"CC矢量模糊"滤镜的参数，如图2-127所示。

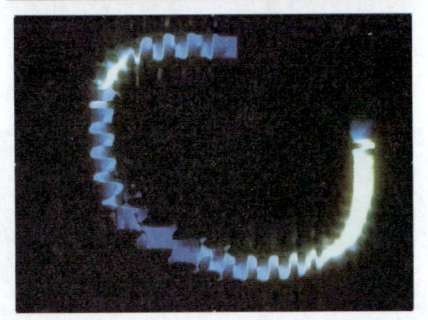

图2-127 调整矢量模糊参数

57

⑱ 单击播放按钮▶，查看草图运动产生光效的预览效果，如图2-128所示。

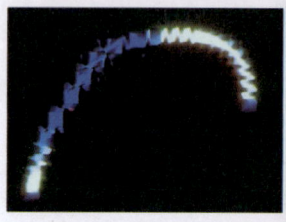

图2-128　预览草图运动的光效

实例029　震颤

在实拍时一般会要求画面平稳，在后期软件中也是一样，摄像机的运动也要平稳。但有时为了追求现场感，如爆炸、地震事件发生时，地面和建筑物的颤抖能够体现真实。基于此方面的考虑，有时候为了追求现场感，会故意为拍摄平稳的素材添加震颤效果。

设计思路

应用摇摆器创建摄像机位置关键帧之间的波动，以此产生震颤的动画效果。如图2-129所示为案例分解部分效果展示。

图2-129　效果展示

技术要点

- 摇摆器：创建运动的颤抖。

案例文件	工程文件\第2章\029 震颤		
视频文件	视频\第2章\实例029.mp4		
难易程度	★★★	学习时间	4分36秒

实例030　蝴蝶飞舞

应用关键帧控制物体的运动，在大多数简单的情况下还是很高效的，但针对一些包含了位置、旋转和缩放组合变换的复杂运动时，可以使用表达式，如循环运动、跟随运动、配合音乐节奏等。

设计思路

将蝴蝶飞舞的动画分解来看，包含两个方面：一个是身体沿路径飞行的动画，通过关键帧就可以很容易解决；另一个是翅膀扇动的循环动画，可以通过表达式来解决，减少设置多个关键帧的麻烦。如图2-130所示为案例分解部分效果展示。

图2-130　效果展示

技术要点

- 表达式控制运动：简化动画关键帧，通过表达式实现运动效果。

制作过程

案例文件	工程文件\第2章\030 蝴蝶飞舞
视频文件	视频\第2章\实例030.mp4
难易程度	★★★★
学习时间	19分14秒

❶ 启动After Effects软件，在项目窗口中双击，在"导入文件"对话框中选择文件"风景.jpg"。

❷ 以合成方式导入分层文件"蝴蝶新.psd"，如图2-131所示。

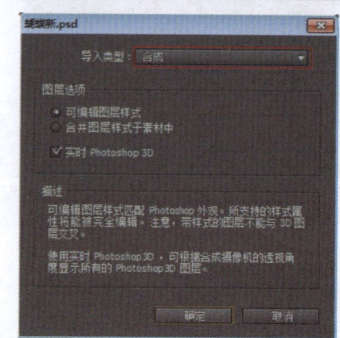

图2-131　导入psd文件

❸ 在项目窗口中添加一个合成"蝴蝶新"和相同名称的文件夹，如图2-132所示。

图2-132　添加同名项目

❹ 双击合成，打开其时间线，可以看到其中包括有多个图层，如图2-133所示。

图2-133　展开多个图层

❺ 选择主菜单"图像合成"|"图像合成设置"命令，在"图像合成设置"对话框中重新选择"预置"，如图2-134所示。

图2-134　合成设置

❻ 在时间线面板中选择全部图层，激活图层的3D特性，然后选择"身体"之外的全部图层，设定为图层"身体"的子对象，如图2-135所示。

图2-135　设置父子对象

❼ 在时间线面板中，选择图层"左翅膀1"，按R键展开其旋转属性，单击"Y轴旋转"项，选择主菜单"动画"|"添加表达式"命令，添加一个默认表达式，如图2-136所示。

图2-136　添加表达式

❽ 单击默认的表达式，使其处于可编辑状态，然后输入新的表达式语句，如图2-137所示：

　　wigfreq=2;
　　wigangle=75;
　　wignoise=2;
　　Math.abs(rotation.wiggle(wigfreq,wigangle,wignoise));

图2-137　编辑表达式

❾ 拖动时间线指针，可以看到"左翅膀1"的摆动效果，如图2-138所示。

图2-138　摆动效果

> **提示**
>
> 但由于视角的原因，还不够理想。

❿ 在时间线面板中展开图层"右翅膀1"的旋转属性，为"Y轴旋转"添加一个默认表达式，然后链接到图层"左翅膀1"的"Y轴旋转"属性，自动添加表达式，如图2-139所示。

图2-139　链接创建表达式

⓫ 修改图层"右翅膀1"的"Y轴旋转"的表达式，代码如下：

-thisComp.layer("左翅膀1").YRotation

⑫ 拖动时间线指针，查看合成预览效果，可以看到左右翅膀的对称摆动，如图2-140所示。

图2-140　摆动效果

⑬ 选择图层"左翅膀2"，展开旋转属性，为"Y轴旋转"添加表达式，链接到图层"左翅膀1"的"Y轴旋转"属性，如图2-141所示。

图2-141　链接表达式

⑭ 创建一个28mm的摄像机，选择摄像机工具调整视图，如图2-142所示。

图2-142　调整摄像机视图

⑮ 为了改善翅膀扇动的效果，修改图层"左翅膀1"的表达式，代码如下：

wigfreq=2;
wigangle=75;
wignoise=2;
Math.abs(rotation.wiggle(wigfreq,wigangle,wignoise))-50;

⑯ 拖动当前指针，查看蝴蝶翅膀扇动的效果，如图2-143所示。

图2-143　翅膀扇动效果

⑰ 为了使左侧的两个翅膀扇动有些差异，修改表达式如下：
　　thisComp.layer("左翅膀1").yRotation*1.2+10;

⑱ 拖动当前指针，查看蝴蝶翅膀扇动的效果，如图2-144所示。

图2-144　翅膀扇动效果

⑲ 选择图层"右翅膀2"，为Y轴旋转属性添加表达式，链接到图层"左翅膀2"的"Y轴旋转"，然后代码进行修改如下：
-thisComp.layer("左翅膀2").yRotation;

⑳ 拖动时间线指针，查看蝴蝶翅膀扇动的效果，如图2-145所示。

图2-145　翅膀扇动效果

㉑ 现在蝴蝶翅膀的摆动已经设置完毕，接下来设置它的飞行动画。拖动风景图片到时间线的底层，选择主菜单"图层"|"变换"|"适配为合成宽度"命令，如图2-146所示。

图2-146　调整图层大小

㉒ 拖动当前时间线指针到合成的起点，展开图层"身体"的位置属性，激活记录动画按钮，设置第一个关键帧的值，并分别在3秒、6秒和8秒创建位置关键帧。然后分别在顶视图和前视图中调整蝴蝶飞行的路径，如图2-147所示。

图2-147　创建飞行路径

㉓ 拖动当前时间线指针到合成的起点，按Shift+R组合键展开"方向"属性，添加"方向"关键帧，分别在3秒、6秒和8秒调整方向参数，使蝴蝶沿曲线路径飞行时保持合理的角度，如图2-148所示。

图2-148　调整飞行角度

㉔ 增强蝴蝶飞行的空间感，调整路径在深度方向的延伸，如图2-149所示。

图2-149　调整飞行路径

㉕ 单击播放按钮，查看蝴蝶飞行的动画效果，如图2-150所示。

图2-150　飞行动画效果

㉖ 修改图层"左翅膀1"的表达式：
　　wigfreq=3;
　　wigangle=60;
　　wignoise=2;
　　Math.abs(rotation.wiggle(wigfreq,wigangle,wignoise))-80;

㉗ 单击播放按钮，查看蝴蝶飞行的动画效果，如图2-151所示。

图2-151　蝴蝶飞行效果

㉘ 为"左翅膀1"图层添加"色彩平衡（HLS）"滤镜，调整色相参数，如图2-152所示。

图2-152　调整色相

㉙ 单击时间控制面板上的播放按钮，观看蝴蝶飞舞的动画效果，如图2-153所示。

图2-153　蝴蝶飞舞效果

实例031　弹跳果冻

在创建动画时，很容易创建移动、缩放、飞跃、碰撞等效果。其中有一种动画效果是体现物体弹性的，如果冻掉落在地上时不仅变扁同时变宽，但体积不变。

设计思路

果冻弹跳的动画包括3个方面：一个是物体沿路径上下往复运动，一个是高度变化，再有就是宽度变化，可以通过表达式来实现这个复合的运动。如

图2-154所示为案例分解部分效果展示。

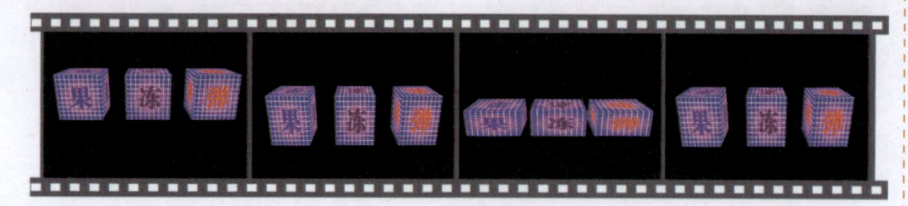

图2-154 效果展示

技术要点

- Expression：让方块呈现弹性的状态。
- Silder Control：控制方块的变形。

制作过程

案例文件	工程文件\第2章\031 弹跳果冻		
视频文件	视频\第2章\实例031.mp4		
难易程度	★★★	学习时间	25分57秒

❶ 选择主菜单"图像合成"|"新建合成组"命令，新建一个合成，选择"预置"为"自定义"，设置"宽"和"高"的数值均为400，设置时长为12秒，如图2-155所示。

图2-155 新建合成

❷ 新建一个黑色固态层，选择主菜单"效果"|"生成"|"渐变"命令，添加"渐变"滤镜，如图2-156所示。

图2-156 设置渐变参数

❸ 选择主菜单"效果"|"生成"|"网格"命令，添加"网格"滤镜，设置"边角"值和"边缘"值，如图2-157所示。

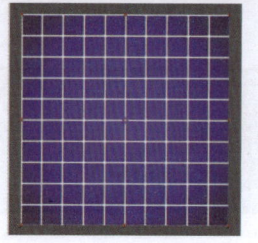

图2-157 设置网格参数

❹ 选择主菜单"效果"|"风格化"|"辉光"命令，添加"辉光"滤镜，设置参数，如图2-158所示。

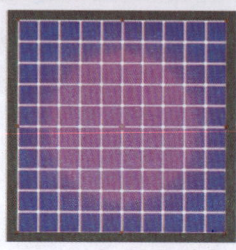

图2-158 设置辉光参数

❺ 选择工具栏中的文本工具，输入字符"果"，选择合适的字体和字号，选择文本图层的混合模式为"变暗"，如图2-159所示。

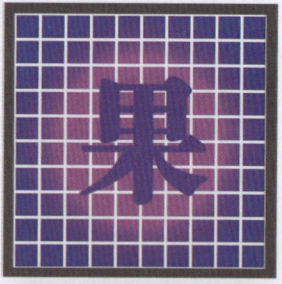

图2-159 创建文本

❻ 新建一个合成，命名为"弹性"，选择"预置"为HDV/HDTV 720 25，设置时长为12秒，如图2-160所示。

图2-160 新建合成

❼ 从项目窗口中拖动"合成1"到时间线面板中，激活3D属性，复制一次，重命名为"合成2"，如图2-161所示。

图2-161 复制图层

❽ 复制图层"合成2"4次，自动升序排名，且自动命名为"合成3""合成4""合成5"和"合成6"，如图2-162所示。

❾ 分别调整6个图层的角度和位置，构成一个正方体。

❿ 单击时间线面板空白处，在弹出的菜单中选择"新建"|"空白对

象"命令,新建一个空白对象,激活其三维属性█,设置为6个图层的父物体,如图2-163所示。

图2-162 复制图层

图2-163 设置父子对象

⑪ 创建一个35mm的摄像机,选择摄像机工具查看立方块的效果,如图2-164所示。

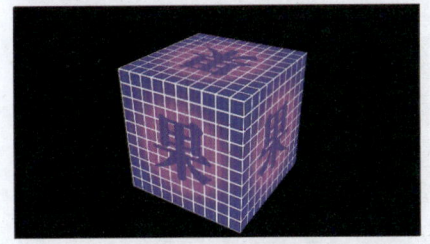

图2-164 调整摄像机视图

⑫ 在项目窗口中,复制"合成1",重命名为"合成2"。双击该合成,打开其时间线,修改字符为"冻",如图2-165所示。

图2-165 修改字符

⑬ 复制"合成2",重命名为"合成3"。双击该合成,打开其时间线,修改字符为"弹",如图2-166所示。

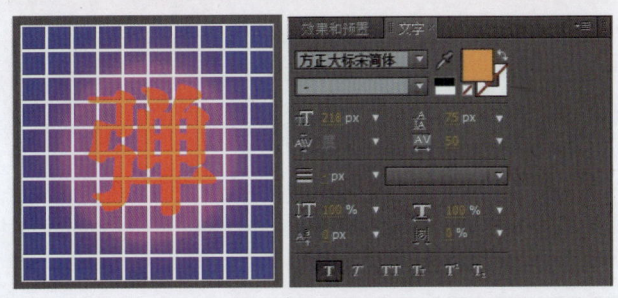

图2-166 修改字符

⑭ 在项目窗口中复制合成"弹性",重命名为"弹性2"。双击打开其时间线,选择6个图层,并用"合成2"进行替换,如图2-167所示。

图2-167 替换图层

⑮ 在项目窗口中复制合成"弹性2",重命名为"弹性3"。双击打开其时间线,选择6个图层,并用"合成3"进行替换,如图2-168所示。

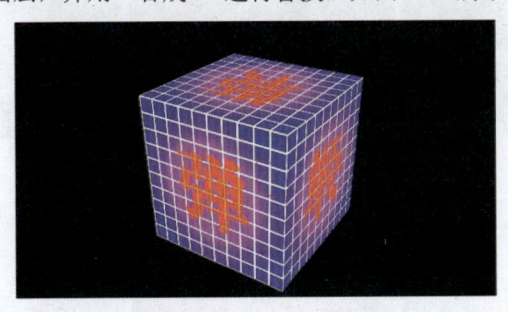

图2-168 替换图层

⑯ 在时间线面板中激活合成"弹性2"的时间线,选择空白对象"空白1",展开其位置属性,选择主菜单"动画"|"添加表达式"命令,为"位置"属性添加表达式,如图2-169所示:

bounceSpeed=1;
flight=0.8;
bounceHeight=240;
t=Math.abs((time*2*bounceSpeed)%2-1);
t=linear(t,flight,0,0,1);
b=Math.cos(t*Math.PI/2);
value-[0,bounceHeight*b];

图2-169 添加表达式

⑰ 展开"缩放"属性,添加表达式,如图2-170所示:

```
bounceSpeed=1;
squash=0.6;
stretch=1.2;
flight=0.8;
t=Math.abs((time*2*bounceSpeed)%2-1);
t=(t>flight)?easeOut(t,flight,1,stretch,squash):easeIn(t,0,flight,1,stretch);
[value[0]/Math.sqrt(t),value[1]*t];
```

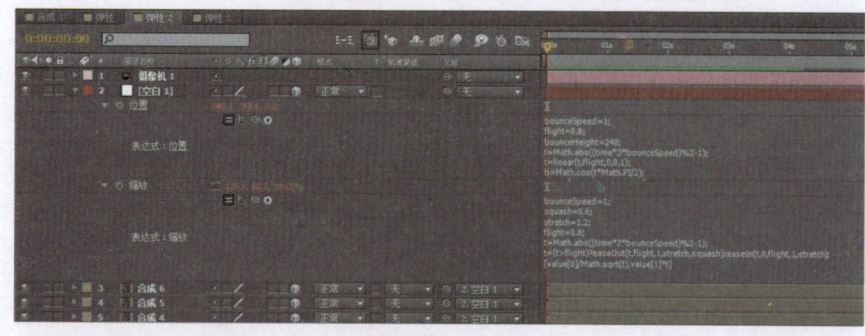

图2-170　添加表达式

⑱ 拖动当前指针，查看方块的弹跳动画效果，如图2-171所示。

图2-171　弹跳动画

⑲ 将合成"弹性2"中空白对象的位置和缩放表达式复制到合成"弹性3"中空白对象对应的属性，如图2-172所示。

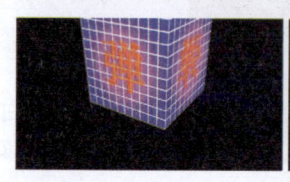

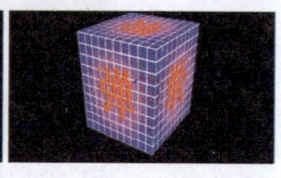

图2-172　复制表达式

⑳ 将合成"弹性2"中空白对象的位置和缩放表达式复制到合成"弹性"中空白对象对应的属性，如图2-173所示。

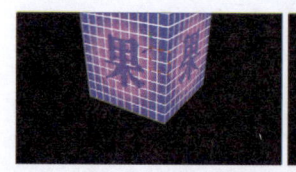

图2-173　复制表达式

㉑ 创建一个新的合成，命名为"弹跳合成"，从项目窗口中拖动合成"弹跳"、"弹跳2"和"弹跳3"到时间线上。

㉒ 新建一个35mm的摄像机，激活3个弹性图层的3D属性和塌陷变换 ，如图2-174所示。

图2-174　激活3D和塌陷变换属性

㉓ 调整3个立方块的位置，选择摄像机工具调整摄像机视图，获得需要的构图，如图2-175所示。

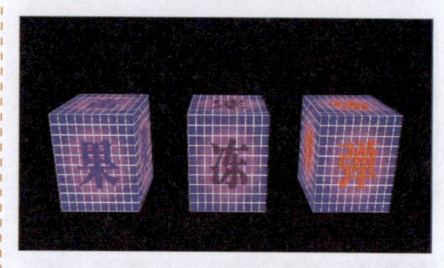

图2-175　调整构图

㉔ 单击播放按钮 ，查看果冻弹跳的动画效果，如图2-176所示。

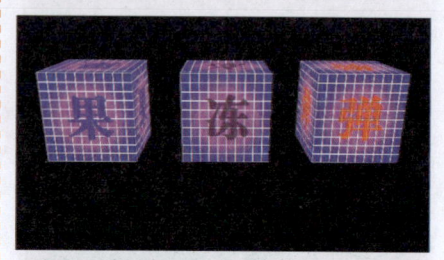

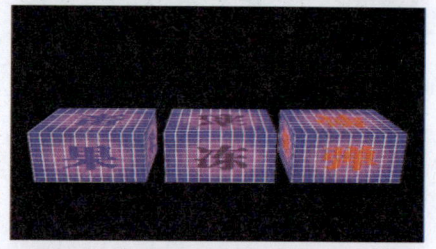

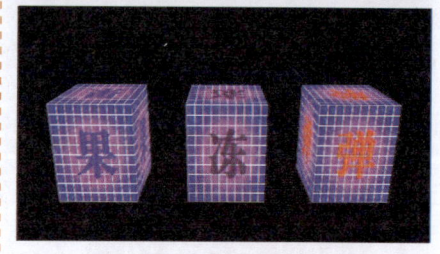

图2-176　果冻弹跳效果

实例032
弹簧字

这是一个很简单的文字动效，模拟弹簧的伸缩特性。

> 设计思路

因为弹簧字效不是一直往复伸缩，是逐渐减弱直到最后停止，这是用关键帧控制比较麻烦，此时可以通过表达式来实现这个复合的运动。如图2-177所示为案例分解部分效果展示。

图2-177　效果展示

技术要点

● 表达式：让文字呈现弹性的状态。

案例文件	工程文件\第2章\032 弹簧字		
视频文件	视频\第2章\实例032.mp4		
难易程度	★★★	学习时间	15分03秒

实例033　音量指针

跟随音乐的节奏或音量让图像产生运动，一直在影视后期中广泛使用，它可以产生强烈的冲击力和节奏感。

设计思路

首先通过音频产生一个音频振幅层，其中包含了音量转换的关键帧；再通过表达式为关键帧数据赋予需要被控制运动的对象，如本例中的指针旋转属性。如图2-178所示为案例分解部分效果展示。

图2-178　效果展示

技术要点

● 转换音频为关键帧：根据音频素材转变成音频振幅关键帧的图层。

制作过程

案例文件	工程文件\第2章\033 音量指针		
视频文件	视频\第2章\实例033.mp4		
难易程度	★★★	学习时间	6分11秒

❶ 启动After Effects软件，导入一个仪表图片"仪表.jpg"并拖动到合成图标█上创建一个新的合成，如图2-179所示。

❷ 选择矩形工具█，绘制指针形状的图形，如图2-180所示。

图2-179　新建合成

图2-180　绘制矩形遮罩

❸ 选择圆形工具█，绘制一个小圆形，如图2-181所示。

图2-181　绘制圆形

❹ 选择这两个图形层，选择主菜单"窗口"|"对齐"命令，在"对齐"面板中选择对齐方式，如图2-182所示。

图2-182　对齐图形

❺ 选择主菜单"图层"|"预合成"命令，选择"移动全部属性到新建合成中"项，进行预合成，如图2-183所示。

图2-183　预合成

❻ 选择图层"预合成1"，调整轴心点的位置到旋转中心，如图2-184所示。

图2-184　调整轴心点

❼ 添加"斜面Alpha"滤镜,产生倒角效果,如图2-185所示。

图2-185 添加图形倒角

❽ 导入一段音频素材"摩托车音效.mp3",拖动到时间线的底层,展开音频波形,如图2-186所示。

图2-186 展开音频波形

❾ 选择主菜单"动画"|"关键帧辅助"|"转换音频为关键帧"命令,生成音频振幅层。展开"效果"属性,查看关键帧,如图2-187所示。

图2-187 生成音频振幅层

❿ 选择图层"预合成1",按R键展开旋转属性,添加表达式,并链接到音频振幅图层的Slider,如图2-188所示。

图2-188 链接表达式

⓫ 创建表达式,如图2-189所示。

图2-189 创建表达式

⓬ 单击播放按钮▶,查看指针随音乐旋转的动画效果,如图2-190所示。

⓭ 编辑表达式如下,使得在合成的起点时,指针指示为0,如图2-191所示:

thisComp.layer("音频振幅").effect("双声道")("Slider")*8-100;

图2-190 指针旋转动画

图2-191 编辑表达式

⓮ 拖动当前时间线指针到音频层的末端,按N键设置工作片段的出点,如图2-192所示。

图2-192 设置工作区域

⓯ 单击播放按钮▶,查看最终的动画效果预览,如图2-193所示。

图2-193 最终指针动画效果

实例034　舞动音频线

将音频波形转换成关键帧，通过关键帧可控制其他的属性创建需要的动画。还有一些滤镜可以直接应用音频层，将音频属性映射到控制选项，可以随心所欲地创建更多的特效，包括光效、光线，等等。

设计思路

本例应用粒子滤镜Form创建光线效果，其中Audio React选项组可以指定音频层，并把音频属性映射到相关属性，如分散、扭曲和球形场等，创建一组跟随音乐节奏舞动的光线。如图2-194所示为案例分解部分效果展示。

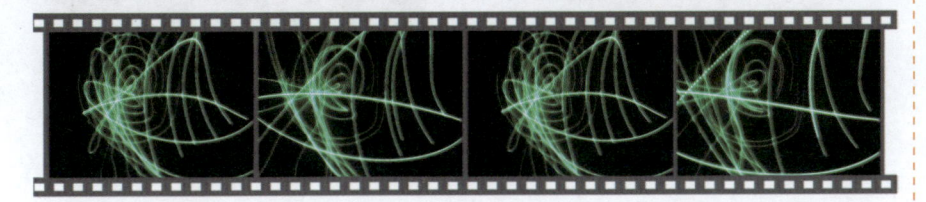

图2-194　效果展示

技术要点

- Form：创建粒子光线效果，应用音频映射到指定选项，使用音频控制属性值。
- 转换音频为关键帧：根据音频素材转变成音频振幅关键帧的图层。

案例文件	工程文件\第2章\034 舞动音频线		
视频文件	视频\第2章\实例034.mp4		
难易程度	★★★	学习时间	17分57秒

实例035　变形特效

变形特效无论在影视剧、广告还是MV中都可能用到。除了轮廓变形外，两个角色之间变形，更真实的方式是轮廓、五官都能对应变形，这样也才能给观众更详细的动画过程，引起强烈的兴趣感。

设计思路

要实现两个角色之间比较完美的变形，首先是绘制多条对应的遮罩，如眼部、嘴部、耳朵等，再通过变形滤镜完成对应遮罩形状的转变，也就完成了两个角色之间比较平滑的变形效果。如图2-195所示为案例分解部分效果展示。

图2-195　效果展示

技术要点

- 遮罩动画：手动跟踪运动编辑遮罩形状。
- 变形：根据起止遮罩进行变形。

制作过程

案例文件	工程文件\第2章\035 变形特效
视频文件	视频\第2章\实例035.mp4
难易程度	★★★
学习时间	9分34秒

❶ 启动After Effects软件，选择主菜单"图像合成"|"新建合成组"命令，新建一个合成，如图2-196所示。

图2-196　新建合成

❷ 导入两张图片cat.jpg和lion.jpg，如图2-197所示。

图2-197　导入图片

❸ 拖动图片cat.jpg到时间线上，调整该图层的位置，如图2-198所示。

图2-198　调整图层位置

❹ 拖动图片lion.jpg到时间线的顶层，调整位置，如图2-199所示。

图2-199　调整图片位置

❺ 激活图层cat.jpg的Solo属性，选择顶层lion.jpg，选择钢笔工具，勾选工具栏右端的"旋转曲线"项。

> **提示**
>
> 使用"变形"滤镜制作不同角色之间面部的变形时，最好在变形的起始和结束时的头部动作不要太快，位置和景别的差别也不宜过大，这样可以得到非常理想的变形动画。

❻ 参照小猫头部的轮廓绘制一个遮罩"遮罩1"，如图2-200所示。

图2-200　绘制自由遮罩

❼ 复制"遮罩1"，自动命名为"遮罩2"，如图2-201所示。

图2-201　复制遮罩

❽ 取消图层cat.jpg的solo属性，锁定lion.jpg的"遮罩1"，如图2-202所示。

图2-202　锁定遮罩

❾ 参照狮子头部的轮廓调整"遮罩2"的形状，如图2-203所示。

图2-203　调整遮罩形状

❿ 选择矩形工具，绘制一个矩形遮罩，如图2-204所示。

图2-204　绘制矩形遮罩

⓫ 选择主菜单"效果"|"扭曲"|"变形"命令，添加"变形"滤镜，设置参数，如图2-205所示。

图2-205　设置变形参数

⓬ 拖动当前指针到合成的起点，在时间线面板中展开效果属性，调整"百分比"的数值为0%，并设置关键帧。拖动当前指针到3秒，调整"百分比"的数值为100%。拖动当前指针，查看变形的动画效果，如图2-206所示。

图2-206　设置变形动画

⓭ 复制图层lion.jpg的3个遮罩并粘贴到图层cat.jpg上，如图2-207所示。

图2-207　复制遮罩

⓮ 复制图层lion.jpg的"变形"滤镜并粘贴到图层cat.jpg上，拖动当前指针，调整滤镜参数，如图2-208所示。

图2-208　调整变形参数

⓯ 拖动当前指针，查看小猫变形的动画效果，如图2-209所示。

图2-209　小猫变形效果

⓰ 选择图层lion.jpg，按T键展开"透明度"属性，在1秒处设置关键

帧，数值为100%。拖动当前指针到2秒，调整数值为0%。

⑰ 选择图层cat.jpg，调换"百分比"的关键帧，如图2-210所示。

图2-210　调换关键帧

⑱ 单击播放按钮，查看狮子与猫的变脸动画效果，如图2-211所示。

图2-211　变脸动画效果

⑲ 拖动当前指针到4秒，按N键，设置工作区域的末端。

⑳ 拖动当前指针到15帧，拖动透明度的第1个关键帧由1秒移动到15帧。拖动当前指针到2秒15帧，拖动透明度的第2个关键帧由2秒移动到2秒15帧，如图2-212所示。

图2-212　移动关键帧

㉑ 单击图标，展开曲线编辑器，调整透明度的动画曲线，如图2-213所示。

图2-213　调整动画曲线

㉒ 保存工程文件，单击播放按钮，查看最终的变形动画效果，如图2-214所示。

图2-214　最终变脸动画效果

提　示

通过添加对应点的数量和选择质量高级的变形方式，如液态流动方式，也能得到很好的变形动画效果。

实例036　素材稳定

因为摄像机的不够稳定或者拍摄条件的限制，实际拍摄的素材经常存在抖动缺陷，这就需要进行稳定处理。

设计思路

这是一段手持摄像机拍摄的移镜素材，若要消除抖动缺陷，直接应用After Effects中的运动稳定器就可以轻松完成这个任务。如图2-215所示为案例分解部分效果展示。

图2-215　效果展示

技术要点

- 运动稳定器：After Effects内置的稳定工具，重点在于选择用于跟踪的特征点。

案例文件	工程文件\第2章\036 素材稳定		
视频文件	视频\第2章\实例036.mp4		
难易程度	★★★	学习时间	4分09秒

实例037　光晕跟踪

在影视后期中，根据实拍的场景添加一些特效是常有的事。如果拍摄的是运动镜头，就会涉及运动的跟踪。

设计思路

本例中素材是一段移动镜头拍摄的素材。要跟随移动的灯光添加光晕效果，首先要应用After Effects中的动态跟踪，然后将运动数据应用给光晕效果。如图2-216所示为案例分解部分效果展示。

图2-216　效果展示

技术要点

- 动态跟踪：应用运动跟踪器，将运动数据赋予光斑滤镜的中线点，创建跟随运动。

制作过程

案例文件	工程文件\第2章\037 光晕跟踪		
视频文件	视频\第2章\实例037.mp4		
难易程度	★★★	学习时间	3分55秒

① 打开After Effects软件，导入一段实拍素材"车灯.avi"。双击打开素材视图，单击播放按钮▶，查看素材内容，如图2-217所示。

图2-217　查看素材内容

② 拖动该素材到图标 上，创建一个新的合成。

③ 选择主菜单"效果"|"生成"|"镜头光晕"命令，添加"镜头光晕"滤镜，如图2-218所示。

图2-218　设置镜头光晕滤镜

④ 选择素材图层，选择主菜单"动画"|"动态跟踪"命令，添加运动跟踪器，如图2-219所示。

⑤ 在视图中调整跟踪框的位置，对齐要跟踪的灯光，如图2-220所示。

❼ 在"跟踪"面板中单击"设置目标"按钮，在弹出的"目标"对话框中选择"效果点控制"的选项为"镜头光晕/光晕中心"，单击"确定"按钮关闭对话框，如图2-222所示。

❽ 单击"应用"按钮，弹出"动态跟踪应用选项"对话框，如图2-223所示。

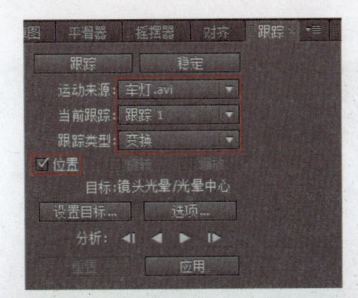

图2-219　运动跟踪器

图2-222　设置目标选项　　图2-223　动态跟踪应用选项

❾ 单击"确定"按钮，将运动数据赋予光斑中心，产生关键帧，如图2-224所示。

图2-220　调整跟踪框位置

❻ 在"跟踪"面板中单击向前分析按钮，进行跟踪计算，如图2-221所示。

图2-224　运动数据产生关键帧

❿ 在时间线面板中单击"光晕中心"，选择全部关键帧，选择主菜单"窗口"|"平滑器"命令，应用"平滑器"到"空间路径"，如图2-225所示。

图2-225　应用平滑器

⓫ 单击曲线编辑器图标，显示运动曲线，对关键帧进行光滑处理，如图2-226所示。

图2-226　运动曲线

⓬ 调整最后一个关键帧的数值，弥补丢失的跟踪数据，如图2-227所示。

图2-221　跟踪计算

> **提　示**
> 当灯光将要移出屏幕的时候，就要停止跟踪。

图2-227　调整关键帧

提示

跟踪目标丢失之后的运动数据主要依靠经验进行修补，根据运动趋势来调整关键帧。

⑬ 拖动当前指针，查看光晕跟踪效果，如图2-228所示。

图2-228 光晕跟踪效果

⑭ 在时间线面板中，选择"镜头类型"为"105mm 聚焦"项，如图2-229所示。

图2-229 调整镜头光晕参数

⑮ 单击播放按钮▶，查看跟踪运动的光斑效果，如图2-230所示。

图2-230 光斑运动效果

实例038　飞船拖尾

在影视后期中，经常会跟随实拍场景中一些运动的对象添加一些特效，比如火焰、粒子、烟雾等等，这都将涉及运动的跟踪。

设计思路

本例中素材是一段火箭飞行的素材。要跟随飞行的火箭尾部添加火焰拖尾效果，首先要应用动态跟踪将运动数据应用给空白对象，再将发射粒子的图层链接为空白对象的子对象，这样就完成了粒子拖尾跟随火箭的运动。如图2-231所示为案例分解部分效果展示。

图2-231 效果展示

技术要点

- 动态跟踪：应用运动跟踪器，将运动数据赋予空白对象，创建跟随运动。
- CC粒子仿真系统：创建粒子效果，模拟火箭喷火拖尾。

案例文件	工程文件\第2章\038 飞船拖尾		
视频文件	视频\第2章\实例038.mp4		
难易程度	★★★	学习时间	13分14秒

实例039　透视运动跟踪

影视后期包括一种很重要的工作，那就是对实拍场景进行修复，去除其中不合适的对象，或者根据剧情需要添加一些物体，这都将涉及运动的跟踪。

设计思路

本例中素材是一段实拍摇镜头的建筑，需要在墙面上贴上一个标牌。需要特别注意是楼房在运动镜头中的透视变形，这也是在运动跟踪时需要特别设置的。如图2-232所示为案例分解部分效果展示。

图2-232 效果展示

技术要点

- 动态跟踪：跟踪运动素材，添加其他元素。

案例文件	工程文件\第2章\039 透视运动跟踪		
视频文件	视频\第2章\实例039.mp4		
难易程度	★★★	学习时间	6分21秒

实例040　更换天空背景

在实拍外景时，很有可能遇到天气不够理想，或者完全是为了美化实拍素材，会需要更换天空背景，这对于影视后期来说是一种很重要的工作。

设计思路

本例中素材是一段实拍推镜头的公园风景，因为远处的天空灰蒙蒙，需要更换蓝天白云的图像。本例中使用Mocha来完成跟踪任务。如图2-233所示为案例分解部分效果展示。

图2-233 效果展示

技术要点

- Mocha：强大的运动追踪模块，功能超过普通的运动跟踪器。

案例文件	工程文件\第2章\040 更换天空背景		
视频文件	视频\第2章\实例040.mp4		
难易程度	★★★	学习时间	16分00秒

第 3 章　文字效果

After Effects具有很强的文字功能，不管是文字效果的制作还是样式编辑，都提供了十分丰富的动画预设，可以制作多种文字的特效，包括入画、出画、字幕版式等。应用很方便，还可以预览动画样式，便于选择和应用。

实例041　打字机效果

文字信息的出现有很多种方式，模拟打字机逐个打字的效果是比较常见的，有一种正式感和庄重感。

设计思路

打字效果其实很简单，只需要应用相应的文字动画预置就可以了。如图3-1所示为案例分解部分效果展示。

图3-1　效果展示

技术要点

- 文本动画预设：应用内置的动画预设创建文本或字符的动画效果。

制作过程

案例文件	工程文件\第3章\041 打字机效果		
视频文件	视频\第3章\实例041.mp4		
难易程度	★★	学习时间	4分17秒

❶ 打开After Effects软件，选择主菜单"图像合成"|"新建合成组"命令，创建一个新的合成，命名为"打字机效果"，如图3-2所示。

❷ 选择文本工具，输入字符"飞云裳AE特效教程"，设置适合大小和字体，如图3-3所示。

图3-2　新建合成

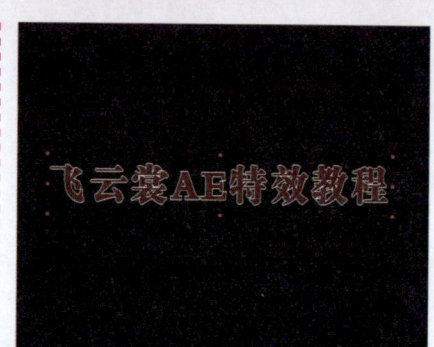

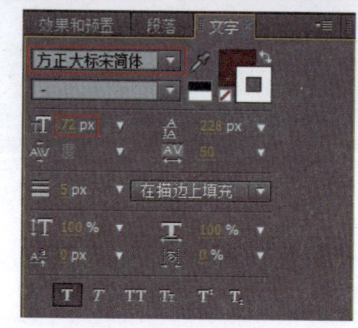

图3-3　创建文本图层

❸ 选择主菜单"动画"|"浏览预置"命令，打开预置库，如图3-4所示。

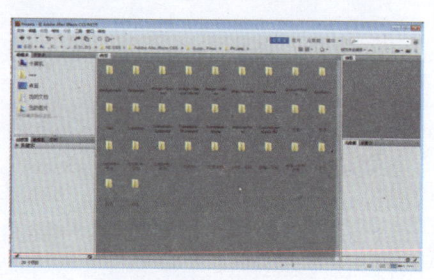

图3-4　浏览预置库

❹ 打开Text\Multi-Line文件夹，查看其中的动画预置，如图3-5所示。

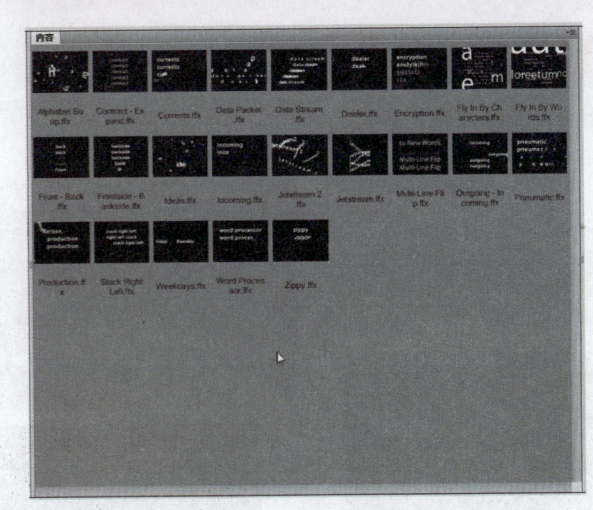

图3-5 查看动画预置

❺ 单击Word Processor项，在右侧的预览区可以播放预览动画，如图3-6所示。

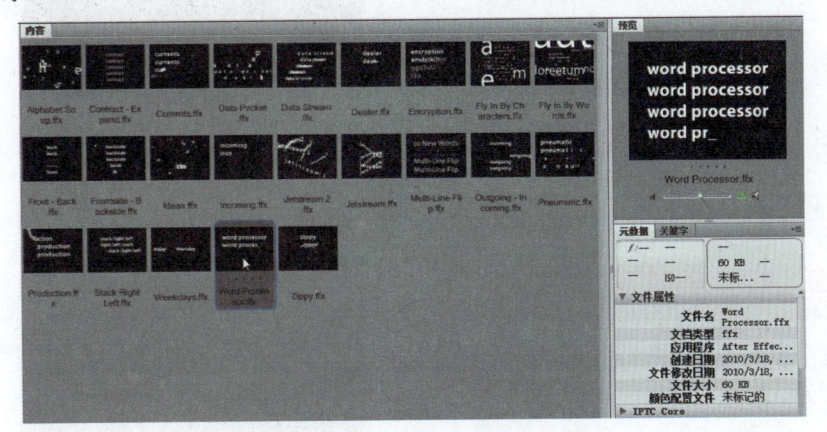

图3-6 预览动画预置

❻ 双击该预置项，自动添加"打字"和"光标闪烁"两个预设效果，如图3-7所示。

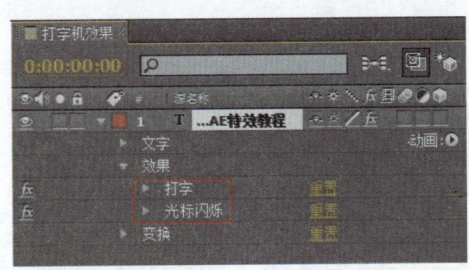

图3-7 添加动画效果

❼ 单击播放按钮，查看动画效果，感觉文字速度太快，需要调整出字的速度。选择"文字"层，按U键，显示出关键帧，调整第2个关键帧到第4秒，设置Slider参数为20，如图3-8所示。

图3-8 调整打字速度

❽ 单击播放按钮，查看打字的动画效果，如图3-9所示。

图3-9 查看打字效果

❾ 拖动第2个关键帧到合成的终点，减慢打字的速度，单击播放按钮，查看最终的打字效果，如图3-10所示。

图3-10 最终打字效果

实例042　倒角立体字

在后期制作时，经常会为文字创建不同的样式，比如立体感就是十分常用的一种，有一种厚重感。

设计思路

本例的立体字效果其实很简单，主要是应用斜面倒角和阴影来增强文字的厚度效果。如图3-11所示为案例分解部分效果展示。

图3-11　效果展示

技术要点

- 斜面Alpha：创建文字的倒角和厚度，产生立体感。
- 投射阴影：创建文字的放射状阴影，增强立体层次。

案例文件	工程文件\第3章\042 倒角立体字		
视频文件	视频\第3章\实例042.mp4		
难易程度	★★★	学习时间	8分20秒

实例043　坠落字符

在屏幕中出现的文字有时作为重要信息出现，而有时候可以背景的方式出现，尤其是大量的字符可以粒子的形式组建文字幕墙。

设计思路

大量的字符下落组建背景墙，主要应用粒子运动来发射粒子，设置字符作为粒子的形状，再通过重力等参数控制粒子下落的速度等。如图3-12所示为案例分解部分效果展示。

图3-12　效果展示

技术要点

- 粒子运动：发射字符粒子，通过重力等控制字符运动。

制作过程

案例文件	工程文件\第3章\043 坠落字符		
视频文件	视频\第3章\实例043.mp4		
难易程度	★★★	学习时间	10分12秒

❶ 打开After Effects软件，选择主菜单"图像合成"|"新建合成组"命令，创建一个新的合成，选择"预置"为PAL D1/DV，设置"持续时间"为8秒。

❷ 新建一个黑色固态层，选择主菜单"效果"|"模拟仿真"|"粒子运动"命令，添加"粒子运动"滤镜，如图3-13所示。

图3-13　添加粒子运动

❸ 在"滤镜"面板中单击"选项"按钮，弹出"粒子运动"对话框，如图3-14所示。

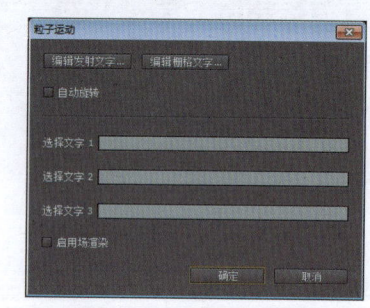

图3-14　粒子运动选项

❹ 单击"编辑发射文字"按钮，在弹出对话框的文字编辑器中输入字符01，选择合适的字体，选中"随机"项，如图3-15所示。

图3-15　编辑发射文字

❺ 单击"确定"按钮关闭对话框。此时粒子已转成随机的01两个数字，但粒子的尺寸太小。

❻ 展开"发射"选项组，设置其发射范围、发射速度、颜色等，具体

参数设置如图3-16所示。

图3-16　设置发射参数

⑦ 展开"重力"选项组，设置参数，如图3-17所示。

图3-17　设置重力参数

⑧ 拖动当前指针到2秒，按B键设置工作区域的起点，单击播放按钮，查看粒子的动画效果，如图3-18所示。

图3-18　查看粒子动画

⑨ 添加"拖尾"滤镜，设置参数，如图3-19所示。

图3-19　设置拖尾参数

⑩ 单击播放按钮，查看字符粒子的运动效果，如图3-20所示。

图3-20　字符粒子效果

⑪ 复制图层并选择底层，调整"粒子运动"滤镜的参数，如图3-21所示。

⑫ 调整该图层的不透明度为25%。

⑬ 添加"方向模糊"滤镜，设置参数，如图3-22所示。

图3-21　调整粒子参数

图3-22　设置方向模糊参数

⑭ 新建一个调节图层，添加"辉光"滤镜，接受默认值即可，如图3-23所示。

图3-23　添加辉光滤镜

⑮ 选择第一个粒子图层，修改字符为"0123456789"，如图3-24所示。

图3-24 修改字符

⑯ 保存工程文件，单击播放按钮▶，查看坠落字符的动画效果，如图3-25所示。

图3-25 查看坠落字符动画

实例044　时码变换

类似于电子时钟一样的时码变换经常用到屏幕中，作为背景或者时间提示的方式。

设计思路

时间码的变换是通过设置时间码滤镜中起始帧的关键帧来实现的，并用分形杂波滤镜创建纹理背景，最后通过透镜变形来强化整个场景的立体感。如图3-26所示为案例分解部分效果展示。

图3-26　效果展示

技术要点

- 时间码：创建变换的时间码。
- CC透镜：使图像产生透镜变形。

案例文件	工程文件\第3章\044 时码变换		
视频文件	视频\第3章\实例044.mp4		
难易程度	★★★	学习时间	12分02秒

实例045　文字扫光

文字或者LOGO类图形在影片的开头或结尾经常用发射光线的方式，引起观众的注意，这也是强调重要文字信息的很好的方式。

设计思路

让文字发光的方法有很多，操作起来也很简单，本例中应用CC光线滤镜并设置中心点的位置关键帧，就实现了扫光效果。如图3-27所示为案例分解部分效果展示。

图3-27　效果展示

技术要点

- CC光线：发射光线，创建文字扫光效果。

制作过程

案例文件	工程文件\第3章\045 文字扫光		
视频文件	视频\第3章\实例045.mp4		
难易程度	★★★	学习时间	6分29秒

❶ 打开After Effects软件，选择主菜单"图像合成"|"新建合成组"命令，

第 3 章 文字效果

创建一个新的合成，如图3-28所示。

图3-28 新建合成

❷ 选择文本工具，在预览视窗中输入字符After Effects，设置自己满意的字体、大小和颜色，如图3-29所示。

图3-29 输入文字

❸ 新建一个黑色固态层，放置于底层，添加"分形杂波"滤镜，设置滤镜参数，如图3-30所示。

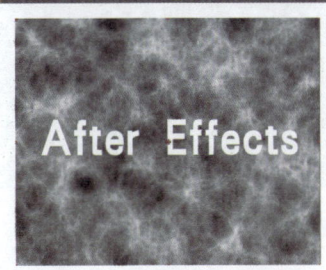

图3-30 设置分形杂波参数

❹ 设置"演变"的关键帧，0秒时数值为0，5秒时数值为360°。

❺ 设置底层的蒙板模式为Alpha，如图3-31所示。

图3-31 设置蒙板模式

❻ 在项目窗口中拖动"合成1"到合成图标上，创建一个合成，自动命名为"合成2"。

❼ 在"合成2"的时间线面板中，选择图层"合成1"，添加"CC光线"滤镜，设置参数，如图3-32所示。

图3-32 设置CC光线参数

❽ 添加"CC放射状快速模糊"滤镜，如图3-33所示。

图3-33 设置CC放射状快速模糊参数

❾ 切换到"合成1"时间线面板，复制文本图层，粘贴到"合成2"的时间线中，如图3-34所示。

图3-34 复制文本层

❿ 调整文本的颜色为绿色，如图3-35所示。

图3-35 调整文本颜色

⓫ 添加"斜面Alpha"滤镜，接受默认值即可，如图3-36所示。

图3-36 添加斜面Alpha滤镜

⓬ 拖动当前指针到合成的起点，选择图层"合成1"，在"CC光线"滤镜控制面板中设置"中心"的关键帧，如图3-37所示。

⓭ 拖动当前指针到合成的终点，调整"中心"的数值，如图3-38所示。

79

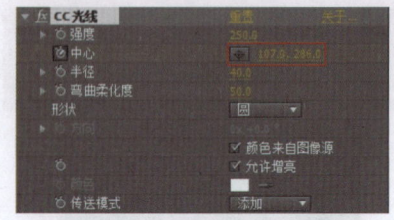

图3-37　设置中心第一个关键帧

图3-38　设置中心第二个关键帧

⑭ 单击播放按钮▶，查看文字扫光的效果，如图3-39所示。

图3-39　文字扫光效果

⑮ 新建一个调节图层，添加"三色调"滤镜，设置"中间色"为绿色，如图3-40所示。

图3-40　设置三色调参数

⑯ 添加"曲线"滤镜，提高亮度和对比度，如图3-41所示。

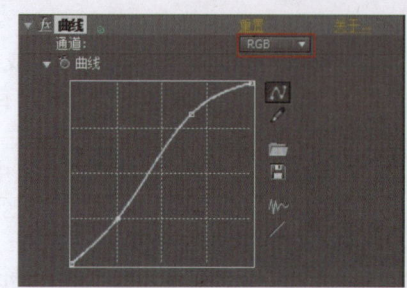

图3-41　调整曲线

⑰ 保存工程文件，单击播放按钮▶，查看文字扫光的动画效果，如图3-42所示。

图3-42　文字扫光动画

实例046　爆炸文字

爆炸往往给人以快速的冲击力和强大的震撼。将文字分裂成大量的碎片，也一样能够吸引观众的注意力，产生强烈的冲击力。

设计思路

首先将完整的文字破碎成大量的碎块，向屏幕外飞离；再添加辉光，让小的碎块产生类似火焰的效果。如图3-43所示为案例分解部分效果展示。

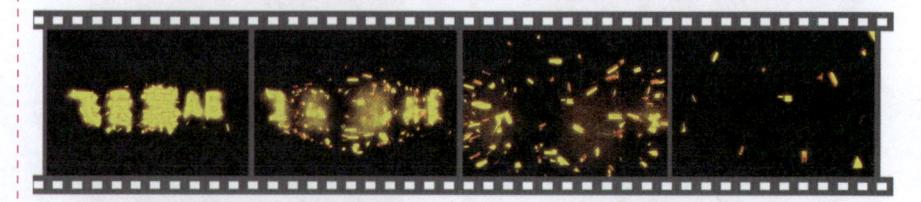

图3-43　效果展示

技术要点

- CC像素多边形：创建文字的破碎效果。
- 辉光：为碎片上色，模拟爆炸的火焰效果。

案例文件	工程文件\第3章\046 爆炸文字		
视频文件	视频\第3章\实例046.mp4		
难易程度	★★★	学习时间	6分28秒

实例047　金属文字

无论是在影片还是广告中，经常使用金属质感的文字或LOGO，这不仅是为了获得好的视觉效果，也能给观众一种高级品质的认同感。

设计思路

首先创建文字的立体感和厚度，其次是强化边缘的高光特性，再有就是增加立体字表面的纹理，最后考虑上色的问题。如图3-44所示为案例分解部分效果展示。

图3-44　效果展示

技术要点

- 斜面Alpha：创建文字的立体厚度效果。
- 曲线：调整曲线来强化边缘高光。

制作过程

案例文件	工程文件\第3章\047 金属文字		
视频文件	视频\第3章\实例047.Mp4		
难易程度	★★	学习时间	7分33秒

❶ 打开After Effects软件，创建一个新的合成，选择"预置"为PAL D1/DV，设置"持续时间"为5秒。

❷ 选择文字工具，输入字符AE&FX，设置合适的字体和大小，如图3-45所示。

图3-45　创建文字图层

❸ 选择主菜单"效果"｜"生成"｜"渐变"命令，添加"渐变"滤镜，调整渐变开始和结束的位置，如图3-46所示。

图3-46　设置渐变参数

❹ 为文字添加"斜面Alpha"滤镜，产生倒角效果，设置"边缘厚度"的数值为4.00，如图3-47所示。

图3-47　设置斜面倒角参数

❺ 添加"曲线"滤镜，调整边缘的亮度，如图3-48所示。

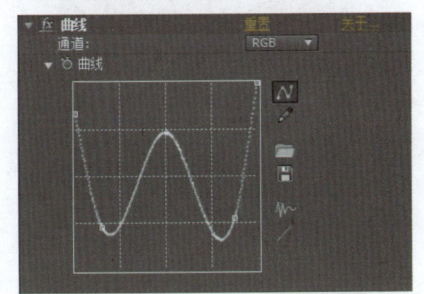

图3-48　调整曲线

❻ 复制文本图层两次，选择图层2，激活该图层的Solo属性，在滤镜控制面板中关闭全部滤镜，如图3-49所示。

图3-49　关闭滤镜

❼ 添加"最大/最小"滤镜，设置参数，如图3-50所示。

❽ 添加"高斯模糊"滤镜，设置"模糊量"的数值为3，如图3-51所示。

图3-50 设置最大/最小参数

图3-51 设置高斯模糊参数

⑨ 复制图层2的"最大/最小"滤镜，粘贴到底层的文本图层，在滤镜控制面板中，关闭"渐变"和"斜面Alpha"滤镜，拖动"最大/最小"滤镜到"曲线"滤镜的上一级。

⑩ 添加"分形杂波"滤镜，拖动到"曲线"滤镜的上一级，调整参数，如图3-52所示。

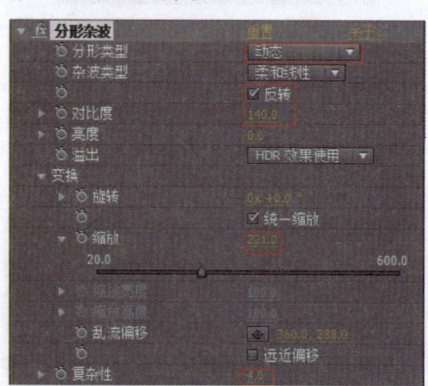

图3-52 设置分形杂波参数

⑪ 在时间线面板中，选择图层3的蒙板模式为Alpha，如图3-53所示。

图3-53 设置蒙板模式

⑫ 在滤镜控制面板中，调整"曲线"滤镜的曲线，提高立体字边缘的亮度，如图3-54所示。

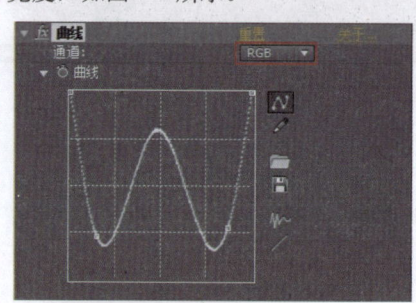

图3-54 调整曲线

⑬ 在项目窗口中拖动"合成1"到合成图标上，创建一个新的合成，自动命名为"合成2"，在时间线面板中复制图层，选择顶层的混合模式为"强光"，如图3-55所示。

图3-55 设置混合模式

⑭ 选择底层，添加"三色调"滤镜，调整"高光"和"中间色"的颜色，如图3-56所示。

图3-56 设置三色调参数

⑮ 新建一个调节层，添加"曲线"滤镜，提高亮度和对比度，减少绿色，如图3-57所示。

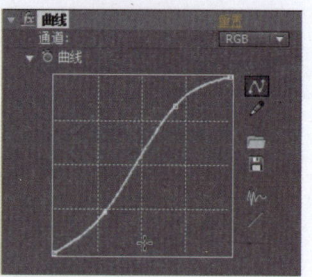

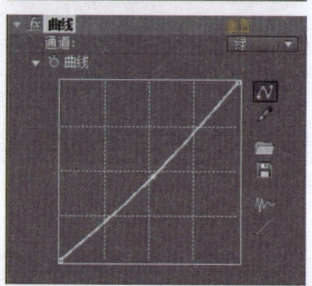

图3-57 调整曲线

⑯ 添加"CC扫光"滤镜，并设置"中心"参数的关键帧，在0～5秒之间由左端移动到右端，如图3-58所示。

⑰ 切换到"合成1"的时间线面板，选择底层文本层，在滤镜控制面板中，设置"分形杂波"滤镜中"演

变"参数的关键帧，0秒时数值为0，5秒时数值为360°。

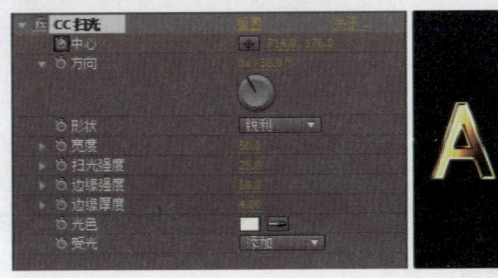

图3-58 设置CC扫光参数

⑱切换到"合成2"的时间线面板，单击播放按钮▶，查看金属质感文字的效果，如图3-59所示。

图3-59 最终金属字效果

实例048 撕扯文字

撕扯效果的创意来源于平时撕纸条的动作，在很大的文字表面上，通过这样一种小动作来唤起观众的好奇心，从而产生很强的吸引力。

设计思路

首先根据要翻卷的形状绘制自由遮罩，再添加卷页特效来完成撕扯效果；为了增强立体感，还应用了阴影和杂波纹理。如图3-60所示为案例分解部分效果展示。

图3-60 效果展示

技术要点

- 自由遮罩：分离出要翻卷的部分。
- CC卷页：创建翻卷动画。

制作过程

案例文件	工程文件\第3章\048 撕扯文字		
视频文件	视频\第3章\实例048.mp4		
难易程度	★★★	学习时间	10分36秒

❶打开After Effects软件，创建一个新的合成，选择"预置"为PAL D1/DV，设置"持续时间"的数值为5秒。

❷选择文字工具T，输入字符TEAR，设置合适的字体和大小，使得文字基本满屏，如图3-61所示。

图3-61 创建文字图层

❸选择文本图层，选择钢笔工具◆，绘制一个自由遮罩，如图3-62所示。

图3-62 绘制自由遮罩

❹复制文本图层，选择底层，调整遮罩参数，如图3-63所示。

图3-63 设置遮罩反转

❺选择顶层，预合成，选择"移动

全部属性到新建合成中"项，如图3-64所示。

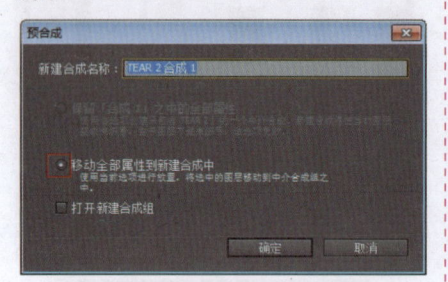

图3-64　预合成

❻ 切换到"合成1"的时间线面板，选择底层的文本层，调整遮罩参数，消除文字表面的拼接痕迹，如图3-65所示。

图3-65　调整遮罩参数

❼ 添加"CC卷页"滤镜，调整卷页参数，如图3-66所示。

图3-66　添加滤镜

❽ 拖动当前指针到合成的起点，单击"折叠位置"前的码表创建第一个关键帧，拖动当前指针到3秒，在视图中拖动"折叠位置"点，创建卷页动画，如图3-67所示。

❾ 调整"折叠半径"的数值为60。

❿ 复制预合成，选择图层2，重命名为"卷叶阴影"，关闭底层和顶层的可视性，添加"阴影"滤镜，如图3-68所示。

图3-67　创建卷页动画

图3-68　设置阴影参数

⓫ 调整"卷页"滤镜的参数，如图3-69所示。

图3-69　调整卷页参数

⓬ 选择顶层，打开可视性，调整"CC卷页"滤镜的参数，如图3-70所示。

图3-70　调整卷页参数

⓭ 打开底层的可视性，查看合成预览效果，如图3-71所示。

图3-71　查看合成预览

⓮ 选择顶层，复制该图层，拖动到第3层，重命名为"卷叶全"，调整"CC卷页"滤镜的参数，如图3-72所示。

图3-72　调整卷页参数

⑮ 关闭视图的透明背景显示，拖动当前指针，查看卷页效果，如图3-73所示。

图3-75 设置材质纹理参数

⑲ 添加"分形杂波"滤镜，在效果控制面板中拖动到"材质纹理"的上一级，调整参数，如图3-76所示。

图3-73 查看卷页动画

⑯ 双击预合成"TEAR 2合成1"，打开其时间线面板，新建一个白色固态层，添加"分形杂波"滤镜，接受默认参数，查看合成预览效果，如图3-74所示。

图3-76 设置分形杂波参数

⑳ 切换到"合成1"的时间线面板，选择底层的文本层，进行预合成，命名为"背景字"。双击并打开其时间线面板，复制合成"TEAR 2合成1"中的"纹理"图层，再复制文本层"TEAR 2"的滤镜并粘贴到文本层TEAR上，效果如图3-77所示。

图3-78 查看文字撕扯效果

图3-74 添加分形杂波

⑰ 选择白色图层，预合成，命名为"纹理"，然后关闭其可视性。

⑱ 选择文本图层，选择主菜单"效果"|"风格化"|"材质纹理"命令，添加"材质纹理"滤镜，如图3-75所示。

图3-77 复制滤镜

㉑ 切换到"合成1"的时间线面板，拖动当前指针，查看文字撕扯的效果，如图3-78所示。

㉒ 选择图层"卷叶全"，添加"粗糙边缘"滤镜，接受默认参数，如图3-79所示。

图3-79 添加粗糙边缘滤镜

㉓ 复制图层"背景字"，选择上面的"背景字"，添加"粗糙边缘"滤镜，如图3-80所示。

图3-80 添加粗糙边缘滤镜

㉔ 双击预合成"背景字"并打开其时间线面板，展开文本图层的遮罩属性，调整遮罩扩展的参数，如图3-81所示。

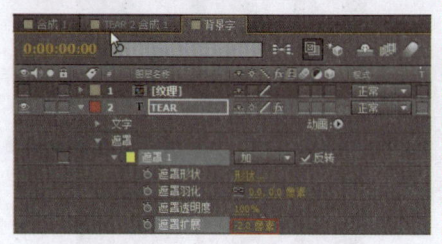

图3-81 调整遮罩参数

㉕ 切换到"合成1"的时间线，单击播放按钮，查看最终的撕扯文字的动画效果，如图3-82所示。

图3-82 最终撕扯文字效果

实例049 立体旋转的文字

在很多的影片中，都会借用地球这样的元素；有了地球自然就会有围绕旋转的对象，比如文字。将文字旋转其实很容易，但要围绕一个球体弯曲再旋转起来还是需要一定技巧的。

设计思路

制作一个类似地球的球体很容易，将文字弯曲成圆环并在立体空间旋转，需要使用CC圆柱体滤镜。比较费时间的工作是绘制遮罩，通过遮挡才能将圆环的文字看起来包围了球体。如图3-83所示为案例分解部分效果展示。

图3-83 效果展示

技术要点

- CC圆柱体：创建文字立体环绕的效果。
- CC球体：创建一个球体。

案例文件	工程文件\第3章\049 立体旋转的文字		
视频文件	视频\第3章\实例049.mp4		
难易程度	★★	学习时间	14分56秒

实例050 星空发光字

浩瀚的星空在很多的影片中都在开篇和结尾时出现，作为文字信息的背景，具有很强的空间感和冲击力，强烈的明暗对比更能突出文字。

设计思路

星空首先是比较深邃幽暗的，应用CC星爆滤镜很方便创建星空；文字的发光主要使用辉光滤镜；为了增强空间感，通过摄像机的运动来完成。如图3-84所示为案例分解部分效果展示。

图3-84 效果展示

技术要点

- CC星爆：创建星空效果。
- 摄像机：创建文字在空间的运动。

制作过程

案例文件	工程文件\第3章\050 星空发光字		
视频文件	视频\第3章\实例050.mp4		
难易程度	★★	学习时间	6分53秒

❶ 打开After Effects软件，选择主菜单"图像合成"|"新建合成组"命令，创建一个新的合成，选择"预置"为PAL D1/DV，设置"持续时间"的数值为5秒。

❷ 新建一个深紫色固态层，绘制一个椭圆遮罩，如图3-85所示。

第 3 章　文字效果

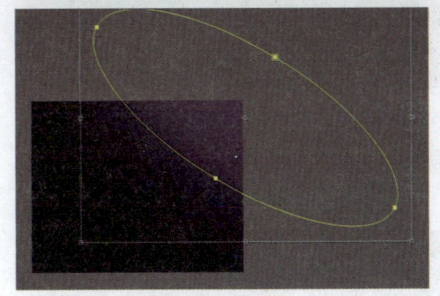

图3-85　绘制遮罩

❸ 新建一个白色固态层，命名为"星1"，选择主菜单"效果"|"模拟仿真"|"CC星爆"命令，添加"CC星爆"滤镜，设置参数，如图3-86所示。

图3-86　设置CC星爆参数

❹ 在时间线面板中复制图层"星1"，自动命名为"星2"，调整滤镜参数，如图3-87所示。

图3-87　调整CC星爆参数

❺ 单击播放按钮，查看星空的效果，如图3-88所示。

图3-88　查看星空效果

❻ 选择文本工具，直接在视图中输入字符"飞云裳AE特效大课堂"，设置字体、大小和颜色等参数，如图3-89所示。

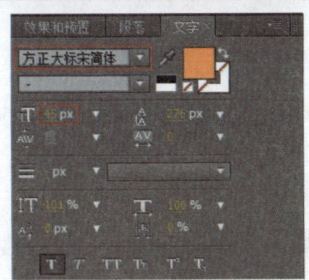

图3-89　创建文本层

❼ 添加"辉光"滤镜，接受默认参数值，如图3-90所示。

图3-90　添加辉光滤镜

❽ 激活文本图层的3D属性，创建一个28mm的摄像机，选择摄像机工具调整摄像机视图，如图3-91所示。

图3-91　调整摄像机视图

❾ 拖动当前指针到合成的起点，激活摄像机的"目标兴趣点"和"位置"的关键帧。拖动当前指针到合成的终点，调整摄像机视图，创建摄像机摇镜头的动画，如图3-92所示。

图3-92　设置摄像机动画

❿ 单击播放按钮，查看星空字幕的效果，如图3-93所示。

87

图3-93 星空字幕动画

⓫ 选择文本图层，添加"分形杂波"滤镜，设置参数，如图3-94所示。

图3-94 设置分形杂波参数

⓬ 设置"演变"的关键帧，0秒时数值为0，5秒时数值为720°，选择"混合模式"为"叠加"，查看合成预览效果，如图3-95所示。

图3-95 调整分形杂波参数

⓭ 保存工程文件，单击播放按钮，查看星空发光字的动画效果，如图3-96所示。

图3-96 最终星空发光字效果

实例051　眩光文字

在片头或片尾都会有文字出现的方式，为了引人注意，经常会考虑使用一些特效，如光线、光斑等等。

设计思路

文字的入画可以直接应用动画预置，为了增加视觉效果，可以使用一个移动的光斑来引导文字的出现。如图3-97所示为案例分解部分效果展示。

图3-97 效果展示

技术要点

- 文本动画预置：丰富的预置选项，自动创建文本动画。
- 镜头光晕：创建镜头光斑效果。

制作过程

案例文件	工程文件\第3章\051 眩光文字		
视频文件	视频\第3章\实例051.mp4		
难易程度	★★	学习时间	10分24秒

❶ 打开After Effects软件，选择主菜单"图像合成"|"新建合成组"命令，创建一个新的合成，选择"预置"为PAL D1/DV，设置"持续时间"为5秒。

❷ 新建一个深蓝色的固态层，命名为"背景"。再新建一个黑色的固态层，选择圆形遮罩工具，绘制一个椭圆形遮罩，设置羽化值为300，如图3-98所示。

第 3 章 文字效果

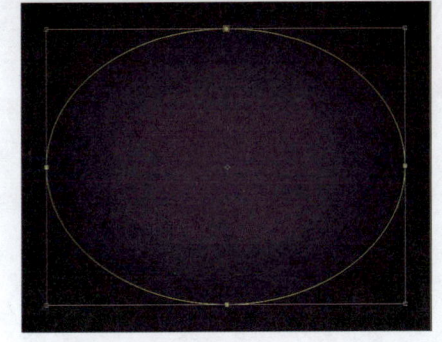

图3-98 绘制椭圆形遮罩

图3-100 添加缩放动画器

❼ 单击"动画1"右旁的"添加"按钮▶，从弹出的菜单中选择"特性"|"透明度"命令，添加"透明度"属性，设置其数值为0%。同样方法添加"模糊"属性，设置"模糊"的数值为（150,150），如图3-103所示。

图3-103 添加透明度和模糊动画器

❸ 选择文本工具T，输入字符"飞云裳AE特效大课堂"，设置合适的大小和字体，设置颜色为白色，如图3-99所示。

❽ 展开"变换"选项组，设置"缩放"的关键帧，第0帧时数值为100%，第2秒10帧时数值为60%。

❾ 单击播放按钮▶，查看文字的动画效果，如图3-104所示。

图3-101 查看字符缩放动画

图3-99 创建文本层

❹ 在时间线面板中，展开"文字"选项组，单击"动画"后面的按钮▶，在弹出的菜单中选择"缩放"命令，为文字层添加一个缩放动画器，如图3-100所示。

❺ 展开"范围选择器1"选项组，设置"偏移"的关键帧，第0帧时数值为100%，第1秒10帧时数值为-100%。拖动当前指针，查看动画效果，如图3-101所示。

❻ 展开"高级"选项组，选择"形状"为"下倾斜"项，设置"柔和（低）"的数值为100，如图3-102所示。

图3-102 设置高级选项

图3-104 查看文字动画

89

⑩ 创建一个新的黑色固态层，命名为"光晕"，添加"镜头光晕"滤镜，如图3-105所示。

图3-105 添加镜头光晕

⑪ 选择合适的"镜头类型"，并在视图中调整"光晕中心"的位置，如图3-106所示。

图3-106 调整镜头光晕参数

⑫ 选择图层"光晕"的混合模式为"添加"。拖动当前指针到合成的起点，设置"光晕中心"的关键帧。拖动当前指针到1秒10帧，在视图中调整"光晕中心"的位置，如图3-107所示。

图3-107 调整光晕中心位置

⑬ 单击播放按钮，查看眩光文字的动画效果，如图3-108所示。

图3-108 眩光文字动画

实例052 斑驳的字牌

记录曾经的时光，展现岁月的过往，总会留下斑驳的文字，掉落的几个字符不断提醒人们去回忆、去猜测曾经发生的事情。

设计思路

如果要体现斑驳的感觉，首先是字牌的背景纹理，其次是零星几个掉落的字符，本例中应用碎片滤镜来实现这个效果。如图3-109所示为案例分解部分效果展示。

图3-109 效果展示

技术要点

● 碎片：创建文字的破碎效果，是用文字本身作为形状贴图，掉落的是字符，而不是碎片。

制作过程

案例文件	工程文件\第3章\052 斑驳的字牌		
视频文件	视频\第3章\实例052.mp4		
难易程度	★★★	学习时间	14分59秒

❶ 打开After Effects软件，选择主菜单"图像合成"|"新建合成组"命令，创建一个新的合成，选择"预置"为PAL D1/DV，设置"持续时间"为5秒。

❷ 选择文本工具，输入字符"飞云裳后期特效 After Effects QQ:58388xx"，设置字体和字号，设置颜色为白色，如图3-110所示。

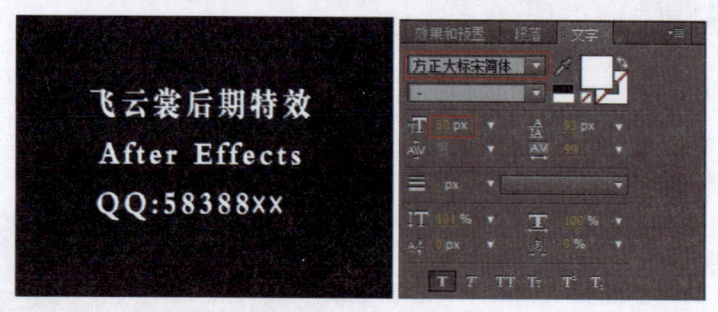

图3-110 创建文字层

❸ 导入一个旧金属图片，并拖动到时间线面板中，放置于底层作为背景。选择主菜单"图层"|"变换"|"适配到合成"命令，自动调整图层的大小，如图3-111所示。

图3-111 调整背景层大小

④ 选择文本图层，添加"彩色光"滤镜。展开"输入相位"选项组，选择"获取相位值"的选项为Alpha。展开"输出循环"选项组，选择"使用预置调色板"的选项为"渐变灰"。双击颜色轮上的点，将白色调整为浅灰色，如图3-112所示。

图3-112 设置彩色光参数

⑤ 添加"斜面Alpha"滤镜，接受默认参数值，如图3-113所示。

图3-113 添加斜面Alpha

⑥ 添加"CC调色"滤镜，设置"中间色"为蓝色，如图3-114所示。

图3-114 设置CC调色参数

⑦ 选择底层，添加"曲线"滤镜，降低亮度和色调，如图3-115所示。

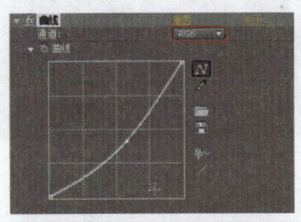

图3-115 调整曲线

⑧ 选择文本层，添加"CC调色"滤镜，分别设置"高光"和"中间色"的颜色，如图3-116所示。

图3-116 设置CC调色参数

⑨ 添加"曲线"滤镜，减低亮度，如图3-117所示。

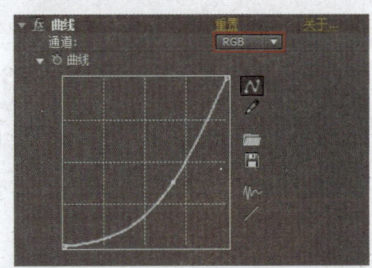

图3-117 调整曲线

⑩ 创建一个新的合成，命名为"贴图"，选择"预置"为PAL D1/DV，设置长度为5秒，复制"合成1"中的文本图层并粘贴到时间线上。

⑪ 新建一个黑色的固态层，双击该图层，选择笔刷，随意绘制笔画。勾选"在透明上绘制"项，查看贴图效果，如图3-118所示。

图3-118 绘制笔画

91

⑫ 在时间线面板中切换到"合成1"的时间线，从项目窗口中拖动"贴图"到时间线面板中，放置于底层。

⑬ 选择文本图层，选择主菜单"效果"|"模拟仿真"|"碎片"命令，添加"碎片"滤镜，选择"查看"选项为"渲染"，如图3-119所示。

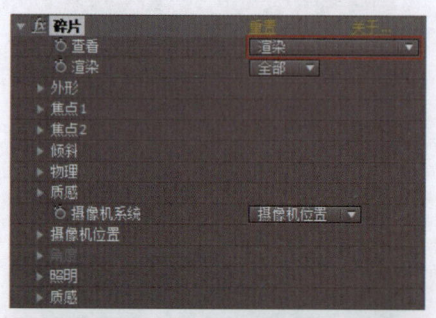

图3-119 添加碎片滤镜

⑭ 展开"外形"选项组，选择"图案"的选项为"自定义"，然后指定"自定义碎片映射"的图层为文本层，查看合成预览效果，如图3-120所示。

图3-120 设置外形参数

⑮ 展开"倾斜"选项组，选择"倾斜图层"的选项为"3.贴图"，设置"碎片界限值"的关键帧，0秒时数值为0%，5秒时数值为100%，如图3-121所示。

图3-121 设置倾斜参数

⑯ 展开"焦点1"选项组，设置"强度"为0.5，如图3-122所示。

图3-122 设置焦点

⑰ 在时间线面板中选择"碎片界限值"属性，单击图标，展开运动曲线编辑器，调整曲线，使其开始比较缓慢，如图3-123所示。

图3-123 调整运动曲线

⑱ 切换到合成"贴图"的时间线，关闭底层文本层的可视性，只显示绘制的笔画。

⑲ 切换到"合成1"的时间线，拖动当前指针，查看字符掉落的效果，如图3-124所示。

图3-124 字符掉落效果

⑳ 切换到合成"贴图"的时间线，再绘制几个笔画，如图3-125所示。

图3-125 修整贴图笔画

㉑ 单击播放按钮，查看最终的斑驳掉落效果，如图3-126所示。

图3-126 最终斑驳字牌效果

实例053　泡泡文字

飘渺的气泡也可以作为载体，将文字以一种特殊的形式展现给观众。

设计思路

首先创建慢慢升腾的气泡，再为气泡赋予文字纹理，也就创建了跟气泡一起升腾的文字。如图3-127所示为案例分解部分效果展示。

图3-127　效果展示

技术要点

- 泡沫：创建大量的气泡，使用文字作为贴图，创建与气泡一起运动的文字。

案例文件	工程文件\第3章\053 泡泡文字		
视频文件	视频\第3章\实例053.mp4		
难易程度	★★	学习时间	11分37秒

实例054　冲击字幕

片头和定版字幕往往包含必要的信息，在字幕出现的形式上要求具有冲击力、震撼力，这不同于影片中作为装饰元素的文字，往往在色彩、动作方面要求更强烈一些。

设计思路

本例主要使用了爆炸和放射光线来配合字幕的出现。如图3-128所示为案例分解部分效果展示。

图3-128　效果展示

技术要点

- CC粒子仿真世界：创建粒子喷射效果。
- CC突发光2.5：创建放射光线的效果。

制作过程

案例文件	工程文件\第3章\054 冲击字幕		
视频文件	视频\第3章\实例054.mp4		
难易程度	★★★	学习时间	10分24秒

❶ 打开After Effects软件，选择主菜单"图像合成"|"新建合成组"命令，创建一个新的合成，命名为"文字"，选择"预置"为PAL D1/DV，设置时长为5秒。

❷ 选择文字工具，创建文字层，输入字符After Effects，选择合适的字体、大小和颜色，如图3-129所示。

图3-129　创建文字层

❸ 选择主菜单"效果"|"过渡"|"线性擦除"命令，为文字层添加转场滤镜。设置"完成过渡"的关键帧，在0秒时数值为100%，1秒时为0%；设置"擦除角度"的数值为-90°，"羽化"数值为250，如图3-130所示。

图3-130　设置线性擦除参数

❹ 拖动当前指针，查看文字转场的效果，如图3-131所示。

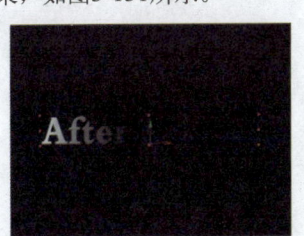

图3-131　文字转场效果

❺ 选择主菜单"效果"|"生成"|"渐变"命令，添加"渐变"滤镜，具体参数设置和效果如图3-132所示。

图3-132 设置渐变参数

❻ 新建一个黑色固态层，命名为"粒子"。选择主菜单"效果"|"模拟仿真"|"CC 粒子仿真世界"命令，为固态层添加粒子滤镜，设置"生长速率"为25，"寿命"为0.30，如图3-133所示。

图3-133 设置粒子参数

❼ 展开"产生点"选项组，设置"X轴位置"的关键帧，0秒时设置为-0.8，1秒时设置为2.2。然后设置"X轴半径"和"Y轴半径"均为0，"Z轴半径"为2，如图3-134所示。

图3-134 设置产生点参数

❽ 拖动时间线指针，查看粒子效果，如图3-135所示。

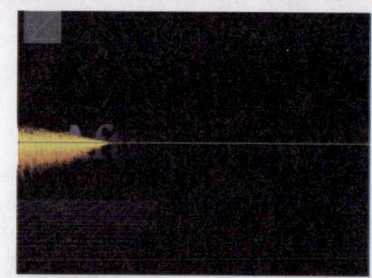

图3-135 查看粒子效果

❾ 展开"物理"选项组，调整力学参数，具体设置和效果如图3-136所示。

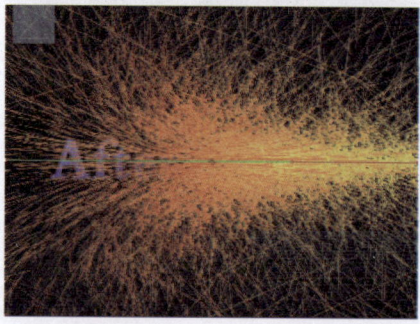

图3-136 设置物理参数

❿ 展开"粒子"选项组，调整粒子属性参数，具体设置和效果如图3-137所示。

⓫ 新建一个调节层，添加"辉光"滤镜，具体设置和效果如图3-138所示。

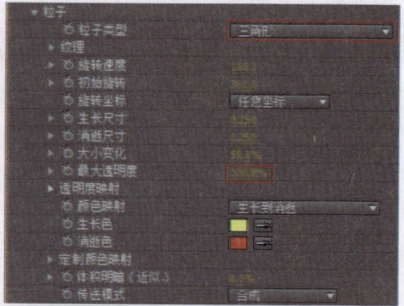

图3-137 设置粒子参数

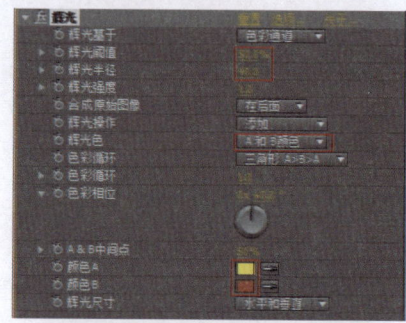

图3-138 设置辉光参数

⓬ 选择主菜单"效果"|"生成"|"CC突发光2.5"命令，添加一个发射光线滤镜，如图3-139所示。

图3-139 添加突发光滤镜

⑬ 设置"光线长度"的关键帧，第10帧时为50，1秒时为0。单击播放按钮 ▶，查看冲击字幕的合成预览效果，如图3-140所示。

图3-140　最终冲击字幕效果

实例055　电光文字

为了突出文字的效果，可以在颜色、样式、入画方式和纹理等方面下功夫。下面就讲解一种在文字表面产生类似电弧的效果。

设计思路

本例主要使用分形杂波和辉光滤镜来创建模拟的电弧效果，应用蒙板模式确定电弧只存在于文字表面的范围。如图3-141所示为案例分解部分效果展示。

图3-141　效果展示

技术要点

- 分形杂波：产生电弧纹理。
- 辉光：文字和电弧的发光效果。

制作过程

案例文件	工程文件\第3章\055 电光文字		
视频文件	视频\第3章\实例055.mp4		
难易程度	★★	学习时间	16分45秒

❶ 打开After Effects软件，选择主菜单"图像合成"|"新建合成组"命令，创建一个新的合成，选择"预置"为PAL D1/DV，设置时长为5秒。

❷ 新建一个黑色固态层，添加"分形杂波"滤镜，设置参数，如图3-142所示。

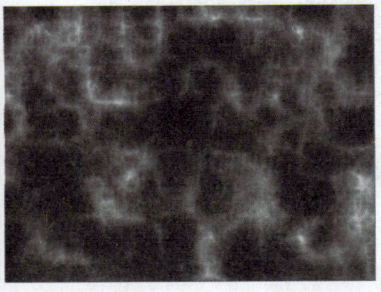

图3-142　设置分形杂波参数

❸ 设置"乱流偏移"的关键帧，0秒时数值为（0,288），5秒时为（500,288）；设置"演变"的关键帧，0秒时为0，5秒时为360。拖动当前指针，查看分形杂波的动画效果，如图3-143所示。

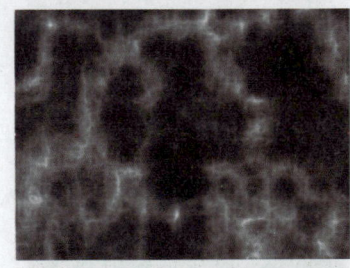

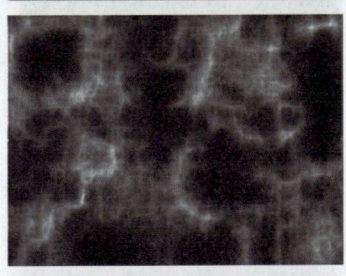

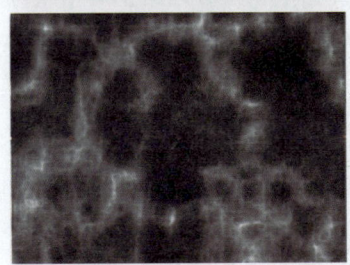

图3-143　查看分形杂波动画

❹ 选择主菜单"效果"|"颜色校正"|"CC调色"命令，添加"CC调色"滤镜，如图3-144所示。

图3-144　设置CC调色参数

❺ 复制该图层，重命名为"电弧"，激活Solo◎属性，调整"分形杂波"滤镜的参数，设置"对比度"为500，取消"乱流偏移"的关键帧，展开"附加设置"选项组，调整参数，如图3-145所示。

图3-145　调整分形杂波参数

❻ 拖动当前指针，查看电弧图层的分形杂波效果，如图3-146所示。

图3-146　查看电弧效果

❼ 暂时关闭"CC调色"滤镜，添加"色阶"滤镜，降低亮度，如图3-147所示。

❽ 在滤镜面板中拖动"CC调色"滤镜到"色阶"滤镜的下一级，调整颜色参数，如图3-148所示。

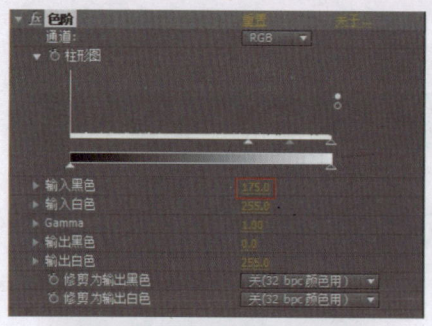

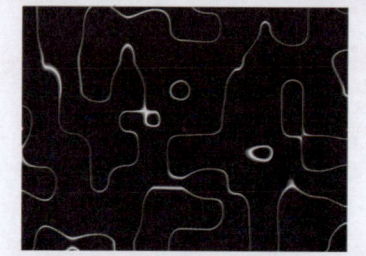

图3-147　调整色阶参数

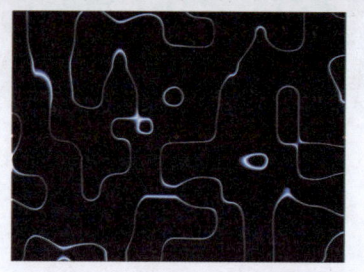

图3-148　调整CC调色参数

❾ 关闭"电弧"图层的Solo属性，添加"辉光"滤镜，如图3-149所示。

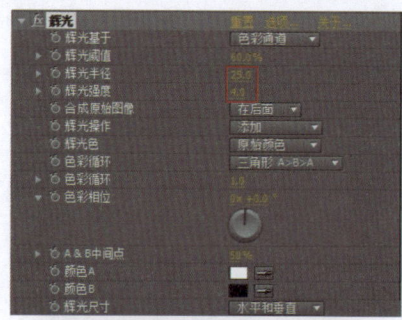

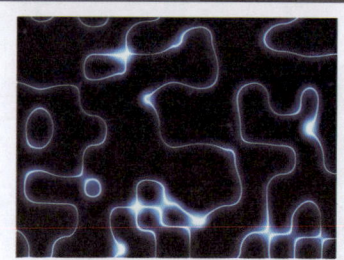

图3-149　设置辉光参数

❿ 选择文本工具，输入字符"AE&FX"，选择合适的字体、字号等，如图3-150所示。

图3-150　创建文本层

⓫ 添加"快速模糊"滤镜，设置"模糊量"为160，如图3-151所示。

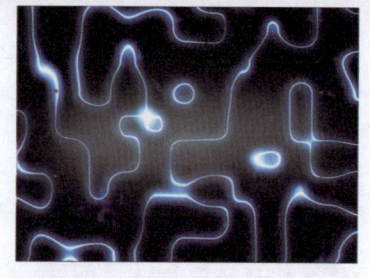

图3-151　设置快速模糊参数

⓬ 设置图层"电弧"的蒙板模式为"亮度"，打开文本图层可视性，设置其混合模式为"添加"，如图3-152所示。

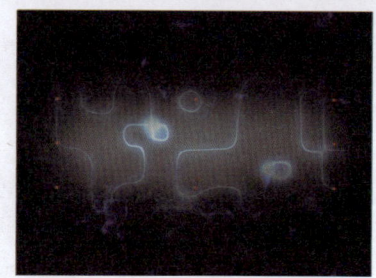

图3-152　设置图层混合模式

⓭ 复制文本图层，重命名为"AE&FX 2"，关闭"快速模糊"滤镜，设置混合模式为"模板Alpha"，如图3-153所示。

第 3 章　文字效果

图3-153　设置混合模式

⑭ 复制文本图层，重命名为"AE&FX 3"，设置混合模式为"添加"，调整文本的的颜色为黑色，勾边为蓝色，如图3-154所示。

图3-154　调整文本属性

⑮ 新建一个调节层，添加"CC调色"滤镜，设置"高光"为白色，设置"中间色"为浅蓝色，如图3-155所示。

图3-155　设置CC调色参数

⑯ 新建一个调节层，添加"辉光"滤镜，如图3-156所示。

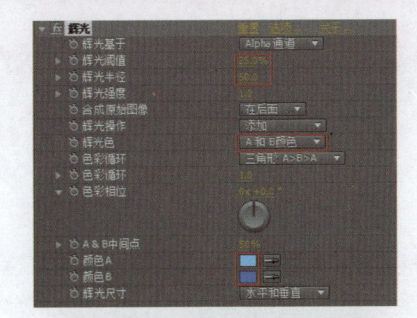

图3-156　设置辉光参数

⑰ 复制文本层，重命名为"AE&FX 4"，放置于顶层。选择"调节层2"的蒙板模式为"Alpha反转蒙板"。打开文本层的可视性，设置混合模式为"添加"，如图3-157所示。

图3-157　设置图层混合模式

⑱ 新建一个白色图层，命名为"星"，放置于图层"AE&FX 3"的下一层，添加"CC星爆"滤镜，设置图层的混合模式为"添加"，如图3-158所示。

图3-158　设置CC星爆参数

⑲ 新建一个调节层，添加"曲线"滤镜，降低亮度并调高对比度，如图3-159所示。

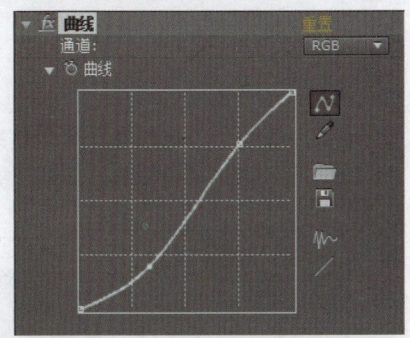

图3-159　调整曲线

⑳ 单击播放按钮▶，查看最终的电光文字效果，如图3-160所示。

图3-160　电光文字效果

97

实例056　油漆文字

刷涂油漆的同时逐渐显现浮雕文字，不均匀涂抹的油漆作为文字的背景，这也是一种特殊的文字入画效果。

设计思路

本例主要使用分形杂波和运动拖尾来创建油漆刷痕，再应用粗糙边缘滤镜增加漆面的不均匀和边缘的不规则，提高真实感。如图3-161所示为案例分解部分效果展示。

图3-161　效果展示

技术要点

- 拖尾：产生运动拖尾，模拟油漆刷痕效果。
- 粗糙边缘：创建油漆涂抹不均匀的效果。

制作过程

案例文件	工程文件\第3章\056 油漆文字		
视频文件	视频\第3章\实例056.mp4		
难易程度	★★★	学习时间	15分43秒

❶ 打开After Effects软件，选择主菜单"图像合成"|"新建合成组"命令，创建一个新的合成，选择"预置"为PAL D1/DV，设置长度为5秒。

❷ 新建一个固态层，添加"分形杂波"滤镜，展开"变换"选项组，取消勾选"统一缩放"，设置"缩放宽度"为60，设置"缩放高度"为2000，如图3-162所示。

图3-162　调整分形杂波参数

❸ 从项目窗口中拖动"合成1"到合成图标上，创建一个新的合成，自动命名为"合成2"。选择文本工具，输入字符"云裳幻像"，调整字体大小，约占屏幕宽度的三分之一，如图3-163所示。

图3-163　创建文本层

❹ 设置文本由上而下飞越屏幕的动画，时间为1秒15帧，如图3-164所示。

图3-164　创建文本动画

❺ 复制该文本图层两次，分别调整起点位置，构成连续的动画，如图3-165所示。

图3-165　调整图层起点

❻ 选择3个文本图层，进行预合成，然后添加"拖尾"滤镜，如图3-166所示。

❼ 添加"分形杂波"滤镜，展开"变换"选项组，设置"缩放宽度"为60，"缩放高度"为2000，如图3-167所示。

第 3 章 文字效果

图3-166 设置拖尾参数

图3-169 设置快速模糊参数

图3-172 设置三色调参数

❿ 添加"粗糙边缘"滤镜，具体参数设置如图3-170所示。

⓭ 选择文本工具，输入字符"云裳幻像"，位于屏幕的中心，比较显眼，如图3-173所示。

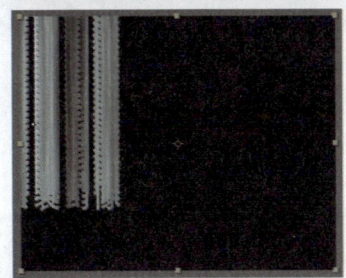

图3-167 设置分形杂波参数

❽ 添加"CC玻璃"滤镜，具体参数设置如图3-168所示。

⓫ 添加"斜面Alpha"滤镜，增加油漆边缘的厚度感，接受默认参数值即可，如图3-171所示。

图3-173 创建文本层

⓮ 关闭图层"云裳幻像"的可视性，选择调节层，添加"CC玻璃"滤镜，具体参数设置和效果如图3-174所示。

图3-171 添加斜面Alpha滤镜

图3-168 设置CC玻璃参数

❾ 添加"快速模糊"滤镜，设置"模糊量"的数值为10，选择"模糊

⓬ 新建一个调节层，添加"三色调"滤镜，设置"高光"颜色为浅绿，"中间色"为绿色，"阴影"为

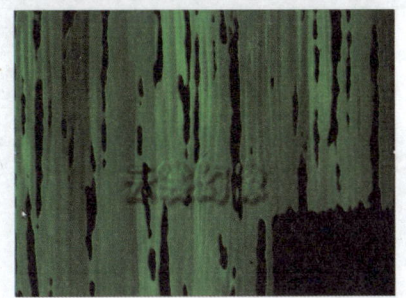

图3-174 设置CC玻璃参数

99

⑮ 单击播放按钮▶，查看油漆字的动画效果，如图3-175所示。

图3-175　油漆字效果

实例057　飘扬的文字

飘扬的旗帜也是影视作品常用的元素，其中自然少不了跟随飘动的文字或LOGO。

设计思路

本例主要使用分形杂波来制作纹理，应用置换映射赋予旗帜和文字产生飘动的效果。如图3-176所示为案例分解部分效果展示。

图3-176　效果展示

技术要点

- 分形杂波：创建布料纹理。
- 置换映射：创建置换变形，产生飘扬的效果。

案例文件	工程文件\第3章\057 飘扬的文字		
视频文件	视频\第3章\实例057.mp4		
难易程度	★★★	学习时间	11分18秒

实例058　手写字

书写字是影视后期中常用的展现标题的手法，不仅可以按照笔画写字，还可以模仿毛笔字的书写。

设计思路

本例中的书写字只是应用了描边滤镜，配合蒙板模式就完成了。如图3-177所示为案例分解部分效果展示。

图3-177　效果展示

技术要点

- Stroke：应用描边动画创建文字的动态蒙板。

制作过程

案例文件	工程文件\第3章\058 手写字
视频文件	视频\第3章\实例058.mp4
难易程度	★★★
学习时间	15分47秒

❶ 打开After Effects软件，选择主菜单"图像合成"|"新建合成组"命令，创建一个新的合成，选择"预置"为PAL D1/DV，设置时长为10秒。

❷ 导入一张背景图片，从项目窗口中拖动到时间线面板中，选择主菜单"图层"|"变换"|"适配到合成"命令，自动调整图层的大小，如图3-178所示。

图3-178　调整图层大小

❸ 选择文本工具T，输入字符"AE CS"，选择合适的字体和字号，如图3-179所示。

图3-179　创建文字层

❹ 新建一个黑色固态层，添加"描边"滤镜，在"绘制风格"栏

第 ③ 章 文字效果

选择"在透明通道上",如图3-180所示。

图3-180　设置描边参数

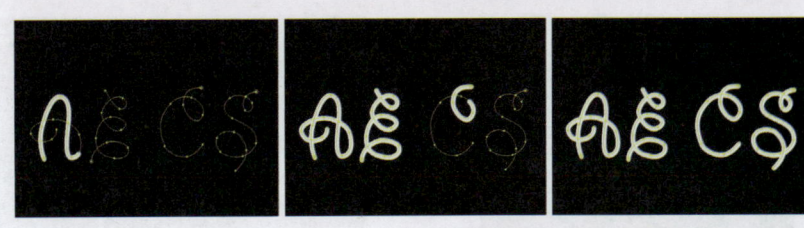

图3-183　描边动画效果

❺ 选择钢笔工具，参照文字笔画绘制路径，如图3-181所示。

图3-184　设置图层蒙板模式

❾ 选择文本图层及顶层的蒙板层,进行预合成。

❿ 复制底层的背景层,选择复制图层的蒙板模式为"亮度",如图3-185所示。

图3-181　绘制自由遮罩

❻ 在"描边"滤镜面板中,勾选"全部遮罩"项,设置画笔大小,如图3-182所示。

图3-185　设置蒙板模式

⓫ 添加"曲线"滤镜,降低亮度,如图3-186所示。

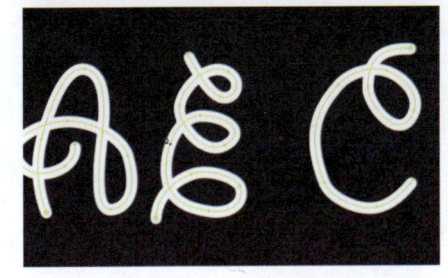

图3-182　设置描边参数

提　示

拖动时间线指针查看运动笔画,同时调整路径形状,尤其是笔画交叉的部位。

图3-186　调整曲线

⓬ 选择上面的两个图层,预合成。然后添加"斜面Alpha"滤镜,增加文字厚度感,如图3-187所示。

❼ 设置"结束"参数的关键帧,0秒时数值为0%,8秒时数值为100%。拖动当前指针,查看描边的动画效果,如图3-183所示。

❽ 选择文本图层,选择蒙板模式为"亮度",查看手写字的效果,如图3-184所示。

图3-187　设置斜面Alpha参数

⓭ 选择图层"预合成2",添加"彩色光"滤镜,设置参数,如图3-188所示。

101

图3-188　设置彩色光参数

⑭ 新建一个调节层，添加"曲线"滤镜，增加对比度，减少红色，如图3-189所示。

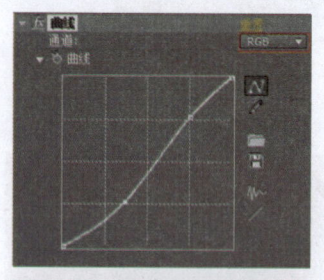

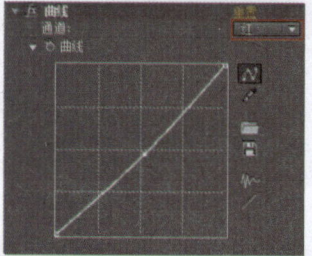

图3-189　调整曲线

⑮ 选择图层"预合成2"，设置混合模式为"强光"。单击播放按钮▶，查看手写文字的动画效果，如图3-190所示。

图3-190　手写字动画效果

实例059　火焰文字

火焰常常作为文字的修饰，慢慢燃尽将文字化成灰。它作为一种特效，有其独特的寓意。

设计思路

本例主要使用CC胶片烧灼完成模拟燃烧的效果，通过调整色阶、分形杂波和最大最小化等来创建燃烧的火焰，最后应用粗糙边缘来细化火焰的边缘。如图3-191所示为案例分解部分效果展示。

图3-191　效果展示

技术要点

- CC胶片烧灼：模拟燃烧的效果。
- 粗糙边缘：增强火焰边缘的粗糙细节。

案例文件	工程文件\第3章\059 火焰文字		
视频文件	视频\第3章\实例059.mp4		
难易程度	★★★	学习时间	16分06秒

实例060　玻璃字

玻璃因为其透明和折射变形的特性，经常作为广告和片头设计的元素之一。赋予立体文字以玻璃特性之后，增强了视觉效果，而产生的背景纹理变形更会突出文字。

设计思路

本例主要应用通道计算创建立体文字，应用强光混合模式实现玻璃的透明感，应用置换映射产生玻璃折射的变形效果。如图3-192所示为案例分解部分效果展示。

图3-192　效果展示

第 3 章 文字效果

> **技术要点**
> - 计算：通过运算创建立体文字效果。
> - 置换映射：产生玻璃折射变形效果。

> **制作过程**

案例文件	工程文件\第3章\060 玻璃字		
视频文件	视频\第3章\实例060.mp4		
难易程度	★★★	学习时间	11分49秒

❶ 打开After Effects软件，选择主菜单"图像合成"|"新建合成组"命令，创建一个新的合成，选择"预置"为PAL D1/DV，设置时长为5秒。

❷ 选择文本工具，输入字符"AE CS"，选择字体、字号和颜色，如图3-193所示。

图3-193 创建文字层

❸ 添加"高斯模糊"滤镜，设置"模糊量"的数值为10，如图3-194所示。

图3-194 设置模糊参数

❹ 在时间线面板中复制文本图层，重命名为"AE CS 2"，调整文本的位置，使上下两个图层稍有些错位，如图3-195所示。

❺ 选择底层的文本层，选择主菜单"效果"|"通道"|"计算"命令，添加"计算"滤镜，如图3-196所示。

图3-195 调整图层位置

图3-196 计算滤镜

❻ 在项目窗口中拖动"合成1"到合成图标上，创建一个新的合成，自动命名为"合成2"。在"合成2"的时间线上选择图层"合成1"，添加"高斯模糊"滤镜，设置"模糊量"的数值为3。

❼ 添加"曲线"滤镜，调整曲线形状，如图3-197所示。

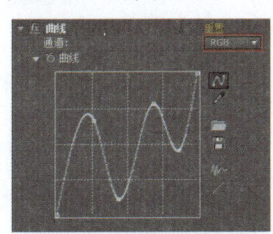

图3-197 调整曲线

❽ 添加"色阶"滤镜，降低整体的亮度，如图3-198所示。

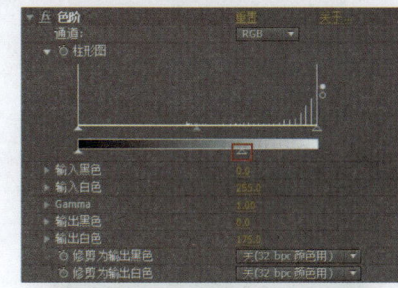

图3-198 调整色阶

❾ 添加"三色调"滤镜，设置"中间色"的颜色为蓝色，如图3-199所示。

图3-199 设置三色调参数

❿ 添加一个木纹图片作为背景，选择图层"合成1"的混合模式为"强光"，查看玻璃字的透明效果，如图3-200所示。

图3-200 玻璃字透明效果

⓫ 选择底层的木纹背景，添加"曲线"滤镜，降低亮度，如图3-201所示。

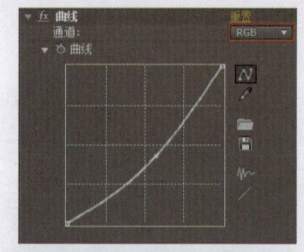

图3-201 降低亮度

⑫ 选择底层的木纹背景，预合成，选择"移动全部属性到新建合成中"项。然后添加"置换映射"滤镜，设置参数，如图3-202所示。

图3-202 设置置换映射参数

⑬ 切换到"合成1"的时间线面板，链接顶层为底层的子对象，设置底层的缩放数值为90%。然后设置该图层由左移动到右边的位置关键帧，如图3-203所示。

图3-203 创建文字移动动画

⑭ 新建一个调节层，添加"曲线"滤镜，降低亮度，稍提高对比度，如图3-204所示。

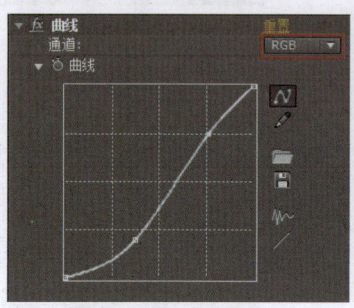

图3-204 调整曲线

⑮ 单击播放按钮，查看最终的玻璃字效果，如图3-205所示。

图3-205 最终玻璃字效果

第 4 章 滤镜特效

After Effects有着大量的滤镜，可以创建丰富多彩的视频特效。这也为影视后期工作提供了无限创作的空间，只需要设计最终想要的效果，通过滤镜的组合就一定能够实现。

实例061 天空云雾

模拟制作自己需要的天空素材，以用于更换实拍场景中不理想的背景，也可以作为文字或图像的背景。

设计思路

本例主要应用分形杂波创建雨雾的形状，再通过渐变图层混合形成天空和云雾的效果。如图4-1所示为案例分解部分效果展示。

图4-1　效果展示

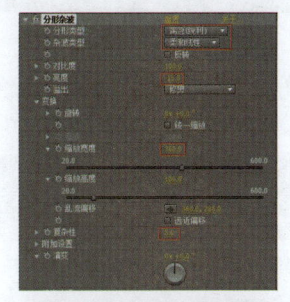

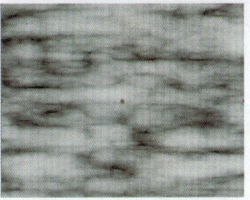

图4-2　设置分形杂波参数

技术要点

- 分形杂波：模拟天空云雾的效果。
- 浅色调：为天空和云雾上色。

制作过程

案例文件	工程文件\第4章\061 天空云雾
视频文件	视频\第4章\实例061.mp4
难易程度	★★　　　　学习时间　　13分27秒

❶ 打开After Effects软件，选择主菜单"图像合成"｜"新建合成组"命令，创建一个新的合成，选择"预置"为PAL D1/DV，设置时长为8秒。

❷ 在时间线面板空白处单击右键，从弹出的菜单中选择"新建"｜"固态层"命令，新建一个白色图层，添加"分形杂波"滤镜，具体参数设置如图4-2所示。

❸ 设置"乱流偏移"的关键帧，0秒时数值为（360,288），8秒时数值为（640,288）；设置"演变"的关键帧，0秒时数值为0°，8秒时数值为360°。拖动时间线指针，查看分形杂波的动画效果，如图4-3所示。

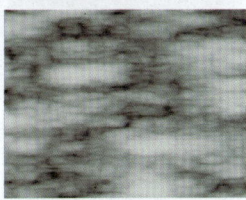

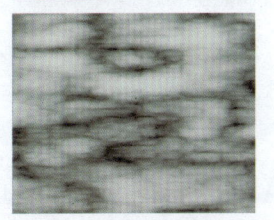

图4-3　分形杂波动画

105

④ 添加"色阶"滤镜,增强对比度,如图4-4所示。

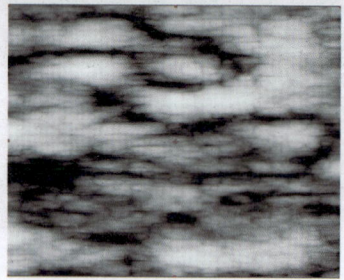

图4-4 调整色阶

⑤ 添加"浅色调"滤镜,调整"映射黑色到"为深蓝色,如图4-5所示。

图4-5 设置浅色调参数

⑥ 调整"分形杂波"滤镜的参数,展开"附加设置"参数组,如图4-6所示。

图4-6 调整分形杂波参数

⑦ 激活图层的三维属性 ,到时间线窗口空白处单击右键,从弹出的菜单中选择"新建"|"摄像机"命令,创建一个24mm的摄像机,然后在左视图中调整图层的位置和角度,如图4-7所示。

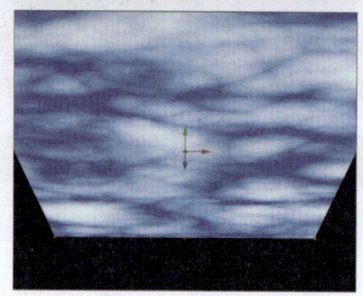

图4-7 调整摄像机位置

⑧ 直接在摄像机视图中调整图层的位置,获得比较理想的构图,如图4-8所示。

图4-8 调整构图

⑨ 绘制一个矩形遮罩,设置羽化参数,如图4-9所示。

图4-9 绘制矩形遮罩

> **提示**
> 根据需要可以调整图层的位置和缩放,比如本例中调整缩放数值为125%。

⑩ 新建一个白色固态层,选择图层的混合模式为"柔光"。添加"渐变"滤镜,分别设置"开始色"和"结束色"的颜色为浅蓝色和蓝色,如图4-10所示。

图4-10 设置渐变颜色

⑪ 新建一个调节图层,添加"曲线"滤镜,调整曲线呈S型,提高亮度和对比度,稍降低蓝色,如图4-11所示。

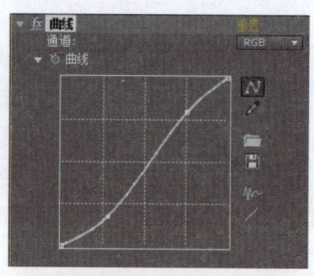

图4-11 调整曲线

⑫ 单击播放按钮 ,查看模拟天空雨雾的动画效果,如图4-12所示。

图4-12 查看雨雾动画

⑬ 在"分形杂波"滤镜面板中调整"分形类型"和"变换"等参数，尝试不同的云雾效果，如图4-13所示。

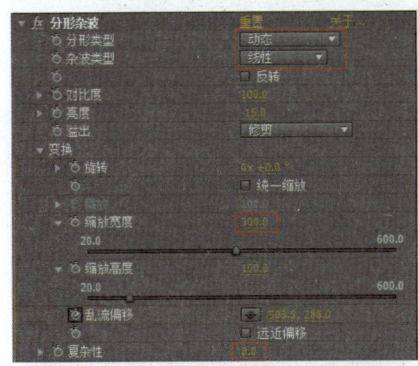

图4-13 调整分形杂波参数

⑭ 单击播放按钮，查看最后的天空云雾效果，如图4-14所示。

图4-14 最终天空云雾效果

实例062 延时光效

影视作品除了很好的剪辑之外，更少不了装饰性元素，如光线、亮点、光效等，它们可以为字幕或者图像起到很好的陪衬作用。

设计思路

延时光效主要包括一条生长的描边线条，通过拖尾来增加光线的层次，最后应用辉光进行修饰。如图4-15所示为案例分解部分效果展示。

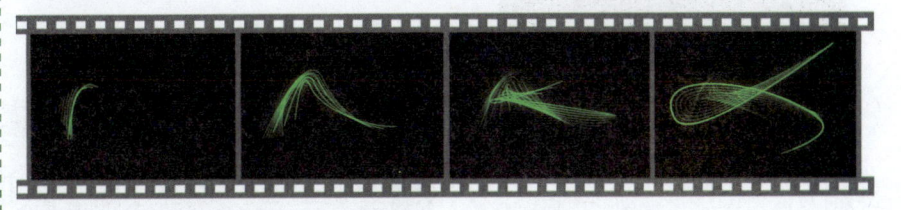

图4-15 效果展示

技术要点

- 描边：创建沿路径的线条。
- 拖尾：创建运动线条的延迟。

制作过程

案例文件	工程文件\第4章\062 延时光效		
视频文件	视频\第4章\实例062.mp4		
难易程度	★★	学习时间	9分14秒

① 启动After Effects软件，创建一个新的合成，选择"预置"为PAL D1/DV，设置时长5秒。

② 新建一个黑色的固态层，选择钢笔工具绘制一条自由路径，如图4-16所示。

③ 拖动当前指针到合成的起点，激活"遮罩形状"的关键帧，创建第一个变形关键帧。拖动当前指针到1秒、3秒和5秒，调整遮罩形状，创建遮罩变形的动画，如图4-17所示。

图4-16 绘制自由遮罩

图4-17 创建遮罩形状关键帧

107

④ 选择主菜单"效果"|"生成"|"描边"命令，添加"描边"滤镜，设置"颜色"为绿色，如图4-18所示。

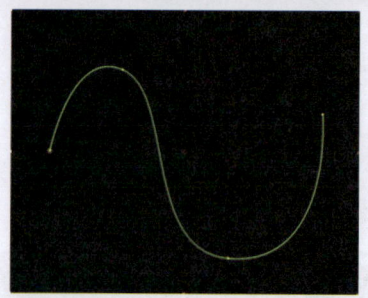

图4-18　设置描边参数

⑤ 调整"结束"的数值为0，设置"开始"的关键帧，0秒时数值为0%，5秒时数值为100%。拖动当前指针，查看路径描边动画，如图4-19所示。

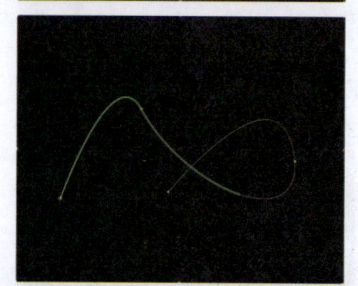

图4-19　描边动画

⑥ 新建一个调节层，添加"拖尾"滤镜，如图4-20所示。

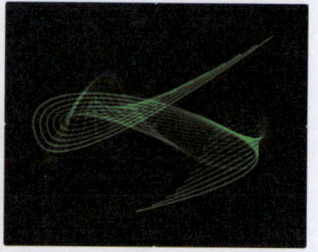

图4-20　设置拖尾参数

⑦ 单击播放按钮，查看光线的动画效果，如图4-21所示。

图4-21　查看光线动画

⑧ 在时间线面板中展开图层的"遮罩"属性，向前拖动"遮罩形状"3秒和5秒的关键帧到2秒和4秒，如图4-22所示。

图4-22　调整关键帧位置

⑨ 选择调节层，添加"辉光"滤镜，设置辉光参数，如图4-23所示。

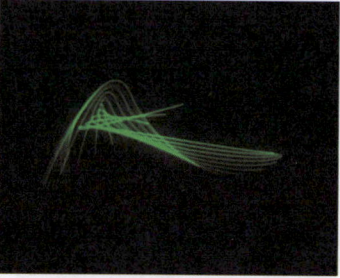

图4-23　设置辉光参数

⑩ 单击播放按钮，查看延时光效的动画效果，如图4-24所示。

图4-24　延时光效动画

实例063　闪烁方块

方块作为最基本的图形，是最常用的设计元素。方块的阵列可以作为很好的标版的背景，还可以设置颜色和亮度的变化，也可以设置形状和位置的动画，来丰富背景的层次感。

设计思路

本例中应用分形杂波创建方块的阵列，通过设置变换参数的关键帧来实现方块形状的动画，最后应用CC调色为方块和勾边上色。如图4-25所示为案例分解部分效果展示。

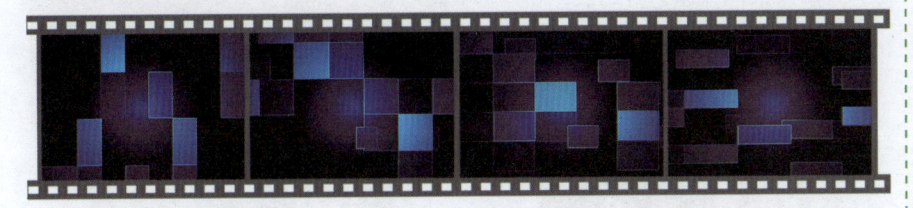

图4-25 效果展示

技术要点

- 分形杂波：创建动态方块效果。
- CC调色：上色。

案例文件	工程文件\第4章\063 闪烁方块	
视频文件	视频\第4章\实例063.mp4	
难易程度	★★★	学习时间 6分43秒

实例064　拉开幕布

幕布是舞台常用的元素，在影视作品中借鉴这个元素，作为文字或其他信息元素出画的方式，有神秘感，又有一种隆重出场的感觉。

设计思路

本例中应用分形杂波创建布料的褶皱感，应用网格弯曲来完成幕布拉开的变形动画。如图4-26所示为案例分解部分效果展示。

图4-26 效果展示

技术要点

- 分形杂波：创建模拟幕布的纹理。
- 网格弯曲：通过网格变形，创建幕布被拉开的动画。

制作过程

案例文件	工程文件\第4章\064 拉开幕布	
视频文件	视频\第4章\实例064.mp4	
难易程度	★★★	学习时间 8分29秒

❶ 启动After Effects软件，选择主菜单"图像合成"|"新建合成组"命令，新建一个合成，选择"预置"为PAL D1/DV，设置时间长度为5秒。

❷ 新建一个黑色固态层，命名为"幕布"，设置"宽"的数值为360，"高"的数值为576，如图4-27所示。

❸ 调整"位置"的数值为（180,288），使图层的右边缘对齐屏幕的中心线，如图4-28所示。

图4-27 设置固态层尺寸

图4-28 调整图层位置

❹ 添加"分形杂波"滤镜，如图4-29所示。

图4-29 设置分形杂波参数

❺ 设置"演变"旋转一周的关键帧，拖动当前时间线，查看布料的动画效果，如图4-30所示。

图4-30　查看布料动画

⑥ 添加"三色调"滤镜，为布料上色，如图4-31所示。

图4-31　设置三色调参数

⑦ 选择主菜单"效果"|"扭曲"|"网格弯曲"命令，添加"网格弯曲"滤镜，设置参数，如图4-32所示。

图4-32　设置网格弯曲参数

⑧ 确定当前时间线指针在0秒，在效果控制面板中，选择滤镜"网格弯曲"，激活"扭曲网格"的关键帧记录器，创建第一个关键帧。拖动时间线指针到3秒，在视图中拖动控制点，产生变形，如图4-33所示。

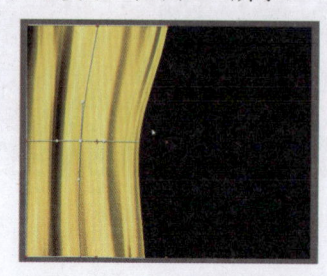

图4-33　创建网格扭曲关键帧

⑨ 复制图层"幕布"，重命名为"幕布2"，设置"缩放"的数值为（-100,100），调整位置，两个图层组成完整的幕布，如图4-34所示。

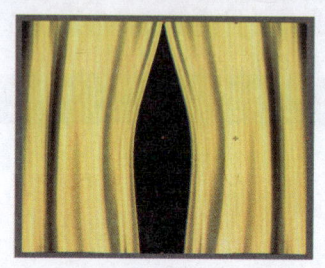

图4-34　调整图层位置

⑩ 单击播放按钮，查看幕布拉开的动画效果，如图4-35所示。

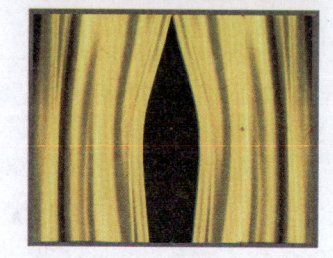

图4-35　查看幕布拉开动画

⑪ 新建一个固态层，命名为"背景"，放置于时间线的底层，添加"渐变"滤镜，接受默认值，如图4-36所示。

图4-36　添加渐变滤镜

⑫ 选择文本工具，输入文本"飞云裳AE特效"，并放置在"背景"的上一层，如图4-37所示。

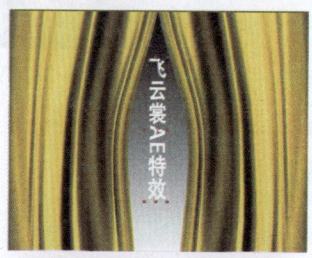

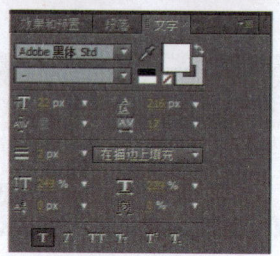

图4-37　创建文本层

⑬ 选择文本图层，添加"放射阴影"滤镜，如图4-38所示。

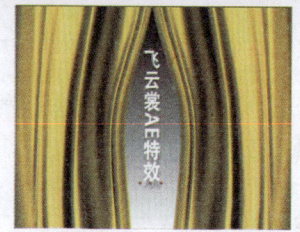

图4-38　设置放射阴影参数

110

⑭ 调整文字的颜色和勾边，如图4-39所示。

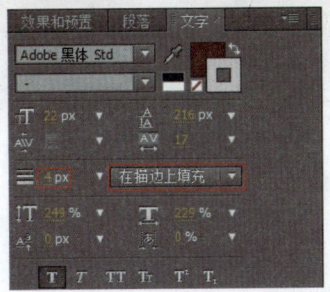

图4-39 调整文字颜色和勾边

⑮ 单击播放按钮▶，查看拉开幕布的动画效果，如图4-40所示。

图4-40 查看幕布拉开动画

实例065 广告牌翻转

广告牌是人们司空见惯的广告或发布形式，从最早的单一画面，到后来的两面翻、三面翻以及连续滚动屏。在有了大幅的液晶屏幕之后，广告牌的样式完全取决于丰富多彩的设计形式。

设计思路

本例中的广告牌翻转主要应用卡片擦除滤镜来完成，首先要设置分块的行列数来确定分块的形状，其次要设置位置震动的关键帧来创建广告牌翻转的动画。如图4-41所示为案例分解部分效果展示。

图4-41 效果展示

技术要点

● 卡片擦除：创建卡片转场动画，可以设定分块的形状。

案例文件	工程文件\第4章\065 广告牌翻转		
视频文件	视频\第4章\实例065.mp4		
难易程度	★★★	学习时间	9分20秒

实例066 粒子火花

在影视后期合成时，一般应用的都是8位合成。若要进行32位合成，因为颜色通道的特性，在相互转化的时候会产生奇妙的颜色变化。

设计思路

本例中火花是在8位合成中创建文字动画和粒子效果的。当转换为32位合成时，因为运动模糊就发生了强烈的颜色偏移。如图4-42所示为案例分解部分效果展示。

图4-42 效果展示

技术要点

● 32位颜色通道：应用更加丰富的颜色，创建运动时的光效。
● CC粒子仿真世界：创建粒子发射的效果。

制作过程

案例文件	工程文件\第4章\066 粒子火花		
视频文件	视频\第4章\实例066.mp4		
难易程度	★★★	学习时间	14分37秒

❶ 打开After Effects软件，选择主菜单"图像合成"|"新建合成组"命令，创建一个新的合成，选择"预置"为PAL D1/DV，设置时间长度为5秒。

❷ 在时间线空白处单击右键，从弹出的菜单中选择"新建"|"固态层"命令，新建一个黑色图层作为背景。再新建一个暗红色图层，绘制椭圆形遮罩，设置"遮罩羽化"的数值为100，如图4-43所示。

图4-43 绘制椭圆遮罩

❸ 按T键展开该图层的透明度属性，设置数值为75%，查看合成预览效果，如图4-44所示。

图4-44 合成预览效果

❹ 选择文本工具，输入字符"飞云裳AE特效教程"，调整字符的大小和位置，如图4-45所示。

图4-45 创建文本层

❺ 单击项目窗口底部的图标 8 bpc，弹出"项目设置"对话框，选择"颜色深度"为"32bit/通道（浮点）"，如图4-46所示。

图4-46 设置颜色深度

❻ 设置文本的颜色值为R5G2B1，添加"快速模糊"滤镜，设置"模糊量"的数值为8，可以看见字符的颜色发生了变化，如图4-47所示。

图4-47 颜色变化

❼ 关闭"快速模糊"滤镜。在时间线面板中，展开文本图层的"文字"属性，单击"动画"旁的小三角按钮，勾选"启用逐字3D化"选项，然后添加"位置"动画器，再添加"旋转"动画器，如图4-48所示。

图4-48 添加位置和旋转动画器

❽ 设置"Z轴位置"的值，使字符拉近出画。设置"X轴旋转"的数值为50°，如图4-49所示。

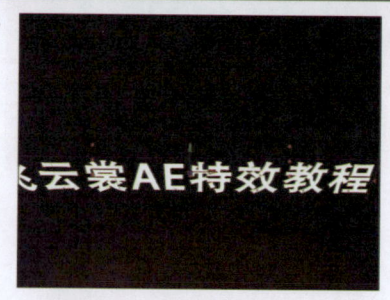

图4-49 调整位置和旋转参数

❾ 展开"范围选择器1"栏，再展开"高级"选项组，选择"形状"的选项为"上倾斜"。然后设置"偏移"的关键帧，0秒时为数值-100%，1秒时数值为100%。调整"位置"的数值为（0,0,-640）。拖动当前指针，查看文字的动画效果，如图4-50所示。

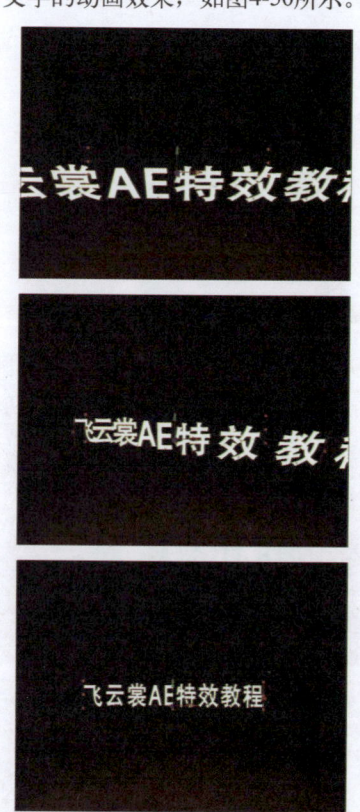

图4-50 文字动画效果

❿ 设置"X轴旋转"的数值为50°、"Y轴旋转"的数值为-45°、"Z轴旋转"的数值为-30°，勾选"运动模糊"选项，查看合成预览效果，如图4-51所示。

第 4 章 滤镜特效

图4-51 文字动画效果

⑪ 新建一个20mm的广角摄像机，调整摄像机视图，获得比较满意的构图，如图4-52所示。

图4-52 调整摄像机视图

⑫ 新建一个橙色固态层，命名为"粒子 1"，添加"CC粒子仿真世界"滤镜，展开"网格与参考线"选项组，取消勾选"网格"项，如图4-53所示。

图4-53 设置网格与参考线

⑬ 展开"粒子"选项组，选择"粒子类型"为"镜头衰减"，激活图层的运动模糊，如图4-54所示。

图4-54 设置粒子参数

⑭ 展开"物理"选项组，设置"继承速度"为500，如图4-55所示。

图4-55 设置物理参数

⑮ 展开"产生点"选项组，设置"X轴位置"的关键帧，使粒子跟随文字的出现由左向右飞行。

⑯ 选择主菜单"效果"|"色彩校正"|"曝光"命令，添加"曝光"滤镜，设置"曝光"的数值为4，如图4-56所示。

图4-56 设置曝光参数

⑰ 拖动当前指针到合成的起点，在"CC粒子仿真世界"滤镜面板中，调整"X轴位置"的数值为-0.62，发射点在预览视图的左边缘；2秒时数值为0.62，发射点在预览视图的右边缘。拖动当前指针到20帧，添加"Z轴位置"的关键帧，数值为0。拖动当前指针到1秒15帧，调整数值为-0.6。单击播放按钮▶，查看粒子动画效果，如图4-57所示。

图4-57 查看粒子动画效果

113

⑱ 新建一个调节层，添加"辉光"滤镜，设置辉光参数，如图4-58所示。

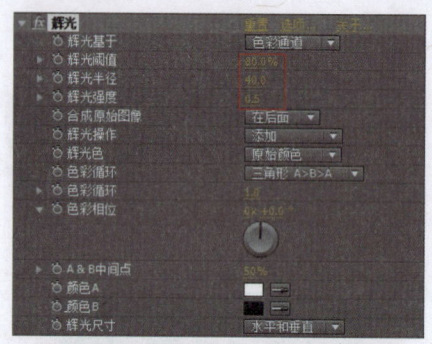

图4-58　设置辉光参数

⑲ 设置"辉光半径"在1秒到1秒15帧中间从40变到0的关键帧。单击播放按钮，查看最终的粒子火花动画效果，如图4-59所示。

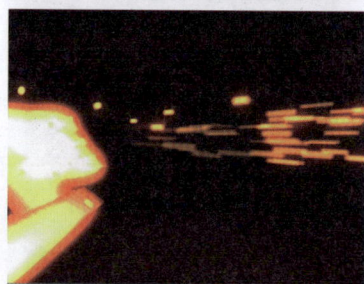

图4-59　最终火花动画效果

实例067　水面波纹

在影视后期合成时，波动的水面一般作为字幕或LOGO的背景，随着波纹的扩散不断展现相应的图像和信息。其中立体的波纹会起到很好的装饰作用。

设计思路

本例中的水面波纹包括两个部分：一个是放射状的波纹，随时间向外扩散；另一部分是波纹的立体感，这是通过置换映射来实现的。如图4-60所示为案例分解部分效果展示。

图4-60　效果展示

技术要点

- 电波：创建放射状的波纹效果。
- 置换映射：创建置换变形，增强波浪的立体感。

制作过程

案例文件	工程文件\第4章\067 水面波纹		
视频文件	视频\第4章\实例067.mp4		
难易程度	★★★	学习时间	12分43秒

❶ 打开After Effects软件，选择主菜单"图像合成"|"新建合成组"命令，创建一个新的合成，选择"预置"为PAL D1/DV，设置时长为10秒。

❷ 新建一个黑色固态层，命名为"噪波"，添加"分形杂波"滤镜并设置参数，如图4-61所示。

图4-61　设置分形杂波参数

❸ 设置"演变"的关键帧，0秒时数值为0，10秒时数值为1080。调整"复杂性"的数值为4。拖动当前指针，查看分形杂波的动画效果，如图4-62所示。

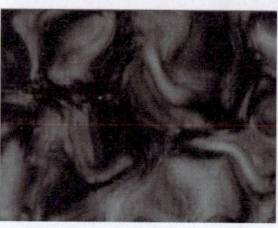

图4-62　查看分形杂波动画

第 4 章 滤镜特效

④ 新建一个固态层，命名为"波纹"，选择主菜单"效果"|"生成"|"电波"命令，添加"电波"滤镜，展开"描边"选项组，设置颜色为白色，如图4-63所示。

图4-63 设置描边参数

⑤ 新建一个调节层，添加"快速模糊"滤镜，设置"模糊量"的关键帧，0秒时数值为10，10秒时数值为50。

⑥ 复制图层"波纹"并放置于顶层，在"电波"滤镜控制面板中展开"描边"参数组，选择"曲线"为"锯齿波入点"，如图4-64所示。

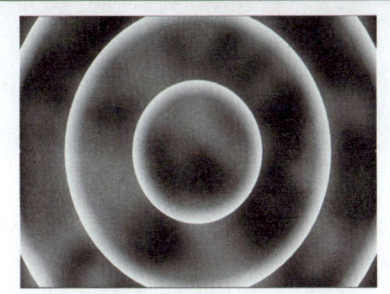

图4-64 调整描边参数

⑦ 添加"快速模糊"滤镜，设置"模糊量"的数值为4。拖动当前指针，查看波纹扩散的动画效果，如图4-65所示。

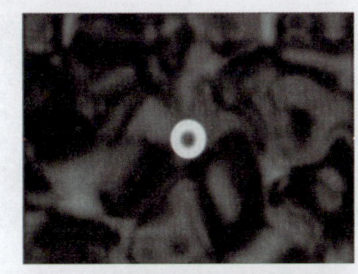

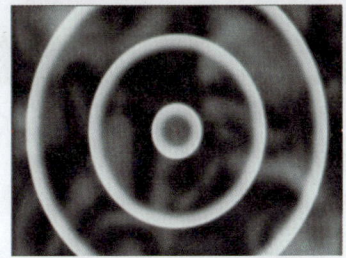

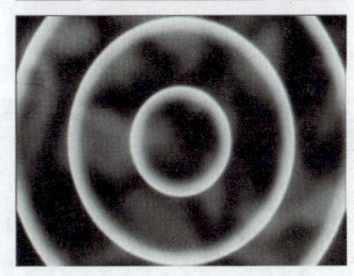

图4-65 波纹扩散动画

⑧ 新建一个合成，命名为"水波浪"。再新建一个固态层，命名为"背景"，添加"渐变"滤镜，设置"开始色"和"结束色"均为蓝色。

⑨ 拖动当前指针到合成的起点，激活"结束色"记录关键帧属性，拖动当前指针到10秒，调整颜色为浅蓝色，如图4-66所示。

图4-66 设置渐变颜色

⑩ 拖动合成"合成1"到时间线中，选择图层混合模式为"屏幕"，如图4-67所示。

图4-67 选择混合模式

⑪ 新建一个调节层，添加"置换映射"滤镜，具体参数设置如图4-68所示。

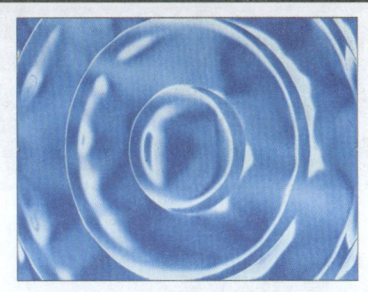

图4-68 设置置换映射参数

⑫ 选择调节层，选择主菜单"效果"|"风格化"|"CC玻璃"命令，添加"CC玻璃"滤镜。选择"凹凸映射"为"2.合成1"；展开"明暗"参数组，设置"质感"为50，如图4-69所示。

图4-69 设置CC玻璃参数

⑬ 关闭图层"合成1"的可视性,单击播放按钮▶,查看最终的水面波纹动画效果,如图4-70所示。

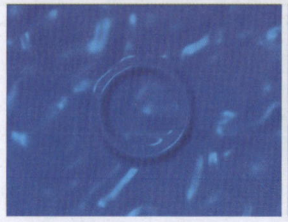

图4-70 最终水面波纹动画

实例068 魔幻流线

影视广告中要做到突出产品或者文字,以吸引观众的注意力,使用相应的色块或光线加以修饰,可以起到重点突出的提示作用。

设计思路

本例中流动的光线运用的是沿路径运动的描边笔画,通过拖尾滤镜加以延伸并形成连续的光线。如图4-71所示为案例分解部分效果展示。

图4-71 效果展示

技术要点

- 描边:沿路径产生勾边。
- 拖尾:创建动态勾边的延迟,形成连续的光线。

制作过程

案例文件	工程文件\第4章\068 魔幻流线	
视频文件	视频\第4章\实例068.mp4	
难易程度	★★★	学习时间	15分38秒

① 打开After Effects软件,选择主菜单"图像合成"|"新建合成组"命令,新建一个合成,选择"预置"为PAL D1/DV,设置时长为5秒。

② 新建一个黑色图层,命名为"红线条"。选择钢笔工具,绘制一条波浪形路径,如图4-72所示。

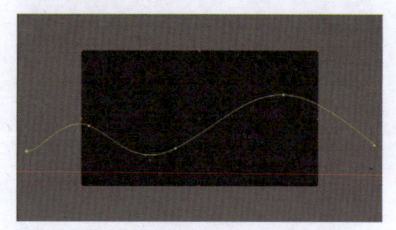

图4-72 绘制自由路径

③ 选择主菜单"效果"|"生成"|"描边"命令,添加"描边"滤镜,设置"颜色"为红色,其他参数设置和效果如图4-73所示。

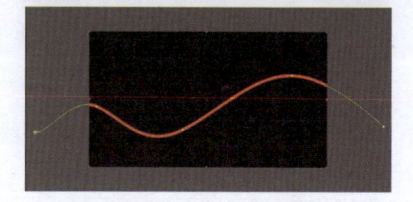

图4-73 设置描边参数

④ 设置"开始"的关键帧,0帧时数值为0,2秒时数值为100;设置"结束"的关键帧,10帧时数值为0,3秒时数值为100。拖动时间线指针,查看描边的动画效果,如图4-74所示。

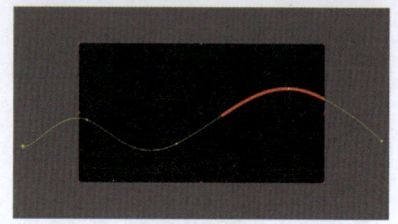

图4-74 描边动画

⑤ 复制该图层两次,重命名为"黄线条"和"蓝线条",分别在"描边"滤镜控制面板中调整颜色为黄色和蓝色,然后修改路径的形状,如图4-75所示。

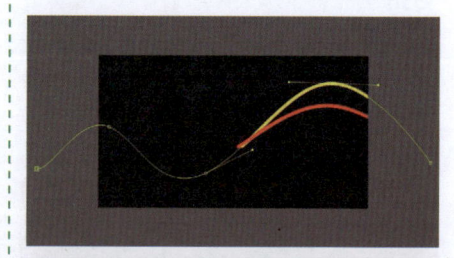

图4-75 多线条组合

⑥ 在时间线面板中,选择图层"黄线条",选择主菜单"图层"|"时间"|"时间拉伸"命令,调整图层的时间比例,使得不同颜色的线的运动速度有所不同,如图4-76所示。

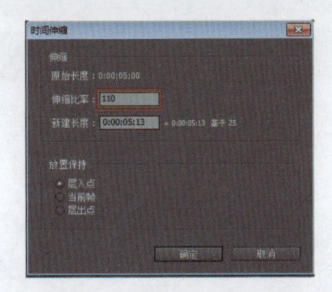

图4-76 调整时间拉伸比例

⑦ 拖动当前指针，查看多个线条的动画效果，如图4-77所示。

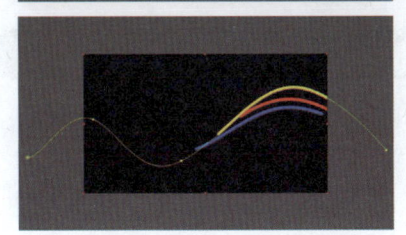

图4-77 多线条动画

⑧ 新建一个调节图层，添加"辉光"滤镜，设置参数和效果如图4-78所示。

图4-78 设置辉光参数

⑨ 添加"拖尾"滤镜，具体参数设置和效果如图4-79所示。

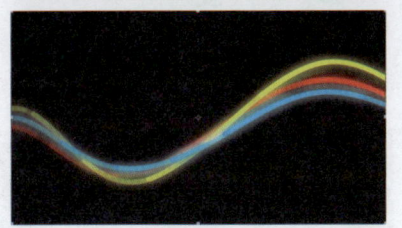

图4-79 设置拖尾参数

⑩ 添加"方向模糊"滤镜，设置"方向"为90°，"模糊长度"为20，如图4-80所示。

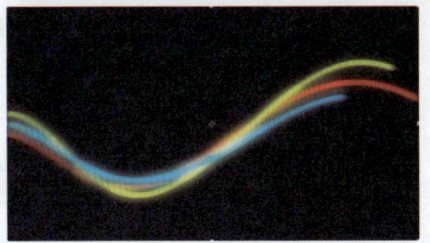

图4-80 设置方向模糊参数

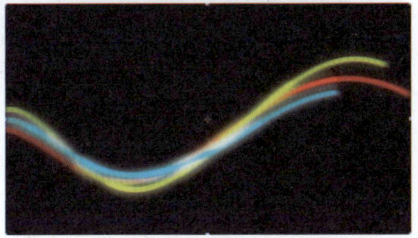

⑪ 添加"曲线"滤镜，提高亮度和对比度，如图4-81所示。

图4-81 调整曲线

⑫ 添加"辉光"滤镜，参数设置和效果如图4-82所示。

⑬ 导入一张背景素材"汽车-1.jpg"，拖动到合成图标上，创建一个新的合成。然后拖动"合成1"到时间线上，放置于顶层，选择混合模式为"添加"，如图4-83所示。

图4-82 设置辉光参数

图4-83 设置混合模式

⑭ 选择图层"合成1"，选择主菜单"图层"|"变换"|"适配为合成高度"命令，自动调整图层的大小。单击播放按钮，查看光线与背景的合成效果，如图4-84所示。

图4-84 光线合成动画效果

⑮ 选择图层"合成1",添加"色彩平衡(HLS)"滤镜,改变色调,如图4-85所示。

图4-85 设置色彩平衡参数

提 示

根据需要,还可以调整光线路径的形状,如图4-86所示。

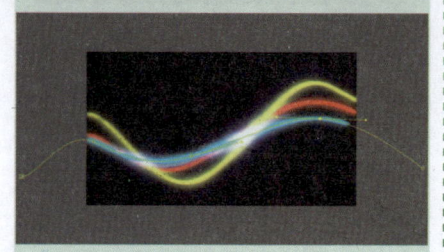

图4-86 调整路径形状

⑯ 保存工程文件,单击播放按钮▶,查看魔幻流线的动画效果,如图4-87所示。

图4-87 魔幻流线动画效果

实例069 翻书效果

After Effects中包含众多的转场特效,常常用于组接镜头,作为不同画面之间的切换,使其更显流畅。

设计思路

翻书是常用的转场特效,通过调整图层的尺寸和卷页参数创建立体感的翻页效果,再添加阴影增强层次感。如图4-88所示为案例分解部分效果展示。

图4-88 效果展示

技术要点

- CC卷页:创建翻书动画。
- 阴影:创建投影,增强翻页的层次感。

案例文件	工程文件\第4章\069 翻书效果		
视频文件	视频\第4章\实例069.mp4		
难易程度	★★	学习时间	7分23秒

实例070 透视网格空间

空间感一直是影视后期合成中追求的感觉。众多线条构建一个空间网格,可以作为文字的背景;再通过摄像机的运动,表现完美的层次感和纵深感。

设计思路

本例中的网格空间看似由很多线条组成,但不是重复搭建的,而是应用CC毛发滤镜创建。再使用中值滤镜消除网格的细节,最后应用摄像机的运动完善整个网格空间的透视感。如图4-89所示为案例分解部分效果展示。

图4-89 效果展示

技术要点

- CC毛发:创建立体线条网格。
- 中值:中和图像细节,强调网格结点。

制作过程

案例文件	工程文件\第4章\070 透视网格空间		
视频文件	视频\第4章\实例070.mp4		
难易程度	★★★	学习时间	12分18秒

❶ 打开After Effects软件,选择主菜单"图像合成"|"新建合成组"命

令，创建一个新的合成，选择"预置"为PAL D1/DV，设置时长为5秒。

❷选择文字工具T，输入flyingcloth，选择适当的字体和大小，调整文本在屏幕的位置，如图4-90所示。

图4-90　创建文本层

❸选择主菜单"效果"|"模拟仿真"|"CC毛发"命令，添加"CC毛发"滤镜，如图4-91所示。

图4-91　添加CC毛发滤镜

❹调整毛发参数，如图4-92所示。

图4-92　调整毛发参数

❺新建一个黑色固态层，绘制一个圆形遮罩，如图4-93所示。

图4-93　绘制圆形遮罩

❻选择文本图层，设置蒙板模式为Alpha，调整"CC毛发"滤镜的"密度"数值为100，如图4-94所示。

图4-94　设置蒙板模式

❼在项目窗口中拖动"合成1"到合成图标上，创建一个新的合成，重命名为"网络空间"。在时间线面板中激活图层"合成1"的3D属性。复制"合成1"3次，重命名为"合成2""合成3"和"合成4"，如图4-95所示。

图4-95　复制图层

❽分别调整这4个图层的旋转参数，构成立体的空间网格，如图4-96所示。

图4-96　构成立体网格

❾新建一个空白对象，激活3D属性，链接4个图层为空白对象的子对象。拖动当前指针到合成的起点，调整空白对象的位置参数并激活关键帧，如图4-97所示。

图4-97　父子链接

119

⑩ 拖动当前指针到合成的终点，调整空白对象的位置参数，如图4-98所示。

图4-98　创建位置关键帧

⑪ 新建一个调节层，选择主菜单"效果"|"杂波与颗粒"|"中值"命令，添加"中值"滤镜，如图4-99所示。

图4-99　设置中值参数

⑫ 添加"色阶"滤镜，调高对比度，如图4-100所示。

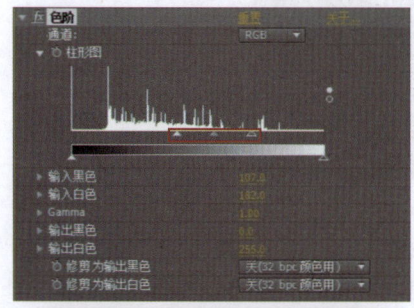

图4-100　调整色阶

⑬ 添加"辉光"滤镜，接受默认值，效果如图4-101所示。

图4-101　应用辉光滤镜

⑭ 选择图层"空白1"，按R键展开旋转属性，在合成的起点设置"X轴旋转"和"Y轴旋转"的关键帧，数值分别为-124°和-100°。拖动当前指针到合成的终点，调整"X轴旋转"和"Y轴旋转"的数值分别为-44°和63°。拖动当前指针查看网格旋转的效果，如图4-102所示。

图4-102　网格旋转效果

⑮ 选择文本工具T，输入字符"飞云裳AE特效"，激活3D属性并调整文字大小和位置，如图4-103所示。

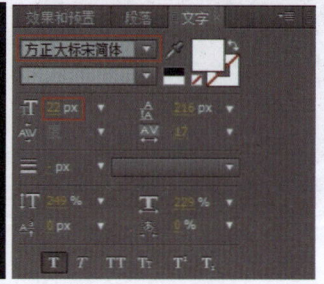

图4-103　创建文本层

⑯ 链接文本图层为空白对象的子对象。由于空白对象具有位置和旋转的关键帧，文本层会跟随运动，需要设置位置和旋转的关键帧来保持比较理想的构图，如图4-104所示。

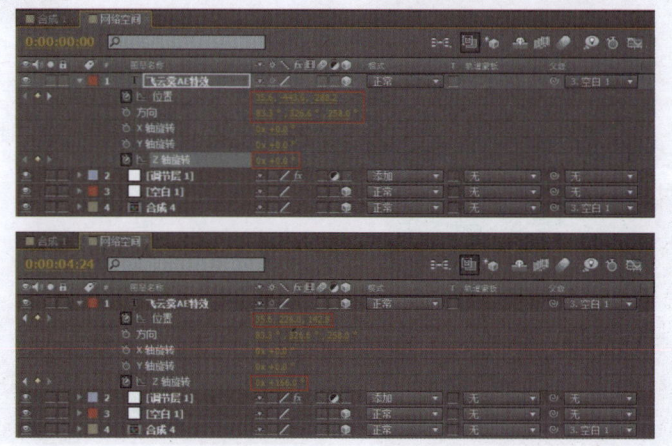

图4-104　设置文本关键帧

⑰ 在时间线面板中拖动文本图层到调节层的下一层，设置透明度的数值为20%，如图4-105所示。

图4-105 设置透明度

⑱ 调整文本的颜色为深红色，单击播放按钮▶，查看如图4-106所示。

图4-106 透视网格动画效果

实例071　描边光效

在影视包装和广告中一般会很强调光效，作为场景的装饰元素，可以用在重点图层文字或LOGO等，也可以作为文字显现的方式，增强吸引力。

设计思路

本例中的描边光效可以分解为两个部分。一个是将文字轮廓转化成路径；另个一是沿路径勾边，形成光线效果。如图4-107所示为案例分解部分效果展示。

图4-107 效果展示

技术要点

- 自动跟踪：根据文字轮廓自动创建路经。
- 3D Stroke：3D勾边滤镜，根据路径创建动态勾边。

制作过程

案例文件	工程文件\第4章\071 描边光效		
视频文件	视频第4章\实例071.mp4		
难易程度	★★	学习时间	6分18秒

❶ 打开After Effects软件，选择主菜单"图像合成"|"新建合成组"命令，创建一个新的合成，命名为"描边光效"，选择"预置"为PAL D1/DV，设置时长为5秒。

❷ 新建一个固态层，命名为"背景"，添加"渐变"滤镜，如图4-108所示。

图4-108 设置渐变参数

❸ 选择文字工具T，输入字符"AE特效"，选择合适的字体和字号，如图4-109所示。

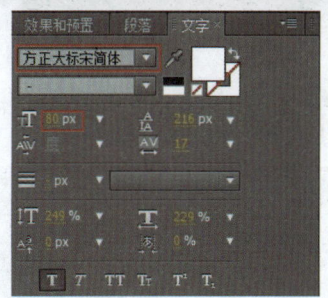

图4-109 创建文本层

❹ 选择主菜单"图层"|"自动跟踪"命令，在弹出"自动跟踪"对话框中，接受默认值，单击"确定"按钮关闭对话框，为文字添加沿轮廓的路径，如图4-110所示。

121

中文版After Effects影视后期特效设计与制作案例教程

图4-110　自动跟踪创建路径

❺ 选择主菜单"效果"｜"Trapcode"｜"3D Stroke"命令，添加一个3D勾边滤镜，具体参数设置和效果如图4-111所示。

图4-113　勾边动画效果

❽ 关闭文字层的可视性，设置顶层"自动跟踪AE特效"的混合模式为"添加"，添加"辉光"滤镜，接受默认值即可。

❾ 新建一个调节层，选择主菜单"效果"｜"Trapcode"｜"Starglow"命令，添加一个星光效果的滤镜，使用默认参数，如图4-114所示。

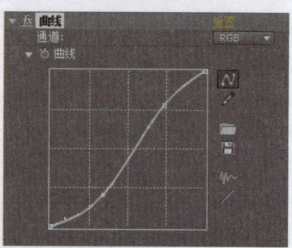

图4-115　调整曲线

图4-116　文字描边光效动画

实例072　音频彩条

在影视后期制作中，除了要完成大量的图像处理工作，还需要好的声音，可见音频的合成和特效的重要性。After Effects具有把音频素材转换成视频图像的功能，如让彩条跟随音乐跳跃。

图4-111　设置3D勾边参数

❻ 展开"锥形"选项组，勾选"启用"项，如图4-112所示。

图4-112　启用锥形项

❼ 设置"偏移"关键帧，0秒时数值为100，5秒时数值为0。单击播放按钮，查看勾边的动画效果，如图4-113所示。

图4-114　添加Starglow滤镜

❿ 选择底层"背景"，添加"曲线"滤镜，增加亮度和对比度，如图4-115所示。

⓫ 单击播放按钮，查看文字描边光效的动画预览，如图4-116所示。

设计思路

将音频波形转化成可视的图像动画，可应用音频频谱滤镜创建随音乐跳动的图形，再应用彩色光添加七彩渐变，最终完成了随音频变换的彩条。如图4-117所示为案例分解部分效果展示。

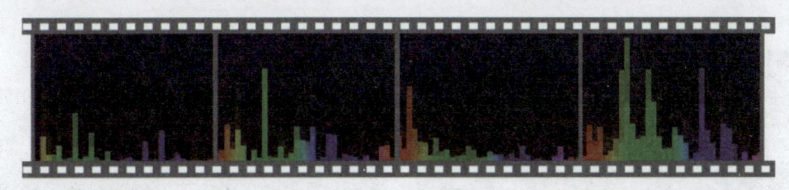

图4-117　效果展示

技术要点

- 音频频谱：声音频谱滤镜，将音频素材视频化。
- 彩色光：赋予七彩渐变的效果。

案例文件	工程文件\第4章\072 音频彩条		
视频文件	视频\第4章\实例072.mp4		
难易程度	★★	学习时间	16分14秒

实例073　环形音频波

在影视包装和广告中，运用音频图像的方式有很多种，把音频波形、频谱等图像组合成其他的视频滤镜，能够创造十分丰富的效果；作为场景的装饰元素，增强足够的吸引力。

设计思路

在本例中通过两个主要滤镜创建唤醒音频波：一个是音频波形滤镜，一个是极坐标滤镜。最后需设置摄像机的关键帧穿梭于环形音频波之间。如图4-118所示为案例分解部分效果展示。

图4-118　效果展示

技术要点

- 音频波形：创建随声音变化的波形图像。
- 极坐标：创建环形的变换。

制作过程

案例文件	工程文件\第4章\073 环形音频波		
视频文件	视频\第4章\实例073.mp4		
难易程度	★★★	学习时间	18分51秒

❶ 打开After Effects软件，选择主菜单"图像合成"|"新建合成组"命令，创建一个新的合成，选择"预置"为PAL D1/DV，设置时长为10秒。

❷ 导入一段音频素材M021.wav，拖动该文件到时间线面板中，展开"波形"属性，查看音频波形，如图4-119所示。

图4-119　查看音频波形

❸ 新建一个黑色固态层，命名为"音频线 1"。选择主菜单"效果"|"生成"|"音频波形"命令，添加"音频波形"滤镜，具体参数设置如图4-120所示。

图4-120　设置参数

❹ 拖动当前指针，查看音频波形的动画效果，如图4-121所示。

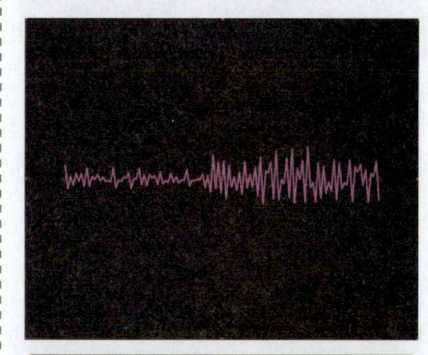

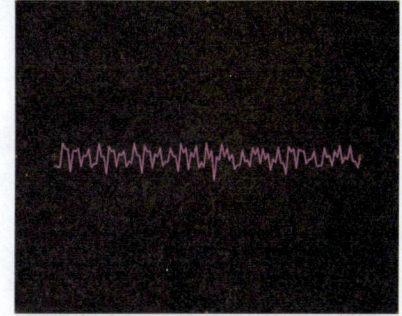

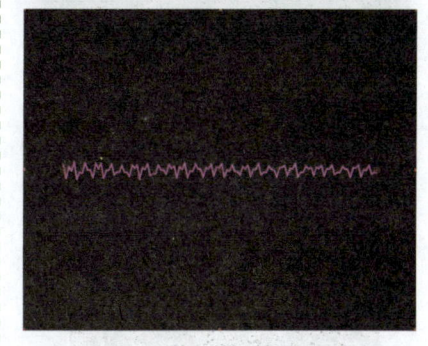

图4-121　音频波形动画

❺ 添加"辉光"滤镜，具体参数设置和效果如图4-122所示。

❻ 添加"极坐标"滤镜，将直线的波线变成环形，如图4-123所示。

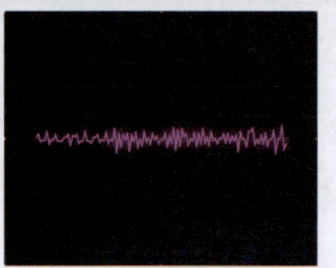

图4-122 设置辉光参数

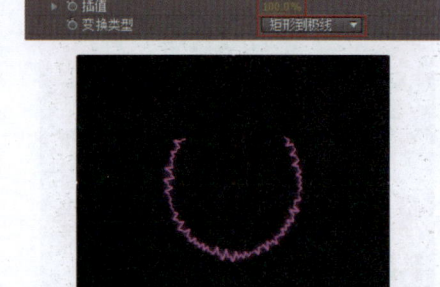

图4-123 设置极坐标参数

❼ 在滤镜控制面板中调整"音频波形"滤镜的参数，如图4-124所示。

图4-124 设置辉光参数

❽ 激活图层"音频线"的3D属性，新建一个35mm的摄像机。

❾ 复制8次图层"音频线1"，分别调整图层的位置，在Z轴上递进250

像素，构建一个环形通道，如图4-125所示。

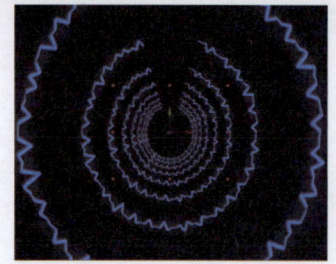

图4-125 多图层复制

❿ 分别调整这些图层的旋转属性，相邻图层在Z轴旋转数值相差60°，如图4-126所示。

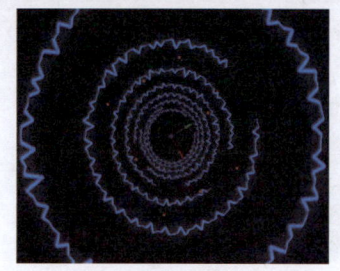

图4-126 调整图层角度

⓫ 拖动当前指针到合成的起点，调整摄像机视图，并设置摄像机的"位置"和"目标兴趣点"的关键帧，如图4-127所示。

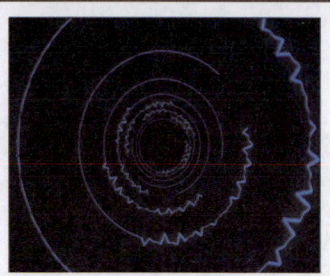

图4-127 设置摄像机关键帧

⓬ 拖动当前时间到合成的终点，调整摄像机视图，创建摄像机穿行动画，如图4-128所示。

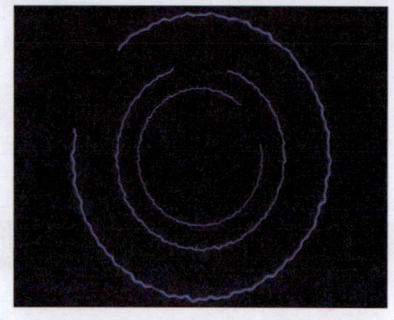

图4-128 创建摄像机动画

⓭ 在项目窗口中，拖动"合成1"到合成图标上，创建一个新的合成，命名为"合成2"，分别调整图层的滤镜，如图4-129所示。

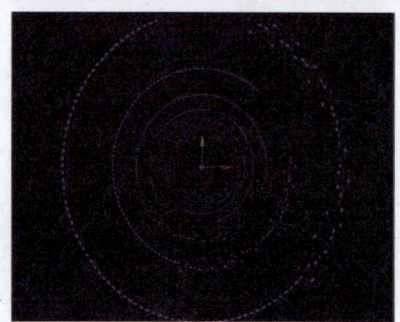

图4-129 调整音频波形参数

⓮ 创建一个新的合成，命名为"合成最终"。从项目窗口中拖动"合成1"和"合成2"到时间线面板中，选择顶层"合成2"的混合模式为"添加"，并调整其"缩放"参数为85%，如图4-130所示。

⓯ 单击播放按钮，查看音频波线的动画效果，如图4-131所示。

⑰ 单击播放按钮▶，查看环形音频线的动画效果，如图4-133所示。

图4-133 最终音频线动画

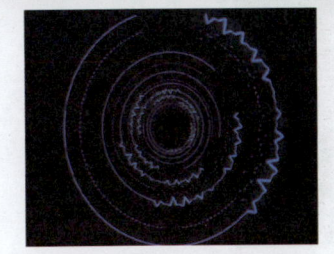

图4-130 设置图层大小与混合模式

实例074 万花筒

在制作影视舞台大屏幕背景时，总是希望设计一些不太具体的图案，使其具有相当强的吸引力。万花筒是近几年在影视包装和大屏幕中经常使用的效果，神奇的视觉效果的确能抓住观众的眼球。

设计思路

在本例中创建的神奇图案只是使用一个普通的名片做素材，通过四色渐变赋予颜色，应用CC万花筒滤镜创建神奇变换的动画。如图4-134所示为案例分解部分效果展示。

图4-134 效果展示

技术要点

- 四色渐变：通过4个位置的颜色为素材上色。
- CC万花筒：创建神奇的万花筒动画效果。

制作过程

案例文件	工程文件\第4章\074 万花筒		
视频文件	视频\第4章\实例074.mp4		
难易程度	★★★	学习时间	6分43秒

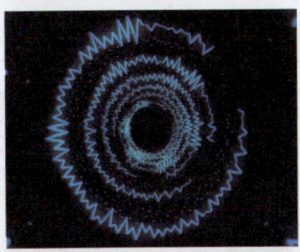

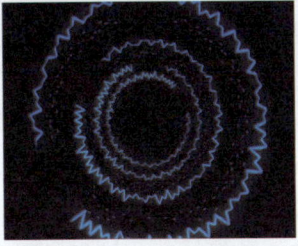

图4-131 音频波线动画

⑯ 新建一个调节层，添加"辉光"滤镜，如图4-132所示。

❶ 打开After Effects软件，选择主菜单"图像合成"|"新建合成组"命令，创建一个新的合成，选择"预置"为PAL D1/DV，设置时长为6秒。

❷ 导入一张名片，将其拖到时间线上，调整合适的大小和位置，如图4-135所示。

❸ 新建一个黑色固态层，添加"四色渐变"滤镜，接受默认值即可，如图4-136所示。

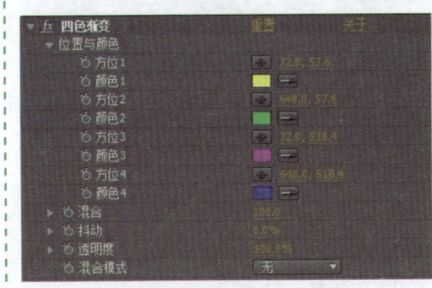

图4-136 添加四色渐变

❹ 拖动该图层到底层，选择蒙板模式为Alpha。打开顶层"名片"的可

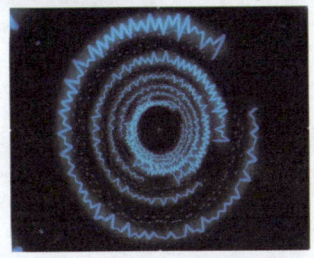

图4-132 设置辉光参数

图4-135 调整图片大小与位置

125

视性，选择其混合模式为"叠加"，如图4-137所示。

图4-137 设置蒙板和混合模式

❺ 在项目窗口中，拖动"合成1"到合成图标上，创建一个新的合成，命名为"合成2"。

❻ 选择图层"合成2"，选择主菜单"效果"|"风格化"|"CC万花筒"命令，添加"CC万花筒"滤镜，如图4-138所示。

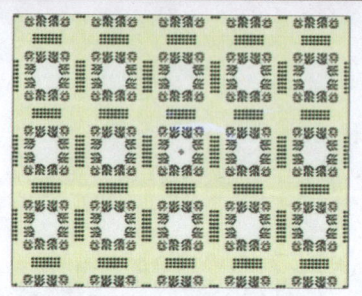

图4-138 添加万花筒滤镜

❼ 调整滤镜的参数，获得自己满意的图案，如图4-139所示。

图4-139 设置万花筒参数

❽ 切换到"合成1"的时间线，选择图层"名片"，调整轴心点，如图4-140所示。

图4-140 调整轴心点

❾ 按R键展开旋转属性，设置旋转的关键帧，0秒时数值为0%，6秒时数值为360%，如图4-141所示。

图4-141 创建旋转动画

❿ 切换到"合成2"的时间线，拖动当前指针，查看万花筒的动画效果，如图4-142所示。

图4-142 查看万花筒动画

⓫ 拖动当前指针到合成的起点，在滤镜面板中设置"中心"的关键帧，数值为（360,288）。拖动当前指针到合成的终点，在预览视图中调整中心的位置，如图4-143所示。

图4-143 调整万花筒参数

⓬ 单击播放按钮，查看万花筒的动画效果，如图4-144所示。

图4-144 查看万花筒动画

⓭ 新建一个黑色固态层，添加"渐变"滤镜，接受默认值，再添加"彩色

光"滤镜,如图4-145所示。

图4-145 设置彩色光参数

⑭ 选择顶层,选择混合模式为"典型颜色加深",单击播放按钮 ▶,查看最终的万花筒动画效果,如图4-146所示。

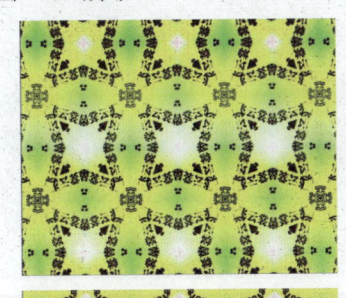

图4-146 最终万花筒动画

提示

万花筒效果经常会在不经意间变化数值,产生意想不到的效果。

第 4 章 滤镜特效

实例075 星球光芒

宇宙、太空、星球在影视作品中不仅可以作为单独的镜头来使用,更多时候是用作文字或者LOGO的背景,给观众一种广博、深远的感觉。

设计思路

本例中的星球光芒主要应用分形杂波和放射模糊来创建背景光芒效果,应用图形遮罩和光晕来创建前景的星球效果。如图4-147所示为案例分解部分效果展示。

图4-147 效果展示

技术要点

- 分形杂波:创建动态的杂波纹理。
- 放射状模糊:创建由中心向外辐射的模糊效果。
- 镜头光晕:强烈的光斑效果。

案例文件	工程文件\第4章\075 星球光芒		
视频文件	视频\第4章\实例075.mp4		
难易程度	★★★	学习时间	13分56秒

实例076 魔光球

魔光球是很常见的工艺品摆件,用在影视作品中虽然只是个小的装饰元素,但因为其中闪烁变幻的闪电效果,同样具有足够的吸引力。

设计思路

本例中的魔光其实就是闪电效果,球体则是应用透镜变形效果。如图4-148所示为案例分解部分效果展示。

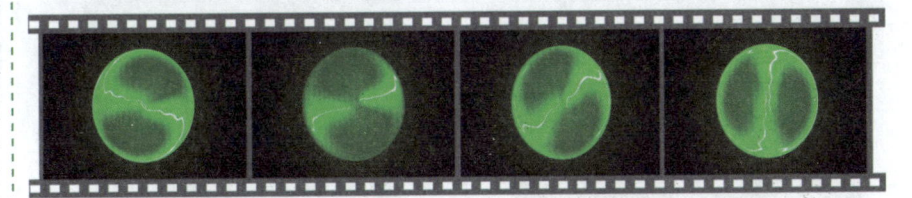

图4-148 效果展示

技术要点

- 高级闪电:创建变幻的闪电效果。
- CC透镜:创建透镜球化变形效果。

制作过程

案例文件	工程文件\第4章\076 魔光球		
视频文件	视频\第4章\实例076.mp4		
难易程度	★★★	学习时间	7分30秒

❶ 打开After Effects软件,选择主菜单"图像合成"|"新建合成组"命

令，创建一个新的合成，命名为"魔光球"，选择"预置"为PAL D1/DV，设置时长为10秒。

❷ 新建一个深绿色固态层，命名为"背景"，选择主菜单"效果"|"生成"|"圆"命令，在图层中创建一个圆形，如图4-149所示。

图4-149　设置圆参数

❸ 新建一个黑色图层，选择主菜单"效果"|"生成"|"高级闪电"命令，添加"高级闪电"滤镜，如图4-150所示。

图4-150　添加高级闪电滤镜

❹ 拖动当前指针到合成的起点，设置"传导状态"的关键帧，数值为0。拖动当前指针到合成的终点，调整其数值为80，如图4-151所示。

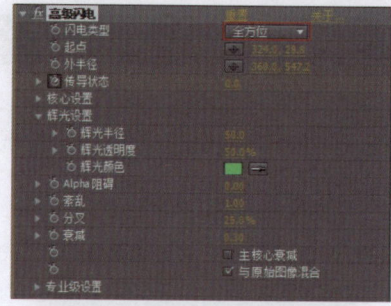

❺ 单击播放按钮 ▶，查看闪电的动画效果，如图4-152所示。

图4-151　设置高级闪电参数

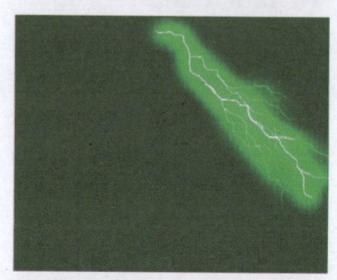

图4-152　查看闪电动画

❻ 选择顶层并预合成，命名为"光球"，选择"移动全部属性到新建合成中"项，如图4-153所示。

图4-153　预合成

❼ 选择预合成"光球"，添加"CC透镜"滤镜，接受默认值，如图4-154所示。

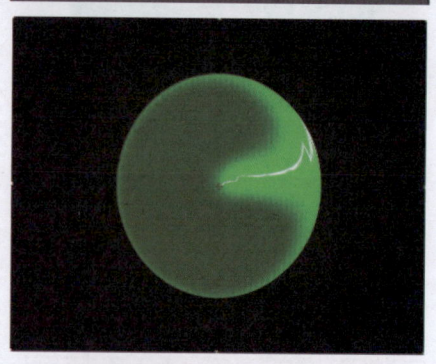

图4-154　添加CC透镜

❽ 复制图层"光球"，选择顶层，设置"旋转"数值为180°，选择混合模式为"变亮"。拖动时间指针，查看动画效果，如图4-155所示。

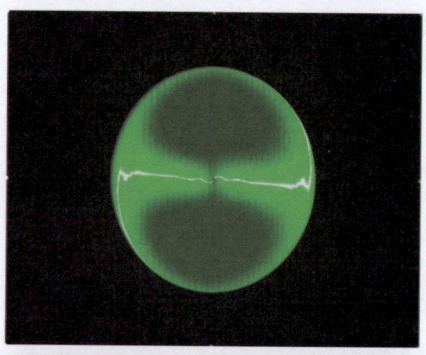

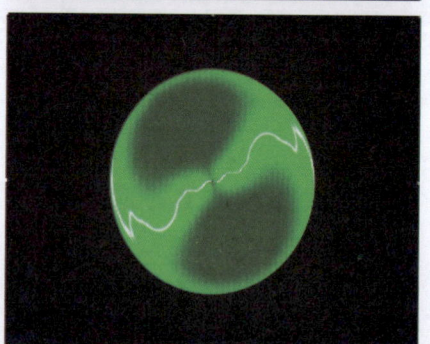

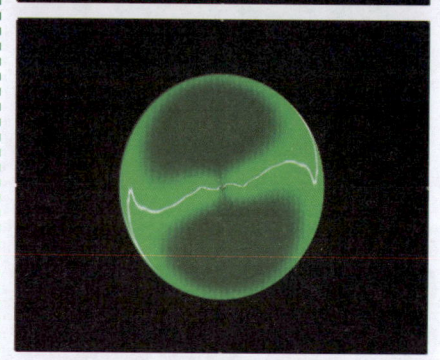

图4-155　查看光球动画

⑨ 选择底层"背景"，添加"辉光"滤镜，如图4-156所示。

图4-158　增加摇摆关键帧

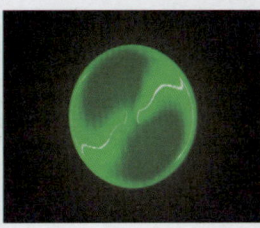

图4-159　最终魔光球效果

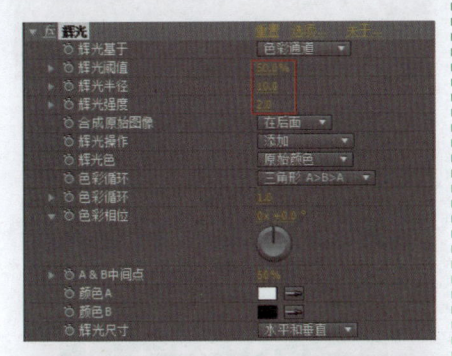

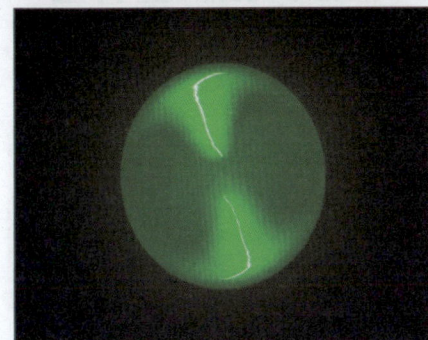

图4-156　设置辉光参数

⑩ 切换到合成"光球"的时间线，在"高级闪电"滤镜控制面板中，设置"起点"的关键帧，0秒时数值为（360,318），10秒时数值为（360,258），5秒时数值为（332,288）。

⑪ 在时间线面板中选择"起点"的全部关键帧，选择主菜单"窗口"|"摇摆器"命令，应用摇摆效果，如图4-157所示。

实例077　水滴汇聚

水总能给人带来美的享受，它的清澈透明让人喜欢。在影视作品中可以应用水的素材，也可以作为背景，还可以作为镜头转场的方式。

设计思路

本例中的水滴汇聚效果是应用CC水银滴落滤镜创建的。为了增加真实感，应用置换映射产生水折射的变形效果。如图4-160所示为案例分解部分效果展示。

图4-160　效果展示

技术要点

- CC水银滴落：创建模拟水滴滴落或者汇聚的效果。
- 置换映射：产生水面的折射变形效果。

案例文件	工程文件\第4章\077 水滴汇聚		
视频文件	视频\第4章\实例077.mp4		
难易程度	★★★	学习时间	18分07秒

实例078　跳动的亮点

跟随音乐跳跃的闪亮的线条、小圆点都可以成为影视包装和广告中的装饰性元素。伴随着强劲的节奏，线条和圆点的跳动都会增强足够的动感和吸引力。

设计思路

在本例中应用音频频谱创建随音乐跳动的小圆点，应用音频波形创建音频波形线，再通过辉光滤镜形成一种光效。如图4-161所示为案例分解部分效果展示。

图4-157　设置摇摆器参数

⑫ 单击"应用"按钮，在时间线面板中可以看到增加的多个摇摆关键帧，如图4-158所示。

⑬ 切换到"合成1"，单击播放按钮，查看最终的魔光球效果，如图4-159所示。

图4-161　效果展示

技术要点

- 音频频谱:根据音频创建跳动的点。
- 音频波形:创建音频波形效果。

案例文件	工程文件\第4章\078 跳动的亮点		
视频文件	视频\第4章\实例078.mp4		
难易程度	★★★	学习时间	15分57秒

实例079 飘落的树叶

落叶有着太多令人向往的理由,有浪漫的情愫,也有回忆的甜美。在影视作品中,无论是实拍的秋季落叶的素材,还是特效制作的落叶,都能引人入胜,增强一种曼妙的意境。

设计思路

在本例中飘落的秋叶主要应用了碎片滤镜将一张排列着很多树叶的图片按照树叶的形状破碎成大量分散的叶子,通过重力等控制树叶纷飞和下落的动作。如图4-162所示为案例分解部分效果展示。

图4-162 效果展示

技术要点

- 碎片:以树叶作为形状贴图,应用破碎特效创建树叶飘落的动画效果。

制作过程

案例文件	工程文件\第4章\079 飘落的树叶		
视频文件	视频\第4章\实例079.mp4		
难易程度	★★★	学习时间	16分57秒

❶ 启动After Effects软件,导入"树叶.jpg""树叶蒙板.jpg"图片以及一张风景图片"窗户-1.jpg"。

❷ 在项目窗口中,拖动图片"树叶.jpg"到合成图标 上,创建一个新的合成。拖动图片"树叶蒙板.jpg"到时间线面板中,并关闭其可视性。

❸ 选择图层"树叶",选择主菜单"效果"|"模拟仿真"|"碎片"命令,添加"碎片"滤镜,如图4-163所示。

图4-163 设置碎片参数

❹ 展开"外形"选项组,设置"图案"和"自定义碎片映射"图层,如图4-164所示。

图4-164 设置外形参数

❺ 展开"物理"选项组,具体参数设置如图4-165所示。

图4-165 设置物理参数

❻ 展开"焦点1"选项组,设置"半径"和"强度"参数,如图4-166所示。

图4-166 设置焦点参数

❼ 新建一个28mm摄像机,选择树叶层,在"碎片"滤镜控制面板中,设置"挤压深度"为0.1,选择"摄像机系统"的选项为"合成摄像机",然后选择摄像机工具调整视图,如图4-167所示。

图4-167 设置摄像机

❽ 复制图层"树叶",选择上面的图层,重命名为"树叶通道",添加"色阶"滤镜,最大限度地提高亮

度，如图4-168所示。

图4-168

⑨ 选择主菜单"效果"｜"通道"｜"通道合成器"命令，添加"通道合成器"滤镜，如图4-169所示。

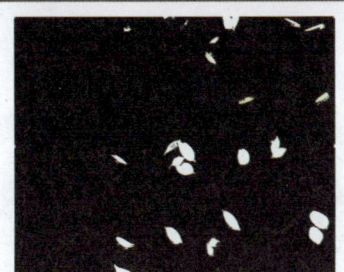

图4-169　设置通道合成器参数

⑩ 选择图层"树叶.jpg"，设置轨道蒙板模式为"Alpha 蒙板 树叶通道"，消除了树叶边缘的黑色，如图4-170所示。

图4-170　设置蒙板模式

⑪ 选择主菜单"效果"｜"通道"｜"最大/最小"命令，添加"最大/最小"滤镜，选择"操作"项为"最小"，设置"半径"为1，选择"通道"为"Alpha与颜色"。收缩通道，消除树叶边缘的黑色，如图4-171所示。

图4-171　设置最大/最小参数

⑫ 添加"高斯模糊"滤镜，设置"模糊量"的数值为1。拖动图风景图片"窗户-1.jpg"到底层，查看合成的预览效果，如图4-172所示。

图4-172　查看合成效果

⑬ 调整"窗户-1.jpg"的缩放比例为40%，添加"高斯模糊"滤镜，设置"模糊量"为2。拖动该图层到顶层，选择钢笔工具沿着窗口轮廓绘制遮罩，保留窗口之外的部分，这样飘落的树叶就出现在窗外了，如图4-173所示。

图4-173　绘制多个遮罩

⑭ 选择顶层"窗户-1.jpg"，复制一次并拖动到底层，取消所有的遮罩，如图4-174所示。

图4-174　关闭遮罩

⑮ 分别选择图层"树叶"和"树叶通道"，在"碎片"滤镜面板中调整参数，如图4-175所示。

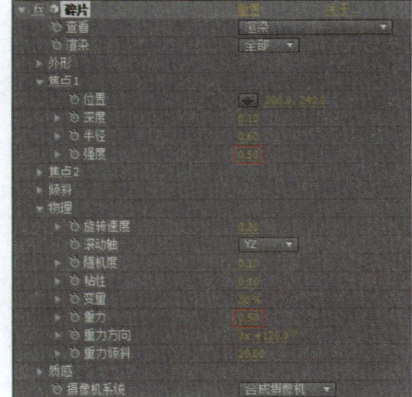

图4-175　调整碎片参数

⑯ 根据构图的需要，选择摄像机工具，调整落叶的景别和位置，如图4-176所示。

图4-176　调整构图

⑰ 新建一个调节层，添加"曲线"滤镜，增加亮度和对比度，如图4-177所示。

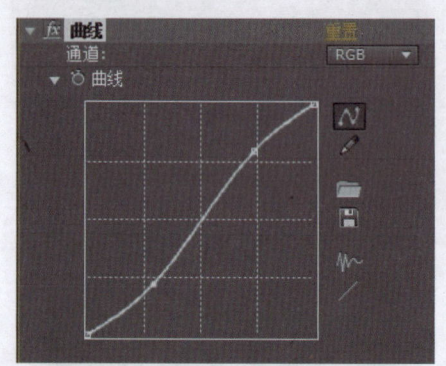

图4-177 调整曲线

⑱ 保存工程文件，单击播放按钮，查看落叶的动画效果，如图4-178所示。

图4-178 最终落叶效果

实例080 烟花

为了表达节日的喜庆，烘托气氛，在影视作品中经常用到鲜花、彩带和烟花。烟花作为夜空中最绚丽的景象，不仅其缤纷的颜色能增添喜气，优美的升空和爆炸动画更是叹为观止。

设计思路

在本例中主要应用粒子运动来创建模拟烟花的粒子的效果，通过添加辉光来增加烟花发光和照亮的效果。如图4-179所示为案例分解部分效果展示。

图4-179 效果展示

技术要点

- 粒子运动：创建模拟烟花的粒子发射动画。
- 辉光：模拟烟花的多彩辉光。

制作过程

案例文件	工程文件\第4章\080 烟花		
视频文件	视频\第4章\实例080.mp4		
难易程度	★★★	学习时间	13分50秒

❶ 打开After Effects软件，选择主菜单"图像合成"|"新建合成组"命令，创建一个新的合成，命名为"烟花"，选择"预置"为PAL D1/DV，设置时长为10秒。

❷ 新建一个黑色固态层，命名为"烟花1"。选择主菜单"效果"|"模拟仿真"|"粒子运动"命令，添加"粒子运动"滤镜，如图4-180所示。

图4-180 添加粒子运动滤镜

❸ 展开"发射"选项组，具体参数设置和效果如图4-181所示。

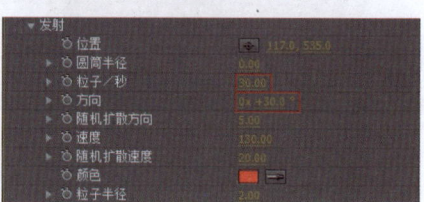

图4-181 设置发射参数

❹ 展开"重力"选项组，设置"力"的参数，如图4-182所示。

❺ 新建一个黑色固态层，命名为"贴图"，添加"渐变"滤镜，如图4-183所示。

❻ 选择图层"贴图"并预合成，选择"移动全部属性到新建合成中"项，关闭其可视性。

第 4 章 滤镜特效

图4-182 设置重力参数

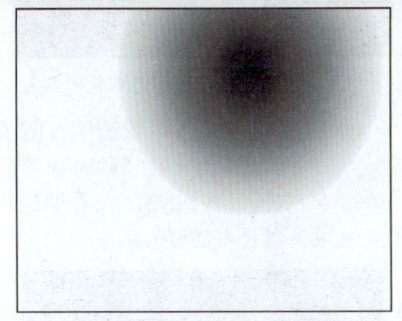

图4-183 设置渐变参数

⑦ 选择图层"烟花1"，在"粒子运动"滤镜控制面板中，展开"持续特性映射"选项组，指定映射图层和特性，如图4-184所示。

图4-184 设置持续特性映射参数

⑧ 拖动时间线指针，查看粒子的运动效果，如图4-185所示。

图4-185 查看粒子动画

⑨ 拖动当前指针到2秒，激活"粒子/秒"和"速度"的关键帧。拖动当前指针到3秒，调整"粒子/秒"和"速度"的数值为0。拖动当前指针，查看粒子效果，如图4-186所示。

图4-186 查看粒子动画

⑩ 新建一个黑色固态层，命名为"烟花炸开"，添加"粒子运动"滤镜，如图4-187所示。

图4-187 设置粒子运动参数

⑪ 调整该图层的入点在4秒20帧，拖动当前指针，查看粒子效果，如图4-188所示。

图4-188 查看粒子动画

⑫ 拖动时间线指针到6秒，激活"粒子/秒"和"速度"的关键帧记

133

录器。创建第一个关键帧，拖动时间线到8秒，调整"粒子/秒"数值为50，速度"的数值为20。

⑬ 新建一个黑色固态层，命名为"贴图2"，添加"渐变"滤镜，如图4-189所示。

图4-189　设置渐变参数

⑭ 选择该图层并预合成，选择"移动全部属性到新建合成中"项。然后选择图层"烟花炸开"，在滤镜控制面板中展开"持续特性映射"选项组，指定映射图层和特性，如图4-190所示。

图4-190　设置持续特性映射参数

⑮ 单击播放按钮，查看粒子的运动效果，如图4-191所示。

图4-191　查看粒子运动

⑯ 添加"拖尾"滤镜，如图4-192所示。

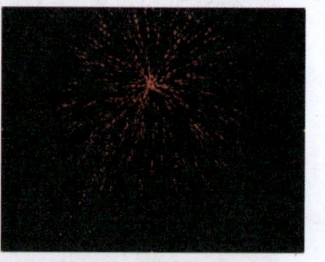

图4-192　设置拖尾参数

⑰ 新建一个调节层，添加"辉光"滤镜，具体参数设置和效果如图4-193所示。

图4-193　设置辉光参数

⑱ 再添加"辉光"滤镜，具体参数设置和效果如图4-194所示。

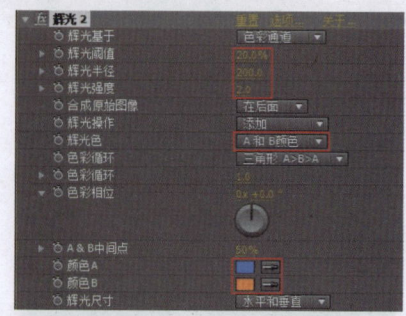

图4-194　设置辉光参数

⑲ 选择调节层，设置透明度的关键帧，3秒时数值为0%，5秒时数值为100%。单击播放按钮，查看烟花的预览效果，如图4-195所示。

图4-195　最终烟花效果

第 5 章 插件利器

After Effects相对开放的平台，兼容了大量的第三方插件，而且有部分插件可以直接安装。每一款插件都有着独特的表现力，包含了粒子、光线、变形、海洋、玻璃等丰富多彩的视频特效，为影视后期提供了更多的利器，为制作出更高级、更炫耀的效果提供了极大的可能性。

实例081　闪烁光斑

光斑是常用的光效元素，After Effects提供了光斑滤镜，但其内容远不够丰富。而光斑插件最大的优势就是提供了很多的光斑效果预置，也可以根据需要对众多的参数进行调整。

设计思路

在本例中应用了Video Copilot系列插件之一的Optical Flares创建不同类型的光斑，通过设置亮度关键帧产生闪烁效果。如图5-1所示为案例分解部分效果展示。

图5-1　效果展示

技术要点

● Optical Flares：应用光斑预置创建多种光斑效果。

制作过程

案例文件	工程文件\第5章\081 闪烁光斑		
视频文件	视频\第5章\实例081.mp4		
难易程度	★★	学习时间	10分50秒

❶ 打开After Effects软件，创建一个新的合成，选择"预置"为PAL D1/DV，设置长度为2秒。

❷ 新建一个黑色图层，命名为"光斑"，选择主菜单"效果"|"Video Copilot"|"Optical Flares"命令，添加一个光斑插件Optical Flares滤镜，如图5-2所示。

图5-2　添加Optical Flares滤镜

❸ 单击"选项"按钮，在Light(20)组中选择光斑预设Pink Glow，如图5-3所示。

图5-3　选择光斑预设

❹ 单击右上角的"好"按钮，在滤镜控制面板中调整"位置XY"，如图5-4所示。

图5-4 调整光斑位置

❺ 设置"亮度"的关键帧动画，第0帧时数值为0%，第5帧时为100%，第10帧时为0%。

❻ 设置图层的混合模式为"屏幕"，复制一次，重命名为"光斑2"。再复制图层"光斑2"两次，如图5-5所示。

图5-5 复制图层

❼ 分别调整这4个光斑图层的位置，产生交错感，如图5-6所示。

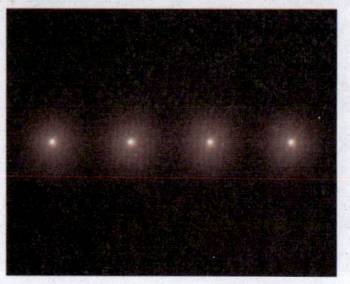

图5-6 调整图层位置

❽ 选择图层"光斑2"，添加"色彩平衡(HLS)"滤镜，调整色相，如图5-7所示。

图5-7 调整色相

❾ 选择图层"光斑3"，添加"色彩平衡(HLS)"滤镜，调整色相，如图5-8所示。

图5-8 调整色相

❿ 选择图层"光斑4"，添加"色彩平衡(HLS)"滤镜，调整色相，如图5-9所示。

图5-9 调整色相

⓫ 拖动当前指针，查看光斑阵列的效果，如图5-10所示。

图5-10 查看光斑阵列

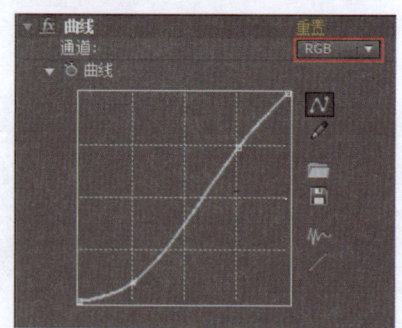

⓬ 新建一个调节层，添加"曲线"滤镜，降低亮度，提高对比度，如图5-11所示。

图5-11 调整曲线

⓭ 选择图层"光斑2"，选择主菜单"图层"|"时间"|"时间伸缩"命令，在弹出的对话框中设置"伸缩比率"，如图5-12所示。

图5-12　设置时间伸缩比率

⓮ 选择图层"光斑4",选择主菜单"图层"|"时间"|"时间伸缩"命令,在弹出的对话框中设置"伸缩比率",如图5-13所示。

图5-13　设置时间伸缩比率

⓯ 选择图层"光斑3",选择主菜单"图层"|"时间"|"时间伸缩"命令,在弹出的对话框中设置"伸缩比率",如图5-14所示。

图5-14　设置时间伸缩比率

⓰ 单击播放按钮，查看光斑闪烁的效果,如图5-15所示。

⓱ 在项目窗口中,拖动"合成1"到合成图标上,创建一个新的合成,命名为"合成2"。

⓲ 拖动当前指针到15帧,选择图层"合成1",按Alt+]组合键设置图层的出点,如图5-16所示。

图5-15　查看光斑闪烁

图5-16　设置图层出点

⓳ 复制图层"合成1"3次,在时间线上分别调整起点,如图5-17所示。

图5-17　排列多个图层

⓴ 设置上面3个图层的混合模式为"添加",如图5-18所示。

图5-18　设置混合模式

㉑ 新建一个黑色固态层,命名为"光斑移动"。添加Optical Flares滤镜,单击"选项"按钮,在motion Graphic组中选择一个光斑预设,如图5-19所示。

图5-19　选择光斑预设

㉒ 单击"好"按钮,关闭"光学耀斑操作界面"控制面板,选择图层的混合模式为"添加"。然后在滤镜控制面板中调整"位置XY"参数,如图5-20所示。

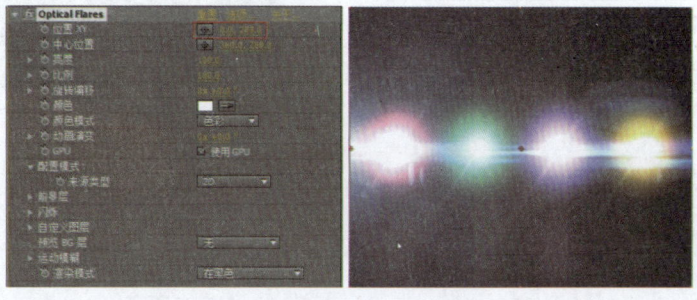

图5-20　调整光斑位置

㉓ 拖动当前指针到合成的起点，激活"位置XY"的关键帧。拖动当前指针到合成的终点，调整"位置XY"的数值，如图5-21所示。

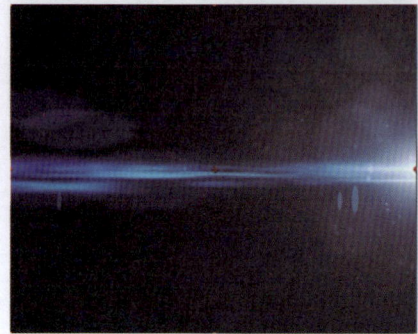

图5-21　创建光斑动画

㉔ 单击播放按钮▶，查看最终光斑闪烁的预览效果，如图5-22所示。

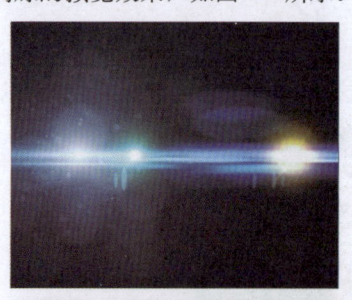

图5-22　最终光斑闪烁效果

实例082　海浪效果

波涛汹涌的海浪的素材大多是实拍得到的。Red Giant 推出的After Effects一款插件可以制作模拟海浪的效果，可以查看波浪的立体线框效果，也可以调整海面和天空的颜色。

设计思路

在本例中应用了Psunami插件创建模拟海浪的效果，从丰富的预设库中选择合适的选项，然后稍作修改即可。如图5-23所示为案例分解部分效果展示。

图5-23　效果展示

技术要点

● Psunami：可以制作天空和海面等效果。

制作过程

案例文件	工程文件\第5章\082 海浪效果		
视频文件	视频\第5章\实例082.mp4		
难易程度	★★	学习时间	16分34秒

❶ 打开After Effects软件，新建一个合成，选择"预置"为PAL D1/DV，设置时间长度为6秒。

❷ 新建一个黑色固态层，选择主菜单"效果"|"Red Giant Psunami"|"Psunami"命令，效果如图5-24所示。

图5-24　添加Psunami滤镜

❸ 展开Render Options（渲染选项）选项组，选择Render What（渲染内容）为不同的选项，则显示不同的对应元素，比如选择Water Only（只有水），如图5-25所示。

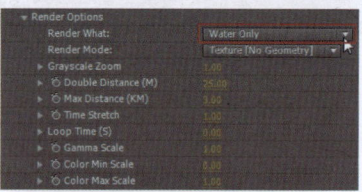

图5-25　设置渲染选项

❹ 选择需要的预设，如图5-26所示。

图5-26　选择预设

❺ 单击GO按钮，查看合成预览视图中海浪的效果，如图5-27所示。

图5-27 查看海浪效果

⑥ 选择另一种预设，单击GO按钮，查看合成预览效果，如图5-28所示。

图5-28 查看海浪效果

⑦ 拖动时间线指针，查看动态的海面效果，如图5-29所示。

图5-29 查看海面动画

⑧ 展开Ocean Optics（海洋光学）选项组，单击Water Color（水颜色）对应的色块，设置新的颜色，如图5-30所示。

图5-30 设置海水颜色

⑨ 展开Light 1（灯光1）选项组，设置灯光的颜色，如图5-31所示。

图5-31 设置灯光颜色

⑩ 展开Swells（汹涌）选项组，激活Swell 1，具体设置如图5-32所示。

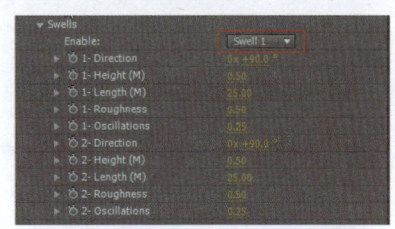

图5-32 设置汹涌参数

⑪ 在Render Options（渲染选项）选项组中选择Render Mode（渲染模式）为Wireframe（线框），如图5-33所示。

⑫ 拖动当前指针到合成的起点，展开Camera（摄像机）选项组，调整Tilt（倾斜）的数值，并激活码表 创建一个关键帧，如图5-34所示。

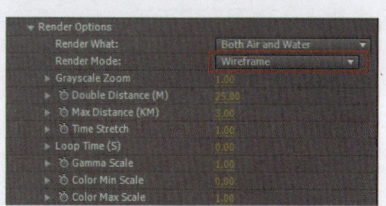

图5-33 渲染线框模式

图5-34 调整摄像机参数

⑬ 拖动当前指针到4秒，调整Tilt（倾斜）的数值，创建摄像机动画，如图5-35所示。

图5-35 创建摄像机动画

⑭ 在时间线面板中选择Tilt（倾斜）属性，单击曲线编辑器图标 ，展开运动曲线编辑器，调整曲线插值，如图5-36所示。

图5-36 调整运动曲线插值

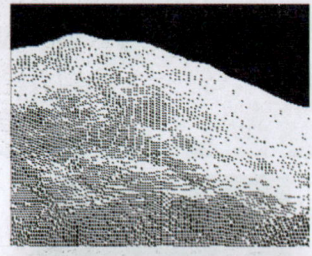

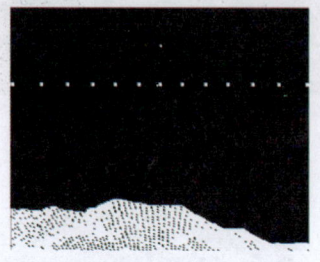

⑮ 单击播放按钮▶，查看海浪的网格效果，如图5-37所示。

图5-37 查看海浪网格效果

⑯ 在Render Options（渲染选项）选项组，选择Render Mode（渲染模式）为Realistic（真实），然后添加"曲线"滤镜，稍提高亮度，如图5-38所示。

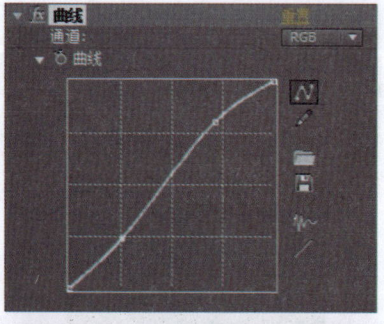

图5-38 调整曲线

⑰ 单击播放按钮▶，查看海浪的动画效果，如图5-39所示。

图5-39 查看海浪动画

实例083　雷电效果

电闪雷鸣是大自然的声音，变幻无穷的闪电形状和光亮一直在影视作品中出现，作为字幕出现的背景具有相当的冲击力。

设计思路

在本例中应用分形杂波创建云背景，应用高级闪电创建闪电的分支和动画，最后为闪电添加辉光，达到比较理想的效果。如图5-40所示为案例分解部分效果展示。

图5-40 效果展示

技术要点

- 高级闪电：创建闪电分支和动画效果。
- 辉光：创建闪电的光亮效果。

案例文件	工程文件\第5章\083 雷电效果		
视频文件	视频\第5章\实例083.mp4		
难易程度	★★★	学习时间	18分08秒

实例084　烟雾拖尾

在影视作品经常可以见到导弹飞过，拖着烟雾直到目标，这个过程是令人期待的，也是相当壮观的。

设计思路

在本例中主要运用了Particular插件创建粒子沿路径飞行的效果，因为定义了粒子烟雾形状，再通过设置力学参数就获得了烟雾拖尾效果。如图5-41所示为案例分解部分效果展示。

图5-41 效果展示

技术要点

- Particular：创建粒子发射效果，调整力学参数，获得烟雾效果。
- Optical Flares：创建镜头光斑效果。

制作过程

案例文件	工程文件\第5章\084 烟雾拖尾		
视频文件	视频\第5章\实例084.mp4		
难易程度	★★★★	学习时间	23分48秒

❶ 打开After Effects软件，选择主菜单"图像合成"|"新建合成组"命令，创建一个新的合成，选择"预置"为PAL D1/DV，设置时间长度为20秒。

❷ 导入一张城市图片，拖动到时间线中，激活3D属性，创建一个28mm的摄像机，调整图片在Z轴的位置。

图5-42 调整摄像机构图

❸ 新建一个点光源，命名为"发射器"，如图5-43所示。

图5-43 创建点光源

> **提示**
>
> 因为这个点光源是作为粒子发射源的，必须重命名为"发射器"，才能在粒子发射类型中选择。

❹ 选择背景图层，在时间线面板中展开"质感选项"选项组，关闭"接受照明"项，这样背景图片不再受灯光的影响，如图5-44所示。

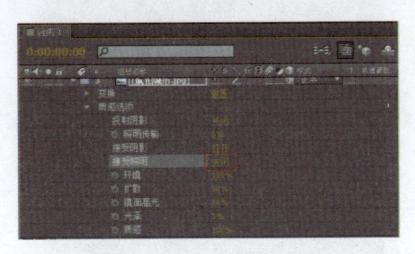

图5-44 关闭接受照明

❺ 拖动当前指针到合成的起点，选择灯光"发射器"，激活位置属性的关键帧，拖动当前指针到5秒，在摄像机视图中调整灯光的位置，如图5-45所示。

图5-45 调整灯光动画

❻ 切换左视图和顶视图，调整灯光运动的路径，如图5-46所示。

图5-46 调整灯光路径

❼ 新建一个固态层，命名为"烟雾"。选择主菜单"效果"|"Trapcode"|"Particular"命令，添加粒子效果滤镜。展开"发射器"选项组，选择"发射类型"为"灯光"，如图5-47所示。

图5-47 选择发射类型

❽ 设置"速率"和"发射器尺寸"等7项参数均为0，根据粒子运动，调整点光源的运动路径，如图5-48所示。

图5-48 设置发射器参数

⑨ 导入图片smoke.jpg到时间线中，放置到底层。

⑩ 选择图层"烟雾"，在Particular滤镜控制面板中，展开"粒子"选项组，选择"粒子类型"为"子画面"，并指定"图层"和设置"尺寸"等参数，如图5-49所示。

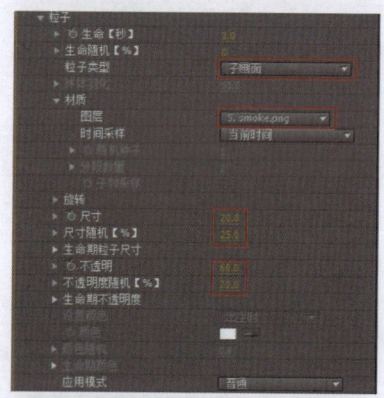

图5-49 设置粒子参数

⑪ 展开"旋转"选项组，设置"旋转速度Z"为0.2，"旋转Z"为300°，如图5-50所示。

图5-50 设置旋转参数

⑫ 展开"物理"下的Air选项组，设置"空气阻力"为2，勾选"空气阻力旋转"项。展开"扰乱场"选项组，设置"影响尺寸"和"影响位置"的数值，增加烟雾的紊乱度，如图5-51所示。

⑬ 调整"生命"的数值为10秒，展开"生命期粒子尺寸"和"生命期不透明度"选项组，绘制贴图，如图5-52所示。

⑭ 选择"粒子类型"的选项为"子画面变色"，调整生命期颜色，如图5-53所示。

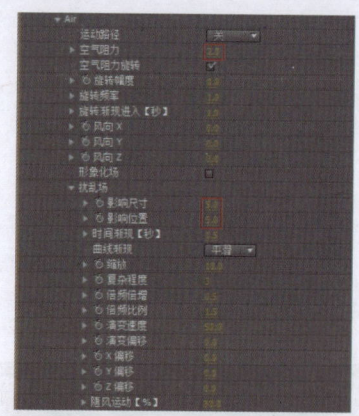

图5-51 设置物理参数

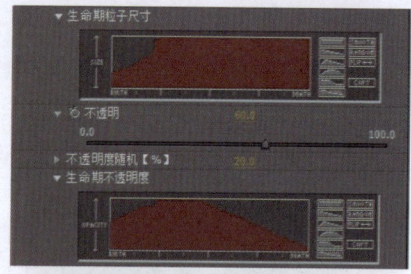

图5-52 绘制生命期贴图

图5-53 设置粒子颜色

⑮ 调整粒子旋转参数和尺寸，如图5-54所示。

图5-54 调整粒子旋转参数和尺寸

⑯ 调整颜色贴图和粒子颜色，如图5-55所示。

图5-55 调整粒子颜色

⑰ 选择图层"烟雾"，添加"曲线"滤镜，增加对比度，如图5-56所示。

图5-56 调整曲线

⑱ 新建一个黑色图层，命名为"光晕"。选择主菜单"效果"|"VideoCopilot"|"Optical Flares"命令，添加一个镜头光晕滤镜。单击"选项"按钮，在Motion Graphic组中选择一个光斑预设，如图5-57所示。

图5-57 选择光斑预设

⑲ 单击"好"按钮，选择图层"光晕"，在滤镜控制面板中设置"比例"的数值为25，设置混合模式为"添加"，查看合成预览效果，如图5-58所示。

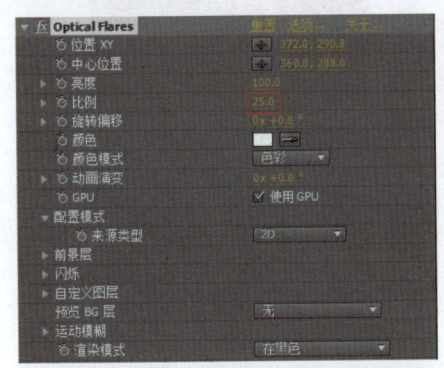

图5-58 查看合成预览效果

⑳ 在时间线面板中展开光斑滤镜的参数栏，分别在0秒、1秒、2秒、3秒、4秒和5秒手动设置"位置"的关键帧，使得光斑跟随粒子发射器运动，如图5-59所示。

㉑ 选择图层"航拍城市"，添加"曲线"滤镜，降低亮度，如图5-60所示。

㉒ 保存工程文件，单击播放按钮，查看最终烟雾拖尾的动画效果，如图5-61所示。

图5-59 设置光斑运动

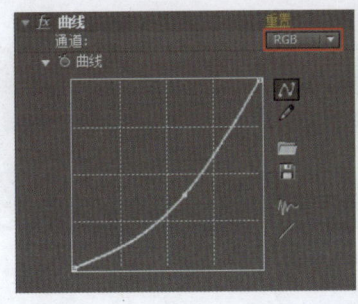

图5-60 调整曲线

图5-61 最终烟雾拖尾效果

实例085 雨珠涟漪

雨景总能给人们非常浪漫的想象，在影视后期中除了实拍雨景，制作特色的雨景来成就一些场景或情节是有一定难度的事情。

设计思路

在本例中学习应用"分形杂波"滤镜创建动态的云雾背景，应用"CC细雨滴"滤镜创建涟漪的动画效果。如图5-62所示为案例分解部分效果展示。

图5-62 效果展示

技术要点

- 分形杂波：创建动态的云雾背景。
- 泡沫：创建雨滴贴图。
- CC细雨滴：创建水面涟漪的效果。

案例文件	工程文件\第5章\085 雨珠涟漪		
视频文件	视频\第5章\实例085.mp4		
难易程度	★★★	学习时间	26分19秒

143

实例086　礼花

喜庆的场合，不仅有欢腾的人群和美丽的夜景，不断绽放的礼花不仅绚烂夺目，更能在美好的时刻锦上添花。

设计思路

在本例中主要运用了Particular插件创建模拟发射礼花的粒子，重点在于设置辅助系统的参数，产生礼花喷射的动画效果。如图5-63所示为案例分解部分效果展示。

图5-63　效果展示

技术要点

- Particular：通过控制辅助系统的参数，创建礼花效果。

制作过程

案例文件	工程文件\第5章\086 礼花		
视频文件	视频\第5章\实例086.mp4		
难易程度	★★★★	学习时间	13分57秒

❶ 打开After Effects软件，选择主菜单"图像合成"｜"新建合成组"命令，创建一个新的合成，选择"预置"为PAL D1/DV，设置时长为6秒。

❷ 新建一个黑色固态层，选择主菜单"效果"｜"Trapcode"｜"Particular"命令，添加Particular滤镜。展开"发射器"选项组，设置粒子发射的关键帧，并设置"粒子数量/秒"的数值在0秒时为600、1秒时数值为0，如图5-64所示。

图5-64　设置发射器参数

❸ 拖动当前指针，查看粒子的喷射效果，如图5-65所示。

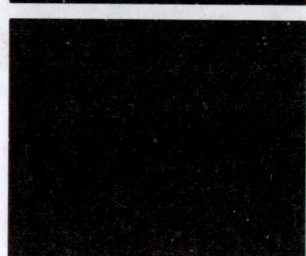

图5-65　粒子喷射效果

❹ 展开"物理学"选项组，设置"重力"为50。展开Air选项组，设置"空气阻力"为0.5，如图5-66所示。

图5-66　设置物理学参数

❺ 拖动当前指针，查看粒子的动画效果，如图5-67所示。

图5-67　查看粒子动画效果

❻ 展开"辅助系统"选项组，选择"发射"为"继续"，设置"粒子数量/秒"为40，"生命"值为1秒，选择"类型"为"条纹"，如图5-68所示。

图5-68　设置辅助系统参数

⑦ 设置"尺寸"为5，选择"生命期粒子尺寸"的贴图为第2种直线淡出类型，"生命期不透明度"的贴图为最后一种曲线，"生命期颜色"的贴图具体设置如图5-69所示。

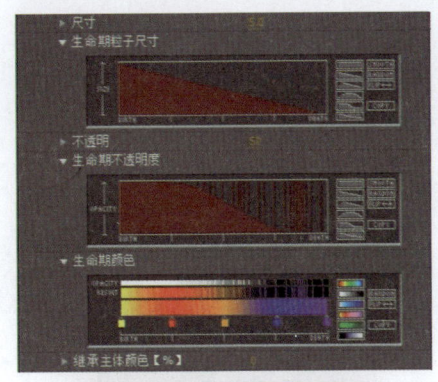

图5-69　设置生命期贴图

⑧ 展开"粒子"选项组，设置"生命"为3秒，"生命随机"为25%，"尺寸随机"值为25%，如图5-70所示。

图5-70　设置粒子参数

⑨ 选择"生命期粒子尺寸"的贴图为最后一种曲线，这样可以产生礼花的闪烁效果，如图5-71所示。

图5-71　设置粒子尺寸贴图

⑩ 添加"辉光"滤镜，设置"辉光半径"为50，如图5-72所示。

⑪ 导入一张城市夜景图片，放置于底层，调整大小和位置，如图5-73所示。

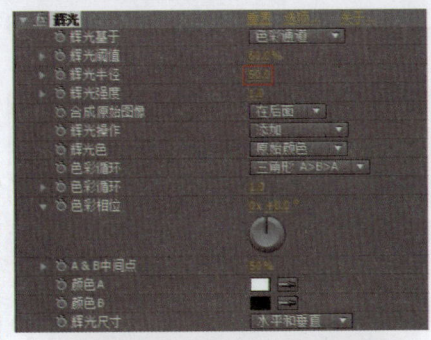

图5-72　设置辉光参数

图5-73　导入背景

⑫ 选择黑色图层，重命名为"礼花1"。复制该图层，命名为"礼花2"，在滤镜控制面板中调整发射器的位置参数，如图5-74所示。

图5-74　调整发射器位置

⑬ 添加"色彩平衡(HLS)"滤镜，调整色相，如图5-75所示。

图5-75　调整色彩平衡参数

⑭ 复制图层"礼花2"，命名为"礼花3"，在滤镜控制面板中调整发射器的位置参数，如图5-76所示。

图5-76　调整发射器位置

⑮ 调整"色相"和"饱和度"参数，如图5-77所示。

图5-77　调整色彩平衡参数

⑯ 在时间线面板中调整图层"烟花2"和"烟花3"的时间起点,如图5-78所示。

图5-78 调整图层起点

⑰ 拖动当前指针到5秒,按N键设置工作区域的终点。选择底层,添加"曲线"滤镜,降低背景亮度,如图5-79所示。

图5-79 调整曲线

⑱ 单击播放按钮,查看礼花的动画效果,如图5-80所示。

图5-80 礼花动画效果

实例087 绒毛效果

After Effects中有着很多新奇效果的插件,除了经常用到的水、烟雾、光效、变形等,下面将介绍一个比较奇怪的效果——绒毛效果。

设计思路

在本例中为文本运用了CC毛发插件,创建了仿真的绒毛效果。如图5-81所示为案例分解部分效果展示。

图5-81 效果展示

技术要点

● CC毛发:创建模拟绒毛的效果。

制作过程

案例文件	工程文件\第5章\087 绒毛效果		
视频文件	视频\第5章\实例087.mp4		
难易程度	★★	学习时间	6分32秒

❶ 打开After Effects软件,选择主菜单"图像合成"|"新建合成组"命令,创建一个新的合成,选择"预置"为PAL D1/DV,设置时长为6秒。

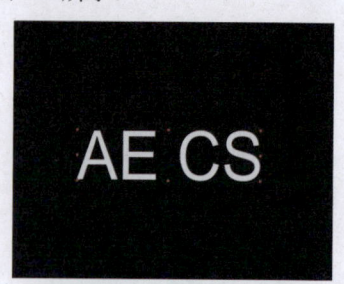

❷ 选择文本工具,输入字符AE CS,设置合适的字体、字号和位置,如图5-82所示。

图5-82 创建文本

❸ 选择文本图层,选择主菜单"动画"|"应用动画预设"命令,应用一个动画预设Slow Fade On。拖动当前指针,查看文本的动画效果,如图5-83所示。

图5-83 文本动画效果

❹ 选择文本图层，在时间线面板中展开文本属性，将第2个关键帧调整到4秒，如图5-84所示。

图5-84 调整关键帧

❺ 将文本图层预合成，命名为"文字"，设置后关闭其可视性，如图5-85所示。

图5-85 预合成

❻ 新建一个黑色固态层，命名为"毛发"。选择主菜单"效果"|"模拟仿真"|"CC毛发"命令，添加"CC毛发"滤镜，如图5-86所示。

图5-86 添加毛发滤镜

❼ 展开"毛发映射"选项组，选择"映射层"和"映射特性"的选项，如图5-87所示。

图5-87 指定毛发映射层及特性

❽ 调整"长度"的数值为15，"厚度"的数值为0.5，"密度"的数值为350，如图5-88所示。

图5-88 设置毛发参数

❾ 展开"毛发色"选项组，设置"颜色"为蓝色。展开"明暗"选项组，设置明暗参数，如图5-89所示。

图5-89 设置毛发颜色和明暗参数

❿ 单击播放按钮，查看绒毛的动画效果，如图5-90所示。

图5-90 毛发动画效果

实例088 动感流光

在影视包装和广告作品中，有很多形式的光线可以作为对文字或标版的装饰元素，也可以重点突出需要表达的内容。

设计思路

在本例中主要运用了3D描边滤镜创建沿路径运动的线条，再应用Starglow滤镜创建七彩的光效，获得另一种动感美感和十足的流光效果。如图5-91所示为案例分解部分效果展示。

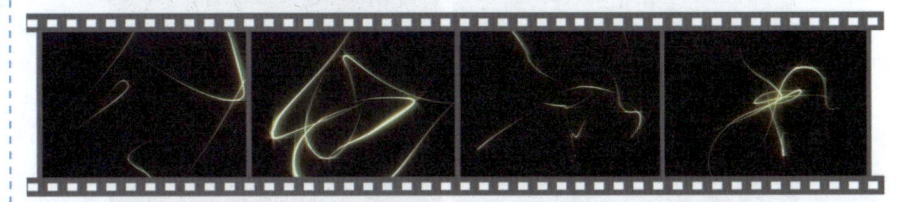

图5-91 效果展示

技术要点

● 3D Stroke：创建沿路径的勾边。

147

- Starglow：创建七彩光芒效果。

案例文件	工程文件\第5章\088 动感流光		
视频文件	视频\第5章\实例088.mp4		
难易程度	★★★★	学习时间	7分20秒

实例089　魔幻空间

前面讲了很多应用Particular插件创建粒子特效的实例。其实通过设置粒子的发射器、物理学和辅助系统参数，可以创建更加炫幻的效果，比如下面要讲解的魔幻空间效果就是令人期待且相当壮观。

设计思路

在本例中主要运用了Particular插件创建静态的粒子，通过对风力等的控制让粒子按照设计好的路径生长，配合摄像机的调整，获得纵横交错的线条空间。如图5-92所示为案例分解部分效果展示。

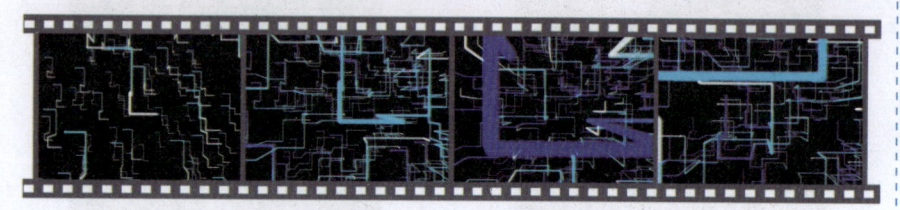

图5-92　效果展示

技术要点

- Particular：创建粒子发射效果，设置Aux System等参数，再造粒子流线。

制作过程

案例文件	工程文件\第5章\089 魔幻空间		
视频文件	视频\第5章\实例089.mp4		
难易程度	★★★★	学习时间	15分22秒

❶ 打开After Effects软件，创建一个新的合成，选择"预置"为PAL D1/DV，设置时长为10秒。

❷ 新建一个黑色图层，添加Particular滤镜。展开"发射器"选项组，选择"发射类型"为"盒子"，再设置"速率"和"发射器尺寸"等数值，如图5-93所示。

图5-93　设置发射器参数

❸ 设置"粒子数量/秒"的关键帧，0帧时数值为0，2帧时数值为2500，4帧时数值为0。

❹ 展开"粒子"选项组，设置"生命"值为10秒，"尺寸"值为5；选择"应用模式"为"加强"，如图5-94所示。

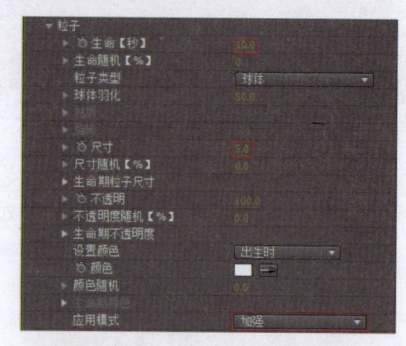

图5-94　设置粒子参数

❺ 展开"辅助系统"选项组，具体参数设置如图5-95所示。

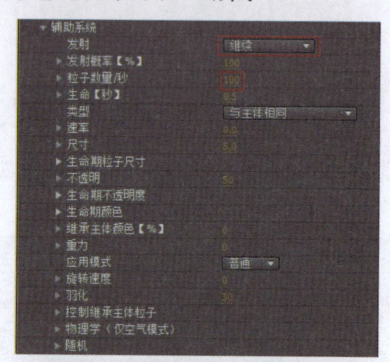

图5-95　设置辅助系统参数

❻ 展开"生命期颜色"选项组，单击第3种贴图，然后调整渐变的颜色，如图5-96所示。

图5-96　设置生命期颜色

⑦ 展开"物理学"选项组，展开Air选项组，确定当前时间线在合成的起点。激活"风向X""风向Y"和"风向Z"记录关键开关，在时间线面板中展开粒子属性栏，拖动时间线指针到5帧，调整"风向X"数值为400，创建第2个关键帧，如图5-97所示。

图5-99 调整风向数值

⑩ 向后拖动当前指针，查看粒子效果，如图5-100所示。

图5-101 调整风向参数

⑫ 向后拖动时间线，查看粒子效果，如图5-102所示。

图5-97 创建风向关键帧

⑧ 选择所有的关键帧，右击，从弹出的菜单中选择"切换保持关键帧"命令，改变关键的插值特性，如图5-98所示。

图5-100 查看粒子效果

⑪ 拖动时间线指针到20帧，调整"风向Y"的数值为0，"风向Z"的数值为-400，如图5-101所示。

图5-102 查看粒子效果

⑬ 用此方法为"风向"参数添加关键帧。为了节省时间，也可以复制并粘贴关键帧，最后使得粒子在立体空间中穿行，生成交织的折线，如图5-103所示。

图5-98 改变关键帧插值

> **提示**
>
> "保持关键帧"能够保持两个相邻的关键帧之间数值不发生变化，只有到下一个关键帧才改变数值。

⑨ 拖动当前指针到10帧，调整"风向X"和"风向Y"的数值，可以看到一种特殊的粒子效果，如图5-99所示。

图5-103 复制和添加关键帧

⑭ 拖动当前指针，查看粒子的穿行动画效果，如图5-104所示。

⑮ 在"辅助系统"选项组中，调整"生命"的数值为4秒。单击播放按钮，查看粒子的穿行动画效果，如图5-105所示。

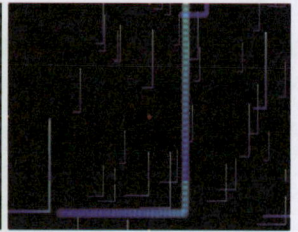

图5-104 粒子穿行效果

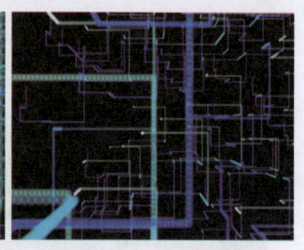

图5-105 粒子穿行效果

⓰ 创建一个24mm的摄像机，拖动当前指针到合成的起点，激活摄像机位置属性的关键帧。拖动当前指针到5秒，选择摄像机工具调整摄像机视图，创建摄像机推镜头的动画，如图5-106所示。

图5-106 调整摄像机视图

⓱ 拖动当前指针到合成的终点，移动摄像机视图，如图5-107所示。

图5-107 移动摄像机视图

⓲ 单击播放按钮，查看粒子线格空间的效果，如图5-108所示。

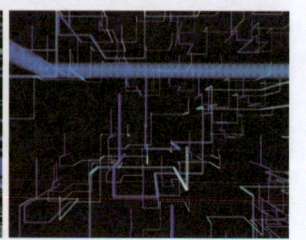

图5-108 粒子线格空间效果

⓳ 新建一个调节层，添加"辉光"滤镜，如图5-109所示。

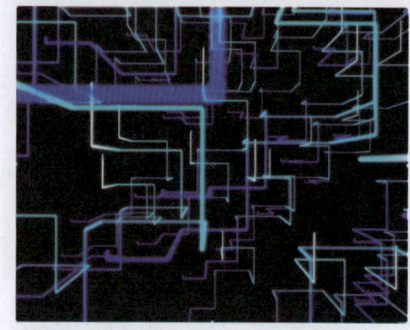

图5-109 设置辉光参数

⓴ 保存工程文件，单击播放按钮，查看魔幻的粒子空间效果，如图5-110所示。

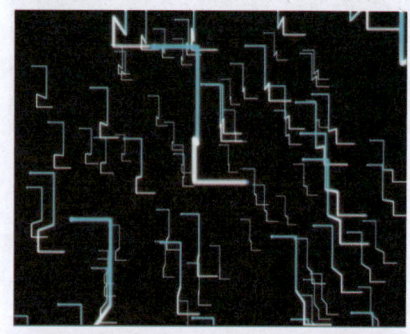

图5-110 魔幻粒子空间效果

实例090　水珠滴落

下雨天透过玻璃看到的风景总会呈现异样的魅力，玻璃上滑落的水滴产生的折射一下子让窗外的风景更加令人着迷和期待，或是浪漫或是孤独的感觉悄然而生。

设计思路

在本例中主要运用了CC水银滴落插件创建水珠滴落的效果，自动产生的折射变形增强了真实感，还可通过重力的调整来控制水珠滑落的速度。如图5-111所示为案例分解部分效果展示。

图5-111　效果展示

技术要点

- CC水银滴落：创建水珠下落并产生折射的效果。

制作过程

案例文件	工程文件\第5章\090 水珠滴落		
视频文件	视频\第5章\实例090.mp4		
难易程度	★★★	学习时间	11分27秒

① 启动After Effects软件，新建一个合成，选择"预置"为PAL D1/DV，设置时长为5秒。

② 导入图片"风景"到时间线上，选择主菜单"图层" | "变换" | "适配为合成宽度"命令。

③ 添加"曲线"滤镜，降低整体的亮度，如图5-112所示。

图5-112　调整曲线

④ 复制风景图层，然后选择顶层，添加"CC水银滴落"滤镜，如图5-113所示。

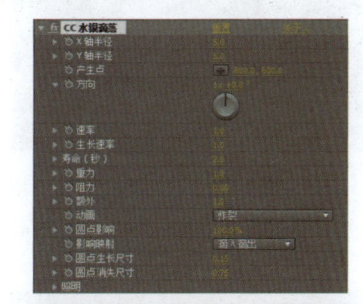

图5-113　添加CC水银滴落滤镜

⑤ 在滤镜控制面板中，调整"半径""产生点"和"生长速率"等参数，如图5-114所示。

⑥ 单击播放按钮，查看水珠滴落的动画效果，如图5-115所示。

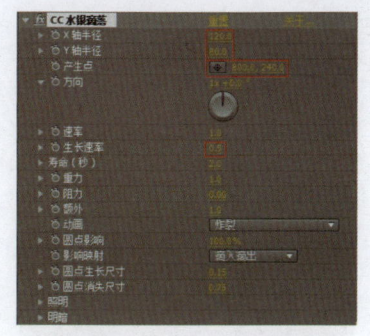

图5-114　调整滤镜参数

图5-115　水珠滴落动画

⑦ 继续调整"方向""寿命"以及"圆点尺寸"等滤镜参数，如图5-116所示。

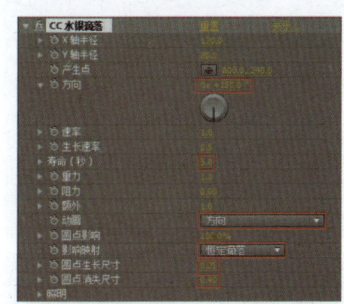

图5-116　调整滤镜参数

⑧ 拖动当前指针到合成的起点，设置"重力"的关键帧，数值为0.2。拖动当前指针到合成的终点，调整"重力"的数值为10。单击播放按钮，查看水珠滴落的动画效果，如图5-117所示。

⑩ 选择顶层，进一步调整滤镜参数，如图5-119所示。

⑬ 选择调节层，添加"非锐化遮罩"滤镜，提高清晰度，如图5-122所示。

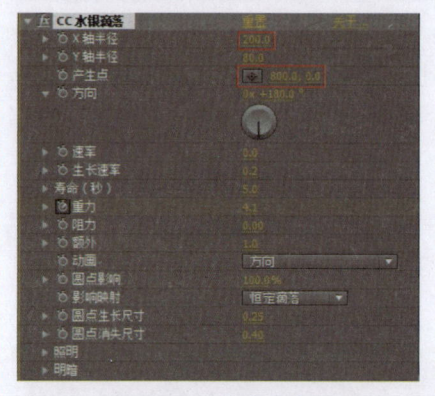

图5-119 调整滤镜参数

⑪ 新建一个调节层，添加"曲线"滤镜，增加对比度，如图5-120所示。

图5-122 设置锐化参数

⑭ 单击播放按钮，查看水珠滴落的预览动画，如图5-123所示。

图5-117 水珠滴落动画

⑨ 选择底层，调整"曲线"，再稍降低亮度，如图5-118所示。

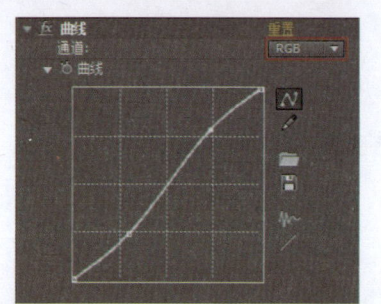

图5-120 调整曲线

⑫ 调整图层的"缩放"设置，改变水滴的形状，如图5-121所示。

图5-118 调整曲线

图5-121 调整水滴形状

图5-123 水珠滴落动画

实例091　小球汇聚

球是立体世界中最简单的几何体。巨大数量的球体，以变换的形式聚合和运动，在影视作品中将呈现巨大的魅力和冲击力。

设计思路

在本例中主要运用CC滚珠操作插件创建立体空间的小球阵列，通过摄像机的运动，展现无数小球在空间汇聚和运动的效果。如图5-124所示为案例分解部分效果展示。

图 5-124　效果展示

技术要点

- CC滚珠操作：创建立体空间的小球阵列效果。
- 辉光：增加小球亮度。

制作过程

案例文件	工程文件\第5章\091 小球汇聚		
视频文件	视频\第5章\实例091.mp4		
难易程度	★★★	学习时间	8分37秒

❶ 打开After Effects软件，创建一个新的合成，命名为"小球汇聚"，选择"预置"为PAL D1/DV，设置时长为5秒。

❷ 导入图片"火山"到时间线上。选择主菜单"图层"|"变换"|"适配到合成"命令，使图片自动缩放到合成尺寸，如图5-125所示。

图5-125　自动调整图片大小

❸ 复制该图层，关闭底层的可视性。然后选择顶层，选择主菜单"效果"|"模拟仿真"|"CC滚珠操作"命令，添加"CC滚珠操作"滤镜，参数和效果如图5-126所示。

❹ 新建一个20mm的摄像机，拖动当前指针到合成的起点，设置摄像机的位置关键帧，如图5-127所示。

图5-126　设置滚珠操作参数

图5-127　设置摄像机关键帧

❺ 拖动当前指针到3秒，调整摄像机视图，创建摄像机的推拉动画，如图5-128所示。

图5-128　创建摄像机动画

❻ 拖动当前指针，查看小球空间的动画效果，如图5-129所示。

图5-129　小球空间动画效果

❼ 拖动当前指针到2秒10帧，设置"散射"和"网格间隔"的关键帧。拖动当前指针到3秒，调整数值，创建小球汇聚动画，如图5-130所示。

图5-130　设置滚珠操作关键帧

⑧ 在时间线面板中，调整摄像机的第2组位置关键帧到2秒。拖动当前指针到3秒，单击"重置"按钮，摄像机复位，拖动当前指针，查看小球汇聚的动画效果，如图5-131所示。

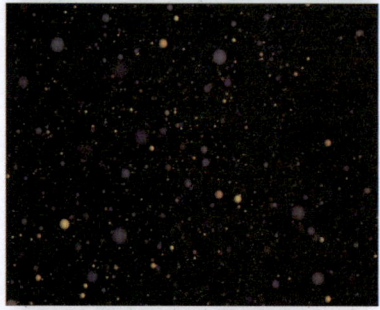

图5-131　查看小球汇聚动画

⑨ 新建一个调节层，添加"色相平衡(HLS)"滤镜，提高"饱和度"，

如图5-132所示。

图5-132　调整饱和度

⑩ 添加"辉光"滤镜，接受默认值即可，如图5-133所示。

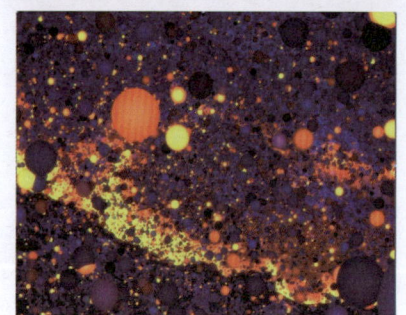

图5-133　添加辉光滤镜

⑪ 拖动当前指针到2秒20帧，设置调节层和上面的"火山"图层的透明度关键帧，数值为100%。拖动当前指针到3秒10帧，调整透明度数值为0%。

⑫ 设置下面的"火山"图层的透明度关键帧，3秒10帧时数值为100%，2秒20帧时数值为0%。

⑬ 单击播放按钮▶，查看最终的小球汇聚效果，如图5-134所示。

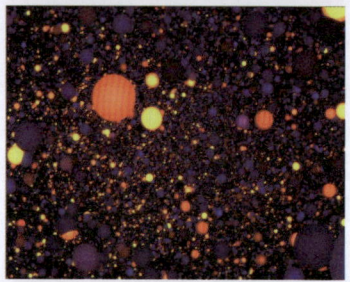

图5-134　最终小球汇聚效果

实例092　水流效果

液体的流动总是无法预想和计划的，正是这奇幻的美，让设计师和观众都对水流有一种偏爱。通过水流的折射变形，恰能以新的形式显现背景的魅力所在。

设计思路

在本例中主要运用分形杂波滤镜创建不均匀的水面纹理，再通过CC水银滴落滤镜创建水流的效果，设置合适的重力参数控制水流的速度。如图5-135所示为案例分解部分效果展示。

图5-135　效果展示

技术要点

- 分形杂波：创建水的纹理贴图。
- CC水银滴落：创建水流动的效果。

案例文件	工程文件\第5章\092 水流效果		
视频文件	视频\第5章\实例092.mp4		
难易程度	★★★	学习时间	14分09秒

实例093　旋转射灯球

旋转射灯是舞台场景中比较常见的元素，不仅因为灯球的旋转会产生变换的光线，而且七彩的灯光具有相当的吸引力。

设计思路

本例中的射灯球包括3个部分：一个是小方格均匀阵列的纹理，一个是旋转的灯球，再一个就是灯球发射的光束。如图5-136所示为案例分解部分效果展示。

图5-136　效果展示

技术要点

- 马赛克：创建灯球表面小方格纹理。
- CC球体：创建立体灯球。
- Shine：创建发射光线的效果。

制作过程

案例文件	工程文件\第5章\093 旋转射灯球		
视频文件	视频\第5章\实例093.mp4		
难易程度	★★★★	学习时间	15分05秒

❶ 打开After Effects软件，选择主菜单"图像合成"|"新建合成组"命令，创建一个新的合成，选择"预置"为PAL D1/DV，设置时长为10秒。

❷ 新建一个黑色固态层，命名为"杂波"，添加"分形杂波"滤镜，具体参数设置和效果如图5-137所示。

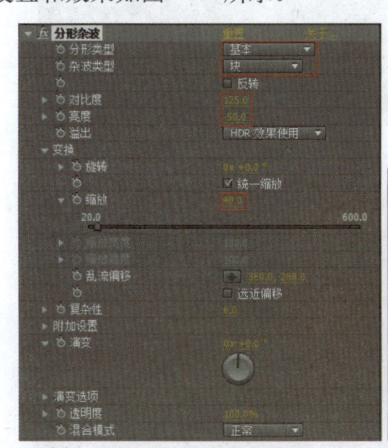

图5-137　设置分形杂波参数

❸ 打开时间线面板，展开"分形杂波"滤镜的参数面板，按住Alt键单击"演变"前面的码表，会出现表达式输入框，在这里输入"time*75"，这样就形成一个连续动画，如图5-138所示。

图5-138　分形杂波动画

❹ 选择主菜单"效果"|"风格化"|"马赛克"滤镜，具体参数设置和效果如图5-139所示。

图5-139　设置马赛克参数

❺ 新建一个黑色图层，命名为"四色"，添加"四色渐变"滤镜，设置4种不同的颜色，如图5-140所示。

❻ 拖动图层"四色"到底层，设置蒙板模式为"Luma Inverted Matte噪

波层",如图5-141所示。

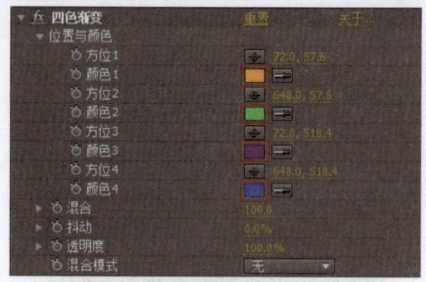

图5-140 设置四色渐变参数

图5-141 设置蒙板模式

❼ 在项目窗口中拖动"合成1"到合成图标上,创建一个新的合成,重命名为"球面"。

❽ 复制图层"合成1",并绘制遮罩和调整位置,拼接成一个无缝循环的贴图,如图5-142所示。

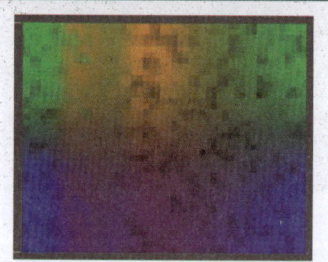

图5-142 复制并拼接图层

❾ 新建一个固态层,命名为"网格",添加"网格"滤镜,具体参数设置和效果如图5-143所示。

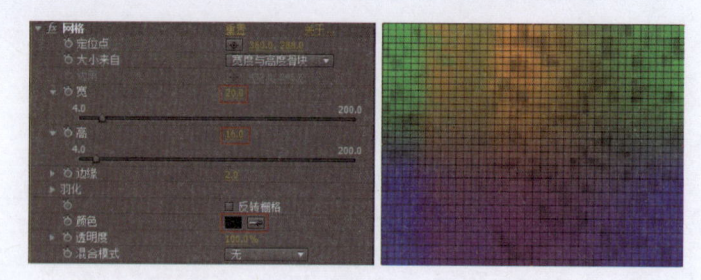

图5-143 设置网格参数

❿ 在项目窗口中,拖动合成"球面"到合成图标上,创建一个新的合成,命名为"球体"。然后在时间线上选择图层"球面",添加"CC球化"滤镜,如图5-144所示。

图5-144 设置CC球体滤镜参数

⓫ 设置球体自转动画,展开"旋转"选项组,设置"Y轴旋转"的关键帧,在0秒时数值为0°,10秒时数值为360°。拖动当前指针,查看球体旋转的动画效果,如图5-145所示。

图5-145 球体旋转动画效果

⓬ 新建一个调节层,选择主菜单"效果"|"Trapcode"|"Shine"命令,添加一个发光效果的插件,具体参数设置和效果如图5-146所示。

图5-146 设置Shine参数

⓭ 展开"着色"选项组,选择"着色"为"魔法",如图5-147所示。

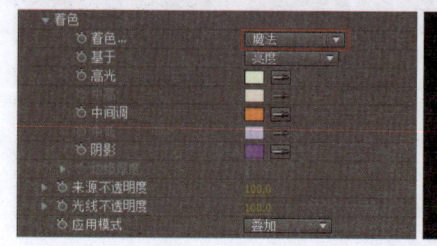

图5-147 选择着色预设

提示

首先选择合适的着色预设，再根据自己的需要调整颜色，这是比较方便的方法。

⑭ 切换到"合成1"的时间线面板，打开图层"杂波"的可视性，选择混合模式为"添加"，在滤镜控制面板中调整马赛克参数，如图5-148所示。

图5-148　调整滤镜参数

⑮ 切换到合成"球体"的时间线面板，选择调节层，调整滤镜Shine的参数，如图5-149所示。

图5-149　调整Shine参数

⑯ 单击播放按钮，查看射灯球发光的动画效果，如图5-150所示。

图5-150　发光射灯球动画效果

实例094　彩色星云

星空和云彩在影视作品中是司空见惯的画面，尤其是穿云破雾所带来的气势，是令人期待的，也是相当壮观的。

设计思路

在本例中主要运用了Particular插件创建发射粒子，为云图层定义粒子的形状，通过摄像机的动画创建穿梭星云的效果。如图5-151所示为案例分解部分效果展示。

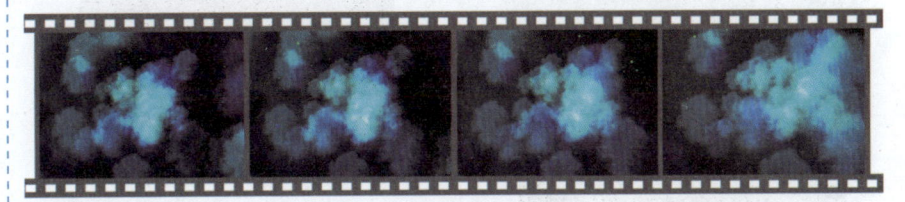

图5-151　效果展示

技术要点

● Particular：发射粒子，以云图层定义粒子的形状。

制作过程

案例文件	工程文件\第5章\094 彩色星云		
视频文件	视频\第5章\实例094.mp4		
难易程度	★★★★	学习时间	26分26秒

❶ 打开After Effects软件，导入图片素材smoke 2.jpg，将其拖至合成图标上，根据素材创建一个新的合成。

❷ 复制图层smoke 2.jpg，设置底层的蒙板模式为Luma Inverted Matte，如图5-152所示。

图5-152　设置模板

❸ 新建一个调节层，添加"曲线"滤镜，提高亮度，如图5-153所示。

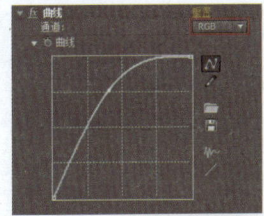

图5-153　调整曲线

❹ 选择主菜单"图像合成"|"新建合成组"命令，创建一个新的合成，命名为"云"，选择"预置"为PAL D1/DV，设置时长为10秒。

❺ 从项目窗口中拖动合成smoke 2

157

至时间线面板，关闭其可视性。

❻ 新建一个黑色固态层，选择主菜单"效果"|"Trapcode"|"Particular"命令，添加Particular滤镜。展开"发射器"选项组，选择"发射类型"为"盒子"、"发射器尺寸X"的数值为800、"发射器尺寸Y"和"发射器尺寸Z"的数值均为600，如图5-154所示。

图5-154　设置发射器参数

❼ 展开"粒子"选项组，具体参数设置和效果如图5-155所示。

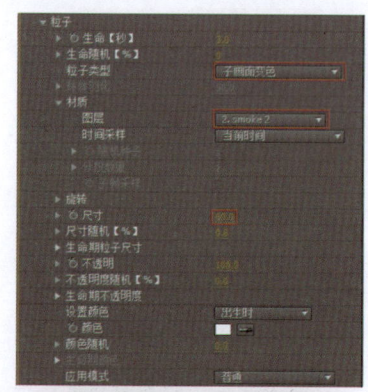

图5-155　设置粒子参数

❽ 设置"粒子数量/秒"参数的关键帧，0秒时数值为700，1帧时为0。

❾ 展开"粒子"选项组，进一步调整参数，如图5-156所示。

图5-156　调整粒子参数

❿ 新建一个28mm的摄像机，选择摄像机工具，调整摄像机的位置。

⓫ 选择黑色固态层，展开"发射附加条件"选项组，设置"预运行"为1，继续调整0秒时"粒子数量/秒"为700，调整"发射器尺寸Z"为2000，如图5-157所示。

图5-157　设置发射器参数

> **提示**
>
> 选择摄像机工具反复调整摄像机位置，以达到理想效果。

⓬ 展开"物理学"选项组，设置风向等参数，如图5-158所示。

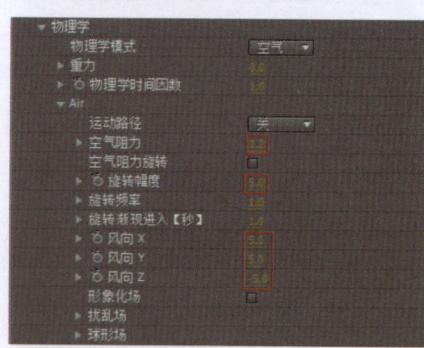

图5-158　设置物理学参数

⓭ 单击播放按钮▶，查看云雾流动的效果，如图5-159所示。

图5-159　云雾流动效果

⓮ 切换到合成smoke 2的时间线面板，选择调节层，添加"变换"滤镜，设置"倾斜"和"旋转"的关键帧，0秒时数值均为0，10秒时数值分别为6和5。

⓯ 切换到合成"云"的时间线面板，选择黑色固态层，调整粒子的材质和旋转参数，如图5-160所示。

图5-160 设置粒子材质和旋转参数

⑯ 拖动当前指针到合成的起点，调整摄像机视图，设置摄像机位置属性的关键帧，如图5-161所示。

图5-161 设置摄像机关键帧

⑰ 拖动当前指针到合成的终点，调整摄像机视图，创建摄像机的动画，如图5-162所示。

图5-162 创建摄像机动画

⑱ 单击播放按钮，查看云雾流动的效果，如图5-163所示。

图5-163 云雾流动效果

⑲ 设置粒子颜色参数，如图5-164所示。

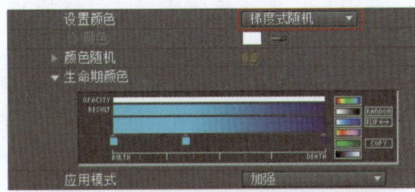

图5-164 设置颜色参数

⑳ 新建一个白色固态层，命名为"星空"。选择主菜单"效果"|"模拟仿真"|"CC 星爆"命令，添加"CC星爆"滤镜，具体参数设置和效果如图5-165所示。

㉑ 添加"四色渐变"滤镜，接受默认参数值即可，如图5-166所示。

图5-165 设置CC星爆滤镜参数

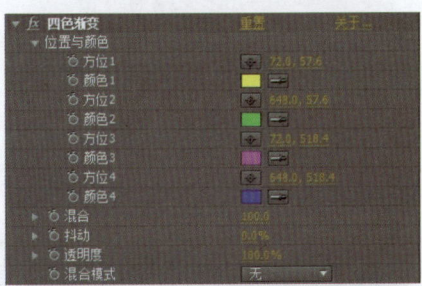

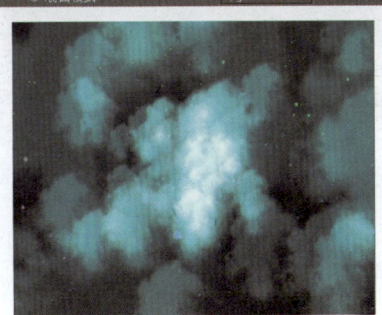

图5-166 添加四色渐变滤镜

㉒ 新建一个调节层，添加"曲线"滤镜，降低亮度，如图5-167所示。

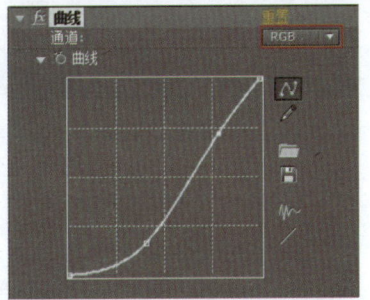

图5-167 调整曲线

㉓ 单击播放按钮，查看最终的彩色星云的动画效果，如图5-168所示。

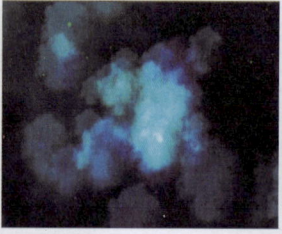

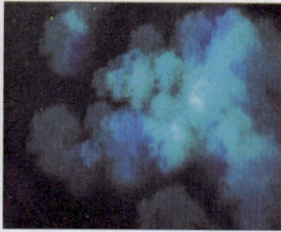

图5-168　最终星云动画效果

实例095　立体光芒

文字或Logo放射光芒能够很好地起到突出作用，同时也能很好地装饰场景，而立体感的光束更具有冲击力。

设计思路

在本例中主要运用了Shine插件创建文字发射光束的效果，因为作为发光源的文字是运动的，也就产生了运动的立体光芒效果。如图5-169所示为案例分解部分效果展示。

图5-169　效果展示

技术要点

- Shine：Trapcode开发的一款可快速做出炫目光效的插件，可以制作放光效果。

案例文件	工程文件\第5章\095 立体光芒		
视频文件	视频\第5章\实例095.mp4		
难易程度	★★★	学习时间	10分39秒

实例096　奇幻花朵

After Effects因为有着丰富的特效插件，给影视后期工作者提供了无限可能，有时在不经意间就能获得不曾想象过的画面。

设计思路

在本例中主要运用了Trapcode推出的Form插件创建网格效果，设置紊乱参数产生花样的形状，再通过CC弯曲将网格对称变形，形成奇幻的花朵效果。如图5-170所示为案例分解部分效果展示。

图5-170　效果展示

技术要点

- Form：Trapcode开发的一款可做出立体构成效果的插件，可以制作网格或者光线效果。
- CC弯曲：创建扭曲变形效果。

制作过程

案例文件	工程文件\第5章\096 奇幻花朵
视频文件	视频\第5章\实例096.mp4
难易程度	★★★
学习时间	10分52秒

❶ 启动After Effects软件，选择主菜单"图像合成"｜"新建合成组"命令，新建一个合成，选择"预置"为PAL D1/DV，设置时长为10秒。

❷ 新建一个黑色固态层，命名为"花朵"。选择主菜单"效果"｜"Trapcode"｜"Form"命令，添加Form滤镜，如图5-171所示。

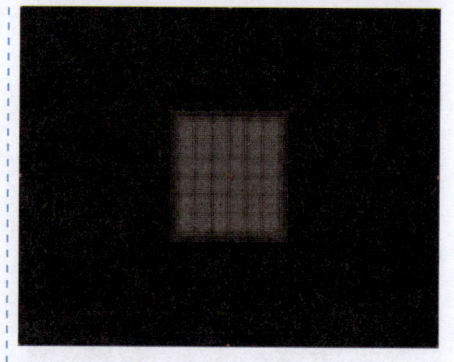

图5-171　添加Form滤镜

❸ 展开"形态基础"选项组，选择"形态基础"为"分层球体"，设置大小和粒子数等参数，如图5-172所示。

❹ 展开"分形场"选项组，设置"影响程度"值为2，"影响不透明度"值为25，"位置置换"值为160，如图5-173所示。

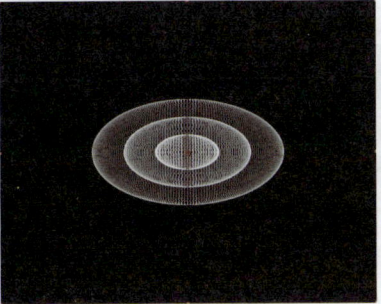

图5-172　设置形态基础参数

图5-173　设置分形场参数

❺ 展开"快速映射"选项组，选择"映射不透明和颜色在"选项为Y，如图5-174所示。

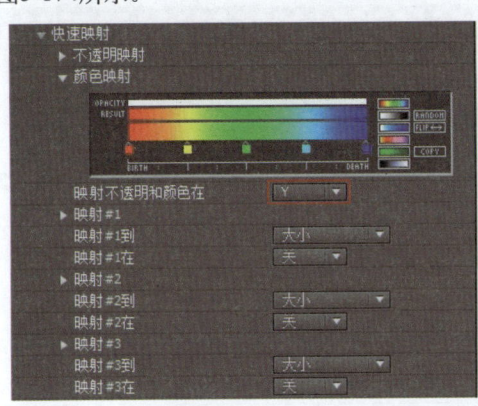

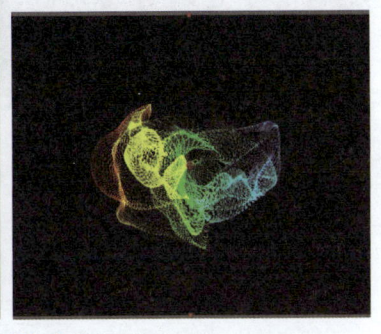

图5-174　设置快速映射参数

❻ 单击播放按钮，查看彩色网格的动画效果，如图5-175所示。

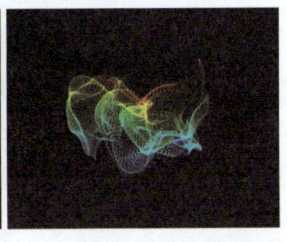

图5-175　彩色网格动画效果

❼ 选择主菜单"效果"|"扭曲"|"CC弯曲"命令，添加弯曲变形滤镜。选择"渲染启动前"的选项为"镜像"，设置"弯曲"值为100，然后在视图中调整头和尾的位置，比如（360,320）和（0,320），这样就形成了花朵的模样，如图5-176所示。

图5-176　设置CC弯曲参数

❽ 新建一个固态层，命名为"背景"，拖动到底层，添加"渐变"滤镜，具体参数设置和效果如图5-177所示。

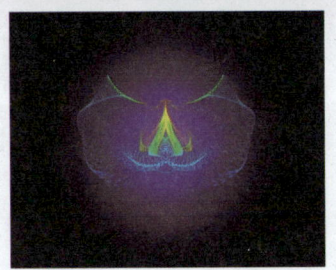

图5-177　设置渐变参数

❾ 新建一个调节层，添加"辉光"滤镜，如图5-178所示。

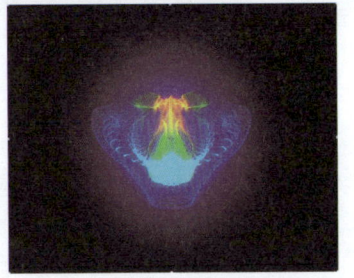

图5-178　设置辉光参数

⑩ 选择黑色图层，设置混合模式为"添加"，单击播放按钮，查看最终的奇幻花朵效果，如图5-179所示。

图5-180 效果展示

技术要点

- CC粒子仿真世界：创建粒子发射效果。
- CC矢量模糊：形成动态能量波的效果。

案例文件	工程文件\第5章\097 能量波		
视频文件	视频\第5章\实例097.mp4		
难易程度	★★★	学习时间	23分55秒

实例098　超炫粒子光效

粒子光效在影视包装和广告设计中就如同夜空中的流星一样，绝对是完美的装饰，有着强烈的吸引眼球的作用，又能恰到好处地起到衬托表现主体。

设计思路

在本例中主要运用CC粒子仿真系统Ⅱ创建粒子沿路径飞行的效果，应用CC矢量模糊对粒子流进行一种特殊的模糊形成连续光线的效果。如图5-181所示为案例分解部分效果展示。

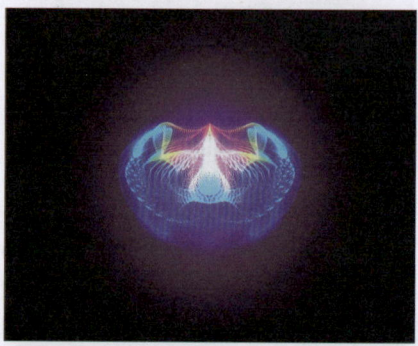

图5-179 奇幻花朵动画效果

图5-181 效果展示

技术要点

- CC粒子仿真系统Ⅱ：创建粒子发射效果。
- CC矢量模糊：创建矢量模糊效果。

案例文件	工程文件\第5章\098 超炫粒子光效		
视频文件	视频\第5章\实例098.mp4		
难易程度	★★★	学习时间	11分57秒

实例097　能量波

所谓的能量波，也就是当物体运动时会产生气浪，导致场景中包括背景在内的物体产生一些变形。它不仅会强调动感，也具有壮观的冲击力。

设计思路

在本例中主要运用CC粒子仿真世界插件创建粒子飞行的效果，应用CC矢量模糊插件形成动态能量波的效果。如图5-180所示为案例分解部分效果展示。

实例099　冰冻效果

在After Effects中有一些插件可以模拟自然效果，风、雨、雷、电、烟、雾、冰、水都可以完美呈现。下面将讲述一个大雪纷飞的湖面上逐渐结冰的效果。

设计思路

在本例中首先应用粒子预设创建下雪的效果，应用分形杂波创建模拟冰面的纹理，最后运用CC玻璃状图层创建玻璃转场效果，模拟冰冻的河面。如图5-182所示为案例分解部分效果展示。

图5-182 效果展示

> 技术要点

- 粒子预设：选择下雪效果的粒子预设。
- 分形杂波：创建冰面纹理效果。
- CC玻璃状图层：创建玻璃效果的转场效果。

> 制作过程

案例文件	工程文件\第5章\099 冰冻效果		
视频文件	视频\第5章\实例099.mp4		
难易程度	★★★★	学习时间	13分34秒

❶ 打开After Effects软件，导入风景素材"风景.jpg"，拖到合成图标，根据素材创建一个新合成。

❷ 选择图层，添加"曲线"滤镜，减低亮度和改变色调，如图5-183所示。

❸ 新建一个黑色固态层，命名为"雪花"，选择效果预设t2_snowynight1，添加雪花效果，如图5-184所示。

图5-184 应用粒子预设

❹ 选择图层"雪花"，激活Solo属性，在Particular滤镜面板中展开"发射器"参数组，调整参数，如图5-185所示。

❺ 展开"粒子"参数组，调整粒子"生命"值为6秒，如图5-186所示。

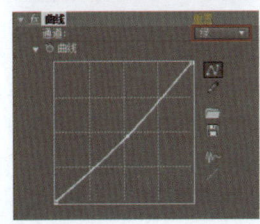

图5-183 调整曲线

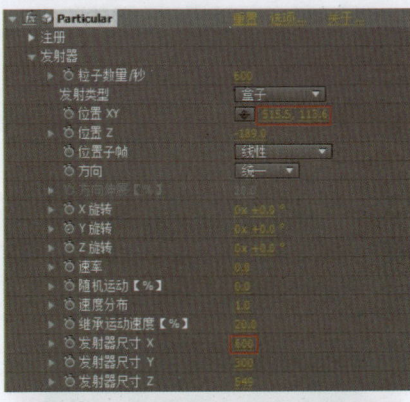

图5-185 调整发射器参数

图5-186 调整粒子生命值

❻ 在"发射器"参数组中进一步调整位置参数，如图5-187所示。

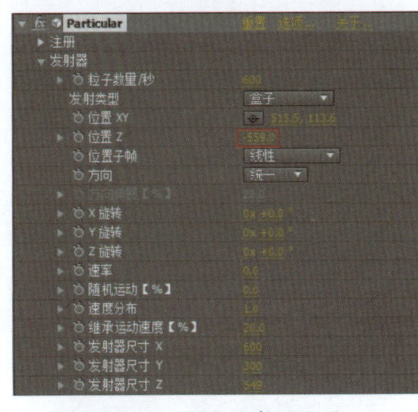

图5-187 调整发射器位置

❼ 拖动当前指针，查看粒子的动画效果，如图5-188所示。

❽ 取消该图层Solo属性，查看湖面下雪的合成预览效果，如图5-189所示。

图5-188　粒子动画效果

图5-189　湖面下雪预览效果

⑨ 新建一个黑色固态层，命名为"冰冻"，拖动到图层"雪花"的下一层，激活Solo属性，添加"分形杂波"滤镜，如图5-190所示。

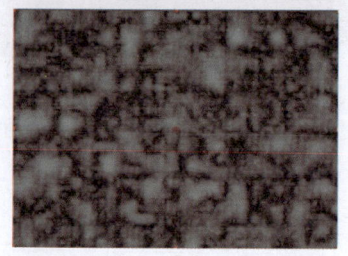

图5-190　设置分形杂波参数

⑩ 取消该图层Solo属性，设置图层的混合模式为"屏幕"，查看合成预览效果，如图5-191所示。

图5-191　合成预览效果

⑪ 激活图层"冰冻"的3D属性，调整"旋转"和"位置"等变换参数，使其与背景的湖面比较贴合，如图5-192所示。

图5-192　调整图层变换参数

⑫ 选择主菜单"效果"|"过渡"|"CC玻璃状图层"滤镜，设置如图5-193所示。

图5-193　设置CC玻璃状图层参数

⑬ 新建一个固态层，命名为"渐变"，添加"渐变"滤镜，接受默认值，如图5-194所示。

图5-194　添加渐变滤镜

⑭ 添加"分形杂波"滤镜，具体参数设置如图5-195所示。

图5-195　设置分形杂波滤镜

⑮ 选择该图层，预合成，然后关闭其可视性。

⑯ 选择图层"冰冻"，在"CC玻璃状图层"滤镜面板中指定"渐变图层"，如图5-196所示。

图5-196　指定渐变图层

⑰ 选择图层"风景"，复制一次。然后选择上面的风景图层进行预合成，关闭其可视性。选择图层"冰冻"，在"CC玻璃状图层"滤镜面板中调整参数，如图5-197所示。

图5-197　指定显示图层

⑱ 双击打开预合成"风景.jpg 合成1"，在时间线面板中选择图层"风景.jpg"，调整其缩放和位置参数，效果如图5-198所示。

图5-198　调整图层

⑲ 切换到合成"风景"的时间线，拖动当前指针到合成的起点，创建"完成度"的关键帧，设置数值为100%。拖动当前指针到6秒，调整完成度的数值为2%。

⑳ 在时间线面板中展开"完成度"属性，调整关键帧的时间位置，第1个关键帧后移到3秒，第2个关键帧后移到9秒。拖动当前指针，查看湖面上冰冻形成的动画效果，如图5-199所示。

图5-199　湖面冰冻动画

㉑ 选择图层"雪花"，按T键展开透明度属性，创建关键帧，6秒时数值为100%，9秒时数值为20%。

㉒ 选择图层"冰冻"，选择主菜单"效果"|"风格化"|"CC玻璃"命令，添加"CC玻璃"滤镜，如图5-200所示。

图5-200　设置CC玻璃参数

㉓ 创建"置换"参数的关键帧，设置3秒时数值为0，6秒时数值为25。

㉔ 保存工程文件，单击播放按钮，查看最终湖面上冰冻的动画效果，如图5-201所示。

图5-201　最终冰冻效果

实例100　数字人像

人们经常在影视作品见到由大量数字组成的图案或者人像的镜头，往往在镜头的开始只有纷乱的数字在飞，让观众充满期待，直到最后汇聚成目标图像。

设计思路

在本例中主要运用动画器创建变换的字符，应用Trapcode的Form滤镜发射粒子，通过设置属性贴图构成立体的人像效果。如图5-202所示为案例分解部分效果展示。

图5-202　效果展示

技术要点

- 文本动画器：添加文本动画属性，创建字符变换动画。
- Form：应用构成滤镜创建数字组成人像的效果。
- 摄像机动画：摄像机拉镜头动画，由数字空间内部到全景。

案例文件	工程文件\第5章\100 数字人像		
视频文件	视频\第5章\实例100.mp4		
难易程度	★★★★	学习时间	15分02秒

第 6 章 影视包装

电影、电视已经成为当前最为大众化、最具影响力的媒体形式，从好莱坞大片创造的幻想世界，到电视新闻界所关注的现实生活，再到铺天盖地的电视广告，无不深刻地影响着人们的生活。因为电视产品的商业属性得到了业内人士的认可，电视包装也越来越为广电行业所重视。电视包装的设计实际上是与目标观众进行视觉、听觉的沟通，让受众能够发现这种沟通所传达的信息，并且准确地予以接收，这就要求电视包装的设计首先要有好看的画面，要有必要的视觉技巧，同时成为集成化媒体方案的有机部分，并与其他媒体配合，共同构成整体的营销宣传活动。

实例101　景深效果

所谓景深，就是当焦距对准某一点时，其前后都仍可清晰的范围。它能决定是把背景模糊化来突出拍摄对象，还是拍出清晰的背景。经常能够看到拍摄花、昆虫等的照片中，将背景拍得很模糊（称之为小景深）。但是在拍摄纪念照或集体照、风景等照片时，一般会把背景拍摄得和拍摄对象一样清晰（称之为大景深）。

设计思路

在三维空间中，按照不同的深度排列文字和背景图片，通过摄像机向前推进，由于景深效果致使视觉集中于画面的中心，模糊了周边的文字和图像，反而更加突出了信息的重点，直到最后摄像机停止于定版的字幕位置，动静的对比和虚实的对比，强调了要表达的文字信息。如图6-1所示为案例分解部分效果展示。

图6-1　效果展示

技术要点

- 启用景深：激活摄像机的景深，设置合适的F-Stop数值，调整焦距，就会产生景深模糊效果。
- 摄像机设置：设置摄像机的焦距、光圈等参数，根据不同的距离产生景深效果。

制作过程

案例文件	工程文件\第6章\101 景深效果		
视频文件	视频\第6章\实例101.mp4		
难易程度	★★★	学习时间	14分14秒

❶ 打开After Effects软件，选择主菜单"图像合成"|"新建合成组"命令，创建一个新的合成，选择"预置"为PAL D1/DV，设置时长为8秒。

❷ 选择文本工具，输入字符ZOOM，选择合适的字体、字号并调整位置，如图6-2所示。

图6-2　设置文本属性

❸ 激活文本图层的3D属性，复制5次，在顶视图调整Z轴方向的距离，如图6-3所示。

图6-3　按深度排列文字

④ 在时间线面板空白处单击右键，选择"新建"|"摄像机"命令，创建一个广角摄像机。选择预设15mm，勾选"启用景深"项，取消勾选"固定变焦"项，设置"光圈值"为0.8，如图6-4所示。

图6-4　设置摄像机景深参数

⑤ 在时间线面板中，展开摄像机的"摄像机选项"属性栏，调整"焦距"的数值为500，获得比较满意的景深效果，如图6-5所示。

图6-5　文字的景深效果

⑥ 创建摄像机向前推镜头的动画，直到5秒停止，如图6-6所示。

图6-6　摄像机推进关键帧

⑦ 在5～7秒之间，设置"焦距"的关键帧，由500变到240，改变聚焦点，产生虚实变换的动画效果，如图6-7所示。

⑧ 选择文本图层ZOOM 5，修改字符为"云裳幻像"，调整字符大小和位置，如图6-8所示。

图6-7　焦点变换动画

图6-8　调整字幕

⑨ 选择文本图层ZOOM 6，修改字符为"QQ:583881XX"，调整字符大小和位置，如图6-9所示。

图6-9　调整字幕

⑩ 选择文本图层ZOOM 2，修改字符为"AE CS"。拖动当前指针，查看合成预览效果，如图6-10所示。

⑪ 导入一张背景图片，激活3D属性，调整"位置"的数值，放置于最远的位置并放大到满屏，如图6-11所示。

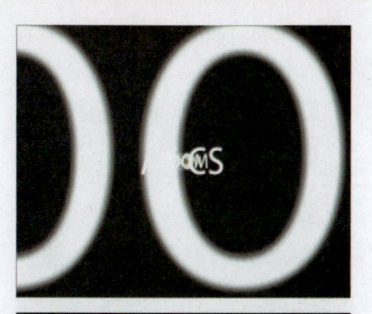

图6-10　合成预览效果

图6-11　设置背景图层

⑫ 选择背景图层，绘制圆形遮罩，设置"遮罩羽化"的数值为160，如图6-12所示。

图6-12　设置遮罩边缘羽化

⑬ 添加"曲线"滤镜，降低亮度，如图6-13所示。

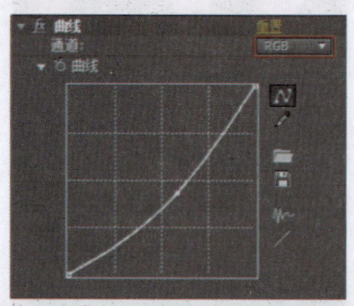

图6-13 调整曲线

⑭ 单击播放按钮，查看景深的动画效果，如图6-14所示。

图6-14 景深动画效果

实例102　卡片拼图

在影视包装设计中，很讲究图片或文字入画的方式，使其有一定的吸引力。比如在三维空间中无数张小图片不停运动，最后拼合成一张完整的图片。

设计思路

在本例中主要应用卡片舞蹈滤镜创建在三维空间中运动的大量小卡片，通过摄像机的运动由卡片空间的内部逐渐拉远镜头至全景，展现卡片的拼图过程。如图6-15所示为案例分解部分效果展示。

图6-15 效果展示

技术要点

- 分形杂波：创建细碎杂波，留待后面作为卡片舞蹈的贴图之用。
- 卡片舞蹈：创建立体空间中大量卡片的跳跃运动。

制作过程

案例文件	工程文件\第6章\102 卡片拼图
视频文件	视频\第6章\实例102.mp4
难易程度	★★★　　　学习时间　　12分38秒

❶ 启动After Effects软件，创建一个新的合成，选择"预置"为PAL D1/DV，命名为"人像"，设置时长为8秒。

❷ 导入图片素材artwork 8.jpg，拖动该图片到时间线面板中，选择主菜单"图层"|"变换"|"适配到合成"命令，获得比较合适的构图，如图6-16所示。

图6-16 调整图片大小

❸ 新建一个固态层，命名为"杂波"。添加"分形杂波"滤镜，展开"变换"选项组，设置"缩放"值为25，并设置"对比度"和"亮度"的数值，如图6-17所示。

图6-17 设置分形杂波参数

❹ 选择图层"杂波"进行预合成，选择"移动全部属性到新建合成中"项。然后双击打开该预合成的时间线，新建一个固态层，添加"渐

变"滤镜,设置渐变形状为"放射渐变",如图6-18所示。

图6-18 设置渐变参数

⑤ 切换到"合成1"的时间线面板,新建一个黑色固态层,命名为"背景",添加"渐变"滤镜,如图6-19所示。

图6-19 设置渐变参数

⑥ 放置该图层于底层,关闭图层"杂波 合成1"的可视性,然后新建一个28mm摄像机。

⑦ 选择图层artwork 8,选择主菜单"效果"|"模拟仿真"|"卡片舞蹈"命令,添加"卡片舞蹈"滤镜,如图6-20所示。

图6-20 设置卡片舞蹈参数

⑧ 拖动当前指针到合成的起点,展开"X轴位置""Y轴位置""Z轴位置""X轴比例"和"Y轴比例"选项组,设置"素材源"的选项均为"强度 1",激活"倍增"的关键帧记录器,创建关键帧,设置数值均为1,如图6-21所示。

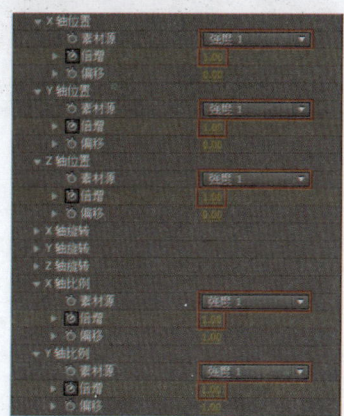

图6-21 设置位置和比例参数

⑨ 拖动当前指针到5秒,调整各位置和比例选项组中的"倍增"数值均为0.2,如图6-22所示。

图6-22 调整位置和比例参数

⑩ 拖动当前指针到7秒,调整各位置选项组中的"倍增"数值均为0,各比例选项组中的"倍增"数值均为0.02,如图6-23所示。

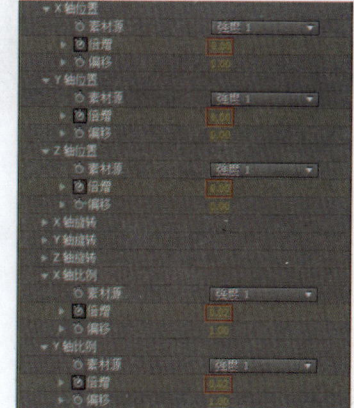

图6-23 调整位置和比例参数

⑪ 创建摄像机动画,拖动当前指针到7秒,在时间线面板中激活摄像机的"目标兴趣点"和"位置"参数的记录关键帧按钮,创建第1组关键帧。

⑫ 拖动当前指针到5秒,激活摄像机的"目标兴趣点"和"位置"参数的记录关键帧按钮,创建第2组关键帧。

⑬ 拖动当前指针到合成的起点,应用摄像机工具调整摄像机视图,如图6-24所示。

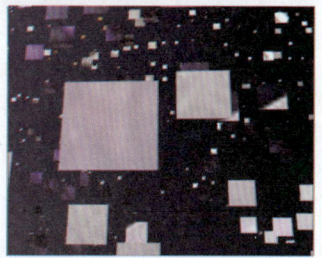

图6-24 设置摄像机关键帧

⑭ 拖动当前指针到4秒，调整摄像机视图，如图6-25所示。

图6-25 调整摄像机构图

⑮ 单击播放按钮，查看最终的卡片拼图的动画效果，如图6-26所示。

图6-26 最终卡片拼图动画效果

实例103　光芒出字

在电视包装的作品中，光芒的运用非常普遍，尤其是在暗背景的环境中，可以吸引观众的注意力，并突出前景的元素。

设计思路

在暗黑的背景中，可通过光束改变空间感。为字的边缘添加发光效果，主要运用文字的预设动画创建一个字幕入场的运动，再应用CC突发光2.5和Shine插件形成强烈的光效。如图6-27所示为案例分解部分效果展示。

图6-27 效果展示

技术要点

- 文本预设动画：应用内置的动画预设创建文字的动画效果。
- CC突发光2.5：典型的发光插件。
- Shine（发光）：常用的发射光束插件。

案例文件	工程文件\第6章\103 光芒出字		
视频文件	视频\第6章\实例103.mp4		
难易程度	★★★★	学习时间	15分29秒

实例104　极速粒子

粒子特效无论是在影视剧、广告还是电视包装的作品中都是炫目耀眼的元素，它不仅可以用作光效背景使用，更多情况下是用作装饰元素，增强视觉冲击力，吸引观众的注意力。

设计思路

在本例中主要应用Particular滤镜创建沿路径运动的粒子，并应用表达式链接粒子的其他属性。因为激活了合成和图层运动模糊，大大强化了极速粒子的动感。如图6-28所示为案例分解部分效果展示。

图6-28 效果展示

技术要点

- Particular：创建粒子效果，应用表达式控制粒子的速度。
- 运动模糊：创建运动对象的模糊效果，形成飞旋粒子的连续性。

制作过程

案例文件	工程文件\第6章\104 极速粒子		
视频文件	视频\第6章\实例104.mp4		
难易程度	★★★★	学习时间	31分53秒

❶ 打开After Effects软件，创建一个新的合成，选择"预置"为PAL D1/DV，设置时长为30秒。

❷ 新建一个黑色固态层，添加"渐变"滤镜，产生一个线性渐变，如图6-29所示。

图6-29 设置渐变参数

❸ 选择文本工具T，输入字符"飞云裳AE特效"，设置文本的字体、大小和位置，如图6-30所示。

图6-30 创建文本层

❹ 新建一个黑色固态层，命名为"粒子"。添加Particular滤镜，展开"发射器"选项组，选择"发射类型"为"盒子"，设置"速率"为0，设置"发射器尺寸"的数值，使发射器与文本大小相近，如图6-31所示。

❺ 选择文本图层，激活其3D属性。

❻ 在时间线面板中展开图层"粒子"的属性栏，展开"发射器"的位置属性，为"位置XY"添加表达式，单击按钮◎链接到文本图层的"位置"；为粒子"发射器"的"位置Z"添加表达式，单击按钮◎链接到文本图层的"位置"属性的Z参数，如图6-32所示。

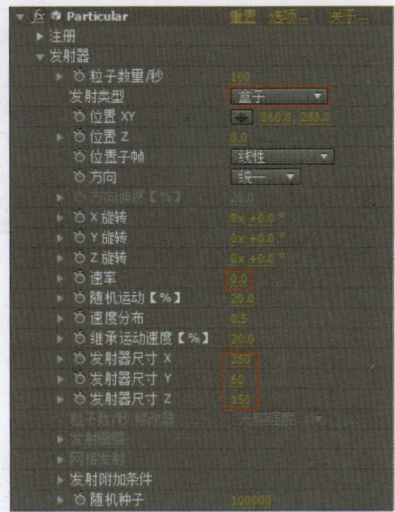

图6-31 设置发射器参数

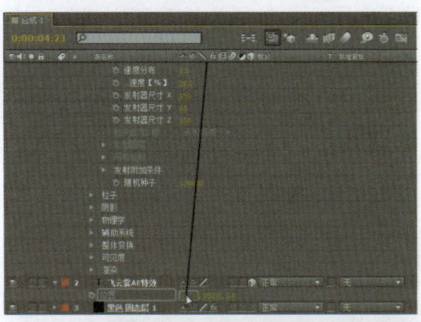

图6-32 链接表达式

❼ 选择"粒子数量/秒"属性，添加表达式。单击按钮◎链接到文本图层的"位置"属性，然后修改表达式为：

this Comp.layer("飞云裳AE特效").transform.position.speed;

❽ 创建文本图层的动画，分别在0秒、4秒和8秒设置图层位置的关键帧，如图6-33所示。

图6-33 创建文本动画

❾ 选择图层"粒子"，修改表达式如下：

S=this Comp.layer("飞云裳AE特效").transform.position.speed;

If (S>500) {500};

else{0};

❿ 调整文本图层的位置关键帧，将4秒的关键帧移动到1秒，将8秒的关键帧移动到2秒，增大运动速度，调整速度曲线。拖动当前指针，查看粒子动画效果，如图6-34所示。

⓫ 继续修改表达式，拖动当前指针，查看粒子效果，如图6-35所示：

S=this Comp.layer("飞云裳AE特效").transform.position.speed;

If (S>400) {20* S};

else{1000};

⓬ 选择文本图层，删除位置关键帧，为"位置"属性添加表达式。单击播放按钮▶，查看极速粒子的动画效果，如图6-36所示：

wiggle(3,600);

图6-34 粒子动画效果

图6-35 粒子动画效果

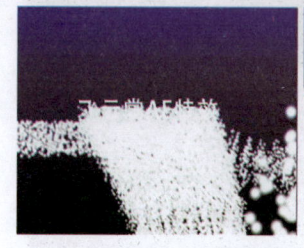

图6-36 极速粒子动画效果

⓭ 选择图层"粒子",在效果控制面板中展开"粒子"选项组,设置生命期贴图,如图6-37所示。

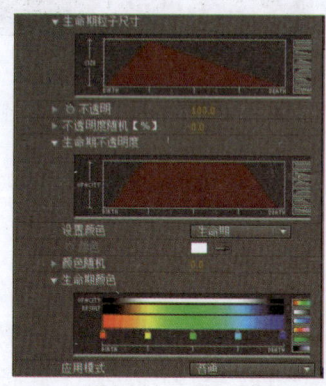

图6-37 设置生命期贴图

⓮ 设置"生命"的数值为1.0,单击播放按钮▶,查看粒子的动画效果,如图6-38所示。

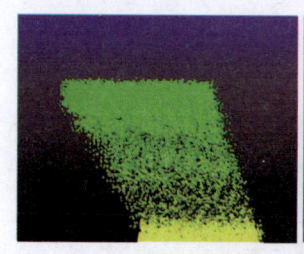

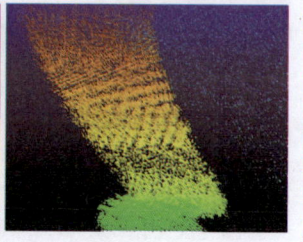

图6-38 极速粒子动画

⓯ 展开"发射器"选项组,设置"速率"为20、"继承运动速度%"为20。

⓰ 展开"物理学"选项组,在"扰乱场"组中设置"影响位置"的数值为120。查看粒子预览效果,如图6-39所示。

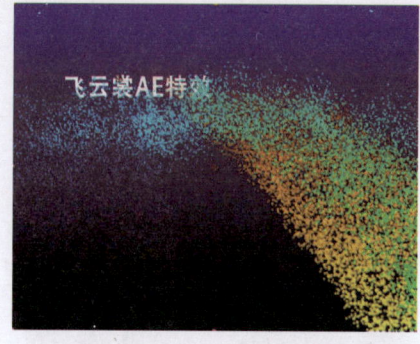

图6-39 粒子预览效果

⓱ 展开"渲染"选项组,设置"运动模糊"项为"使用合成设置"。在时间线面板中激活合成和图层的运动模糊,如图6-40所示。

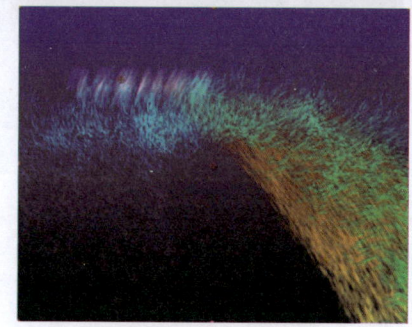

图6-40 激活运动模糊

⓲ 选择粒子图层,添加Starglow滤镜,选择颜色贴图预设,如图6-41所示。

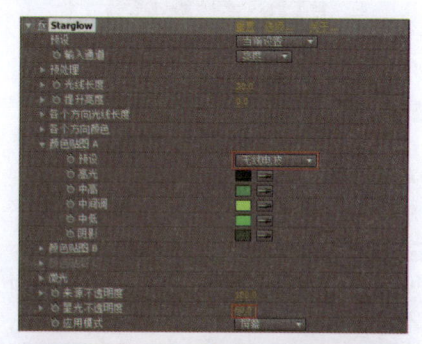

图6-41 设置Starglow参数

⑲ 拖动当前指针到15秒，按N键设置工作区域的出点。单击播放按钮▶，查看最终极速粒子的动画效果，如图6-42所示。

图6-42　最终极速粒子效果

实例105　铬钢字牌

铬钢牌匾的设计源自现实的门店招牌，高亮和反光的不锈钢牌匾能很好地衬托上面的文字或Logo，不仅提高了整个信息标牌的质感，也具有很强的吸引力。

设计思路

在本例中主要应用CC扫光滤镜创建标牌表面发射的亮光，再通过CC玻璃滤镜创建标牌的边缘厚度感。如图6-43所示为案例分解部分效果展示。

图6-43　效果展示

技术要点

- CC扫光：产生金属表面反射的亮光。
- CC玻璃：产生标牌的立体边缘，增强厚重感。

案例文件	工程文件\第6章\105 铬钢字牌		
视频文件	视频\第6章\实例105.mp4		
难易程度	★★★★	学习时间	22分41秒

实例106　光线飞舞

电视包装作品大多很短，不太可能过分表现情节内容，那就干脆强化视觉效果，使用炫耀的光线元素就成了表现技巧的首选。

设计思路

在本例中主要应用3D Stroke滤镜创建沿路径运动的描边，通过设置描边的变换和重复参数产生立体空间中纷扰的光线，并应用Shine滤镜提高光亮度和明暗的变幻效果。如图6-44所示为案例分解部分效果展示。

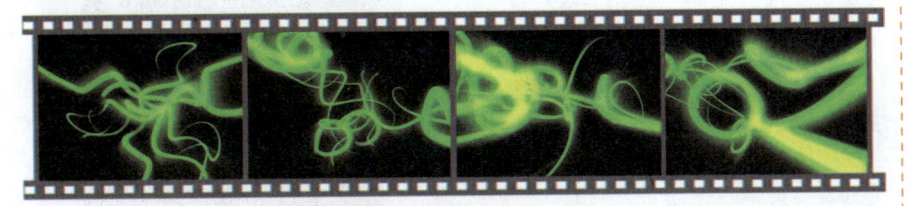

图6-44　效果展示

技术要点

- 3D Stroke：创建沿路经穿梭的光线。
- Shine：创建发光效果。

制作过程

案例文件	工程文件\第6章\106 光线飞舞
视频文件	视频\第6章\实例106.mp4
难易程度	★★★
学习时间	17分56秒

❶ 打开After Effects软件，选择主菜单"图像合成"|"新建合成组"命令，新建一个合成，设置时长为5秒。

❷ 导入一个星空图片作为背景，选择主菜单"图层"|"变换"|"适配到合成"命令，如图6-45所示。

图6-45　调整图片大小

❸ 新建一个黑色固态层，添加"渐变"滤镜，并设置该图层的渐变形状为"放射渐变"，如图6-46所示。

图6-46　设置渐变参数

❹ 新建一个黑色图层，命令为"光线"。选择钢笔工具✎，绘制一条自由路径，如图6-47所示。

❺ 选择主菜单"效果"|"Trapcode"|"3D Stroke"命令，添加3D Stroke滤镜，设置图层混合模式为"添加"。

❻ 在3D Stroke滤镜面板中，设置"颜色"为绿色、"羽化"为100、End为50，如图6-48所示。

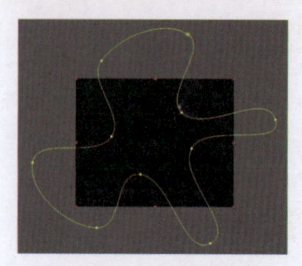

图6-47 绘制自由路径

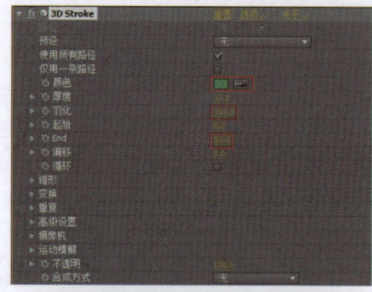

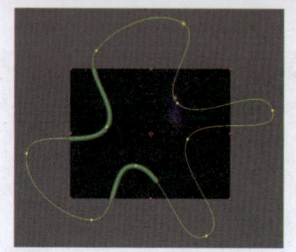

图6-48 设置3D Stroke参数

⑦ 设置"偏移"参数的关键帧，0秒时数值为0%，5秒时数值为100%，勾选"循环"项。拖动当前指针，查看绿色描边的动画效果，如图6-49所示。

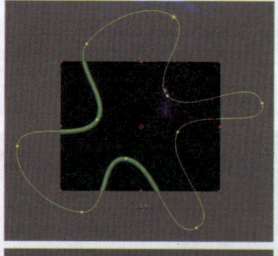

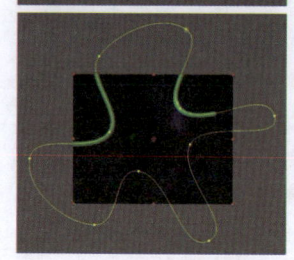

图6-49 描边动画效果

⑧ 展开"锥形"选项组，勾选"启用"项，如图6-50所示。

图6-50 启用锥形项

⑨ 展开"重复"选项组，勾选"启用"项，设置"X轴方向旋转"为75°、"Y轴方向旋转"为135°、"Z轴方向旋转"为-30°，如图6-51所示。

图6-51 设置重复参数

⑩ 展开"变换"选项组，设置"弯曲变形"为4、"弯曲基准线"为90°，勾选"围绕中心填充屏幕"项，如图6-52所示。

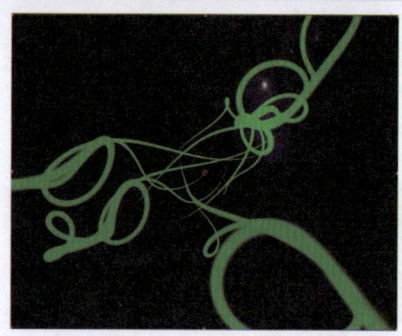

图6-52 设置变换参数

⑪ 设置"X轴方向旋转"和"Y轴方向旋转"参数的关键帧，0秒时数值分别为0°，5秒时数值分别为360°和180°。单击播放按钮▶，查看路径描边的动画效果，如图6-53所示。

⑫ 新建一个24mm的摄像机，选择图层"光线"，在滤镜控制面板中展开"摄像机"选项组，勾选"使用合成摄像机"项，设置"前剪辑平面"为50、"后剪辑平面"为650、"后平面淡出"为500，如图6-54所示。

图6-53 路径描边动画效果

图6-54 设置摄像机参数

⑬ 拖动当前指针到合成的起点，选择摄像机工具调整摄像机视图，设置摄像机"目标兴趣点"和"位置"参数的关键帧，如图6-55所示。

图6-55 设置摄像机关键帧

第 6 章 影视包装

⑭ 拖动当前指针到合成的终点，调整摄像机视图，创建第2组关键帧，如图6-56所示。

如图6-59所示。

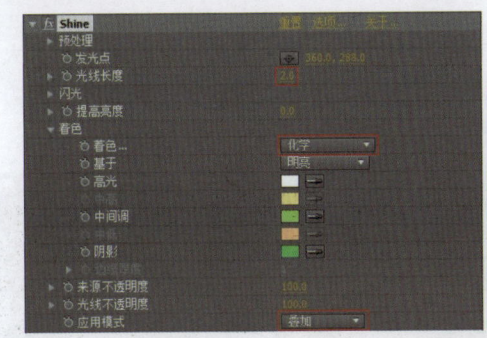

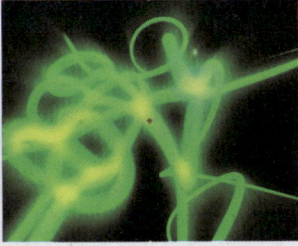

图6-58 设置Shine参数

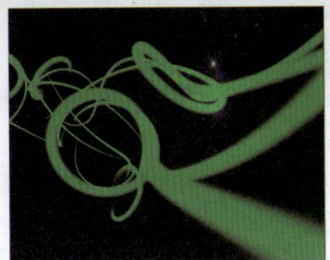

图6-56 创建关键帧

⑮ 添加"辉光"滤镜，具体参数设置和效果如图6-57所示。

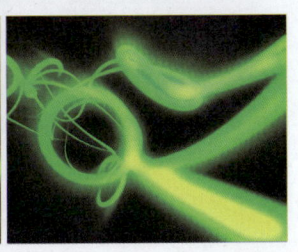

图6-59 最终光线飞舞效果

实例107 扰动光线

这又是一个光线特效，游动的动画牵引着观众的视线，同时又带些抖动，寓有探索之意。

设计思路

在本例中主要应用勾画和辉光滤镜创建沿路径运动的光线，通过紊乱置换滤镜创建曲线的紊乱变形和游走时的抖动效果。如图6-60所示为案例分解部分效果展示。

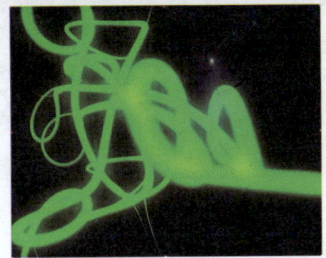

图6-57 设置辉光参数

⑯ 选择主菜单"效果"|"Trapcode"|"Shine"命令，添加Shine滤镜，设置"光线长度"为2，选择"着色"选项为"化学"，选择"应用模式"为"叠加"，如图6-58所示。

⑰ 拖动当前指针到合成的起点，选择底层的星空图层，激活3D属性，调整缩放参数到600%，这样星空背景也会跟随摄像机的运动而运动。

⑱ 选择图层"光线"，在Shine滤镜控制面板中调整"提高亮度"的数值为1。

⑲ 保存工程文件，单击播放按钮，查看光线飞舞的最终动画效果。

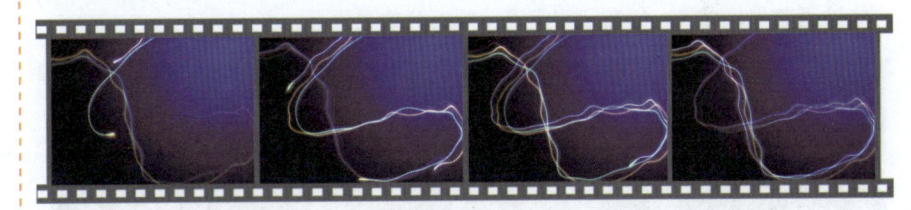

图6-60 效果展示

技术要点

- 勾画：创建沿路径运动的描边曲线。
- 辉光：创建光线的发光效果。
- 紊乱置换：创建光线的扰动变形效果。

案例文件	工程文件\第6章\107 扰动光线		
视频文件	视频\第6章\实例107.mp4		
难易程度	★★★★	学习时间	14分29秒

实例108 音乐现场

在音乐舞蹈类的影视包装中，经常看到随着强劲的节奏推拉镜头的画面。可以在实拍的时候推拉摄像机，也可以在后期通过音频控制表达式动画来实现这一效果。

175

设计思路

在本例中首先将音频转化成音频振幅图层，应用表达式将视频图层的大小属性与音频节奏结合起来，再应用音频频谱滤镜创建闪动的小亮点阵列作为装饰，美化音乐现场的效果。如图6-61所示为案例分解部分效果展示。

图6-61 效果展示

技术要点

- 转换音频为关键帧：根据音频文件创建音频振幅图层。
- 音频频谱：创建随音频跳跃的光点阵列。

案例文件	工程文件\第6章\108 音乐现场		
视频文件	视频\第6章\实例108.mp4		
难易程度	★★★★	学习时间	15分11秒

实例109　太空俯视

在浩瀚的太空中，从遥远的地球连续推镜头一直到某一个城市，甚至某一栋建筑，是在科幻电影中常见的镜头。这显然是不可能实拍出来的，往往在后期过程中由很多的图片制作而成，其壮观的气势丝毫不减。

设计思路

在本例中最烦琐的工作就是将大量的图片根据位置和比例关系完整拼合并进行父子链接，控制父物体的缩放动画并应用关键帧辅助功能完成模拟太空俯视的动画效果。如图6-62所示为案例分解部分效果展示。

图6-62 效果展示

技术要点

- 父子化：将多个图层设置为虚拟物体的子对象，便于统一管理和运动控制。
- 关键帧延伸：产生连续的关键帧。

制作过程

案例文件	工程文件\第6章\实例109 太空俯视		
视频文件	视频\第6章\实例109.mp4		
难易程度	★★★★	学习时间	38分30秒

❶ 打开After Effects软件，选择主菜单"图像合成"｜"新建合成组"命令，创建一个新的合成，选择"预置"为PAL D1/DV，设置时间长度为6秒。

❷ 导入一系列卫星拍摄图片和一张地球图片，从项目窗口中拖动所有图片到时间线中，如图6-63所示。

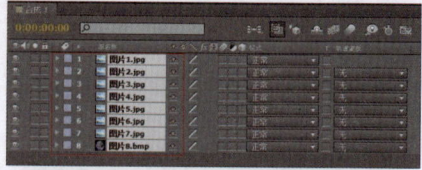

图6-63 导入系列图片

❸ 关闭图层3～8的可视性，因为"图片1.jpg"事实上是"图片2.jpg"的一部分，通过调整图层"图片1.jpg"的位置和大小，使得图层"图片1.jpg"与"图片2.jpg"的相应部分完全重合。为了便于查看，先降低"透明度"为50%，如图6-64所示。

图6-64 调整图层大小和位置

❹ 调整图层"图片1.jpg"的"透明度"参数为100%，关闭可视性，然后链接"图片1.jpg"作为图层"图片2.jpg"的子对象，如图6-65所示。

图6-65 父子链接

❺ 接下来用相同方法设置其他图层，每个图层的图片都是存在着这样的部分包含的关系。关闭图层1的可视性，打开图层3的可视性，调整图层"图片2.jpg"的变换参数，与"图片3.jpg"对应部分重合，具体设置如图6-66所示。

图6-66　调整图层大小和位置

⑥ 调整该图层的"透明度"为100%，关闭可视性，然后链接"图片2.jpg"作为图层"图片3.jpg"的子对象。

⑦ 关闭"图层2"的可视性，打开"图层4"的可视性，调整图层"图片3.jpg"的变换参数，与"图片4"的对应部分重合，具体设置如图6-67所示。

图6-67　调整图层大小和位置

⑧ 调整该图层的"透明度"为100%，关闭可视性，然后链接该图层作为图层"图片4.jpg"的子对象。

⑨ 关闭"图层3"的可视性，打开"图层5"的可视性，调整图层"图片4.jpg"的变换参数，与"图片5.jpg"的对应部分重合，具体设置如图6-68所示。

图6-68　调整图层大小和位置

⑩ 调整该图层的"透明度"数值为100%，关闭可视性，然后链接该图层作为图层"图片5.jpg"的子对象。

⑪ 关闭"图层4"的可视性，打开"图层6"的可视性，调整图层"图片5.jpg"的变换参数，与"图片6.jpg"的对应部分重合，具体设置如图6-69所示。

图6-69　调整图层大小和位置

⑫ 调整该图层的"透明度"为100%，关闭可视性，然后链接该图层作为图层"图片6.jpg"的子对象。

⑬ 关闭"图层5"的可视性，打开"图层7"的可视性，调整图层"图片6.jpg"的变换参数，与"图片7.jpg"的对应部分重合，具体设置如图6-70所示。

图6-70　调整图层大小和位置

⑭ 调整该图层的"透明度"为100%，关闭可视性，然后链接该图层作为图层"图片7.jpg"的子对象。

⑮ 关闭"图层6"的可视性，打开"图层8"的可视性，调整图层"图片7.jpg"的变换参数，与"图片8.bmp"的对应部分重合，具体设置如图6-71所示。

图6-71　调整图层大小和位置

⑯ 选择所有图层，取消父子链接关系，然后选择"图片2.jpg"～"图片8.bmp"，链接为图层"图片1.jpg"的子对象，如图6-72所示。

图6-72　父子链接

⑰ 设置图层"图片1.jpg"的"缩放"参数的关键帧，设置0秒时数值为100%，6秒时数值为0%。

⑱ 选择图层"图片1.jpg"的两个关键帧，选择主菜单"动画"|"关键帧辅助"|"指数比例"命令，此时关键帧发生变化，在已经设置好的两个

关键帧之间又生成了一连串的关键帧，如图6-73所示。

图6-73　关键帧辅助

⑲选择钢笔工具，为图层1绘制遮罩，设置羽化值，完善图层之间的融合，如图6-74所示。

图6-74　绘制遮罩

⑳用相同的方法为其他几个图层绘制遮罩，确保图层之间融合得比较自然，如图6-75所示。

㉑通过查看，发现个别图层的色调之间有很大的差异，添加"曲线"滤镜进行调整，调整后的效果如图6-76所示。

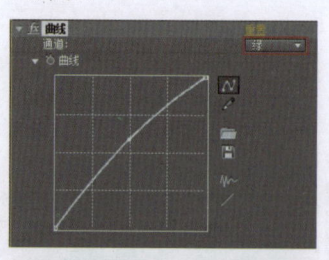

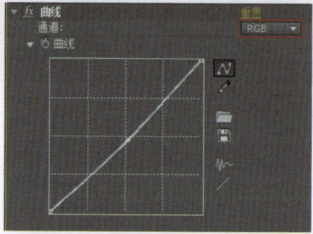

图6-76　调整曲线

> **提　示**
> 根据具体情况调整图层的遮罩形状和色调，使得整体融合自然。

㉒创建一个空白对象，链接图层"图片1.jpg"作为空白对象的子对象，然后设置空白对象"旋转"参数的关键帧，0秒时数值为0°，6秒时数值为-360°。拖动当前指针查看地球表面的旋转动画，如图6-77所示。

图6-77　地球旋转动画

㉓在项目窗口中拖动"合成1"到合成图标上，创建一个新的合成，重命名为"太空俯视"。

㉔选择图层"合成1"，选择主菜单"图层"|"时间"|"启用时间重置"命令，在合成的起点和终点位置自动添加两个关键帧，如图6-78所示。

图6-78　应用时间重置

㉕切换到"合成1"的时间线面板，创建空白对象的缩放关键帧，0秒时数值为100%，6秒时数值为15%。拖动当前指针，查看地球拉镜头的动画效果，如图6-79所示。

图6-75　融合图层

图6-79　地球拉镜头动画

㉖ 切换到合成"太空俯视"的时间线，选择图层"合成1"，调换"时间重置"的两个关键帧的位置，这样就是实现了动画反向播放。

㉗ 单击图标展开曲线编辑器，右击第1个关键帧，在弹出的菜单中选择"关键帧辅助"|"柔缓曲线进入"命令调整关键帧插值，如图6-80所示。

图6-80　调整运动曲线

㉘ 单击播放按钮，查看地球推镜头的动画效果，如图6-81所示。

图6-81　地球推镜头动画

㉙ 创建一个白色固态层，命名为"星空"，放置底层，选择主菜单"效果"|"模拟仿真"|"CC星爆"命令，添加"CC星爆"滤镜，如图6-82所示。

图6-82　设置星爆参数

㉚ 单击播放按钮，查看最终的太空俯视的预览效果，如图6-83所示。

图6-83　最终太空俯视动画

实例110　空间裂变

在立体空间中，几何体的运用也是影视包装中常见的元素。它看似简单但极具冲击力，如果摄像机运用得当，在方块阵列的穿梭中，尤其是推进方块的近景，其壮观的气势更能让观众体会其震撼力。

设计思路

在本例中主要应用碎片滤镜创建立体空间的方块阵列，配合Shine滤镜的边缘发光，使得方块具有犀利的边界，通过摄像机的运动营造空间裂变的恢弘气势。如图6-84所示为案例分解部分效果展示。

技术要点

- 碎片滤镜：图层破碎的立体碎块效果。
- Shine：发光插件，增强视觉冲击力。

案例文件	工程文件\第6章\实例110 空间裂变
视频文件	视频\第6章\实例110.mp4
难易程度	★★★★
学习时间	30分48秒

图6-84　效果展示

实例111　辉煌展示

在影视包装的设计中，若是以出奇的方式导入字幕或Logo，既可以庄重大气，也可以精美灵秀；可以是动感十足，也可以神秘飘渺。下面就讲解一种辉煌大气的展示效果。

设计思路

在本例中主要应用分形杂波滤镜创建动态噪波纹理，再应用CC放射状快速模糊滤镜创建发射光束效果，构建一个展示空间。如图6-85所示为案例分解部分效果展示。

图6-85 效果展示

技术要点

- 网格：创建地面网格效果。
- 分形杂波：创建动态噪波纹理。
- CC放射状快速模糊：创建光束效果。

制作过程

案例文件	工程文件\第6章\111 辉煌展示		
视频文件	视频\第6章\实例111.mp4		
难易程度	★★★★	学习时间	22分49秒

❶ 启动After Effects软件，创建一个合成，命名为"辉煌"，选择"预置"为PAL D1/DV，设置时长为6秒。

❷ 新建一个黑色固态层，命名为"背景"。再新建一个黑色固态层，命名为"地面"。添加"网格"滤镜，激活该图层的3D属性，旋转成水平角度，调整位置和大小，具体参数设置和效果如图6-86所示。

图6-86 设置网格参数

❸ 新建一个50mm的摄像机，勾选"启用景深"项，设置"光圈值"为1.4，如图6-87所示。

图6-87 新建摄像机

❹ 在时间线面板中，选择摄像机，展开"摄像机选项"属性栏，调整"焦距"的数值为1000，产生景深效果。

❺ 新建一个黑色固态层，命名为"杂波"，添加"分形杂波"滤镜，具体参数设置和效果如图6-88所示。

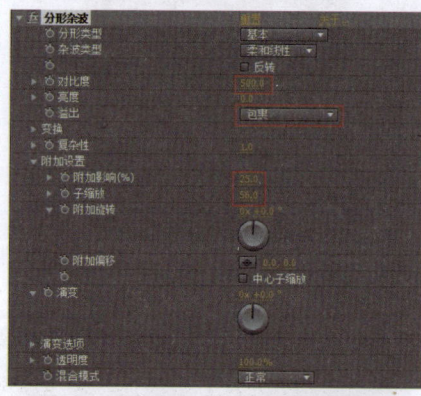

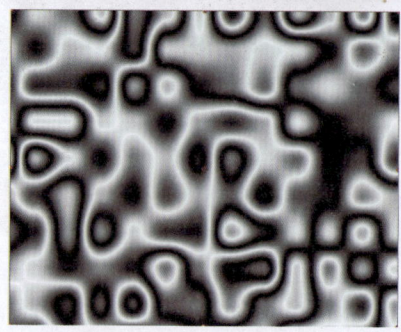

图6-88 设置分形杂波参数

❻ 在时间线面板中，按住Alt键单击"演变"前面的码表，添加表达式"time*75"。拖动当前时间线，查看杂波的动画预览效果，如图6-89所示。

图6-89 分形杂波动画效果

❼ 新建一个调节层，添加"CC放射状快速模糊"滤镜，设置"数量"为95，调整"中心"为（360,-24），如图6-90所示。

图6-90 设置放射状快速模糊参数

❽ 添加"变换"滤镜，取消勾选"等比"项，设置"高度比例"为115，如图6-91所示。

图6-91 设置变换参数

第 6 章　影视包装

⑨ 选择图层"杂波",根据视图中的光束效果,向上移动该图层,如图6-92所示。

图6-92　调整图层位置

⑩ 为了消除底部的边缘,为调节层绘制一个矩形遮罩,设置羽化值为250,如图6-93所示。

图6-93　绘制矩形遮罩

提示

重复调整调节层和图层"噪波",使其处于合适的位置,地面不发光,如图6-94所示。

图6-94　调整图层到合适位置

⑪ 新建一个调节层,命名为"上色",添加"曲线"滤镜,增加绿色,如图6-95所示。

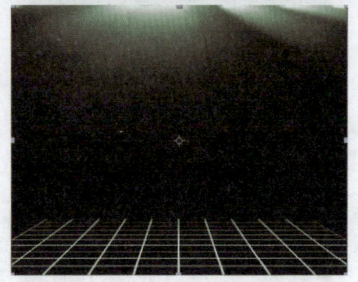

图6-95　调整曲线

⑫ 新建一个白色固态层,命名为"旋转单元",绘制两个圆形遮罩和一个矩形遮罩,如图6-96所示。

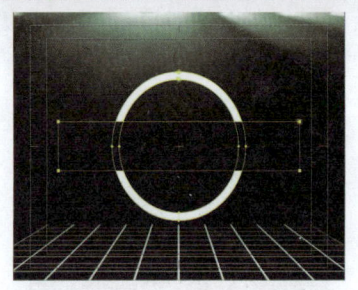

图6-96　绘制遮罩

⑬ 选择主菜单"图层"|"预合成"命令,在打开的"预合成"对话框中选择"移动全部属性到新建合成中"项。

⑭ 双击打开该预合成,复制图层"旋转单元",重命名为"旋转单元2",调整缩放比例和角度,如图6-97所示。

⑮ 拖动当前指针到合成的起点,选择图层"旋转单元"和"旋转单元2",设置"旋转"参数的关键帧,拖动当前指针到合成的终点,调整旋转数值分别为360°和300°,单击播放按钮,查看圆环的旋转动画,如图6-98所示。

图6-97　调整缩放和角度

图6-98　圆环旋转动画

⑯ 复制图层"旋转单元 2",重命名为"旋转单元3",调整缩放和旋转关键帧,如图6-99所示。

图6-99　调整缩放和旋转

181

(17) 切换到"合成1"的时间线面板，激活图层"旋转单元 合成1"的3D属性，调整"X轴旋转"的数值为90°，并向下移动位置贴近地面，如图6-100所示。

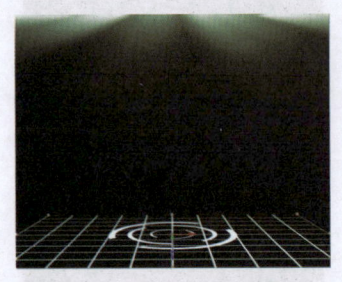

图6-100 调整图层角度和位置

(18) 调整图层"地面"的缩放参数和透明度的数值为40%，查看合成效果，如图6-101所示。

图6-101 调整图层缩放和透明度

(19) 选择图层"旋转单元 合成1"，添加"斜面Alpha"滤镜，接受默认值即可。

(20) 选择文本工具，输入字符"飞云裳AE特效"，选择合适的字体、字号、颜色并调整位置，如图6-102所示。

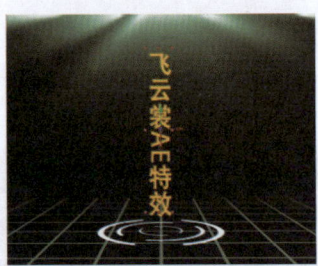

图6-102 创建文本

(21) 拖动当前指针到4秒，创建文本图层位置关键帧，拖动当前指针到1秒，调整文本图层的位置，如图6-103所示。

图6-103 创建文本动画

(22) 新建一个固态层，命名为"文字蒙版"，绘制遮罩，设置文本图层的蒙板模式为Alpha，如图6-104所示。

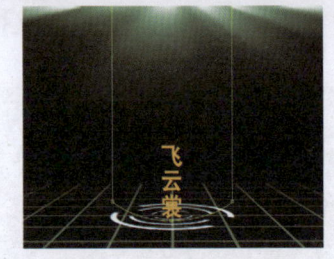

图6-104 设置文本蒙板

(23) 拖动当前指针，查看文字从地面升起的动画效果，如图6-105所示。

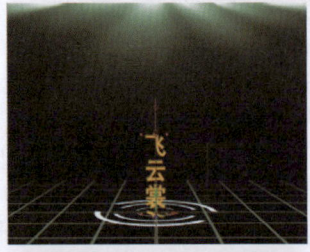

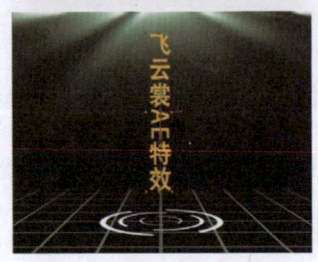

图6-105 文本升起动画效果

(24) 新建一个黑色固态层，命名为"粒子"，添加"CC粒子仿真系统"滤镜，设置粒子参数，并设置该图层的混合模式为"添加"，如图6-106所示。

图6-106 设置粒子参数

(25) 拖动当前指针到2秒，创建"生长速率"参数的关键帧。拖动当前指针到3秒，调整"生长速率"的数值为0。

(26) 单击播放按钮，查看最终的辉煌展示的预览效果，如图6-107所示。

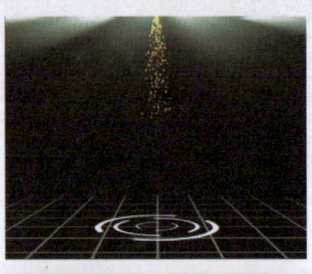

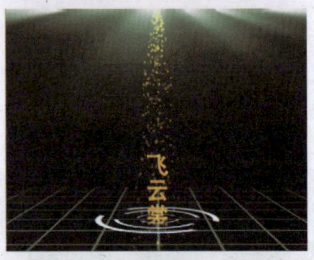

图6-107 最终辉煌展示效果

实例112　粒子圈

粒子在影视包装中是不可或缺的元素，因为粒子滤镜本身有着丰富的控制项，再加上贴图和表达式的控制，总能创造出意料之外的特效。

设计思路

在本例中主要应用Particular创建发射的粒子，首先设置发射速率很小的数值，形成流线的形状；再由表达式控制发射器的运动，形成环绕的粒子圈。如图6-108所示为案例分解部分效果展示。

图6-108　效果展示

技术要点

- Particular：表达式控制发射器的运动，创建环绕的粒子圈。

制作过程

案例文件	工程文件\第6章\112 粒子圈		
视频文件	视频\第6章\实例112.mp4		
难易程度	★★★★	学习时间	18分51秒

① 打开After Effects软件，选择主菜单"图像合成"|"新建合成组"命令，创建一个新的合成，命名为"粒子圈"，设置时长为10秒。

② 新建一个图层，命名为"背景"，添加"四色渐变"滤镜，具体参数设置和效果如图6-109所示。

图6-109　设置四色渐变滤镜

③ 新建一个空白对象，激活其3D属性，展开"位置"属性，按住Alt键单击码表，添加如下表达式。拖动时间线指针查看空白对象的运动效果，如图6-110所示：

```
center=[this_comp.width/2,this_comp.height/2,0];
radius=200;
angle=time*-300;
x=radius*Math.cos(degreesToRadians(angle));
y=radius*Math.sin(degreesToRadians(angle));
add(center,[x,y,0]);
```

④ 新建一个黑色固态层，命名为"粒子"，选择主菜单"效果"|"Trapcode"|"Particular"命令，添加Particular滤镜，设置图层混合模式为"添加"。

图6-110　空白对象运动效果

⑤ 展开"发射器"选项组，设置"粒子数量/秒"为600，"速率"为10，如图6-111所示。

图6-111　设置发射器参数

⑥ 为"位置XY"属性添加表达式，链接到空白对象的"位置"属性。单击播放按钮，查看粒子的动画效果，如图6-112所示。

⑦ 展开"粒子"选项组，设置"尺寸""尺寸随机"以及颜色等参数，如图6-113所示。

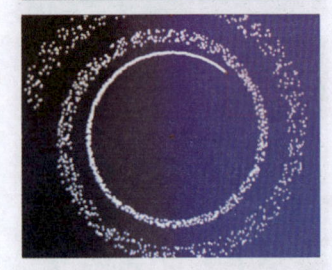

图6-112 粒子动画效果

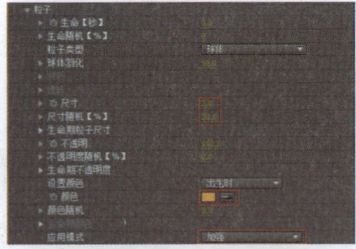

图6-113 设置粒子参数

⑧ 展开"生命期粒子尺寸"选项组,选择第2种曲线,如图6-114所示。

图6-114 设置生命期粒子尺寸参数

⑨ 展开"物理学"选项组,展开"扰乱场"组,设置"影响位置"为160,"演变速度"为10,如图6-115所示。

图6-115 设置扰乱场参数

⑩ 在"发射器"选项组中调整"粒子数量/秒"的数值为1200。然后尝试调整风力参数,展开Air选项组,设置"风向X"、"风向Y"和"风向Z"均为10,如图6-116所示。

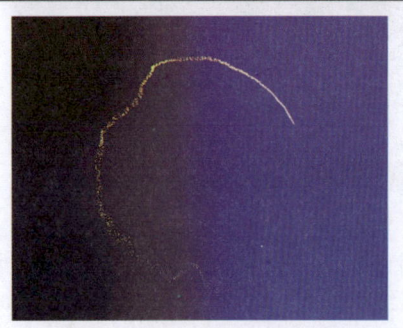

图6-116 设置风向参数

⑪ 复制图层"粒子",重命名为"粒子线",激活Solo属性,展开"发射器"选项组,设置"速率"为0,如图6-117所示。

⑫ 展开"扰乱场"选项组,设置"影响位置"的数值为80,在"发射器"选择项组中调整"粒子数量/秒"的数值为3000,查看粒子线预览效果,如图6-118所示。

图6-117 调整粒子发射速率

图6-118 粒子线效果

⑬ 取消勾选Solo属性,展开"粒子"选项组,设置"尺寸"的数值为2,选择"生命周期粒子尺寸"的贴图为第3项,如图6-119所示。

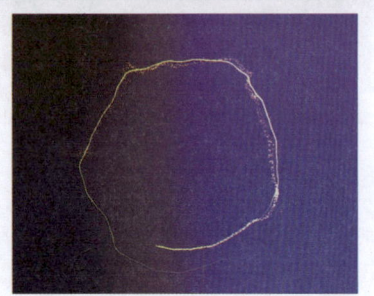

图6-119 设置生命期粒子尺寸贴图

⑭ 复制图层"粒子线",自动命名为"粒子线2",展开"粒子线2"的"扰乱场"选项组,设置"影响位置"参数为150,"缩放"的数值为15,如图6-120所示。

⑮ 复制图层"粒子线2",自动命名为"粒子线3",调整Air(空气)选项组参数,如图6-121所示。

放按钮，查看粒子圈的动画效果，如图6-123所示。

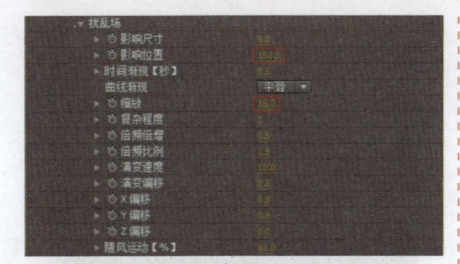

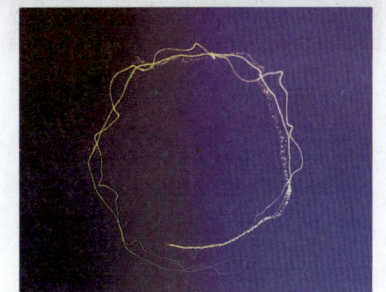

图6-120 调整扰乱场参数

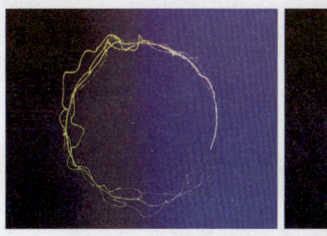

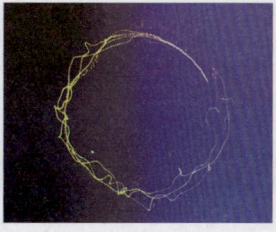

图6-123 粒子圈动画效果

⑱ 新建一个调节层，添加"辉光"滤镜，如图6-124所示。

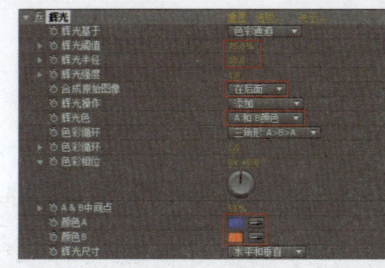

图6-124 设置辉光参数

⑲ 保存工程文件，单击播放按钮，查看最终的粒子圈动画效果，如图6-125所示。

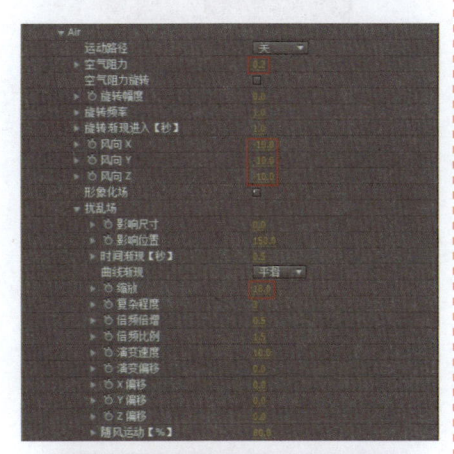

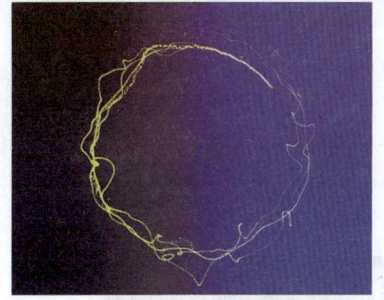

图6-121 调整空气参数

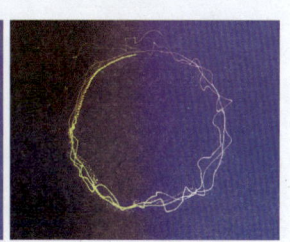

图6-125 最终粒子圈动画效果

⑯ 选择图层"粒子"，修改"位置XY"的表达式，添加"valueAtTime(time-0.2)"，这样粒子发射器的位置就可以延迟了，如图6-122所示。

图6-122 修改表达式

⑰ 选择图层"粒子线2"，修改"位置XY"的表达式，添加"valueAtTime(time-0.5)"，这样粒子发射器的位置就可以延迟了。单击播

实例113　粒子打印

以粒子打印的方式形成最终的图像或LOGO，是影视包装中一种很巧妙的转场方式，辅以摄像机的合理角度，能在三维空间中目睹图片聚合的过程，给人一种神秘的感觉，又能引导视觉的注意力直到整个场景的完成。

设计思路

在本例中主要应用碎片滤镜创建图片破碎成粒子的效果，通过时间重置将图片破碎的动画反向播放、创建粒子打印的效果，再应用光束滤镜创建模拟激光柱跟随碎片成形的进度。如图6-126所示为案例分解部分效果展示。

图6-126 效果展示

技术要点

- 碎片：创建图片破碎成粒子的效果。
- 倒放：应用Enable Time Remapping，将图片破碎的动画反向播放。

- 光束：创建模拟激光效果。

案例文件	工程文件\第6章\113 粒子打印		
视频文件	视频\第6章\实例113.mp4		
难易程度	★★★	学习时间	16分07秒

实例114　字烟效果

在影视包装中总会想方设法设计字幕的特效，希望以出奇的方式出现，或者以神秘飘渺的方式演变。总之，要具有美感，极大地提高吸引力就是目标。

设计思路

在本例中主要包含两个部分：首先是沿字符笔画创建书写的动画；其次是通过表达式控制粒子发射器跟随画笔的位置而运动，同时设置合理的粒子参数，形成沿笔画的烟雾动画。如图6-127所示为案例分解部分效果展示。

图6-127　效果展示

图6-128　创建文本层

技术要点

- 书写：创建笔画书写的动画。
- Particular：创建烟雾状的粒子效果。

制作过程

案例文件	工程文件\第6章\114 字烟效果		
视频文件	视频\第6章\实例114.mp4		
难易程度	★★★	学习时间	22分16秒

❶ 打开After Effects软件，创建一个新的合成，命名为"文字"，选择"预置"为PAL D1/DV，设置时长为6秒。

❷ 选择文本工具，输入字符VFX，选择合适的字体、字号、颜色和勾边，如图6-128所示。

❸ 新建一个黑色固态图层，命名为"笔画"。选择主菜单"效果"|"生成"|"书写"命令，添加"书写"滤镜，如图6-129所示。

图6-129　设置书写滤镜

❹ 拖动当前指针到合成的起点，将笔刷放置在文本的起点，激活"画笔位置"的关键帧记录器，在视图中沿着文字的轮廓不断调整笔刷的位置，创建勾勒文本的动画，如图6-130所示。

图6-130　创建画笔位置关键帧

❺ 复制图层"笔画"，重命名为"笔画2"，向后移动该图层，使起点对应1秒10帧，如图6-131所示。

图6-131　调整图层起点

❻ 调整"画笔位置"的关键帧，使画笔的路径基本匹配字符f，如图6-132所示。

图6-132　调整画笔位置关键帧

❼ 复制图层"笔画2"，重命名为"笔画3"，向后移动该图层，使起点对应3秒，如图6-133所示。

图6-133　调整图层起点

❽ 调整"画笔位置"的关键帧，使画笔的路径基本匹配字符x的第1笔，如图6-134所示。

图6-134　调整画笔位置关键帧

❾ 复制图层"笔画3"，重命名为"笔画4"，向后移动该图层，使起点对应4秒05帧，如图6-135所示。

图6-135　调整图层起点

❿ 调整"画笔位置"的关键帧，使画笔的路径基本匹配字符x的第2笔，如图6-136所示。

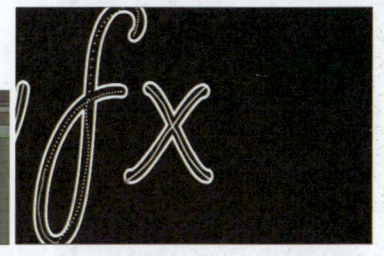

图6-136　调整画笔位置关键帧

⓫ 单击播放按钮，查看沿着字符轮廓的笔画动画效果，如图6-137所示。

图6-137　沿字符的笔画动画

> **提示**
>
> 根据需要调整个别的笔刷位置，获得完整的字符书写动画。

⑫ 选择4个笔画图层，预合成，命名为"预合成-笔画"。双击打开该预合成的时间线面板，新建一个黑色固态层，命名为"粒子1"，放置于图层"笔画"的上一层，添加Particular滤镜。

⑬ 在时间线面板中展开图层"笔画"的"书写"滤镜属性栏，展开"粒子1"的"发射器"属性，为"位置XY"添加表达式，链接到图层"笔画"的"书写"滤镜的"画笔位置"上，这样粒子发射器就跟随画笔一起运动了，如图6-138所示。

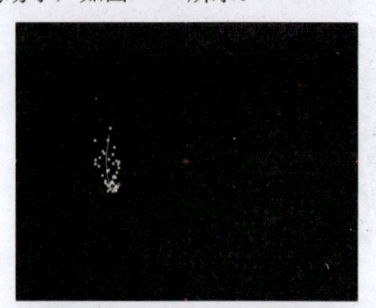

图6-138　发射器跟随笔画运动效果

⑭ 选择图层"粒子1"，在滤镜控制面板中调整参数，设置"速率"为20、"影响位置"为300，"粒子数量/秒"为1000，查看粒子烟的效果，如图6-139所示。

⑮ 在"粒子"选项组中，设置"生命"和"尺寸"等参数，如图6-140所示。

图6-139　粒子烟效果

图6-140　设置粒子参数

⑯ 展开"生命期不透明度"选项组，选择第2个贴图，如图6-141所示。

图6-141　设置生命期不透明度贴图

⑰ 在文本书写结束的时候粒子淡出，设置"粒子数量/秒"参数的关键帧，1秒时数值为1000，1秒10帧时数值为0。拖动当前指针，查看粒子烟的动画效果，如图6-142所示。

⑱ 关闭图层"笔画"的可视性，复制图层"粒子1"，重命名为"粒子2"。调整图层的起点与图层"笔画2"对齐，然后修改"位置XY"的表达式，如图6-143所示。

图6-142　粒子烟动画效果

`thisComp.layer("笔画2").effect("书写")("画笔位置")`

图6-143　修改表达式

⑲ 拖动当前指针，查看粒子烟的动画效果，如图6-144所示。

图6-144　粒子烟动画

⑳ 关闭图层"笔画2"的可视性,复制图层"粒子2",重命名为"粒子3",调整图层的起点与图层"笔画3"对齐,然后修改"位置XY"的表达式,如图6-145所示。

```
thisComp.layer("笔画3").effect("书写")("画笔位置")
```

图6-145　修改表达式

㉑ 关闭图层"笔画3"的可视性,复制图层"粒子3",重命名为"粒子4",调整图层的起点与图层"笔画4"对齐,然后修改"位置XY"的表达式,如图6-146所示。

```
thisComp.layer("笔画4").effect("书写")("画笔位置")
```

图6-146　修改表达式

㉒ 关闭图层"笔画4"的可视性,单击播放按钮▶,查看粒子烟的动画效果,如图6-147所示。

图6-147　粒子烟动画效果

㉓ 选择图层"粒子3"和图层"粒子4",调整"速率"的数值为25。

㉔ 在项目窗口中复制合成"预合成-笔画",重命名为"预合成-粒子"。然后双击合成"预合成-笔画",关闭所有粒子图层的可视性,打开粒子图层的可视性。

㉕ 选择图层"笔画",在"书写"滤镜面板中调整"笔触大小"的数值为8,查看合成预览效果,如图6-148所示。

图6-148　合成预览效果

㉖ 切换到"合成1"的时间线面板,拖动"预合成-笔画"到时间线上,设置文本图层的蒙板模式为"亮度"。

㉗ 拖动"预合成-粒子"到时间线上,单击播放按钮▶,查看最终字符发烟的预览效果,如图6-149所示。

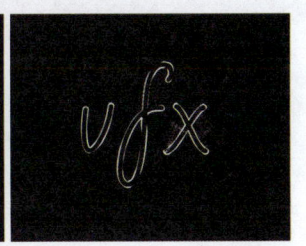

图6-149　最终字符发烟效果

实例115　舞动的音频线

音频在影视包装中尤为重要,会成为提醒、吸引和震撼观众的一种力量,跟随音乐不断变幻的线条更是音乐、舞蹈和影视类节目包装中常用的设计元素,极具视觉冲击力。

设计思路

在本例的制作中,首先是将音频转换成关键帧,然后通过表达式控制粒子的发射器、物理以及辅助系统的众多参数,创建随音乐舞动的音频线的特效。如图6-150所示为案例分解部分效果展示。

图6-150　效果展示

技术要点

- 转换音频为关键帧：根据音频素材转变成音频振幅关键帧的图层。
- Particular：创建粒子效果,为多项参数添加表达式创建舞动音频线。

案例文件	工程文件\第6章\115 舞动的音频线		
视频文件	视频\第6章\实例115.mp4		
难易程度	★★★	学习时间	18分39秒

189

第 7 章　婚礼庆典

婚礼是一种宗教仪式或法律公证仪式，意义在于获取社会的承认和祝福，帮助新婚夫妇适应新的社会角色和要求。各个民族和国家都有传统的婚礼仪式，是民俗文化的继承途径，也是民族文化教育的仪式。必不可少的婚礼庆典根据每位新人的不同爱好、追求或诉求点而量身定做，并非流程加会场布置这样简单的婚礼服务项目组合。庆典现场的大屏幕和记录视频也不断追求新意和个性，视觉特效频现，彰显婚庆的艺术层次和唯美的气氛。

实例116　3D线条

婚庆视频既然讲究包装和特色，那就不可避免会追求画面的设计感，各种礼花、光效、线条和文字特效都会成为用来装饰的元素，希望能增添喜庆、怀念或者宏大的气氛，给来宾留下深刻的记忆。

设计思路

在本例中主要应用了分形杂波滤镜并拉长变形创建光线，应用贝塞尔弯曲创建光线的变形效果，再添加镜头光晕装饰场景。如图7-1所示为案例分解部分效果展示。

图7-1　效果展示

技术要点

- 分形杂波：设置合适的宽高比例，创建动态的光线效果。
- 贝塞尔弯曲：使光线变形，增强立体感。

制作过程

案例文件	工程文件\第7章\116 3D线条		
视频文件	视频\第7章\实例116.mp4		
难易程度	★★★	学习时间	14分07秒

❶ 打开After Effects软件，选择主菜单"图像合成"|"新建合成组"命令，创建一个新的合成，选择"预置"为PAL D1/DV，设置时长为8秒。

❷ 选择文本工具，输入文字"云裳幻像"，选择字体、字号和颜色，并在预览窗口中调整位置，如图7-2所示。

图7-2　设置文字

❸ 新建一个黑色的固态图层，添加"分形杂波"滤镜，设置"对比度""亮度"和"宽度"等参数，如图7-3所示。

❹ 设置"演变"参数的关键帧，0秒时数值为0°，8秒时数值为360°。

❺ 在时间线面板中调整图层的缩放参数，如图7-4所示。

第 7 章　婚礼庆典

图7-3　设置分形杂波

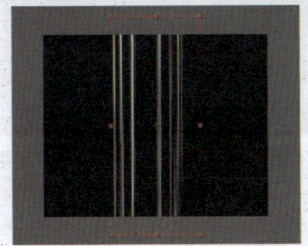

图7-4　调整图层缩放参数

❻ 选择主菜单"效果"|"扭曲"|"贝塞尔弯曲"命令，添加"贝塞尔弯曲"滤镜，在合成视图中直接调整控制点和句柄，改变光线的形状，如图7-5所示。

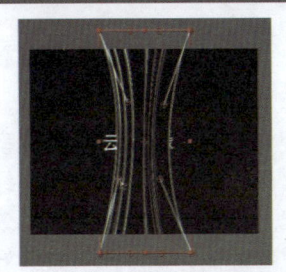

图7-5　调整光线形状

❼ 选择主菜单"效果"|"颜色校正"|"色相位/饱和度"命令，添加"色相位/饱和度"滤镜，勾选"彩色化"项，为光线上色，调整"色调"和"饱和度"参数，改变光线的色调（比如紫色），如图7-6所示。

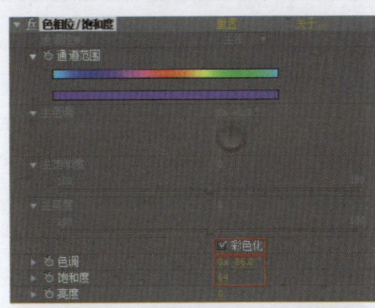

图7-6　调整图层色调

❽ 添加"辉光"滤镜，具体参数设置和效果如图7-7所示。

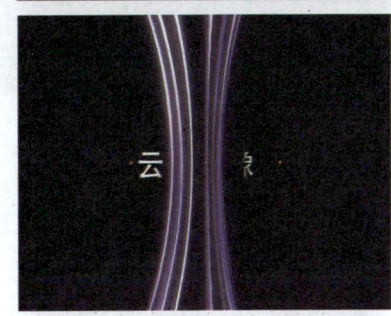

图7-7　设置辉光参数

❾ 设置图层的混合模式为"添加"，拖动当前指针，查看光线的动画效果，如图7-8所示。

❿ 重命名该图层为"紫色光线"，复制图层，重命名为"橙色光线"，调整两个光线图层的位置，增加3D光线的层次感，如图7-9所示。

图7-8　光线动画效果

图7-9　调整图层位置

⓫ 选择图层"橙色光线"，在"色相位/饱和度"滤镜控制面板中，调整"色调"和"饱和度"参数，直到获得满意的橙色光，如图7-10所示。

图7-10　调整色调和饱和度

191

⑫ 调整"分形杂波"滤镜参数，增加3D光线的细节，如图7-11所示。

图7-11　调整分形杂波参数

⑬ 选择文本图层，添加"放射阴影"滤镜，如图7-12所示。

图7-12　放射阴影参数

⑭ 新建一个黑色固态层，命名为"光斑"，添加"镜头光晕"滤镜，设置该图层的混合模式为"添加"，如图7-13所示。

图7-13　设置镜头光晕参数

⑮ 拖动当前指针到合成的起点，在视图中拖动光晕中心的位置，并设置关键帧，如图7-14所示。

图7-14　设置光晕中心关键帧

⑯ 拖动当前指针到合成的终点，调整光晕中心的位置，创建光晕的动画，如图7-15所示。

图7-15　设置光晕中心关键帧

⑰ 选择文本图层，添加"渐变"滤镜，具体参数设置如图7-16所示。

图7-16　渐变参数

⑱ 复制文本图层，重命名为"云裳幻像 2"。选择该图层，在滤镜控制面板中关闭"放射阴影"和"渐变"滤镜，修改字符的勾边属性，如图7-17所示。

图7-17　调整文本勾边属性

⑲ 保存工程文件，单击播放按钮，查看最终的3D光线动画效果，如图7-18所示。

图7-18　最终3D光线动画效果

实例117　生长特效

爱情如同慢慢生长的花朵，在婚庆的现场总会让讲故事和听故事的人感动。硕大的屏幕上展示着曾经的图片记忆，那不妨用一段生长特效作为背景或者片头，让人期待着美好的情节娓娓道来。

第 7 章 婚礼庆典

设计思路

本例中生长特效主要应用钢笔工具参照花枝、花朵的轮廓绘制了多条路径，应用描边滤镜创建沿路径的描边动画，用作真实素材的蒙板，直到获得完美的生长动画效果。如图7-19所示为案例分解部分效果展示。

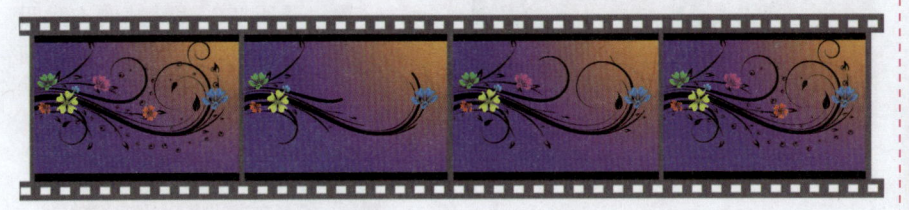

图7-19 效果展示

技术要点

● 描边：创建沿路径的勾边动画，模拟生长效果。

制作过程

案例文件	工程文件\第7章\117生长特效		
视频文件	视频\第7章\实例117.mp4		
难易程度	★★★	学习时间	27分23秒

❶ 运行After Effects软件，导入分层PSD文件"花样图案"，以"图像合成"的模式导入，保留其中的分层和样式，如图7-20所示。

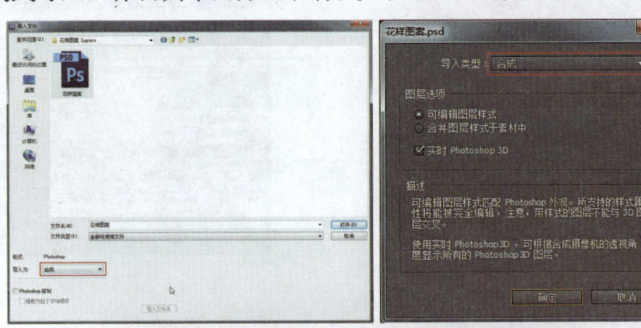

图7-20 导入分层文件

❷ 在项目窗口中，双击合成"花样图案"打开其时间线面板，在时间线中可以看到多个分层，如图7-21所示。

图7-21 展开多层素材

提示

如果需要的话，设置合成的时间长度为6秒。

❸ 新建一个固态层，命名为"背景"，放置于底层，添加"渐变"滤镜，如图7-22所示。

图7-22 设置渐变参数

❹ 选择图层"分支1"，激活Solo属性，选择钢笔工具参考图样绘制一条路径，如图7-23所示。

图7-23 绘制自由路径

❺ 选择主菜单"效果"|"生成"|"描边"命令，添加"描边"滤镜，具体参数设置如图7-24所示。

图7-24 设置描边参数

❻ 设置"结束"参数的关键帧，0秒时为0%，1秒时为100%。拖动当前指针查看描边沿路径的动画效果，如图7-25所示。

❼ 选择图层"主干"，激活Solo属性，选择钢笔工具参照图样绘制多条路经，如图7-26所示。

193

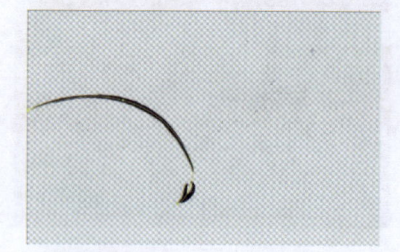

图7-25 描边动画效果

图7-26 绘制多条路径

> **提示**
> 最好按照由根部向上的顺序。

⑧添加"描边"滤镜，勾选"全部遮罩"和"连续描边"项，设置"画笔大小"为32，选择"绘制风格"为"显示原始图像"，设置"结束"参数的关键帧，0秒时为0%，2秒时为100%，如图7-27所示。

图7-27 设置描边参数

⑨选择图层"分支6"，激活Solo属性，选择钢笔工具参照图样绘制多条路经。添加"描边"滤镜，

勾选"全部遮罩"项，同样选择"绘制风格"为"显示原始图像"，然后设置"结束"参数的关键帧，0秒时为0%，1秒时为100%，如图7-28所示。

图7-28 设置描边参数

⑩用上面的方法为其余几个花枝图层创建生长动画，如图7-29所示。

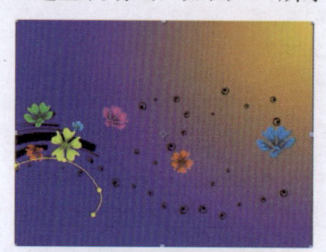

图7-29 花枝生长动画

⑪选择图层"分支5"，选择主菜单"图层"|"时间"|"时间伸缩"命令，在弹出的"时间伸缩"对话框中设置"伸缩比率"，调整原动画的速度，如图7-30所示。

图7-30 调整伸缩比率

⑫设置图层"分支6"的时间伸缩比率为135%。

⑬接下来随着花枝的生长顺序，设置花朵出现的顺序。选择图层"红花2"，设置"透明度"关键帧，2帧时数值为0，3帧时数值为100。

⑭针对其他的花朵图层，也一样通过设置"透明度"关键帧的方式跟随花枝的生长按顺序出现。拖动当前指针，查看花枝的生长动画效果，如图7-31所示。

图7-31 花枝动画效果

⑮选择图层"圆点"，激活Solo属性，绘制多条路径，如图7-32所示。

图7-32 绘制多条路径

⑯添加"描边"滤镜，具体参数设置如图7-33所示。

图7-33 设置描边参数

⑰ 设置"结束"参数的关键帧，0秒时数值为0，2秒时数值为100，如图7-34所示。

⑲ 选择除"背景"之外的所有图层，预合成，命名为"生长"。然后选择图层"生长"，添加"放射阴影"滤镜，如图7-36所示。

图7-36 设置放射阴影参数

⑳ 选择主菜单"图层"|"时间"|"启用时间重置"命令，在1秒和4秒位置分别添加关键帧，删除6秒位置的关键帧，框选后面的两个关键帧并向后移动到合成的终点，如图7-37所示。

图7-37 调整时间重置关键帧

㉑ 单击播放按钮，查看最终的花枝生长的预览效果，如图7-38所示。

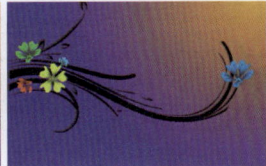

图7-38 最终生长动画效果

图7-34 描边动画效果

⑱ 取消该图层的Solo属性，向后移动图层使得起点到1秒位置。拖动当前指针，查看花枝生长的动画效果，如图7-35所示。

实例118 音画背景

营造婚庆典礼的气氛，整个场景布置就相当重要，同时音乐一定是不可或缺的，所以随音乐变幻的大屏幕背景就成了一道亮丽的风景。

设计思路

在本例中主要应用分形杂波滤镜创建小方块贴图，通过CC透镜创建球状变形，跟音频背景的关联主要是通过将音频转换成关键帧，链接到透镜和图层缩放的表达式，就完成了跟随音乐节奏的音画背景动画。如图7-39所示为案例分解部分效果展示。

图7-39 效果展示

技术要点

- 转换音频为关键帧：根据音频素材转变成音频振幅关键帧的图层。
- 分形杂波：创建小方块平铺贴图。
- CC透镜：创建凸镜变形效果。

案例文件	工程文件\第7章\118 音画背景		
视频文件	视频\第7章\实例118.mp4		
难易程度	★★★	学习时间	15分18秒

图7-35 花枝生长动画

实例119　彩球碰撞

彩球是小装饰物，用鲜艳的颜色来追求画面的设计感，众多的小彩球穿行和碰撞，成为喜庆的背景，样式的新颖同样给来宾留下美好的印象。

设计思路

在本例中主要应用粒子运动创建网格粒子发射，制作背景贴图，在粒子持续性映射面板中指定贴图来控制粒子的碰撞和躲避，实现彩球的碰撞效果。如图7-40所示为案例分解部分效果展示。

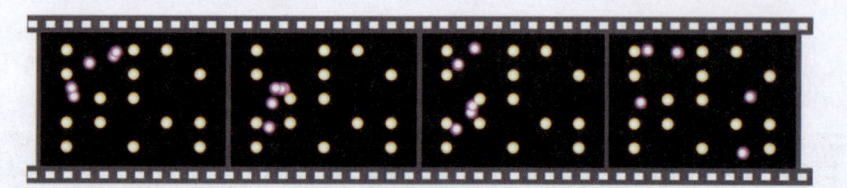

图7-40　效果展示

技术要点

- 粒子运动：网格粒子发射器，设置持续性参数控制粒子的碰撞。

制作过程

案例文件	工程文件\第7章\119 彩球碰撞		
视频文件	视频\第7章\实例119.mp4		
难易程度	★★★	学习时间	19分40秒

❶ 打开After Effects软件，创建一个新的合成，选择"预置"为"PAL D1/DV方形像素"，设置"宽"和"高"的数值均为100，设置时长为15秒。

❷ 新建一个紫色固态层，绘制一个圆形遮罩，如图7-41所示。

图7-41　绘制圆形遮罩

❸ 复制遮罩，调整遮罩模式、羽化位置，如图7-42所示。

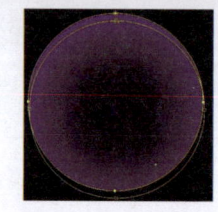

图7-42　调整遮罩参数

❹ 新建一个浅紫色固态层，放置于底层。复制紫色图层的"遮罩1"并粘贴到浅紫色图层，如图7-43所示。

图7-43　复制图层和遮罩

❺ 新建一个调节层，添加"曲线"滤镜，提高亮度和对比度，如图7-44所示。

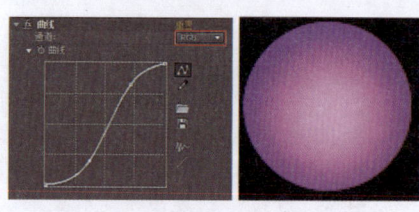

图7-44　调整曲线

❻ 调整遮罩的羽化，使得小球看起来更真实一些，如图7-45所示。

图7-45　调整遮罩羽化

❼ 在项目窗口中重命名"合成1"为"小球"。新建一个合成，选择"预置"为"PAL D1/DV方形像素"，设置时长为15秒。

❽ 新建一个黑色固态层，命名为"粒子"。选择主菜单"效果"|"模拟仿真"|"粒子运动"命令，添加"粒子运动"滤镜。

❾ 首先展开"发射"选项组，设置"粒子/每秒"的数值为0。展开"栅格"选项组，设置发射器的尺寸和颜色等参数，如图7-46所示。

图7-46　设置栅格参数

❿ 设置"粒子半径"参数的关键帧，0帧时设置为2，1帧时数值为0，如图7-47所示。

图7-47　设置粒子半径

⑪ 展开"重力"选项组，设置"力"的数值为0，这样粒子就固定在栅格的节点上了。

⑫ 从项目窗口中拖动合成"小球"到时间线上，关闭其可视性。

⑬ 选择图层"粒子"，在滤镜面板中展开"图层映射"选项组，指定"使用图层"，如图7-48所示。

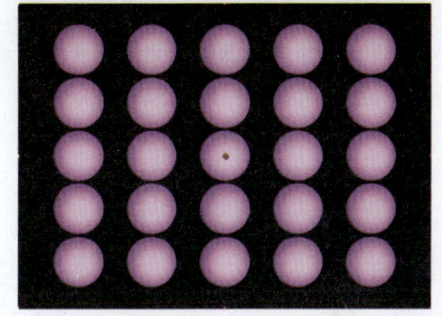

图7-48　设置图层映射

⑭ 切换到合成"小球"的时间线，选择紫色和浅紫色图层，调整缩放的数值为50%。

⑮ 切换到"合成1"的时间线面板，查看粒子小球栅格分布的预览效果，如图7-49所示。

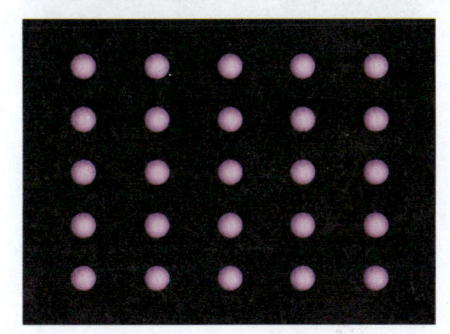

图7-49　粒子小球栅格分布

⑯ 选择主菜单"图像合成"|"另存单帧为"|"文件"命令，打开"渲染队列"控制面板，设置输出文件的质量、名称，然后单击"渲染"按钮渲染输出，如图7-50所示。

⑰ 在Adobe Photoshop中打开刚刚输出的文件"模板.psd"，激活通道面板，按住Ctrl键单击Alpha 1通道，呈现选区状态，单击RGB通道，填充白色，然后任意框选几个白色的圆点，填充黑色，如图7-51所示。

⑱ 回到After Effects工作界面中，在项目窗口中双击，导入刚才输出并修改过的psd文件，并拖动到时间线中，关闭其可视性。

图7-50　输出图片

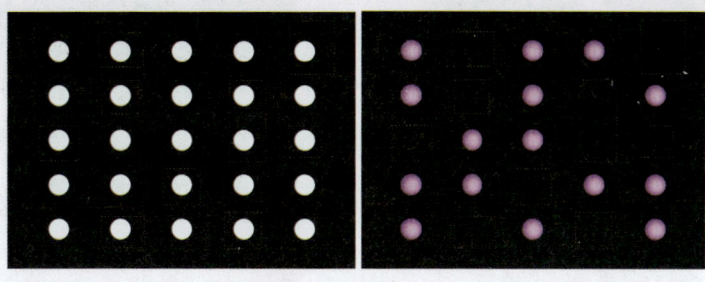

图7-51　修改通道

⑲ 选择图层"粒子"，在滤镜控制面板中展开"持续特性映射"选项组，具体参数设置和效果如图7-52所示。

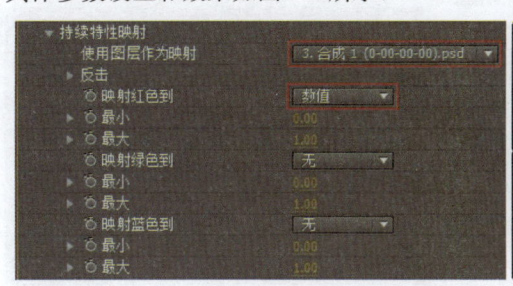

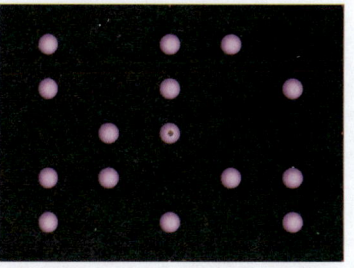

图7-52　设置持续特性映射参数

⑳ 新建一个合成，拖动合成"小球"和刚才输出并修改过的psd文件到时间线面板中，关闭其可视性。

㉑ 新建一个黑色固态层，添加"粒子运动"滤镜，展开"发射"选项组，调整发射器的位置到屏幕的左边，设置"位置"的数值为（55,288），"方向"为90°，如图7-53所示。

图7-53　设置发射参数

㉒ 展开"重力"选项组，设置"力"的数值为0。拖动当前指针，查看粒子发射的动画效果，如图7-54所示。

图7-54　粒子动画效果

㉓ 展开"图层映射"选项组，选择"使用图层"为"2.小球"，如图7-55所示。

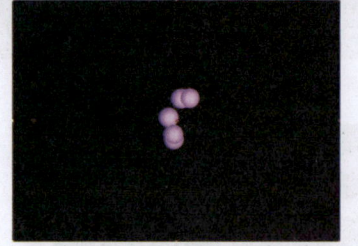

图7-55 设置图层映射

(24) 选择矩形遮罩工具绘制一个矩形遮罩，展开"墙"选项组，选择"边界"为"遮罩1"，这样粒子小球就不会冲出屏幕了，如图7-56所示。

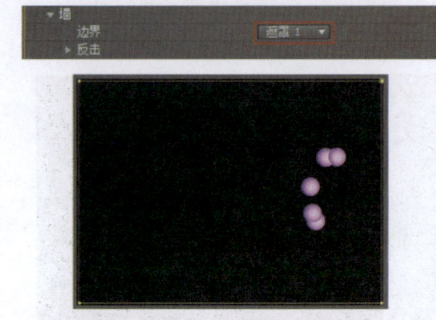

图7-56 设置墙参数

(25) 单击播放按钮，查看小球在边界内的运动效果，如图7-57所示。

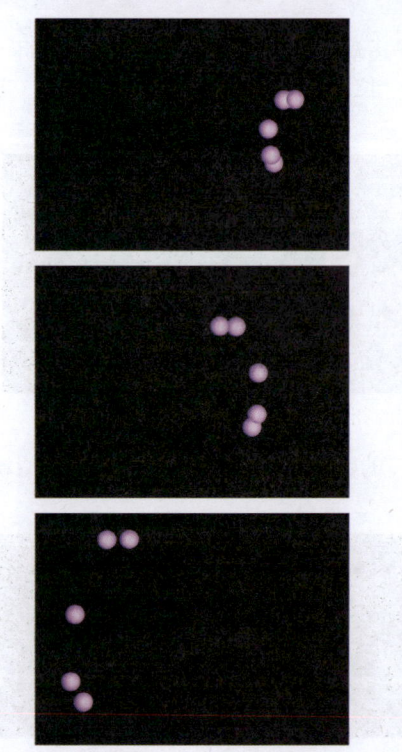

图7-57 小球运动效果

(26) 展开"栅格"选项组，设置"粒子半径"的关键帧，0帧时为2，1

帧时为0，如图7-58所示。

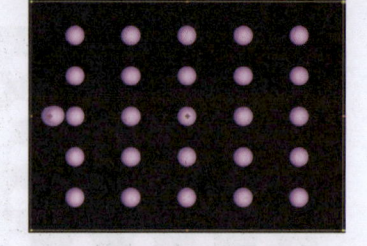

图7-58 设置栅格参数

(27) 展开"排斥"选项组，设置"力"、"排斥物"和"反击"等参数，如图7-59所示。

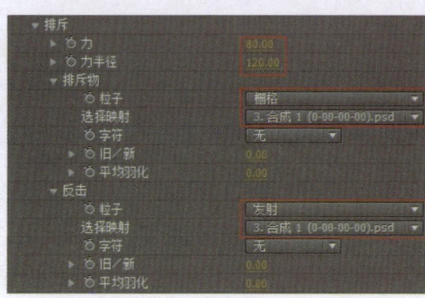

图7-59 设置排斥参数

(28) 拖动时间线，查看粒子小球的碰撞效果，如图7-60所示。

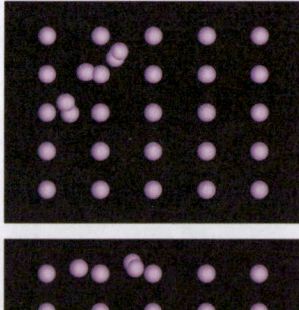

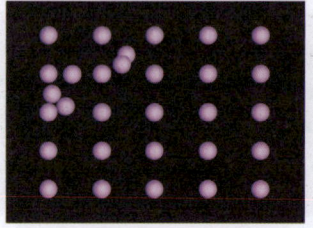

图7-60 小球碰撞效果

(29) 展开"短暂特性映射"选项组，具体参数设置和效果如图7-61所示。

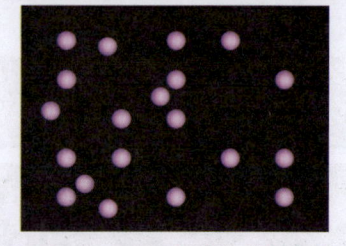

图7-61 设置短暂特性映射参数

(30) 从项目窗口中拖动"合成1"到时间线面板中，放置于顶层，添加"色相位/饱和度"滤镜，改变色调，以便区分固定的小球和运动的小球，如图7-62所示。

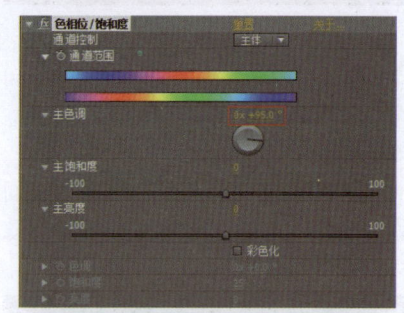

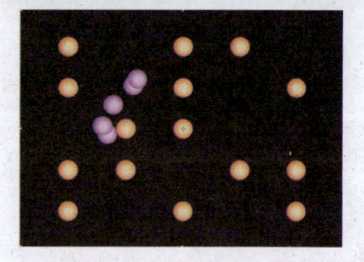

图7-62 调整小球色调

(31) 新建一个调节层，添加"辉光"滤镜，设置"辉光半径"为20，如图7-63所示。

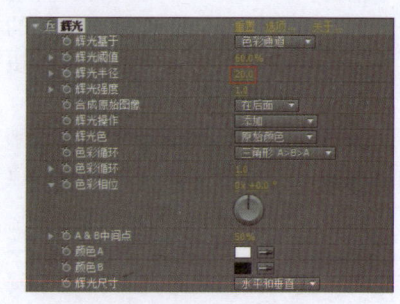

图7-63 设置辉光参数

(32) 单击播放按钮，查看最终彩球碰撞的动画效果，如图7-64所示。

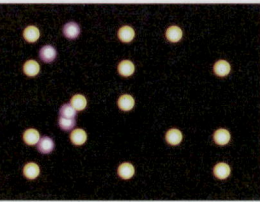

图7-64　最终彩球碰撞效果

实例120　七彩星星

漫天飞舞的七彩星星，绝对是婚礼视频中很好的文字或者照片的背景，也可以作为一段华丽的空镜头。

设计思路

在本例中主要应用Particular创建彩色的星星在夜空中飞舞，再应用Starglow添加星星的七彩光芒，创建耀眼的光效。如图7-65所示为案例分解部分效果展示。

图7-65　效果展示

技术要点

- Particular：创建粒子发射的效果。
- Starglow：创建七彩的光芒效果。

案例文件	工程文件\第7章\120 七彩星星		
视频文件	视频\第7章\实例120.mp4		
难易程度	★★★	学习时间	10分57秒

实例121　光点飞舞

粒子可以创建各种礼花和光线特效，婚礼中这样的情景自然少不了。用粒子作为装饰的元素，希望增添喜庆或者宏大的气氛，给来宾留下深刻的记忆。

设计思路

在本例中主要应用CC粒子仿真系统创建发射的粒子，由表达式来控制发射器的运行轨迹，再添加辉光滤镜增强粒子光点的光亮效果。如图7-66所示为案例分解部分效果展示。

图7-66　效果展示

技术要点

- CC粒子仿真系统：创建粒子发射的效果。
- 表达式：控制粒子发射器的运动轨迹。

制作过程

案例文件	工程文件\第7章\121 光点飞舞
视频文件	视频\第7章\实例121.mp4
难易程度	★★★
学习时间	21分07秒

❶ 打开After Effects软件，创建一个新的合成，选择"预置"为PAL D1/DV，设置时长为6秒。

❷ 新建一个黑色固态层，命名为"光点"，添加"CC粒子仿真世界"滤镜，设置"生长速率"为0.3。展开"产生点"选项组，设置"X轴半径""Y轴半径"和"Z轴半径"的数值分别为0.08、0.05和0.1，如图7-67所示。

图7-67　设置产生点参数

❸ 展开"粒子"选项组，选择"粒子类型"为"变暗&衰减球状"，设置"生长尺寸""大小变化"和"最大透明度"等参数，如图7-68所示。

图7-68　设置粒子参数

④ 展开"透明度映射"选项组，绘制贴图，如图7-69所示。

图7-69 设置透明度映射

⑤ 设置"生长色"为青色、"消逝色"为橙色，选择"传递模式"为"添加"，如图7-70所示。

图7-70 设置粒子颜色

⑥ 展开"物理"选项组，设置"速率""继承速率%"和"重力"参数，如图7-71所示。

图7-71 设置物理参数

⑦ 拖动时间线指针，查看粒子的动画效果，如图7-72所示。

⑧ 新建一个空白对象，激活3D属性，在顶视图和左视图中调整它的位置，创建位置动画，如图7-73所示。

⑨ 在时间线面板中，选择图层"光点"，展开粒子属性栏，为"X轴位置"属性添加表达式，单击按钮链接到空白对象的"位置"属性的X轴数值上，如图7-74所示。

图7-72 粒子动画效果

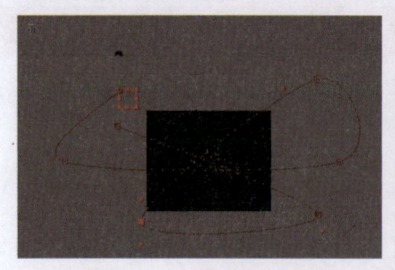

图7-73 创建空白对象动画

图7-74 链接产生表达式

⑩ 编辑表达式如下：

x=thisComp.layer("空白1").transform.position[0]-thisComp.width/2
x/thisComp.width

⑪ 为"Y轴位置"属性创建表达式，复制"X轴位置"的表达式并粘贴，然后进行修改如下：

y=thisComp.layer("空白1").transform.position[1]-thisComp.height/2
y/thisComp.width

⑫ 为"Z轴位置"属性创建表达式，粘贴表达式并进行修改如下：

z=thisComp.layer("空白1").transform.position[2]
z/thisComp.width

⑬ 拖动时间线指针，查看粒子的动画效果，如图7-75所示。

图7-75 粒子动画效果

⑭ 根据实际需要，对"空白1"的运动路径做进一步调整，尤其是增强纵深感，如图7-76所示。

第 7 章 婚礼庆典

图7-76 调整运动路径

⑮ 单击播放按钮▶，查看粒子动画效果，如图7-77所示。

图7-77 粒子动画效果

⑯ 创建一个28mm的摄像机，使用摄像机工具调整以获得比较理想的构图，如图7-78所示。

图7-78 调整摄像机构图

⑰ 选择图层"空白 1"，在顶视图和摄像机视图中调整运动路径，如图7-79所示。

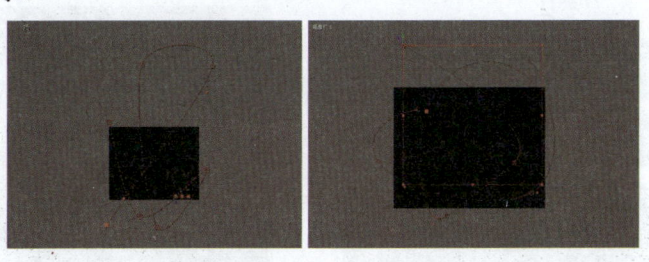

图7-79 调整运动路径

⑱ 单击播放按钮▶，查看粒子飞舞的动画效果，如图7-80所示。

图7-80 粒子飞舞动画效果

⑲ 选择图层"粒子"，添加"辉光"滤镜，具体参数设置如图7-81所示。

图7-81 设置辉光参数

⑳ 在"CC粒子仿真世界"滤镜面板中调整"生长速率"的数值为0.4、"寿命"的数值为1.2。

㉑ 拖动时间线指针，查看最终的粒子光点飞舞的效果，如图7-82所示。

图7-82 最终粒子光点飞舞效果

▶ 实例122 心形光线

在表达爱情的场景中，心形图案绝对是各式各样的。它不仅增添喜庆的气氛，还能作为字幕的背景，也可以作为展示婚纱照的装饰，提升画面的设计层次。

设计思路

在本例中首先为小方块图层设置位置关键帧，调整路径成心形，然后再应用运动拖尾形成连续的心形光线。如图7-83所示为案例分解部分效果展示。

图7-83 效果展示

技术要点

- 运动路径：创建对象的关键帧，调整运动路径成心形。
- 拖尾：创建运动拖尾效果，将运动的小方块连续成心形线。

制作过程

案例文件	工程文件\第7章\122 心形光线		
视频文件	视频\第7章\实例122.mp4		
难易程度	★★★	学习时间	13分41秒

① 启动After Effects软件，创建一个新的合成，选择"预置"为PAL D1/DV，设置时长为4秒。

② 新建一个红色固态层，设置"宽"和"高"均为20，如图7-84所示。

图7-84 新建图层

③ 创建围绕心形的位置动画，如图7-85所示。

图7-85 创建位置动画

④ 整体移动红色图层和心形路径，调整构图，如图7-86所示。

图7-86 调整位置

⑤ 复制该图层，调整新图层的位置，如图7-87所示。

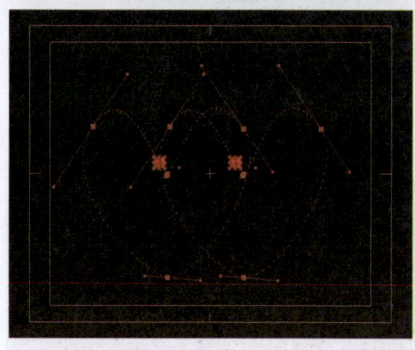

图7-87 复制图层

⑥ 拖动当前指针，查看小方块的动画效果，如图7-88所示。

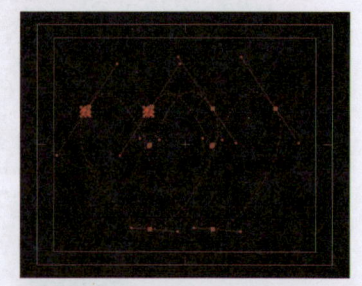

图7-88 小方块动画效果

⑦ 在项目窗口中，拖动"合成1"到合成图标上创建一个新的合成，重命名为"心形光"。选择图层"合成1"，添加"拖尾"滤镜，形成连续的光线，如图7-89所示。

图7-89 设置拖尾参数

⑧ 单击播放按钮，查看连续光线的动画效果，如图7-90所示。

⑨ 切换到"合成1"的时间线，选择"红色固态层 2"，选择主菜单"图层"|"时间"|"时间伸缩"命令，调整时间伸缩比率值，如图7-91所示。

第 7 章 婚礼庆典

图7-90 连续动画效果

图7-91 调整时间伸缩

⑩ 向后移动该图层，使其末端对齐合成的终点。切换到合成"心形光"的时间线，单击播放按钮▶，查看心形光线的动画效果，如图7-92所示。

图7-92 心形光线动画效果

⑪ 选择图层"合成1"，添加"辉光"滤镜，如图7-93所示。

图7-93 设置辉光参数

⑫ 切换到"合成1"的时间线，选择两个红色图层，调整缩放参数为50%，如图7-94所示。

图7-94 调整图层大小

⑬ 切换到合成"心形光"的时间线，新建一个黑色固态层，命名为"背景"，放置于底层，添加"渐变"滤镜，如图7-95所示。

图7-95 设置渐变参数

⑭ 选择图层"合成1"，添加"放射阴影"滤镜，如图7-96所示。

图7-96 设置放射阴影参数

⑮ 拖动时间线，查看最终心形光线的动画效果，如图7-97所示。

图7-97 最终心形光线效果

> **实例123**　浪漫心星

浪漫心星，本身就是一个让人期盼的名字，无论是在婚庆典礼现场的大屏幕上，还是在婚礼视频的片头中，都可以用作不可或缺的装饰元素，希望增添喜庆或者浪漫的气氛，给来宾留下深刻的印象。

设计思路

在本例中主要应用Particular滤镜创建飘动的心形，构建心形阵列；再添加CC星爆创建众多小星星作为场景装饰，同时增强纵深感。如图7-98所示为案例分解部分效果展示。

图7-98　效果展示

技术要点

- Particular：自定义粒子形状贴图，以粒子形态创建多个心形。
- CC星爆：创建弥漫背景的小星星。

制作过程

案例文件	工程文件\第7章\123 浪漫心星		
视频文件	视频\第7章\实例123.mp4		
难易程度	★★★	学习时间	14分57秒

❶ 运行After Effects软件，选择主菜单"图像合成"|"新建合成组"命令，新建一个合成，选择"预置"为PAL D1/DV，设置时长为15秒。

❷ 新建一个深红色固态层，作为背景层，如图7-99所示。

图7-99　新建图层

❸ 新建一个黑色固态层，绘制一个圆形遮罩，设置"遮罩羽化"的数值为225，如图7-100所示。

图7-100　绘制遮罩

❹ 导入图片heart map.psd，如图7-101所示。

图7-101　导入分层图片

❺ 拖动该素材到时间线中，关闭其可视性。

❻ 新建一个黑色固态层，命名为"心星"，添加Particular滤镜，展开"发射器"选项组，具体参数设置和效果如图7-102所示。

❼ 展开"粒子"选项组，选择"粒子类型"为"材质式多角形"。展开"材质"选项组，指定"图层"，再设置"尺寸""不透明度随机"和"应用模式"等参数，如图7-103所示。

图7-102　设置发射器参数

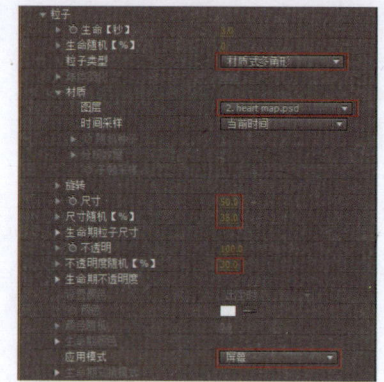

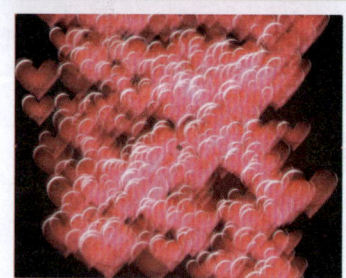

图7-103　设置粒子参数

❽ 设置"粒子数量/秒"的关键帧，0秒时数值为30，20帧时数值为0。设置"生命"的数值为15，查看合成预览效果，如图7-104所示。

图7-104　合成预览效果

⑨ 展开"物理学"下的Air选项组，设置"风向X"为20、"风向Y"为-5、"风向Z"为-30，如图7-105所示。

钮▶，查看心星的动画效果，如图7-107所示。

图7-107 心星动画效果

⑫ 新建一个橙色固态层，命名为"小星星"，放置于图层"心星"的下一层，添加"CC 星爆"滤镜，如图7-108所示。

图7-105 设置风向参数

⑩ 展开"扰乱场"选项组，设置"影响尺寸"的数值为100。单击播放按钮▶，查看心星的动画效果，如图7-106所示。

图7-108 设置星爆参数

⑬ 新建一个调节层，添加"辉光"滤镜，如图7-109所示。

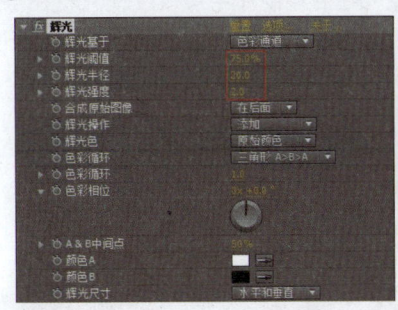

图7-109 设置辉光参数

⑭ 选择图层"心星"，在滤镜面板中调整"重力"的数值为1，调整发射器的"位置XY"的数值为（260,288）。

⑮ 单击播放按钮▶，查看最终的浪漫心星的预览效果，如图7-110所示。

图7-110 最终浪漫心星效果

图7-106 心星动画效果

⑪ 拖动当前指针到合成的起点，激活"风向X"的关键帧记录器⏱，创建关键帧。拖动当前指针到5秒，设置"风向X"的数值为0。单击播放按

> **实例124** 线格背景

闪动的线格也可以作为另一种特色的背景，配以喜庆的文字或图案，用来装饰精美的婚纱照，明暗或色彩的变化定会给来宾留下深刻的记忆。

> **设计思路**

在本例中主要应用文本动画预设创建跳动的字符动画，通过添加马赛克滤

镜形成动态的方块图案,再应用查找边缘创建方块的轮廓线,最后应用辉光增强整个画面的明暗对比。如图7-111所示为案例分解部分效果展示。

图7-111　效果展示

技术要点

- 文本动画预设:创建字符跳跃动画。
- 马赛克:创建方块效果。
- 查找边缘:创建方块的边缘轮廓效果。

案例文件	工程文件\第7章\124 线格背景		
视频文件	视频\第7章\实例124.mp4		
难易程度	★★★	学习时间	11分01秒

实例125　空中开花

喜庆的气氛尤其离不开缤纷的礼花,在后期制作中可以设计礼花在空中开放需要的图案,可以是红火的喜字,可以是大大的心形,也可以是盛开的花朵,增添喜庆或者宏大的气氛。

设计思路

在本例中主要应用Particular创建粒子喷射的效果,用花的图片控制粒子形状。如图7-112所示为案例分解部分效果展示。

图7-112　效果展示

技术要点

- Particular:粒子喷射的效果,用花的图片控制粒子形状。

制作过程

案例文件	工程文件\第7章\125 空中开花		
视频文件	视频\第7章\实例125.avi		
难易程度	★★★★	学习时间	19分03秒

❶ 打开After Effects软件,选择主菜单"图像合成"|"新建合成组"命令,创建一个新合成,选择"预置"为"PAL D1/DV方形像素",设置时长为6秒。

❷ 新建一个点光源,命名为"发射器"。新建一个黑色固态层,命名为"粒子1",添加Particular滤镜,展开"发射器"选项组,选择"发射类型"为"灯光",如图7-113所示。

图7-113　设置滤镜

提　示

只有命名为"发射器"的灯光才可以作为粒子的发射器。

❸ 新建一个28mm的摄像机。

❹ 创建灯光从0~1秒的位移动画,如图7-114所示。

图7-114　创建摄像机动画

❺ 选择图层"粒子1",在"发射器"选项组中设置"速率"的数值为0。展开"粒子"选项组,设置"生命""粒子类型"以及"尺寸"等参数,如图7-115所示。

图7-115　设置粒子参数

❻ 导入PSD格式的花朵图片004.psd，将其拖至时间线面板并调整缩放和位置参数，效果如图7-116所示。

图7-116　调整图片位置和大小

❼ 将其预合成，选择"移动全部属性到新建合成中"项，重命名为"花粒子1"。

❽ 新建一个黑色固态层，命名为"花粒子1-1"，添加Particular滤镜，激活Solo■属性，展开"发射器"选项组，设置"发射类型"为"图层"，然后指定发射图层，设置"速率"为0、"粒子数量/秒"为6000，如图7-117所示。

图7-117　设置发射器参数

❾ 展开"粒子"选项组，设置"生命""粒子类型"以及"应用模式"等参数，如图7-118所示。

图7-118　设置粒子参数

❿ 取消该图层的Solo■属性，关闭图层"花粒子1"的可视性，调整图层"花粒子1-1"的起点到1秒10帧。

⓫ 选择图层"粒子1"，在滤镜控制面板中调整粒子的颜色为红色，设置粒子的尺寸为2，选择"应用模式"为"加强"。拖动当前指针，查看粒子喷射开花的动画效果，如图7-119所示。

图7-119　粒子开花效果

⓬ 在项目窗口中复制"合成1"，重命名为"合成2"。双击该合成，打开时间线面板，调整"发射器"的运动路径，如图7-120所示。

图7-120　调整运动路径

⓭ 选择图层"粒子1"，调整粒子的颜色为粉色，如图7-121所示。

图7-121　调整粒子颜色

⓮ 在项目窗口中复制合成"花粒子1"，自动命名为"花粒子2"。打开该合成的时间线面板，然后导入花朵图片003.psd，替换时间线上的图层004.psd，调整其位置，如图7-122所示。

图7-122　替换图片

⓯ 切换到"合成2"的时间线面板，按住Alt键从项目窗口中拖动"花粒子2"到时间线上的"花粒子1"上进行替换。

⓰ 根据粒子发射的位置调整花朵的位置。单击播放按钮▶，查看粒子开花的动画效果，如图7-123所示。

⓱ 调整"发射器"的第2个位置关键帧到1秒10帧，调整图层"花粒子1-1"的起点到1秒20帧。

图7-123 粒子开花动画效果

⑱ 新建一个合成,命名为"空中开花"。从项目窗口中拖动"合成1"和"合成2"到时间线上,设置混合模式为"添加"。拖动当前指针,查看粒子开花的预览效果,如图7-124所示。

图7-124 粒子开花效果

⑲ 新建一个黑色固态层,命名为"粒子背景",放置于底层,添加Particular滤镜,设置"粒子"选项组参数,如图7-125所示。

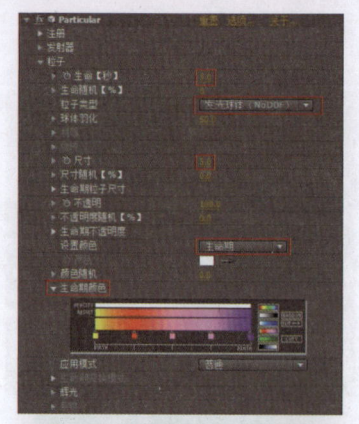

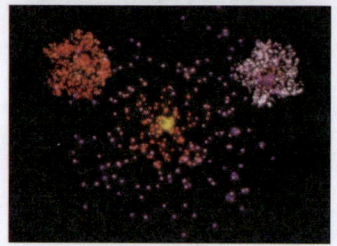

图7-125 设置粒子组参数

⑳ 新建一个28mm摄像机,选择摄像机工具调整构图,如图7-126所示。

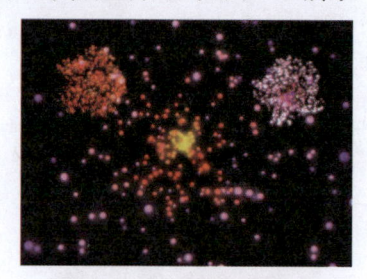

图7-126 调整摄像机构图

㉑ 选择图层"粒子背景",在滤镜面板中调整粒子的尺寸为2,在时间线面板上调整该图层的起点到2秒,调整图层"合成2"的起点为15帧位置。

㉒ 单击播放按钮，查看最终粒子开花的预览效果,如图7-127所示。

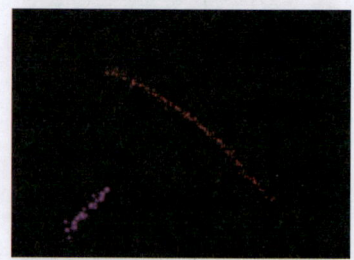

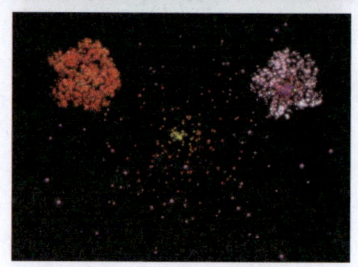

图7-127 最终粒子开花效果

实例126 网格金光

既然婚庆典礼讲究喜气洋洋的气氛,金灿灿的颜色装饰也必不可少,如亮闪的大金字、金光四射的灯光。接下来就制作一种金碧辉煌的网格背景。

设计思路

本例主要包括两个部分:一个是应用Form滤镜创建立体空间的网格效果,配合摄像机的运动,使其动感十足;另一个是应用Shine滤镜创建放射光线的效果。如图7-128所示为案例分解部分效果展示。

图7-128 效果展示

技术要点

- Form：应用构成滤镜创建网格。
- Shine：创建发光效果。

制作过程

案例文件	工程文件\第7章\126 网格金光		
视频文件	视频\第7章\实例126.mp4		
难易程度	★★★★	学习时间	16分33秒

❶ 打开After Effects软件，选择主菜单"图像合成"｜"新建合成组"命令，创建一个新的合成，命名为"网格金光"，选择"预置"为PAL D1/DV，设置时长为20秒。

❷ 新建一个黑色固态层，命名为"网格"。选择主菜单"效果"｜"Trapcode"｜"Form"命令，添加Form滤镜，展开"形态基础"选项组，选择"形态基础"为"串状立方体"，设置大小及串数等参数，如图7-129所示。

图7-129 设置形态基础参数

❸ 展开"串设置"选项组，具体参数设置如图7-130所示。

图7-130 调整串设置参数

❹ 展开"粒子"选项组，选择"粒子类型"为"发光球体（无DOF）"，如图7-131所示。

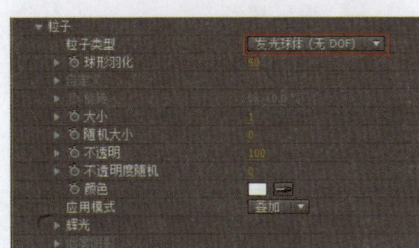

图7-131 选择粒子类型

❺ 拖动当前指针到合成的起点，在"形态基础"选项组中，设置"旋转X""旋转Y""旋转Z"的关键帧，数值均为0。拖动当前指针到合成的终点，分别调整"旋转X""旋转Y""旋转Z"的数值，如图7-132所示。

图7-132 创建旋转关键帧

❻ 展开"分散和扭曲"选项组，设置"扭曲"的数值为4，如图7-133所示。

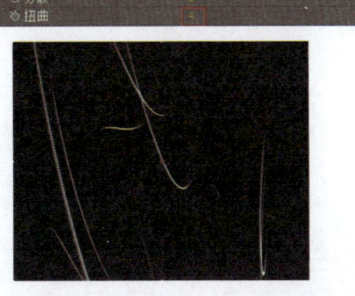

图7-133 设置扭曲参数

❼ 设置"XY中心"的关键帧，0秒时数值为（265,288），20秒时数值为（515,288）。调整"旋转X""旋转Y""旋转Z"参数在20秒时的关键帧，数值分别为120度、200度和-60度。单击播放按钮，查看网格空间的动画效果，如图7-134所示。

图7-134 网格空间动画效果

❽ 在"粒子"选线组中，设置"颜色"为黄色，如图7-135所示。

图7-135 设置粒子颜色

❾ 添加"辉光"滤镜，具体参数设置如图7-136所示。

❿ 选择主菜单"效果"｜"Trapcode"｜"Shine"命令，添加Shine滤镜，具体参数设置如图7-137所示。

⓫ 再添加"辉光"滤镜，接受默认值即可，增强金色的光效。

图7-136　设置辉光参数

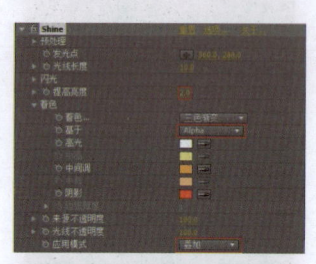

图7-137　设置发光参数

⑫单击播放按钮，查看最终的光线网络效果，如图7-138所示。

图7-138　最终网格金光效果

实例127　炫彩背景

在婚庆视频中总会出现很多字幕和图片，那么就需要各式各样的背景。它们不仅能起到烘托气氛的作用，也可追求画面的设计感，增加一些包装艺术和装饰特色。

设计思路

在本例中首先绘制多个圆形遮罩，再应用紊乱置换创建动荡的背景，最后应用Shine滤镜为背景上色，获得炫彩的动态背景。如图7-139所示为案例分解部分效果展示。

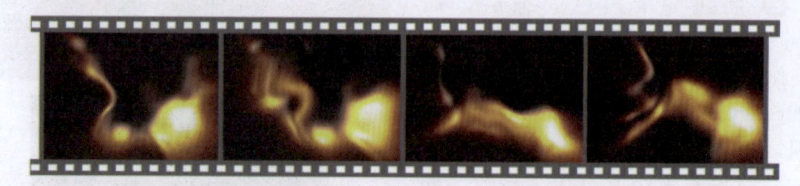

图7-139　效果展示

技术要点

- 绘制多个遮罩：绘制多个遮罩，设置偏大的羽化。
- 紊乱置换：创建动荡置换的背景。
- Shine：创建发光效果。

案例文件	工程文件\第7章\127 炫彩背景		
视频文件	视频\第7章\实例127.mp4		
难易程度	★★★	学习时间	8分59秒

实例128　星光文字

婚庆视频的包装，一定很讲究文字的入画效果。如果以星空和光晕作为背景，既能突出前景的文字，又具有一种浪漫和神秘的感觉。

设计思路

在本例中主要应用CC粒子仿真世界创建粒子星空的效果，通过CC光线滤镜使动态的粒子发射闪烁的光芒，再添加光晕突出整个场景的亮点。如图7-140所示为案例分解部分效果展示。

图7-140　效果展示

技术要点

- CC粒子仿真世界：发射粒子创建星空效果。
- CC光线：创建发光效果。

制作过程

案例文件	工程文件\第7章\128 星光文字		
视频文件	视频\第7章\实例128.mp4		
难易程度	★★★★	学习时间	20分41秒

❶ 打开After Effects软件，选择主菜单"图像合成"|"新建合成组"命令，创建一个新的合成，命名为"星光文字"，选择"预置"为PAL D1/DV，设置时长为5秒。

❷ 新建一个黑色固态层，命名为"粒子"。选择主菜单"效果"|"模拟仿真"|"CC粒子仿真世界"命令，添加一个粒子特效的滤镜，设置"生长速率"为0.9、"寿命（秒）"为4，如图7-141所示。

图7-141 设置粒子参数

❸ 展开"产生点"选项组，具体参数设置和效果如图7-142所示。

图7-142 设置产生点参数

❹ 展开"物理"选项组，设置力学参数，如图7-143所示。

图7-143 设置物理参数

❺ 展开"粒子"选项组，设置粒子的类型、尺寸及颜色等参数，如图7-144所示。

图7-144 设置粒子参数

❻ 调整"重力"的数值为0，单击播放按钮，查看粒子的动画效果，如图7-145所示。

图7-145 动画效果

❼ 添加"辉光"滤镜，具体参数设置和效果如图7-146所示。

❽ 新建一个调节层，选择主菜单"效果"|"生成"|"CC光线"命令，为粒子层添加光线滤镜，在预览视图中调整中心点的位置，如图7-147所示。

图7-146 设置辉光参数

图7-147 设置CC光线参数

❾ 复制"CC光线"滤镜，在预览视图中调整中心点的位置，查看合成预览效果，如图7-148所示。

图7-148 调整CC光线中心

⑩ 选择文本工具，输入字符"飞云裳AE CS"，选择合适的字体、字号和颜色，如图7-149所示。

图7-149　创建文本层

⑪ 选择主菜单"效果"|"生成"|"CC扫光"命令，为文字层添加扫光滤镜，具体参数设置和效果如图7-150所示。

图7-150　设置扫光参数

⑫ 激活文本图层的3D属性，添加一个28mm的摄像机，调整摄像机视图和文本位置，获得一个比较理想的构图，如图7-151所示。

图7-151　调整摄像机构图

⑬ 拖动当前指针到合成的起点，创建摄像机"目标兴趣点"和"位置"的关键帧，如图7-152所示。

图7-152　创建摄像机关键帧

⑭ 拖动当前指针到5秒，调整摄像机的位置，完成摄像机的动画，如图7-153所示。

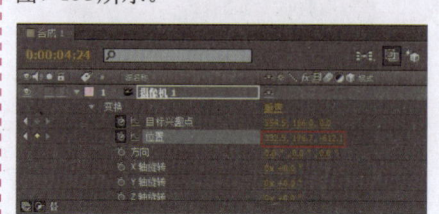

图7-153　调整摄像机位置

⑮ 新建一个黑色固态层，命名为"光晕"，添加"镜头光晕"滤镜，激活3D属性，设置混合模式为"添加"，如图7-154所示。

⑯ 调整"光晕"亮度为75%，设置"光晕中心"的关键帧，0帧时数值为（215,230）、5秒时数值为（403,275）。

图7-154　调整光晕图层

⑰ 单击播放按钮，查看最终的星光文字动画效果，如图7-155所示。

图7-155　最终星光文字效果

实例129　眩光文字

婚庆视频的包装中也经常用到一种发射光束的文字效果，随着文字的变换，动画辅以强烈的光线，直到最后演变成需要的标版文字。

设计思路

在本例中首先创建文字的轮廓路径，再应用3D Stroke滤镜创建沿路径勾边的动画效果，最后添加Shine滤镜增强亮度并创建发射光芒的效果。如图7-156所示为案例分解部分效果展示。

图7-156　效果展示

技术要点

- 从文字创建轮廓线：沿文字的轮廓产生路径。
- 3D Stroke：产生沿路径的勾边动画。
- Shine：创建文字的光芒。

案例文件	工程文件\第7章\129 眩光文字		
视频文件	视频\第7章\实例129.mp4		
难易程度	★★★	学习时间	12分34秒

实例130　流星拖尾

为了在婚庆视频的包装中增添喜庆或者宏大的气氛，各种礼花、光效和文字特效都会成为惯用的装饰元素。下面就讲述一种流星拖尾的特效，可以用作文本或图片展现的背景。

设计思路

在本例中主要应用CC粒子仿真世界创建沿路径运动的粒子，并设置粒子的形状从而形成延续的流行拖尾效果，再添加镜头光晕随之一起运动。如图7-157所示为案例分解部分效果展示。

图7-157　效果展示

技术要点

- CC粒子仿真世界：自定义粒子形状，创建光线拖尾的效果。
- 镜头光晕：创建光斑效果。

制作过程

案例文件	工程文件\第7章\130 流星拖尾		
视频文件	视频\第7章\实例130.mp4		
难易程度	★★★★	学习时间	25分34秒

❶ 打开After Effects软件，选择主菜单"图像合成"|"新建合成组"命令，新建一个合成，命名为"粒子贴图"，设置"宽"和"高"的尺寸均为200，时长为10秒。

❷ 新建一个白色固态层，绘制多个圆形遮罩，设置羽化值均为10，如图7-158所示。

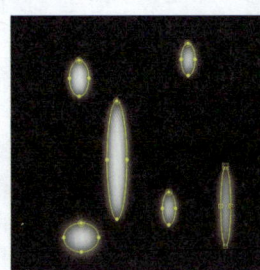

图7-158　绘制多个遮罩

❸ 选择主菜单"图像合成"|"新建合成组"命令，新建一个合成，选择"预置"为PAL D1/DV，设置时长为5秒。

❹ 拖动合成"粒子贴图"到时间线面板中，关闭其可视性。

❺ 新建一个黑色图层，命名为"拖尾"。添加"CC粒子仿真世界"滤镜，展开"粒子"选项组，具体参数设置和效果如图7-159所示。

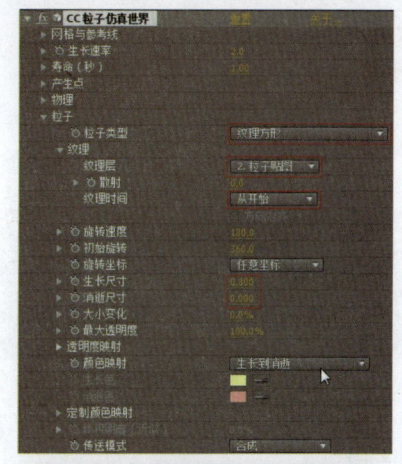

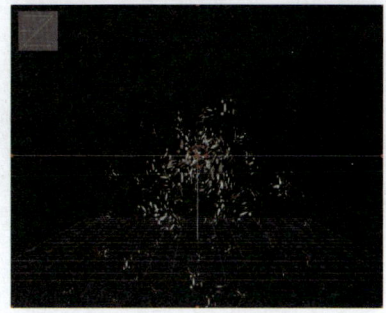

图7-159　设置粒子参数

❻ 切换到合成"粒子贴图"的时间线面板，设置图层旋转一周的关键帧。

❼ 切换到"合称1"的时间线面板，设置"生长速率"的数值为8，查看粒子的预览效果，如图7-160所示。

图7-160　粒子预览效果

❽ 展开"物理"选项组，具体参数设置和效果如图7-161所示。

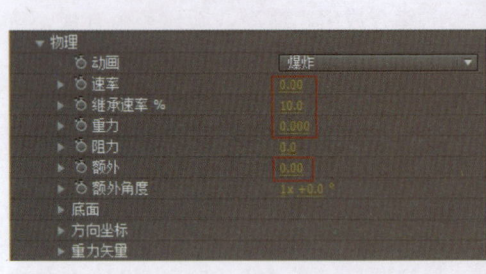

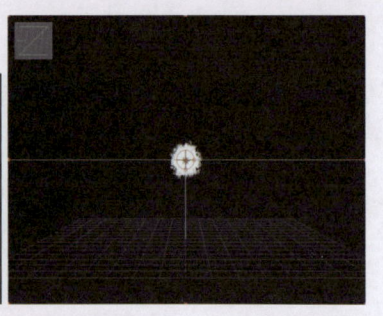

图7-161 设置物理参数

❾ 展开"产生点"选项组，设置"X轴半径""Y轴半径"和"Z轴半径"数值均为0，如图7-162所示。

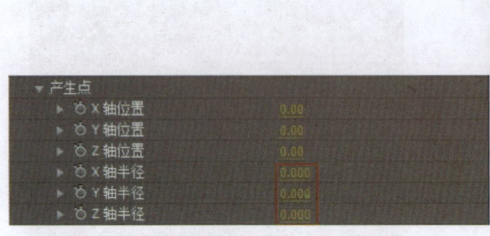

图7-162 设置产生点参数

❿ 新建一个28mm的摄像机，新建一个空白对象，激活3D属性，在0～3秒的时间内，创建空白对象在三维空间的位置动画，如图7-163所示。

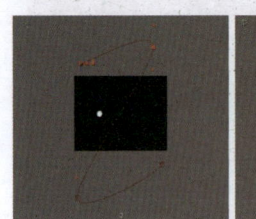

图7-163 创建空白对象位置动画

⓫ 选择图层"拖尾"，在时间线面板中展开粒子滤镜的属性栏，为"X轴位置"属性添加表达式，链接Null的位置属性，然后编辑表达式：
x=thisComp.layer("空白 1").transform.position[0]-thisComp.width/2
x/thisComp.width

⓬ 为"Y轴位置"属性添加表达式：
y=thisComp.layer("空白 1").transform.position[1]-thisComp.height/2
y/thisComp.width

⓭ 为"Z轴位置"属性添加表达式：
z=thisComp.layer("空白 1").transform.position[2]
z/thisComp.width

⓮ 拖动时间线指针，查看粒子拖尾的动画效果，如图7-164所示。

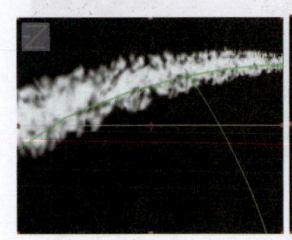

图7-164 粒子拖尾效果

⓯ 选择图层"空白1"，在顶视图中调整运动路径，如图7-165所示。

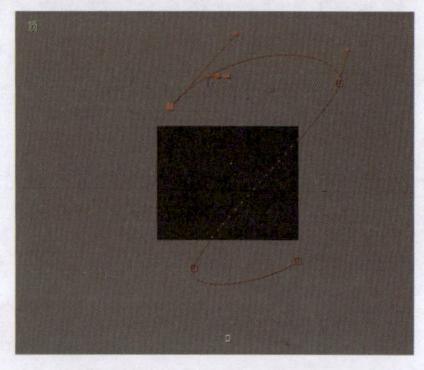

图7-165 调整运动路径

⓰ 切换到摄像机视图，单击播放按钮▶，查看粒子拖尾的动画效果，如图7-166所示。

图7-166 粒子拖尾效果

⓱ 选择图层"拖尾"，在粒子滤镜面板中，设置"粒子类型"为"纹理矩形"。拖动当前指针，查看合成预览效果，如图7-167所示。

⓲ 切换到合成"粒子纹理"的时间线面板，设置图层的透明度为15%。切换到"合成1"的时间线，单击播放按钮▶，查看粒子拖尾的动画效果，如图7-168所示。

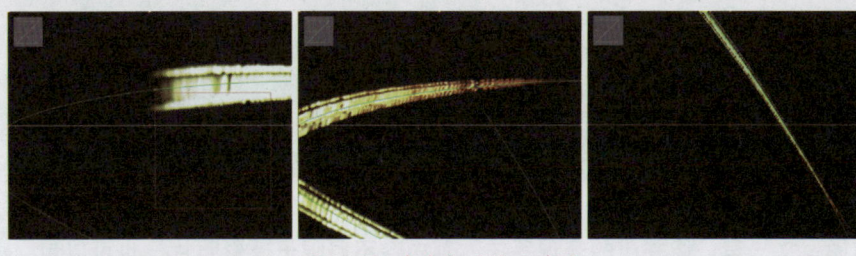

图7-167 彩色粒子拖尾效果

图7-168 粒子拖尾效果

> **提 示**
>
> 根据构图需要，可以调整摄像机视图或者调整"空白1"的运动路径。

⑲ 新建一个黑色固态层，命名为"光晕"，添加"镜头光晕"滤镜，具体参数设置和效果如图7-169所示。

图7-169 设置镜头光晕参数

⑳ 激活该图层的3D属性，设置混合模式为"添加"，然后为"光晕中心"添加表达式，在时间线面板中链接到"空白1"的"位置"属性，自动创建如下表达式：

thisComp.layer("空白 1").toComp([0,0,0]);

㉑ 单击播放按钮▶，查看光晕拖尾的动画效果，如图7-170所示。

图7-170 光晕拖尾动画效果

㉒ 添加"辉光"滤镜，具体参数设置和效果如图7-171所示。

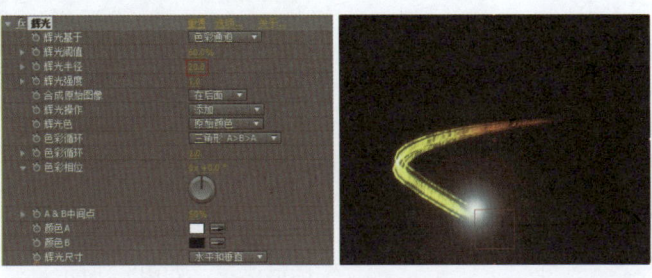

图7-171 设置辉光参数

㉓ 新建一个调节层，添加"曲线"滤镜，提高亮度和对比度，如图7-172所示。

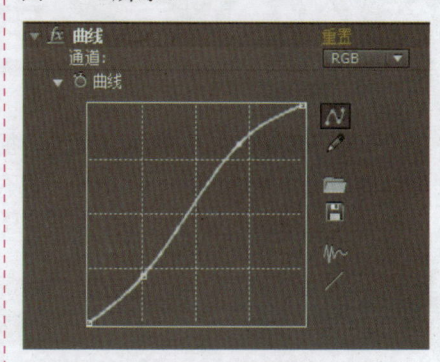

图7-172 调整曲线

㉔ 单击播放按钮▶，查看最终的流星拖尾效果，如图7-173所示。

图7-173 最终流星拖尾效果

第 8 章 电子相册

电子相册可以在电脑上观赏，拥有图、文、声、像并茂的表现手法，其内容不局限于摄影照片，也可以包括各种艺术创作图片。电子相册具有传统相册无法比拟的优越性，比如随意修改编辑的功能、可以快速检索、永不褪色的恒久保存特性以及廉价复制分发的优越手段。

实例131 时钟

时钟经常用作摄影时的道具，在电子相册中同样可以将时钟用作背景或者单独的页面，配以字幕可增加相册的多样性和设计感。

设计思路

本例中包含两个部分：一部分是通过绘制遮罩创建表针图形；再一部分就是应用表示创建表针的旋转动画，根据旋转速度的比例调整表达式的参数。如图8-1所示为案例分解部分效果展示。

图8-1 效果展示

技术要点

- 绘制遮罩：创建表针的图形。
- 表达式：应用表达式控制表针运动。

制作过程

案例文件	工程文件\第8章\131 时钟
视频文件	视频\第8章\实例131.mp4
难易程度	★★★	学习时间	22分09秒

① 打开After Effects软件，创建一个新的合成，命名为"时钟"，选择"预置"为"PAL D1/DV方形像素"，设置时长为10秒。

② 以"合成"方式导入素材"表盘.psd"，如图8-2所示。

③ 在项目窗口中双击"表盘"，打开其时间线面板，其中包括两个图层，如图8-3所示。

图8-2 导入分层文件

图8-3 查看时间线

④ 从项目窗口中拖动"表盘"到"合成1"的时间线上，调整该图层的缩放参数为50%。

⑤ 新建一个固态层，命名为"背景"，添加"渐变"滤镜，如图8-4所示。

图8-4 设置渐变参数

⑥ 选择图层"表盘"，绘制一个圆形遮罩，如图8-5所示。

图8-5 绘制圆形遮罩

⑦ 添加"阴影"滤镜,如图8-6所示。

图8-6 设置阴影参数

⑧ 切换到合成"表盘"的时间线,新建一个红色固态层,命名为"秒针",绘制一个圆形遮罩,如图8-7所示。

图8-7 绘制圆形遮罩

⑨ 再绘制一个矩形遮罩,构成秒针的形状,如图8-8所示。

图8-8 绘制矩形遮罩

> **提示**
> 打开安全区显示,方便对齐视图的中心。

⑩ 按R键展开旋转属性,设置旋转关键帧,0秒时数值为0°,1秒数值为6°。右击第1个关键帧,从弹出的菜单中选择"切换保持关键帧"命令,使得秒针走一格停一下。

⑪ 按住Alt键单击"旋转"前面的码表,为"旋转"属性添加表达式"loop_out(type="offset")"。

> **提示**
> 这个表达式的意思是一直循环当前所设置的关键帧动画,并按所设关键帧的旋转角度一直向后叠加偏移。

⑫ 拖动当前指针,查看秒针的旋转动画效果,如图8-9所示。

图8-9 秒针旋转动画

⑬ 设置合成的长度为60秒,调整图层的长度到整个合成。

⑭ 新建一个黑色固态层,命名为"分针",放置于"秒针"的下一层,绘制一个矩形遮罩,如图8-10所示。

图8-10 绘制矩形遮罩

⑮ 复制图层"分针",选择下面的图层,重命名为"时针",调整遮罩的形状,如图8-11所示。

图8-11 调整遮罩形状

⑯ 为分针的"旋转"属性添加表达式,链接到"秒针"的"旋转"属性,然后编辑表达式"thisComp.layer("秒针").rotation/60"。

> **提示**
> 表达式的意思是,分针转动的度数是秒针的1/60。

⑰ 拖动当前指针,查看分针的旋转动画效果,如图8-12所示。

图8-12 分钟旋转动画

⑱ 选择图层"时针",为"旋转"属性添加表达式"thisComp.layer("分针").rotation/60"。

> **提示**
> 表达式的意思是,时针转动的度数是分针的1/60。

⑲ 切换到"合成1"的时间线,设置合成的长度为60秒,调整图层的长度为整个合成。

⑳ 切换到合成"表盘"的时间线,选择图层"时针",绘制一个矩形遮罩,如图8-13所示。

图8-13 绘制矩形遮罩

㉑ 选择"图层1"并进行复制,拖动"图层2"到顶层,绘制一个圆形遮罩,如图8-14所示。

图8-14 绘制圆形遮罩

㉒ 调整图层"分针"和"时针"的颜色为深灰色,如图8-15所示。

图8-15 调整图层颜色

㉓ 分别为"秒针""分针""时针"和"图层2"添加"斜面Alpha"滤镜,应用默认值即可,如图8-16所示。

图8-16 添加斜面Alpha

㉔ 切换到"合成1"的时间线,单击播放按钮▶,查看时钟的动画效果,如图8-17所示。

图8-17 时钟动画效果

实例132 飞速流线

流线效果可以作为相册中漂亮的背景或者照片切换时的过渡元素,既能获得装饰效果,又能以一种新鲜的样式示人,给人们留下深刻的记忆。

> **设计思路**

在本例中主要应用Trapcode组中的Form滤镜创建动态的光线流动效果,设置贴图和力场增强光线的动感。如图8-18所示为案例分解部分效果展示。

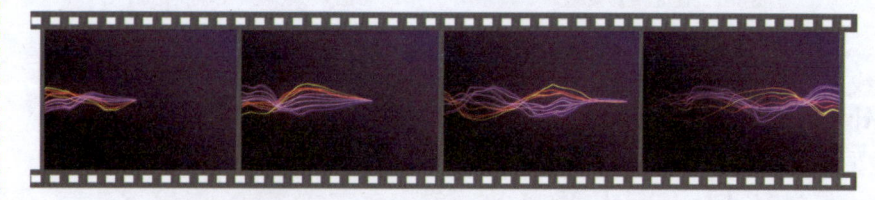

图8-18 效果展示

> **技术要点**

● Form:创建动态的流线效果。

> **制作过程**

案例文件	工程文件\第8章\132 飞速流线		
视频文件	视频\第8章\实例132.mp4		
难易程度	★★★★	学习时间	24分10秒

❶ 启动After Effects软件,创建一个新的合成,选择"预置"为PAL D1/DV,设置时长为6秒。

❷ 新建一个固态层,命名为"背景",添加"渐变"滤镜,如图8-19所示。

❸ 新建一个固态层,命名为"流线"。选择主菜单"效果"|"Trapcode"|"Form"命令,添加Form滤镜。展开"形态基础"选项组,选择"形态基础"为"串状立方体",设置"大小"和"串数"等参数,

如图8-20所示。

图8-19 设置渐变参数

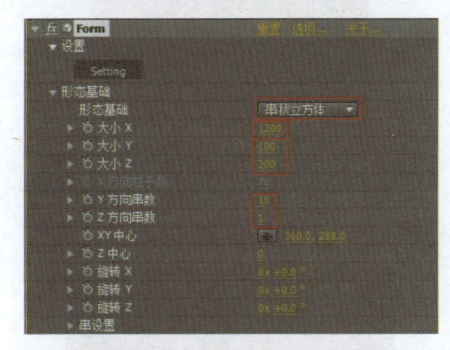

图8-20 设置形态基础参数

④ 展开"串设置"选项组，设置"密度"为80，如图8-21所示。

图8-21 串设置参数

⑤ 按住Alt键单击"旋转X"前的码表，为该属性添加表达式"time*240"。拖动当前指针，查看线条的动画效果，如图8-22所示。

⑥ 展开"粒子"选项组，选择"粒子类型"为"发光球体(无DOF)"，设置"颜色""不透明度"和"应用模式"等参数，如图8-23所示。

⑦ 展开"快速映射"选项组，展开"颜色映射"选项组，设置颜色贴图，如图8-24所示。

图8-22 线条动画效果

图8-23 设置粒子参数

图8-24 设置快速映射参数

⑧ 展开"映射#1"选项组，选择第2种贴图。单击Flip按钮，选择"映射#1到"为"大小"，"映射#1在"为X，如图8-25所示。

图8-25 设置映射#1参数

⑨ 展开"映射#2"选项组，选择第2种贴图，具体参数设置如图8-26所示。

图8-26 设置映射#2参数

⑩ 展开"映射#3"选项组，选择第4种贴图，具体参数设置如图8-27所示。

图8-27 设置映射#3参数

⑪ 展开"分散和扭曲"选项组，设置"分散"数值为45，"扭曲"数值为12，如图8-28所示。

图8-28 设置分散扭曲参数

⑫ 单击播放按钮，查看流线的动画效果，如图8-29所示。

⑬ 展开"分形场"选项组，设置"位置置换"为50，"流动X"为-600，如图8-30所示。

⑭ 展开"球形场"下的"球形1"选项组，设置"强度"和"半径"参数，如图8-31所示。

219

图8-29 流线动画效果

图8-30 设置分形场参数

图8-31 设置球形场参数

⑮ 拖动当前指针，调整"XY中心"的数值为（-300,288），调整球形场的"位置XY"的数值为（720,288），并设置关键帧，构成流线的形态，如图8-32所示。

图8-32 调整流线形状

⑯ 拖动当前指针到合成的终点，调整"XY中心"的数值为（400,288），调整球形场的"位置XY"的数值为（940,288）。设置第2组关键帧，创建流线的平移动画，如图8-33所示。

图8-33 创建流线动画

⑰ 单击播放按钮，查看流线位移的动画效果，如图8-34所示。

图8-34 流线位移动画

⑱ 选择图层"流线"，设置图层的混合模式为"添加"，添加"辉光"滤镜，接受默认参数即可，如图8-35所示。

图8-35 添加辉光滤镜

⑲ 复制"辉光"滤镜，调整"辉光半径"为150，如图8-36所示。

图8-36 调整回港参数

⑳ 单击播放按钮，查看飞速流线的动画效果，如图8-37所示。

图8-37 飞速流线动画效果

实例133　粒子光球

明亮的彩球再配上旋转的粒子光线，科技感十足，有着完美的画面设计感，还能渲染一种神秘的气氛。

设计思路

在本例中主要应用CC粒子仿真系统发射线性粒子，应用极坐标滤镜产生环形变形，与羽化遮罩构成的透明球完善构图。如图8-38所示为案例分解部分效果展示。

图8-38　效果展示

技术要点

- 遮罩工具：应用遮罩的组合创建球形效果。
- CC粒子仿真世界：创建线状粒子效果。
- 极坐标：将平直线条转变成圆形。

案例文件	工程文件\第8章\133 粒子光球		
视频文件	视频\第8章\实例133.mp4		
难易程度	★★★	学习时间	14分46秒

实例134　飞舞的羽毛

羽毛、花瓣、蒲公英飘洒在空中，是极具美感的画面，特别适合作为相册的包装或者照片的背景，给人留下喜庆、怀念或者浪漫的记忆。

设计思路

在本例中主要应用 Particular滤镜创建发射的粒子，指定粒子贴图也就确定了粒子的形状，再通过力学参数的调整，获得飞舞羽毛的动画效果。如图8-39所示为案例分解部分效果展示。

图8-39　效果展示

技术要点

- Particular：创建飘散的粒子，指定羽毛作为粒子贴图，模拟飞舞的羽毛效果。

制作过程

案例文件	工程文件\第8章\134 飞舞的羽毛		
视频文件	视频\第8章\实例134.mp4		
难易程度	★★★	学习时间	19分23秒

❶ 打开After Effects软件，导入图片feather.jpg，拖动该图片到合成图标上，创建一个新的合成。

❷ 复制图层，选择底层，设置蒙板模式为Alpha，如图8-40所示。

图8-40　设置蒙板模式

❸ 选择顶层，选择主菜单"效果"|"通道"|"通道合成器"命令，添加"通道合成器"滤镜，如图8-41所示。

图8-41　设置通道合成器参数

❹ 添加"色阶"滤镜，拖动到滤镜面板的顶层，降低亮度，如图8-42所示。

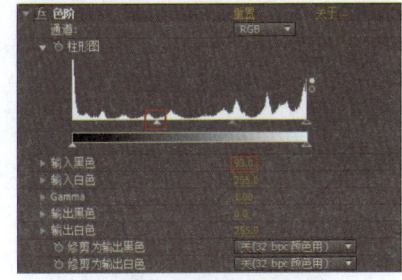

图8-42　调整色阶

> **提示**
>
> 为了更清晰地查看羽毛边缘，可以创建一个绿色图层作为背景，如图8-43所示。

图8-43 绿色背景

❺ 创建一个新的合成，命名为"羽毛飞舞"，选择"预置"为PAL D1/DV，设置时长为10秒，拖动合成feather到时间线面板中，关闭其可视性。

❻ 新建一个黑色固态层，选择主菜单"效果"|"Trapcode"|"Particular"命令，添加粒子滤镜。展开"粒子"选项组，选择"粒子类型""生命随机""尺寸"等参数，如图8-44所示。

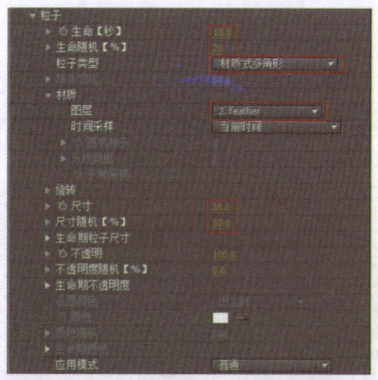

图8-44 设置粒子参数

> **提示**
>
> 如果用花瓣等图层作为粒子形状的贴图，就可以制作花瓣漫天飞舞的效果。

❼ 展开"发射器"选项组，选择"发射类型"，设置方向、旋转、尺寸等参数，如图8-45所示。

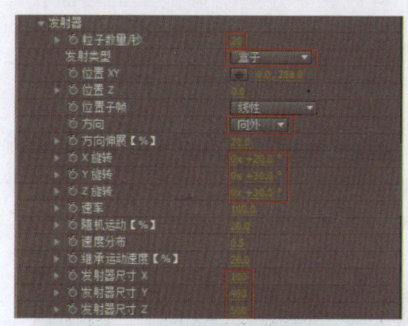

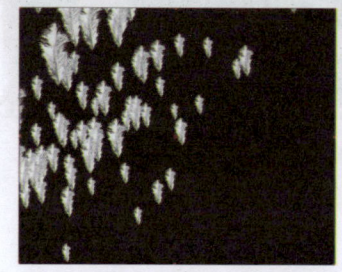

图8-45 设置发射器参数

❽ 在"粒子"下展开"旋转"参数组，设置"旋转速度Z"的数值为0.1。单击播放按钮▶，查看羽毛的动画效果，如图8-46所示。

图8-46 羽毛动画效果

❾ 在"发射器"选项组中调整"位置XY"的数值为（-200,288），向左调整发射器的位置。

❿ 展开"物理学"选项组，设置"重力"为10。展开Air选项组，设置风向参数，如图8-47所示。

图8-47 设置物理参数

⓫ 设置"风向X"的关键帧，0秒时数值为250，4秒时数值100。单击播放按钮▶，查看羽毛的飞舞的动画效果，如图8-48所示。

图8-48 羽毛飞舞动画

⓬ 展开"扰乱场"选项组，设置"影响位置"的数值为200，如图8-49所示。

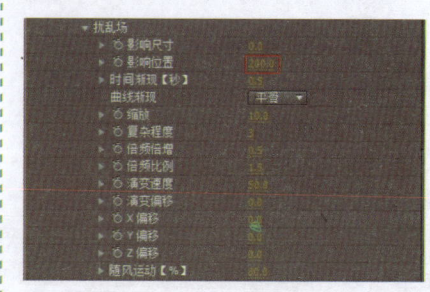

图8-49 设置扰乱场参数

⑬ 创建一个35mm的摄像机，选择摄像机工具，根据需要调整摄像机视图，如图8-50所示。

图8-52 羽毛飞舞动画效果

实例135　炽热激情

火红的颜色在电子相册中作为很抢眼的背景，再配以有设计感的字幕，将是很有特色的相册封面或扉页。

设计思路

本例主要应用图层的多种混合模式创建火焰的颜色和光感，通过矢量模糊形成动态炽热的效果。如图8-53所示为案例分解部分效果展示。

图8-53　效果展示

技术要点

- 图层叠加：应用不同的叠加模式，产生颜色的混合。
- CC矢量模糊：创建矢量模糊的效果，模拟炽热效果。

案例文件	工程文件\第8章\135 炽热激情		
视频文件	视频\第8章\实例135.mp4		
难易程度	★★★	学习时间	13分51秒

实例136　快门转场

快门是相机的重要部件，快门的闪动也成了电子相册中照片切换的转场效果，配以快门的咔嚓声音，能很大程度地提高相册的动感和节奏感。

设计思路

在本例中首先要将多个图层按顺序铺设在时间线上，然后应用CC光线擦除滤镜来实现模拟快门的转场效果。如图8-54所示为案例分解部分效果展示。

图8-54　效果展示

图8-50　调整摄像机视图

⑭ 切换到合成feather的时间线，选择第2个羽毛图层，添加"三色调"滤镜，如图8-51所示。

图8-51　设置三色调参数

⑮ 单击播放按钮，查看羽毛飞舞的动画效果，如图8-52所示。

技术要点

- CC光线擦除：创建图层之间的转场效果。

制作过程

案例文件	工程文件\第8章\136 快门转场		
视频文件	视频\第8章\实例136.mp4		
难易程度	★★★	学习时间	9分49秒

❶ 打开After Effects软件，创建一个新的合成，命名为"快门转场"，选择"预置"为"PAL D1/DV方形像素"，设置时长为6秒。

❷ 导入照片素材"船.jpg""海.jpg""休憩.jpg"和"远山.jpg"到项目窗口中，拖动图片"远山.jpg"到时间线上，并适配为合成的高度，如图8-55所示。

图8-55　导入图片

❸ 拖动当前指针到1秒10帧，按Alt+]组合键设置该图层的出点，如图8-56所示。

图8-56　设置图层出点

❹ 拖动其他的图片素材到时间线上，设置图层的起点和终点，如图8-57所示。

图8-57　导入多个图层

❺ 新建一个黑色固态层，选择主菜单"效果"|"过渡"|"CC光线擦除"命令，添加"CC光线擦除"滤镜，如图8-58所示。

图8-58　设置CC光线擦除参数

❻ 设置"完成度"的关键帧，拖动当前指针到1秒9帧的位置，设置数值为100%。拖动当前指针到1秒11帧的位置，调整数值为0%。拖动当前指针到1秒13帧的位置，调整数值为100%，如图8-59所示。

图8-59　设置完成度关键帧

❼ 在时间线面板中复制"完成度"的3个关键帧并粘贴到3秒和4秒14帧的位置，如图8-60所示。

图8-60　复制关键帧

❽ 拖动当前指针，查看快门转场的动画效果，如图8-61所示。

图8-61　快门转场动画

❾ 导入音频文件"快门音效.wav"到时间线两组关键帧的位置，为场景添加快门音效，如图8-62所示。

图8-62　添加快门音效

❿ 为其他两个快门转场添加快门音效，如图8-63所示。

图8-63　添加其他快门音效

⓫ 单击播放按钮，查看快门转场的预览效果，如图8-64所示。

图8-64　快门转场效果

实例137　时空隧道

快门是相机的重要部件，快门的闪动也成了电子相册中照片切换的转场效果，配以快门的咔嚓声音，能很大程度地提高相册的动感和节奏感。

设计思路

在隧道中穿行，不仅可以寓意时空的变换，也可以作为场景转换的一种技巧。如图8-65所示为案例分解部分效果展示。

图8-65　效果展示

技术要点

- 分形杂波：创建隧道纹理。
- CC圆柱体：创建立体圆柱效果。
- 摄像机运动：控制摄像机的运动来实现穿行效果。

案例文件	工程文件\第8章\137 时空隧道		
视频文件	视频\第8章\实例137.mp4		
难易程度	★★★	学习时间	19分04秒

实例138　文字流沙

文字的变换特效是无穷尽的，设计者在后期制作时总要想方设法用不同以往的方式，或者跟影片的情绪十分契合的样式展现需要的文字。

设计思路

在本例中主要应用碎片滤镜创建文字破碎的动画，再应用散射滤镜进一步将碎片细化，模拟沙尘的效果。如图8-66所示为案例分解部分效果展示。

图8-66　效果展示

技术要点

- 碎片：通过渐变控制文字按顺序破碎的效果。
- 散射：创建细碎的沙尘效果。

制作过程

案例文件	工程文件\第8章\138 文字流沙		
视频文件	视频\第8章\实例138.mp4		
难易程度	★★★★	学习时间	14分24秒

❶ 启动After Effects软件，创建一个新的合成，选择"预置"为"PAL D1/DV方形像素"，设置时长为8秒。

❷ 选择文本工具，输入字符"飞云裳AE特效"，选择合适的字体、字号并调整文本位置，如图8-67所示。

图8-67　创建文本层

❸ 选择文本图层，添加"斜面Alpha"滤镜，接受默认参数，增加立体倒角效果，如图8-68所示。

图8-68　应用斜面Alpha滤镜

❹ 新建一个固态层，命名为"渐变"，添加"渐变"滤镜，如图8-69所示。

图8-69　设置渐变参数

⑤ 选择图层"渐变",预合成后关闭其可视性。

⑥ 选择文本图层,添加"碎片"滤镜,设置"查看"为"渲染",如图8-70所示。

图8-70 设置查看选项

⑦ 展开"外形"选项组,设置"图案""反复"以及"挤压深度"等参数,如图8-71所示。

图8-71 设置外形参数

⑧ 展开"物理"选项组,设置重力参数,如图8-72所示。

图8-72 设置物理参数

⑨ 展开"焦点1"选项组,调整"位置"参数,如图8-73所示。

图8-73 设置焦点1参数

提示
也可以在预览视图中直接调整位置点。

⑩ 展开"倾斜"选项组,指定"倾斜图层",如图8-74所示。

图8-74 设置倾斜参数

⑪ 设置"碎片界限值"的关键帧,0秒时数值为0%,5秒时数值为100%。拖动当前指针,查看文字破碎的动画效果,如图8-75所示。

图8-75 文字破碎动画

⑫ 双击预合成"渐变 合成1",打开其时间线面板,调整渐变开始和结束点的位置,如图8-76所示。

图8-76 调整渐变参数

⑬ 切换到"合成1"的时间线,拖动当前指针查看文字完全破碎的预览效果,如图8-77所示。

图8-77 文字完全破碎效果

⑭ 调整焦点1的位置数值为(248,420),拖动当前指针,查看文字破碎的动画效果,如图8-78所示。

图8-78 文字破碎动画效果

⑮ 复制文本图层，重命名为"飞云裳AE特效2"，关闭其"碎片"滤镜，如图8-79所示。

图8-79　复制图层

⑯ 新建一个调节层，放置于底层的文本层的上一层，添加"散射"滤镜，如图8-80所示。

图8-80　设置散射参数

⑰ 为调节层绘制一个椭圆形遮罩，如图8-81所示。

图8-81　绘制椭圆形遮罩

⑱ 拖动当前指针到2秒，激活"遮罩形状"前的码表，创建一个关键帧，拖动当前指针到5秒，调整遮罩到屏幕的左边，如图8-82所示。

⑲ 拖动当前指针到4秒，调整遮罩的位置，如图8-83所示。

图8-82　创建遮罩位置动画

图8-83　设置遮罩关键帧

⑳ 拖动当前指针到2秒，调整遮罩的位置，设置遮罩参数，如图8-84所示。

图8-84　设置遮罩关键帧

㉑ 拖动当前指针，查看文字破碎的动画效果，如图8-85所示。

㉒ 拖动当前指针到2秒，复制调节层的遮罩，粘贴给上面的文本图层。然后选择全部"遮罩形状"的关键帧，调整遮罩的位置，如图8-86所示。

图8-85　文字破碎动画效果

图8-86　调整遮罩整体位置

㉓ 在时间线面板中取消勾选遮罩属性的"反转"项，单击播放按钮，查看最终的文字流沙动画效果，如图8-87所示。

图8-87　文字流沙动画效果

实例139　倒放

对于实拍素材的速度调整，往往能获得非同寻常的效果，而将素材倒放恰恰是改变速度的另一种特例，可以起到反复和强调细节的效果。

设计思路

在本例中主要应用时间伸缩设置负数的伸缩比，从而反向播放素材的内容。如图8-88所示为案例分解部分效果展示。

图8-88　效果展示

技术要点

- 时间伸缩：使动态素材反向播放。

案例文件	工程文件\第8章\139 倒放		
视频文件	视频\第8章\实例139.mp4		
难易程度	★★	学习时间	8分46秒

实例140　点阵发光

在电子相册中不仅需要设计照片排列的版式，往往也需要制作不同风格的背景，线条、光线或者点阵列，都能很大程度地提高相册的层次感。

设计思路

在本例中首先应用3D Stroke滤镜创建圆点阵列空间，通过摄像机的运动增强空间感，再应用发光滤镜强化圆点的光效。如图8-89所示为案例分解部分效果展示。

图8-89　效果展示

技术要点

- 3D Stroke：创建沿路径排列的圆点。
- Shine：产生发光效果。

制作过程

案例文件	工程文件\第8章\140 点阵发光		
视频文件	视频\第8章\实例140.mp4		
难易程度	★★★★	学习时间	10分29秒

❶ 打开After Effects软件，选择主菜单"图像合成"|"新建合成组"命令，创建一个新的合成，选择"预置"为PAL D1/DV，设置时长为5秒。

❷ 新建一个黑色图层，命名为"点阵 1"，选择钢笔工具绘制一条自由路径，如图8-90所示。

图8-90　绘制自由路径

❸ 选择主菜单"效果"|"Trapcode"|"3D Stroke"命令，添加3D Stroke滤镜，如图8-91所示。

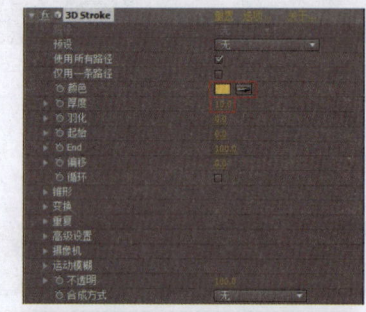

图8-91　设置描边厚度

❹ 设置End的关键帧，0秒时数值为0，5秒时为100。拖动当前指针，查看描边的动画效果，如图8-92所示。

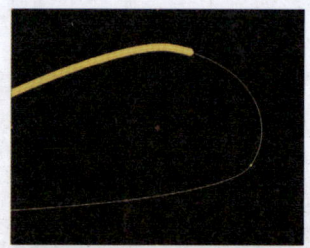

图8-92　描边动画效果

⑤ 展开"锥形"选项组，勾选"启用"项。展开"重复"选项组，勾选"启用"项，如图8-93所示。

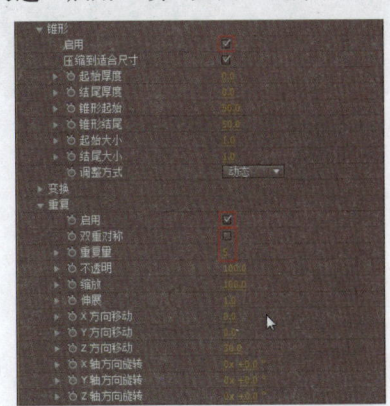

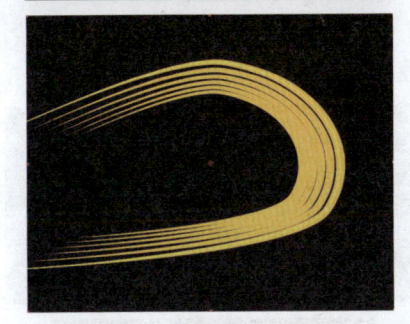

图8-93 设置锥形和重复参数

⑥ 展开"高级设置"选项组，设置"调节步幅"为1500，"内部不透明度"为100，如图8-94所示。

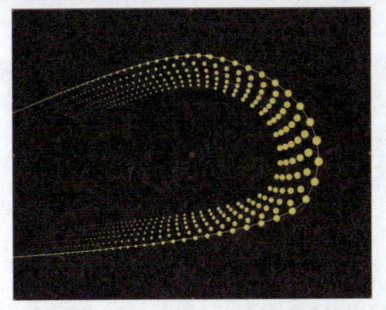

图8-94 高级设置参数

提 示

只有当"调节步幅"的数值增加到一定程度，描边才呈现连续的点阵排列。

⑦ 展开"摄像机"选项组，勾选"使用合成摄像机"项。

⑧ 创建一个28mm的摄像机，拖动当前指针到合成的起点，激活摄像机的"目标兴趣点"和"位置"的码

表，创建关键帧。拖动当前指针到5秒，选择摄像机工具调整摄像机视图，创建摄像机的动画，如图8-95所示。

图8-95 创建摄像机关键帧

⑨ 拖动当前指针，查看点阵动画效果，如图8-96所示。

图8-96 点阵动画效果

提 示

可根据构图的需要或个人喜好，选择摄像机工具调整摄像机视图，获得满意的摄像机动画。

⑩ 在时间线面板中重命名黑色固态层为"点阵1"。复制图层，重命名为"点阵2"，设置图层混合模式为"添加"。向后移动该图层，设置入点在20帧。

⑪ 展开"变换"选项组，调整角度，设置"X轴方向旋转"为25°、"Y轴方向旋转"为-120°、"Z轴方向旋转"为60°，如图8-97所示。

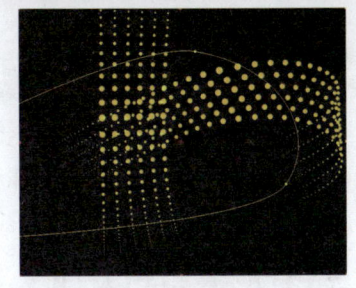

图8-97 设置旋转参数

⑫ 展开"高级设置"选项栏，设置"调节步幅"的数值为1750，查看合成预览效果，如图8-98所示。

图8-98 点阵预览效果

⑬ 新建一个调节层，添加Shine滤镜，如图8-99所示。

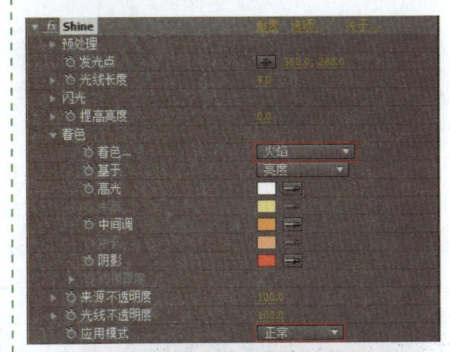

图8-99 设置Shine参数

⑭ 调整"发光点"的数值为（270,288），单击播放按钮▶，查看点阵发光的动画效果，如图8-100所示。

图8-100　点阵发光动画效果

实例141　花饰字幕版

字幕版是相册中常用的标题样式，不仅要设计文本的样式，也会添加一些装饰进行美化，或者形成需要的风格。

设计思路

在本例中主要应用动态花饰素材与标题版组成一个三维图形，通过摄像机创建空间的运动，再应用粒子来美化整体效果。如图8-101所示为案例分解部分效果展示。

图8-101　效果展示

技术要点

- CC粒子仿真世界：创建喷射的粒子效果。
- 摄像机动画，增强场景的空间感。

制作过程

案例文件	工程文件\第8章\141 花饰字幕版		
视频文件	视频\第8章\实例141.mp4		
难易程度	★★★	学习时间	27分25秒

❶ 打开After Effects软件，选择主菜单"图像合成"｜"新建合成组"命令，创建一个新的合成，命名为"字幕版"，选择"预置"为PAL D1/DV，设置时长为5秒。

❷ 新建一个紫色固态层，为图层绘制一个椭圆形遮罩，如图8-102所示。

图8-102　绘制椭圆遮罩

❸ 新建一个黑色固态层，命名为"粒子"，添加"CC粒子仿真世界"滤镜，具体参数设置如图8-103所示。

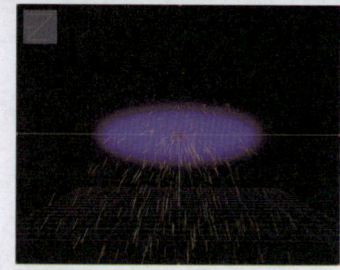

图8-103　设置生长速度和寿命

❹ 展开"物理"选项组，具体参数设置如图8-104所示。

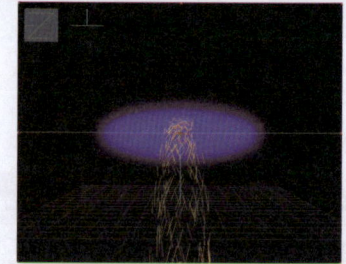

图8-104　设置物理参数

❺ 展开"粒子"选项组，具体参数设置如图8-105所示。

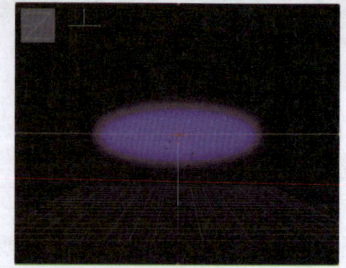

图8-105　设置粒子参数

⑥ 展开"产生点"选项组，设置发射器半径参数，如图8-106所示。

图8-106 设置产生点参数

⑦ 选择图层"粒子"，选择主菜单"图层"|"图层设置"命令，修改图层的颜色为紫色，如图8-107所示。

图8-107 调整图层颜色

⑧ 选择圆角矩形工具，绘制一个矩形遮罩，如图8-108所示。

图8-108 绘制矩形遮罩

⑨ 选择形状图层，添加"辉光"滤镜，接受默认参数即可，如图8-109所示。

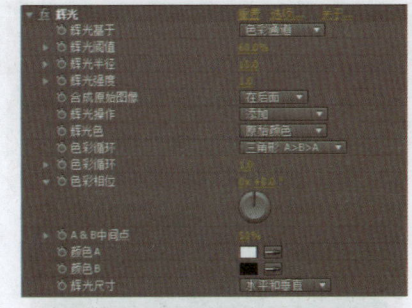

图8-109 添加辉光滤镜

⑩ 选择文本工具，输入字符"紫色的记念"，设置合适的字体、字号和颜色等参数，如图8-110所示。

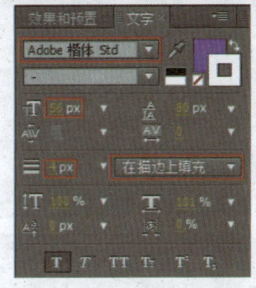

图8-110 创建文本层

⑪ 激活除"粒子"图层之外的图层的3D属性，创建一个28mm的摄像机，然后在顶视图中调整图层的位置，如图8-111所示。

图8-111 调整图层位置

> **提示**
> 图层在深度方向的合理分布有助于增强场景的空间感。

⑫ 导入一个动态的花饰素材，激活3D属性，调整位置和大小参数，如图8-112所示。

图8-112 调整图层位置和大小

⑬ 选择花饰图层，添加"渐变"滤镜，如图8-113所示。

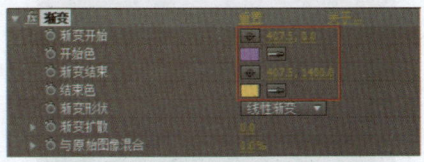

图8-113 设置渐变参数

⑭ 复制花饰图层，调整位置和旋转参数，如图8-114所示。

图8-114 调整图层位置和角度

⑮ 单击播放按钮▶，查看花饰字幕版的动画效果，如图8-115所示。

图8-115　花饰字幕版动画效果

⑯ 拖动当前指针到合成的起点，调整摄像机视图，激活"目标兴趣点"和"位置"的关键帧，如图8-116所示。

图8-116　创建摄像机关键帧

⑰ 拖动当前指针到3秒，调整摄像机视图，创建摄像机动画，如图8-117所示。

图8-117　创建摄像机动画

⑱ 单击播放按钮▶，查看花饰字幕版的动画效果，如图8-118所示。

图8-118　花饰字幕版动画效果

⑲ 新建一个固态层，命名为"背景"，放置于底层，添加"渐变"滤镜，如图8-119所示。

⑳ 选择除"背景"之外的全部图层，预合成，然后为该图层添加"放射阴影"滤镜，如图8-120所示。

图8-119　设置渐变参数

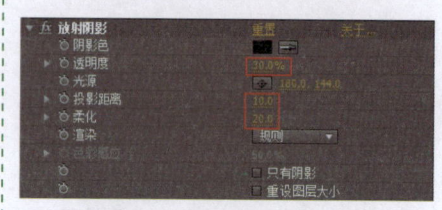

图8-120　设置放射阴影参数

㉑ 单击播放按钮▶，查看最终的花饰字幕版的动画效果，如图8-121所示。

图8-121　最终花饰字幕版动画

实例142　花瓣雨

花永远是浪漫气氛最好的装饰，纷纷下落的花瓣雨不仅在色彩方面具有吸引力，更重要的是漫天飞舞的花瓣能很大程度地提高动感和节奏感。

设计思路

在本例中主要应用Particular插件创建发射的粒子，以多个花瓣为粒子贴图，从而实现多个花瓣组成的花瓣雨，在力学的控制下获得理想的动画效果。如图8-122所示为案例分解部分效果展示。

图8-122　效果展示

技术要点

- Particular：以花瓣为粒子贴图，创建花瓣在空间飞舞的效果。

制作过程

案例文件	工程文件\第8章\142 花瓣雨
视频文件	视频\第8章\实例142.mp4
难易程度	★★★★　　　学习时间　24分43秒

① 打开After Effects软件，选择主菜单"图像合成"|"新建合成组"命令，创建一个新的合成，选择"预置"为PAL D1/DV，设置时长为10秒。

② 创建一个点光源，命名为"发射器"。创建一个35mm的摄像机，然后在顶视图、前视图和摄像机视图中设置发射器的运动路径，如图8-123所示。

图8-123　设置运动路径

③ 新建一个黑色固态层，命名为"花瓣"，添加Particular滤镜，选择"发射类型"为"灯光"，如图8-124所示。

图8-124　设置发射类型

④ 单击播放按钮，查看粒子喷射的动画效果，如图8-125所示。

⑤ 导入花图片序列到项目窗口中，如图8-126所示。

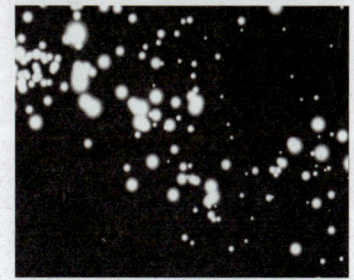

图8-125　粒子喷射动画效果

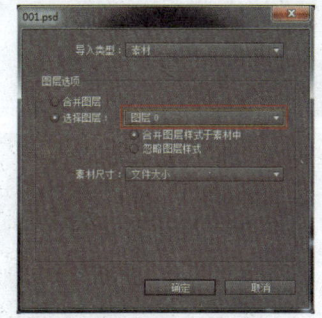

图8-126　导入psd文件

⑥ 拖动该图像序列到时间线上，关闭可视性。

⑦ 在Particular效果控制面板中，展开"粒子"选项组，指定"粒子类型"和"图层"等参数，如图8-127所示。

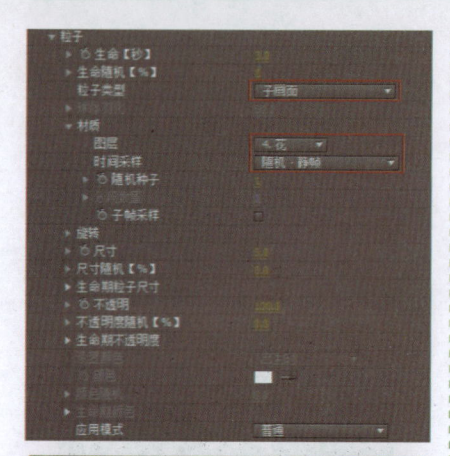

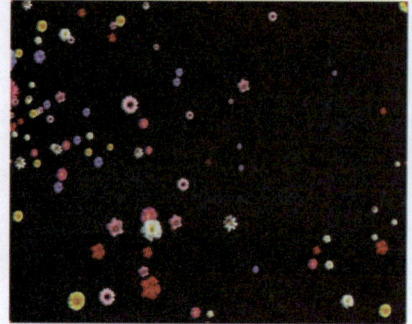

图8-127 设置粒子参数

⑧ 设置旋转、尺寸以及尺寸随机等参数，如图8-128所示。

图8-128 设置粒子参数

⑨ 展开"生命期粒子尺寸"选项组，双击第4种曲线，如图8-129所示。

图8-129 设置生命期粒子尺寸贴图

⑩ 设置"粒子数量/秒"的数值为60，单击播放按钮，查看花瓣雨的动画效果，如图8-130所示。

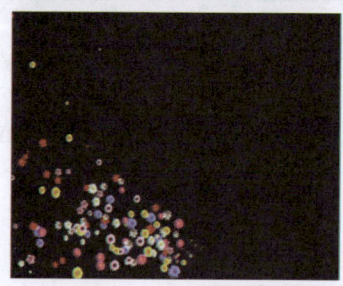

图8-130 花瓣雨动画效果

⑪ 展开"渲染"选项组，设置"景深"为"摄像机设置"，如图8-131所示。

图8-131 设置渲染参数

⑫ 在时间线面板中，展开摄像机属性，设置摄像机的景深参数，如图8-132所示。

图8-132 设置摄像机参数

> **提 示**
>
> 为了得到比较强烈的景深效果，发射器的运动路径需要在深度方向上加强距离感，根据需要调整运动路径。

⑬ 单击播放按钮，查看花瓣雨的预览效果，如图8-133所示。

图8-133 花瓣雨预览效果

⑭ 新建一个固态层，命名为"背景"，放置于底层，添加"渐变"滤镜，如图8-134所示。

⑮ 单击播放按钮，查看花瓣雨的动画效果，如图8-135所示。

图8-134　设置渐变参数

图8-135　花瓣雨动画效果

实例143　玻璃雪球

相册作为记忆的一种方式，各种小礼物、曾经一句祝福或某个特殊的聚会，都可以是电子相册的内容，浪漫的玻璃雪球一定是不可或缺的物件。

设计思路

在本例中主要应用CC球体滤镜创建球体，CC粒子仿真世界滤镜创建雪花飞扬的动画，通过摄像机的控制获得完美的构图。如图8-136所示为案例分解部分效果展示。

图8-136　效果展示

技术要点

- CC球体：创建球体。
- CC粒子仿真世界：创建雪花飞扬的效果。

制作过程

案例文件	工程文件\第8章\143 玻璃雪球		
视频文件	视频\第8章\实例143.mp4		
难易程度	★★★★	学习时间	24分10秒

❶ 打开After Effects软件，选择主菜单"图像合成"|"新建合成组"命令，创建一个合成，设置时长为10秒。

❷ 选择文本工具，在合成窗口中输入字符Happy New Year，调整字体、大小和颜色，如图8-137所示。

❸ 选择矩形遮罩工具，在合成窗口绘制矩形遮罩，在时间线面板中会自动生成一个遮罩层，将其拖至文本图层的下面，如图8-138所示。

图8-137　创建文本层

图8-138　绘制矩形遮罩

❹ 调整文本大小，添加"阴影"滤镜，如图8-139所示。

图8-139　设置阴影参数

❺ 选择遮罩图层，选择主菜单"图层"|"图层样式"|"渐变叠加"命令，然后在时间线面板中展开"渐变叠加"属性，单击"编辑渐变"按钮，编辑渐变颜色，如图8-140所示。

235

图8-140 设置渐变叠加颜色

⑥ 选择这两个图层并预合成，重命名为"标题"，添加"CC球体"滤镜，如图8-141所示。

图8-141 设置球体参数

⑦ 导入图片"沙发.jpg"，激活两个图层的3D属性，创建一个35mm的摄像机，调整摄像机视图，调整"CC球体"滤镜参数，获得比较理想的构图，如图8-142所示。

图8-142 调整球体参数

⑧ 新建一个浅绿色固态层，绘制一个圆形遮罩，如图8-143所示。

图8-143 绘制圆形遮罩

⑨ 复制遮罩，调整遮罩参数，形成一个透明的玻璃球形，如图8-144所示。

图8-144 调整遮罩参数

⑩ 调整浅绿色图层的缩放参数为50%，放置于"标题"层的下一层，如图8-145所示。

图8-145 调整图层大小和位置

⑪ 新建一个浅绿色固态层，命名为"球体"，添加"CC球体"滤镜，设置半径为60，激活图层的3D属性，调整大小和位置，设置图层的混合模式为"叠加"，如图8-146所示。

图8-146 新建球体

⑫ 新建一个黑色固态层，命名为"雪花"，添加"CC粒子仿真世界"滤镜，设置"生长速率"为5，"寿命（秒）"调整为2，如图8-147所示。

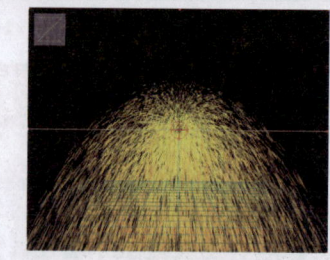

图8-147 设置粒子滤镜参数

⑬ 展开"物理"选项组，具体参数设置和效果如图8-148所示。

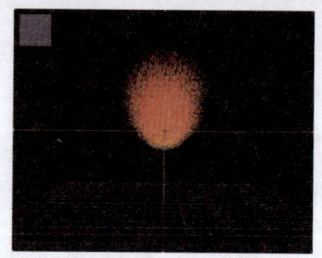

图8-148 设置物理参数

⑭ 展开"粒子"选项组，具体参数设置和效果如图8-149所示。

图8-149 设置粒子参数

⑮ 添加"CC球体"滤镜，具体参数设置和效果如图8-150所示。

⑱ 拖动当前指针到合成的终点，调整摄像机视图，创建摄像机的推拉动画，如图8-153所示。

图8-153　设置摄像机动画

⑲ 选择图层"雪花"，调整"CC球体"滤镜中"半径"的数值为90，调整图层位置，如图8-154所示。

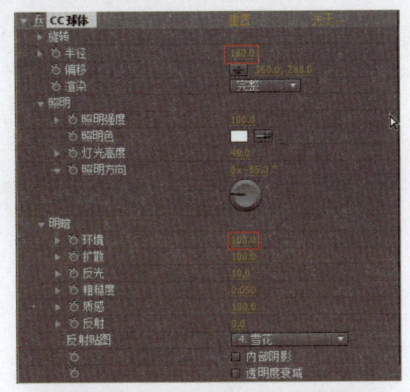

图8-150　设置CC球体参数

⑯ 调整图层"雪花"的位置，设置图层的混合模式为"添加"，如图8-151所示。

图8-154　调整球体参数和图层位置

⑳ 单击播放按钮，查看最终的玻璃雪球效果，如图8-155所示。

图8-151　调整图层位置和混合模式

⑰ 拖动当前指针到合成的起点，设置摄像机位置关键帧，如图8-152所示。

图8-155　最终玻璃雪球效果

实例144　飞散的方块

电子相册包含了美妙的图片和背景，当然也少不了优美的音乐，这样就可以制作出一些不同风格的跟随音乐韵律的背景，很大程度地提高相册的动感和节奏感。

设计思路

在本例中主要应用Form插件创建众多小方块的阵列，通过音频来控制其部分属性来创建飞散和聚合的动画效果。如图8-156所示为案例分解部分效果展示。

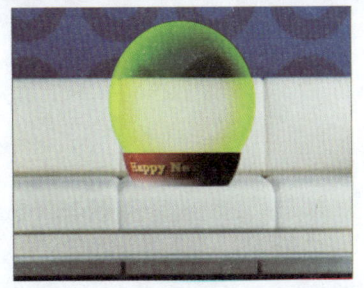

图8-152　设置摄像机关键帧

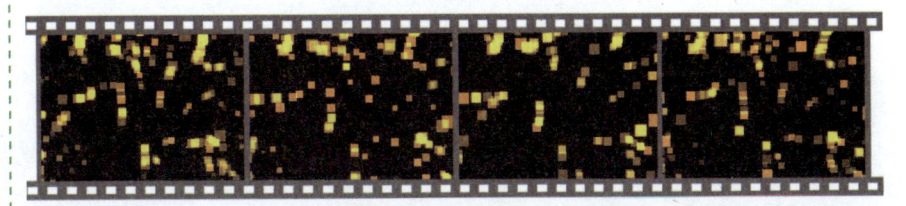

图8-156　效果展示

237

技术要点

- Form：以粒子形态创建小方块阵列，应用音频控制空间变形的强度。

制作过程

案例文件	工程文件\第8章\144 飞散的方块		
视频文件	视频\第8章\实例144.mp4		
难易程度	★★★	学习时间	11分36秒

实例145　路径穿行动画

按照时间的顺序展示不同的照片，可以记录一个过程。在后期合成时可以将多个照片摆放在远近不同的位置，通过摄像机的行走动画来实现转场效果。

设计思路

在本例中主要应用描边滤镜创建照片的边框，然后在三维空间中设置摄像机的运动路径，完成多幅照片的穿行转场。如图8-157所示为案例分解部分效果展示。

图8-157　效果展示

技术要点

- 描边：绘制路径，设置不同的勾边宽度，组成曲线路面的效果。
- 运动路径：调整摄像机穿行动画的运动路径，与路面匹配。

案例文件	工程文件\第8章\145 路径穿行动画		
视频文件	视频\第8章\实例145.mp4		
难易程度	★★★	学习时间	39分27秒

第 9 章　MV情调

MV是Music Video的缩写，意为"音乐视频"。现在的MV并非只是局限在电视上，还可以单独发行影碟或者通过手机及网络的方式发布。MV是一种视觉文化，是建立在音乐、歌曲结构上的流动视觉，是利用电视画面手段来补充音乐所无法涵盖的信息和内容，把对音乐的读解同时用电视画面呈现的一种艺术类型。

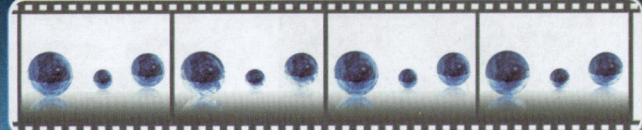

实例146　林间透光

清晨的树林中透过丝丝缕缕的光束，获得局部塑性的装饰光，可以大大影响场景的空间效果和体现空间气氛。通过这种光线的特殊性设计，可以赋予场景更多的美感和神秘。

设计思路

在本例中主要应用Shine滤镜创建发射光束，模拟树林中的晨雾的透光效果。如图9-1所示为案例分解部分效果展示。

图9-1　效果展示

图9-2　导入风景图片

技术要点

- Shine：创建发射光束的效果。

制作过程

案例文件	工程文件\第9章\146 林间透光		
视频文件	视频\第9章\实例146.mp4		
难易程度	★★★	学习时间	9分04秒

① 启动After Effects软件，导入一张树林风景图片，如图9-2所示。

② 选择主菜单"图像合成"|"新建合成组"命令，新建一个合成，设置时长为5秒。

③ 拖动树林图片到时间线中，调整缩放参数至满屏，添加"曲线"滤镜，稍降低亮度，如图9-3所示。

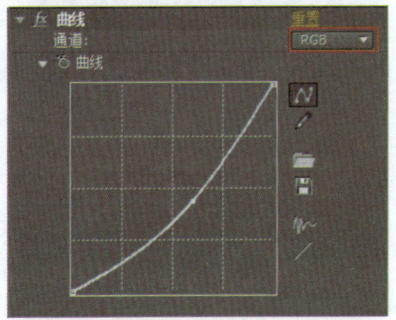

图9-3　调整曲线

④ 选择主菜单"效果"|"Trapcode"|"Shine"命令，添加Shine滤镜，具体参数设置和效果如图9-4所示。

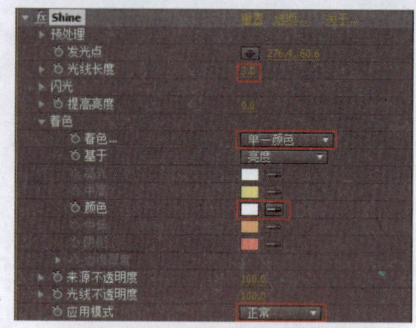

图9-4 设置Shine参数

❺ 展开"闪光"选项组，设置"幅度"为400、"细节"为100，如图9-5所示。

图9-5 设置闪光参数

❻ 新建一个黑色图层，命名为"光晕"。选择主菜单"效果"|"生成"|"镜头光晕"命令，添加"镜头光晕"滤镜，设置图层混合模式为"添加"，如图9-6所示。

图9-6 设置镜头光晕参数

❼ 拖动当前指针到合成的起点，在预览视图中调整"光晕中心"位置并创建关键帧，数值为（12,39.4）。拖动当前指针到合成的终点，调整"光晕中心"位置，数值为（414,1.4），如图9-7所示。

图9-7 创建光晕中心的关键帧

❽ 在时间线面板中，展开Shine滤镜属性栏，按住Alt键单击"发光点"前面的码表，添加表达式。然后链接到"光晕中心"属性，这样发光点就与光晕中心同步移动了。拖动当前指针查看光晕的动画效果，如图9-8所示。

图9-8 光晕动画效果

❾ 调整"光晕亮度"的数值为80%。

❿ 新建一个调节层，绘制一个椭圆形遮罩，如图9-9所示。

图9-9 绘制椭圆遮罩

⓫ 添加"曲线"滤镜，降低亮度，如图9-10所示。

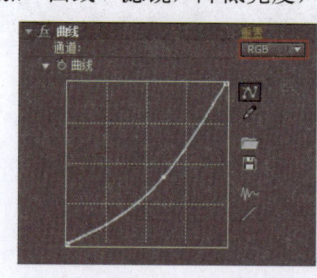

图9-10 降低亮度

⓬ 单击播放按钮，查看林间光线的动画效果，如图9-11所示。

图9-11 林间光线动画

实例147　清新粉色调

在一部影视作品中，色调有利于表现对象的情绪、情感和创作者心中的意境，并且有利于使影片形成独到的韵味和风格。粉色调能够使镜头中的人物看起来更加柔和与可爱。

设计思路

在本例中主要应用通道合成器来复制绿色通道，结合适当的图层混合模式来获得粉色调，再通过色彩均化进行整体的调整，直到最终获得满意的画面。如图9-12所示为案例分解部分效果展示。

图9-12　效果展示

技术要点

- 通道合成器：提取通道信息，显示单通道图像。
- 色彩均化：根据预设风格进行色彩的均化处理。

制作过程

案例文件	工程文件\第9章\147 清新粉色调	
视频文件	视频\第9章\实例147.mp4	
难易程度	★★★	学习时间　11分57秒

❶ 打开After Effects软件，导入一段实拍的暖调素材MVI_1034.MOV到项目窗口中。双击该素材打开素材视图，预览素材内容，如图9-13所示。

图9-13　预览素材内容

❷ 拖动该素材到时间线面板中，设置入点和出点，设置合成的长度为5秒，如图9-14所示。

图9-14　设置合成长度

❸ 复制图层。选择上面的图层，选择主菜单"效果"|"通道"|"通道合成器"命令，添加"通道合成器"滤镜，选择"更改选项"为"绿"，选择"目标"为"仅绿色"，如图9-15所示。

图9-15　设置通道合成器参数

❹ 添加"色彩平衡（HLS）"滤镜，降低饱和度，使图像变成黑白色，如图9-16所示。

图9-16　降低饱和度

❺ 设置顶层的混合模式为"屏幕"，如图9-17所示。

图9-17　设置图层混合模式

❻ 复制上面的图层，选择顶层，关闭"颜色平衡（HLS）"滤镜，调整"通道合成器"参数，如图9-18所示。

⑨ 选择主菜单"效果"|"色彩校正"|"色彩均化"命令，添加"色调均化"滤镜，如图9-21所示。

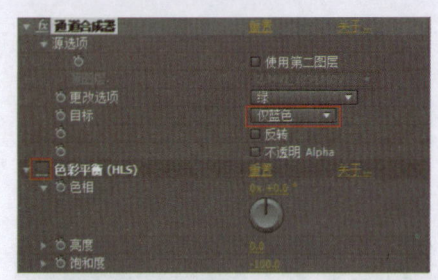

图9-18 调整通道合成器参数

⑦ 调整顶层的透明度为60%，查看合成预览效果，如图9-19所示。

图9-21 应用色彩均化滤镜

⑩ 添加"色相位/饱和度"滤镜，增强红色，如图9-22所示。

图9-19 合成预览效果

⑧ 新建一个调节层，添加"曲线"滤镜，增强绿色和蓝色，如图9-20所示。

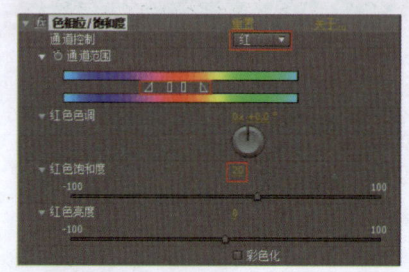

图9-22 调整色相饱和度

⑪ 添加"亮度与对比度"滤镜，设置"亮度"和"对比度"数值均为15，如图9-23所示。

图9-23 调整亮度和对比度

⑫ 添加"非锐化遮罩"滤镜，具体参数设置和效果如图9-24所示。

> **提示**
> 锐化图像能够起到提高清晰度的作用。

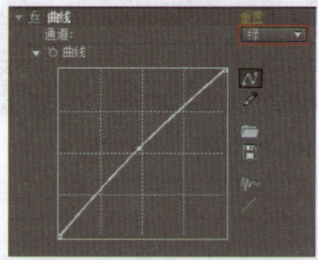

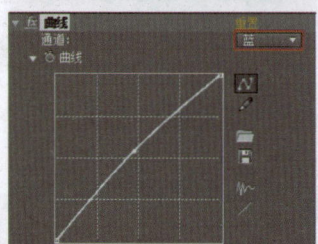

图9-20 调整曲线

图9-24 设置非锐化遮罩参数

⑬ 在项目窗口中双击素材，反复切换素材预览视图和合成预览视图进行对比，如图9-25所示。

图9-25 源素材与合成效果对比

⑭ 保存工程文件，单击播放按钮，查看清新粉色调画面的效果，如图9-26所示。

图9-26 清新粉色调效果

实例148 皮肤润饰

对于近景拍摄的人物，尤其是女性的脸部，可能都不希望看到一点点的瑕疵，在后期处理中需要降低噪点或杂痕。由于在视频中人物的头部是运动的，这就需要确定动态的人脸局部选区，然后才能进行润饰处理。

设计思路

在本例中主要应用CC RGB阈值创建人物面部的选区，然后进行降噪和校色处理，可以获得比较满意的针对皮肤进行润饰的效果。如图9-27所示为案例分解部分效果展示。

图9-27　效果展示

技术要点

- CC RGB阈值：根据人物面部的亮度提取蒙板，限定面部降噪处理的区域。
- 移除颗粒：消除面部细小噪点缺陷。
- 素材校色，调整亮度和色调。

制作过程

案例文件	工程文件\第9章\148 皮肤润饰		
视频文件	视频\第9章\实例148.mp4		
难易程度	★★★	学习时间	19分10秒

① 打开After Effects软件，导入实拍素材"文文01.AVI"，从项目窗口中将该素材图标拖动到底部的合成图标上，自动根据原素材创建一个新的合成。

② 拖动时间指针，可以查看素材内容，不仅光照存在明显的问题，而且画面中女主角的面部有一些瑕疵，如图9-28所示。

图9-28　查看素材内容

③ 在时间线面板右上角，单击图标，选择"图像合成设置"命令，设置合成的长度为4秒。

④ 在时间线面板中复制图层，重命名为"蒙版"，选择上面的图层"蒙版"，选择主菜单"效果"|"风格化"|"CC RGB阈值"命令，添加"CC RGB阈值"滤镜，如图9-29所示。

图9-29　添加CC RGB阈值滤镜

⑤ 在滤镜控制面板中调整"绿色阈值"和"蓝色阈值"为255，调整"红色阈值"为180，如图9-30所示。

图9-30　调整阈值

提示

通过调整阈值，使面部较亮的区域为红色，阴影和眼部、头发等不需要降噪处理的区域呈黑色，方便进行区域分离。

⑥ 添加"色相位/饱和度"滤镜，设置"主饱和度"为-100，将该图像处理为黑白色，如图9-31所示。

图9-31　降低饱和度

⑦ 添加"色阶"滤镜，调整图像的白平衡，使面部较亮的区域为白色，如图9-32所示。

⑧ 新建一个调节图层，在时间线面板中调整到第2层的位置，设置蒙板模式为"亮度"，如图9-33所示。

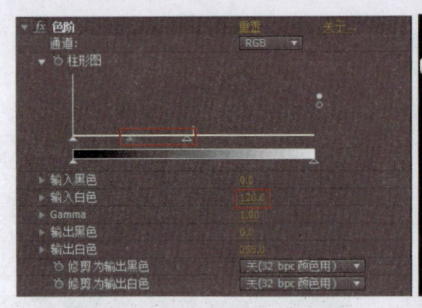

图9-32 调整色阶

图9-33 设置蒙版模式

❾ 选择调节图层,选择主菜单"效果"|"杂波与颗粒"|"移除颗粒"命令,添加降噪滤镜。首先选择"查看模式"为"最终输出",再设置其他参数,如图9-34所示。

图9-34 设置移除颗粒参数

❿ 展开"临时过滤"选项组,勾选"启用"项,调整"动态灵敏度"参数为0.9,如图9-35所示。

图9-35 设置临时过滤参数

⓫ 选择图层"蒙版",为了消除边缘噪波,添加"高斯模糊"滤镜,设置"模糊量"为8,如图9-36所示。

图9-36 设置高斯模糊参数

⓬ 选择调节图层,添加"添加颗粒"滤镜,在控制面板中选择"预置"为Kodak Vision 250D(5246),选择"显示模式"为"最终输出",如图9-37所示。

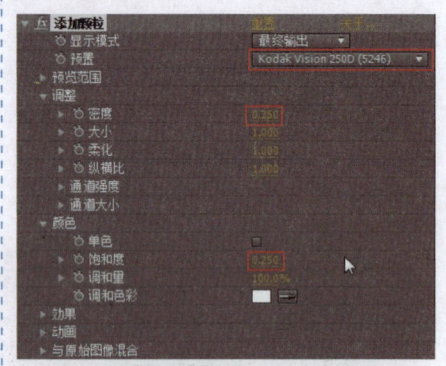

图9-37 设置添加颗粒参数

提 示

为了使面部降噪区域与阴影等未降噪区域有很好的过渡、增强真实性,需要进行添加噪波的处理。

⓭ 在项目窗口中拖动合成"文文01"到底部的合成图标上,创建一个新的合成,命名为"润饰"。复制图层"文文01",选择上面的图层,设置混合模式为"屏幕",调整该图层的透明度为50%,查看合成预览,如图9-38所示。

图9-38 设置图层混合模式

第 9 章　MV情调

⑭ 新建一个调节图层，添加"曲线"滤镜，首先降低红色，然后整体提亮和增加对比度，如图9-39所示。

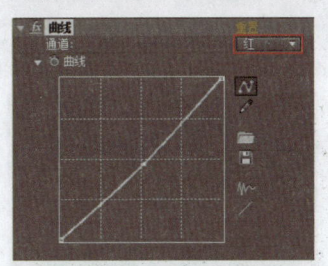

图9-39　调整曲线

⑮ 选择主菜单"效果"|"模糊与锐化"|"非锐化遮罩"命令，添加"非锐化遮罩"滤镜，具体参数设置和效果如图9-40所示。

图9-40　设置非锐化遮罩参数

提示

由于拍摄质量不高，照明条件也不够好，所以清晰度不是很好，此时可以使用锐化滤镜增强眼部、唇部和头发等的细节。

⑯ 单击播放按钮，查看最终皮肤润饰的效果，如图9-41所示。

图9-41　最终皮肤润饰效果

实例149　绚丽清晰色彩

色彩是影视作品中不可或缺的极富艺术表现力的视觉语言。观众对于颜色有着不同的心理效应，不同的色彩也会给人们的情绪带来不同的反应，既能起到渲染环境、营造气氛的作用，又能表现创作者的浪漫情怀和抒情的色彩。

设计思路

在本例中主要应用遮罩进行局部校色和图层混合，通过通道混合进行分通道的调整，直到获得满意的色彩效果，最后应用锐化滤镜调高清晰度。如图9-42所示为案例分解部分效果展示。

图9-42　效果展示

技术要点

● 遮罩：绘制遮罩以确定需要进行校色的区域。
● 通道混合：通过分通道的偏移来调整颜色。

制作过程

案例文件	工程文件\第9章\149 绚丽清晰色彩		
视频文件	视频\第9章\实例149.mp4		
难易程度	★★★	学习时间	20分32秒

❶ 打开After Effects软件，导入一段实拍的素材"弹琴2.MOV"，拖动其到合成图标上，创建一个新的合成。

❷ 在时间线面板上双击该素材，在素材预览窗口中设置入点和出点，如图9-43所示。

图9-43　设置入点和出点

❸ 单击右上角图标，选择"图像合成设置"命令，设置合成的长度为6秒。

245

❹ 添加"曲线"滤镜，降低红色，稍提高亮度，如图9-44所示。

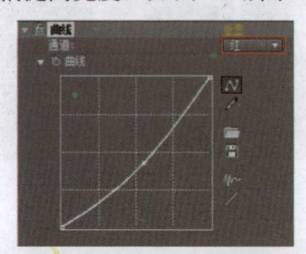

图9-44 调整曲线

❺ 复制图层，选择上面的图层，设置该图层的混合模式为"柔光"，如图9-45所示。

图9-45 设置混合模式

❻ 拖动当前指针到合成的起点，绘制蒙板，减弱人物的面部和头发区域混合，如图9-46所示。

图9-46 设置遮罩参数

❼ 激活"遮罩形状"前面的码表，创建一个关键帧。拖动当前指针到合成的终点，调整遮罩的位置，创建遮罩跟随人物头部动作的动画，如图9-47所示。

图9-47 设置遮罩形状关键帧

❽ 新建一个黑色固态层，放置于顶层。

❾ 拖动当前指针到合成的起点，选择上面的"弹琴2.MOV"图层，复制遮罩。然后关闭遮罩，如图9-48所示。

图9-48 关闭遮罩

❿ 选择顶层，粘贴遮罩，设置图层2的蒙板模式为Alpha，如图9-49所示。

图9-49 设置混合模式

⓫ 选择顶层，预合成，如图9-50所示。

图9-50 预合成

⓬ 双击打开该预合成的时间线，

新建一个浅灰色固态层，放置于底层，如图9-51所示。

图9-51 创建浅灰色底层

⓭ 复制底层并拖动到顶层，设置图层的混合模式为"柔光"。

⓮ 在"曲线"滤镜面板中，单击"重置"按钮，然后分别调整绿色和蓝色曲线，如图9-52所示。

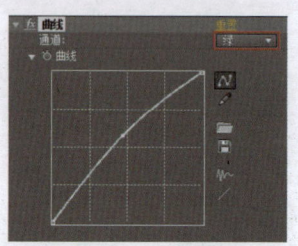

图9-52 调整曲线

⓯ 复制预合成，放置于顶层，设置图层2的蒙板模式为"亮度反转"，如图9-53所示。

图9-53 设置蒙板模式

⑯ 新建一个黑色固态层，命名为"暗角"，绘制一个椭圆形遮罩，如图9-54所示。

图9-54　设置遮罩参数

⑰ 设置该图层的混合模式为"叠加"，调整透明度为70%，查看合成预览效果，如图9-55所示。

图9-55　合成预览效果

⑱ 复制图层，调整透明度为30%，查看合成预览效果，如图9-56所示。

图9-56　合成预览效果

⑲ 在项目窗口拖动合成"弹琴2"到合成图标 上，创建一个新的合成，重命名为"绚丽色调"。

⑳ 选择图层"弹琴2.MOV"，选择主菜单"效果"|"色彩校正"|"通道混合"命令，添加"通道混合"滤镜，如图9-57所示。

㉑ 添加"非锐化遮罩"滤镜，如图9-58所示。

㉒ 保存工程文件，单击播放按钮 ，查看清新亮丽的色彩效果，如图9-59所示。

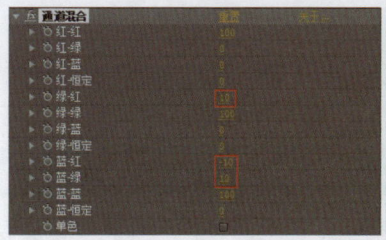

图9-57　设置通道混合参数

图9-58　设置非锐化遮罩参数

图9-59　清新亮丽色彩效果

实例150　旧胶片

老版旧胶片风格的画面以一种怀旧复古的风格呈现出独特的艺术效果，从而使镜头产生浓郁的艺术气息。尤其是它与色彩艳丽的镜头有着强烈的对比，能给观众更丰富的想象力。

设计思路

在本例中首先将素材处理成单色调风格，再通过叠加旧胶片素材来完善旧胶片效果。如图9-60所示为案例分解部分效果展示。

图9-60　效果展示

技术要点

- 色相/饱和度：调整色相和饱和度接近于旧胶片的单色风格。
- 图层叠加：通过源素材与旧胶片噪波素材的混合，产生旧胶片效果。

案例文件	工程文件\第9章\150 旧胶片
视频文件	视频\第9章\实例150.mp4
难易程度	★★★ 学习时间 5分42秒

实例151 极光效果

在MV作品中，除了真实拍摄的场景之外，也可以使用一些光效镜头以追求画面的设计感；或者将光效镜头用作装饰的元素，让独特的色彩作为吸引观众眼球的诱饵，增强画面的冲击力，突出画面色彩的多样性。

设计思路

在本例中主要应用Form和Shine滤镜创建动态的光束效果，再应用Light Factory滤镜创建中心的光斑，组成绚丽的极光效果。如图9-61所示为案例分解部分效果展示。

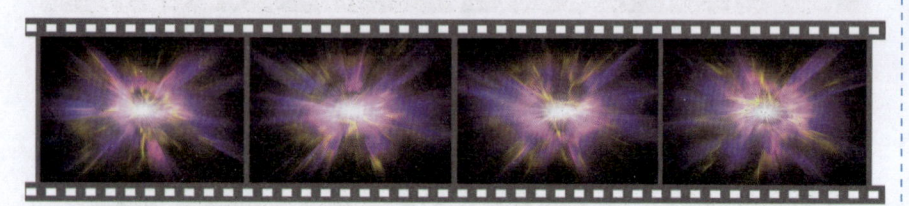

图9-61 效果展示

技术要点

- Form：创建动态机理。
- Shine：创建发射光束的效果。
- Light Factory：创建镜头光晕效果。

制作过程

案例文件	工程文件\第9章\151 极光效果
视频文件	视频\第9章\实例151.mp4
难易程度	★★★ 学习时间 26分14秒

❶ 打开After Effects软件，选择主菜单"图像合成"|"新建合成组"命令，创建一个新的合成，选择"预置"为PAL D1/DV，设置时长为5秒。

❷ 新建一个黑色图层，选择主菜单"效果"|"Trapcode"|"Form"命令，添加Form滤镜。展开"形态基础"选项组，选择"形态基础"为"网状立方体"，设置大小和粒子数等参数，如图9-62所示。

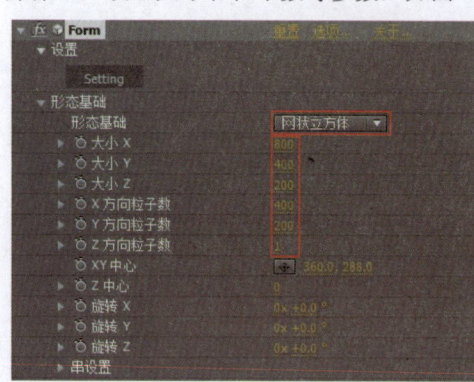

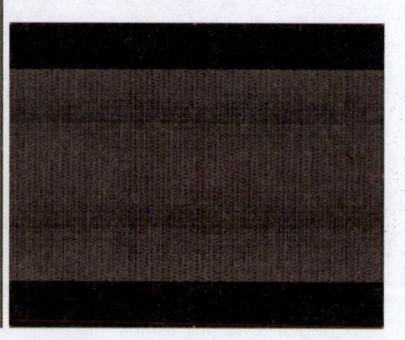

图9-62 设置形态基础参数

❸ 展开"快速映射"选项组，设置"颜色映射""映射#1""映射#2"和"映射#3"贴图属性，如图9-63所示。

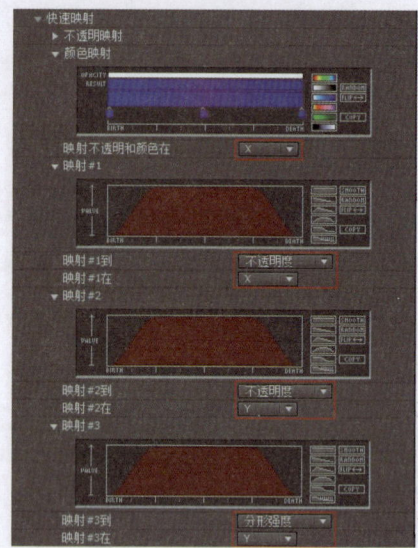

图9-63 设置快速映射参数

❹ 展开"分形场"选项组，设置"位置置换"为200，勾选"循环流动"项，如图9-64所示。

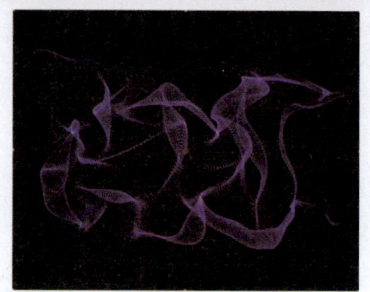

图9-64 设置分形场参数

❺ 展开"球形场"选项组，设置"强度"为80、"半径"为150，如图9-65所示。

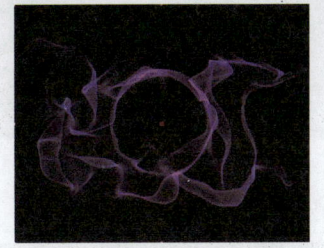

图9-65　设置球形场参数

❻ 选择主菜单"效果"|"Trapcode"|"Shine"命令，添加Shine滤镜，具体参数设置和效果如图9-66所示。

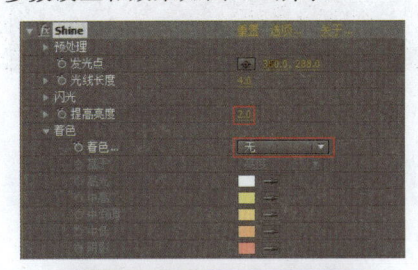

图9-66　设置Shine参数

❼ 添加"径向模糊"滤镜，选择"类型"为"缩放"，选择"抗锯齿（最高品质）"为"高"，设置"模糊量"为10，如图9-67所示。

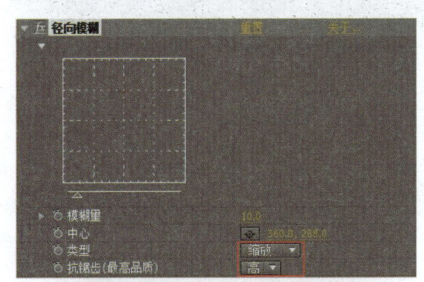

图9-67　设置径向模糊参数

❽ 在项目窗口中复制"合成1"，重命名为"合成2"。双击打开该合成的时间线，选择黑色固态层，在Form滤镜控制面板中调整参数，如图9-68所示。

图9-68　调整粒子参数

❾ 在Shine滤镜面板中调整参数，如图9-69所示。

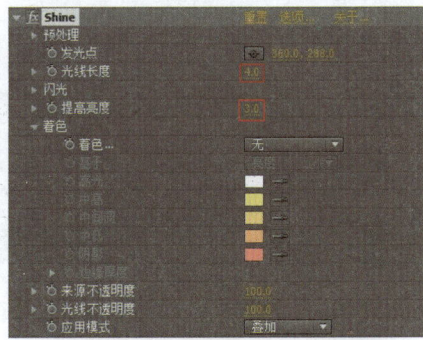

图9-69　调整Shine参数

❿ 选择主菜单"图像合成"|"新建合成组"命令，新建一个合成，命名为"合成3"。

⓫ 新建一个黑色图层，命名为"星空"，添加"CC星爆"滤镜，如图9-70所示。

图9-70　设置CC星爆参数

⓬ 拖动"合成1"和"合成2"到时间线上，查看合成预览效果，如图9-71所示。

图9-71　合成预览效果

⓭ 切换到"合成1"的时间线，调整"径向模糊"滤镜参数，如图9-72所示。

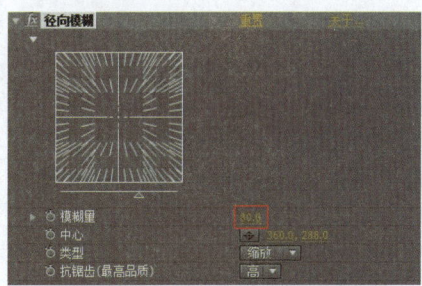

图9-72　调整径向模糊参数

⓮ 切换到"合成1"的时间线，调整滤镜参数，如图9-73所示。

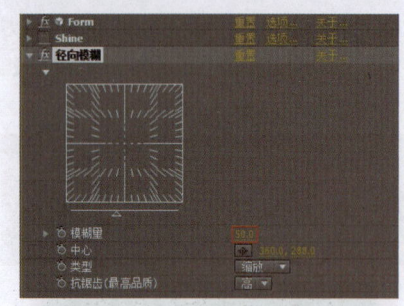

图9-73 调整滤镜参数

⑮ 切换到"合成3"的时间线，查看合成预览效果，如图9-74所示。

图9-74 合成预览效果

⑯ 新建一个黑色固态层，命名为"光晕"，选择主菜单"效果"|"Knoll Light Factory"|"Light Factory"命令，添加镜头光晕滤镜，调整Light Source Location的中心点到视图的中心，设置图层混合模式为"添加"，如图9-75所示。

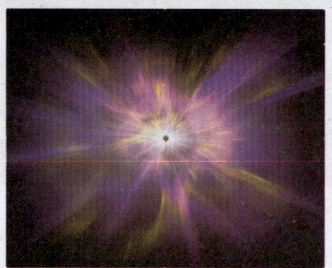

图9-75 设置Light Factory参数

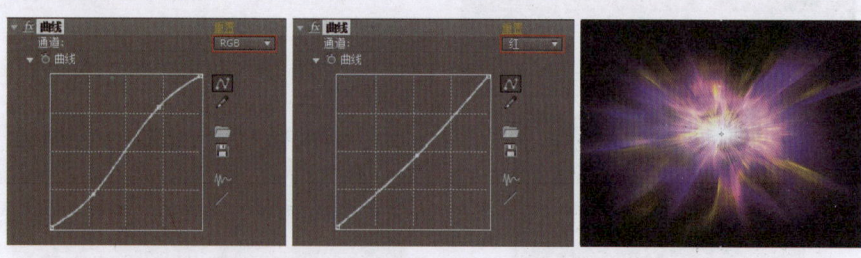

⑰ 新建一个调节图层，添加"曲线"滤镜，增强亮度和对比度，稍降低红色，如图9-76所示。

图9-76 调整曲线

⑱ 单击播放按钮，查看最后的绚丽极光效果，如图9-77所示。

图9-77 最终绚丽极光效果

实例152 时间扭曲

影视作品中的时间有着自己的规律和艺术语言，可以是情节发展的时间，也可以是观众的心理体验时间。在后期剪辑中，既可以压缩时间，也可以故意延长时间，能充分利用观众的联想使情节连续，又能在超出正常的时间里看到细节和培养某种情绪。

设计思路

本例中包括两个与时间相关的滤镜：一个是时间融合改变素材不同区域的速度；另一个是时间置换根据灰度贴图重新分配素材不同区域的速度，从而产生图像的变形效果。如图9-78所示为案例分解部分效果展示。

图9-78 效果展示

技术要点

- CC时间融合：通过贴图中的灰度值来改变素材不同区域的速度，从而产生图像的变形。
- 时间置换：通过贴图中的灰度值使素材不同区域具有不同的速度，从而产生变形。

案例文件	工程文件\第9章\152 时间扭曲		
视频文件	视频\第9章\实例152.mp4		
难易程度	★★★	学习时间	8分03秒

实例153 粒子飞旋

在MV作品中也包含很多科幻的、炫目的内容，应用后期特技制作很多在

第 9 章　MV情调

视觉效果上引人入胜的画面，粒子特效绝对是一个不可或缺的元素。

设计思路

在本例中主要应用Form滤镜创建阵列的粒子效果，通过设置分散和力场参数创建粒子飞旋的动画效果。如图9-79所示为案例分解部分效果展示。

图9-79　效果展示

技术要点

- Form：通过调整Form的发射点位置和球形场的位置，创建圆弧状的粒子效果。

制作过程

案例文件	工程文件\第9章\153 粒子飞旋		
视频文件	视频\第9章\实例153.mp4		
难易程度	★★★	学习时间	18分27秒

❶ 打开After Effects软件，创建一个新的合成，命名为"飞旋粒子"，选择"预置"为PAL D1/DV，设置时长为8秒。

❷ 新建一个黑色固态层，添加Form滤镜。展开"形态基础"选项组，选择"形态基础"为"网状立方体"，设置大小和粒子数等参数，如图9-80所示。

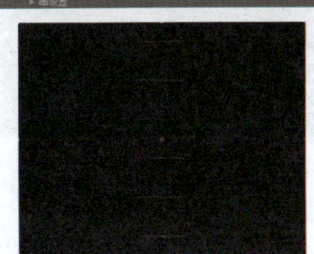

图9-80　设置形态基础参数

❸ 确定当前时间线在2秒，激活"大小Y"和"Z中心"的关键帧记录器，创建关键帧。

❹ 展开"粒子"选项组，设置"大小"为2、"随机大小"为50、"颜色"为紫色，如图9-81所示。

图9-81　设置粒子参数

❺ 展开"分散与扭曲"选项组，设置"分散"为100，并激活关键帧，如图9-82所示。

图9-82　设置分散关键帧

❻ 展开"分形场"选项组，具体参数设置和效果如图9-83所示。

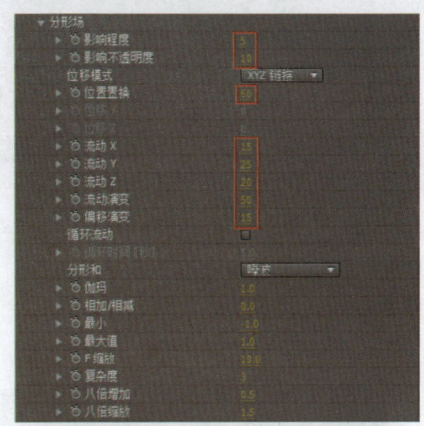

图9-83　设置分形场参数

❼ 展开"球形场"选项组，具体参数设置和效果如图9-84所示。

图9-84　设置球形场参数

❽ 展开"整体变换"选项组，调整旋转和偏移的参数，具体设置如图9-85所示。

图9-85　设置整体变换参数

❾ 调整"球形 1"选项组的参数，具体设置和效果如图9-86所示。

图9-86　设置球形1参数

⑩ 拖动当前时间线到3秒，调整"分散"的数值为2、"大小Y"的数值为500、"Z中心"的数值为-180。然后不断调整"整体变换"组中的旋转参数，直到获得比较满意的飞旋粒子构图，如图9-87所示。

图9-87　调整整体变换参数

⑪ 拖动当前时间线到合成的起点，调整"大小Y"的数值为1600、"Z中心"的数值为-900。拖动时间线，查看粒子的动画效果，如图9-88所示。

图9-88　粒子动画效果

⑫ 拖动时间线到6秒，调整"分散"的数值为6；拖动时间线到7秒，调整"分散"的数值为100。拖动时间线，查看粒子的动画效果，如图9-89所示。

图9-89　粒子分散动画效果

⑬ 在时间线面板中重命名黑色图层为"粒子1"。复制该图层，重命名为"粒子2"，设置"旋转"的数值为180°，如图9-90所示。

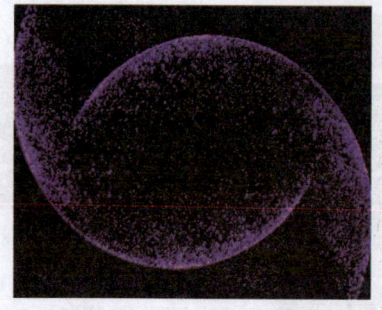

图9-90　复制图层

⑭ 拖动当前指针到合成的终点，调整两个图层的Form滤镜的"分散"的数值均为300，使粒子很快扩散开来，如图9-91所示。

图9-91　粒子分散效果

⑮ 单击播放按钮▶，查看粒子圈的动画效果，如图9-92所示。

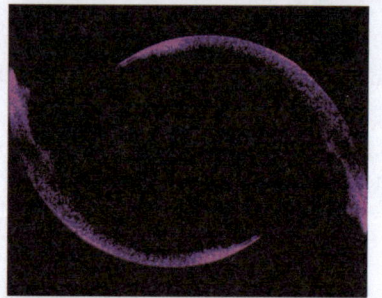

图9-92　粒子圈动画效果

⑯ 选择文本工具T，输入字符"飞云裳AE特效"，选择合适的字体、字号和颜色，如图9-93所示。

⑰ 拖动当前指针到2秒，应用文本动画预设animate in组中的Center Spiral项，拖动当前指针，查看文本动画效果，如图9-94所示。

图9-93　创建文本层

图9-94　文本动画效果

⑱ 添加"辉光"滤镜增强光感，如图9-95所示。

图9-95　设置辉光参数

⑲ 单击播放按钮，查看最终的飞旋粒子的动画效果，如图9-96所示。

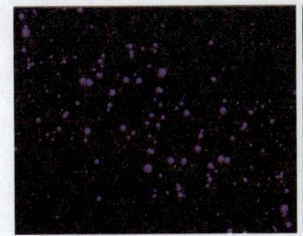

图9-96　最终飞旋粒子动画

实例154　飞溅的粒子

接下来又是一个粒子特效的案例。粒子作为字幕的装饰性元素，首先吸引观众的注意力，并通过引导视线直到目标字幕入画。

设计思路

在本例中主要应用Particular滤镜创建发射的粒子，依靠置换和风力等力学参数的调整，获得粒子的飞溅动画效果。如图9-97所示为案例分解部分效果展示。

图9-97　效果展示

技术要点

- Particular：创建发射粒子，通过合理地设置力学参数，获得需要的结果。

案例文件	工程文件\第9章\154 飞溅的粒子		
视频文件	视频\第9章\实例154.mp4		
难易程度	★★★	学习时间	18分42秒

实例155　海上日出

自然风光镜头的运用是MV作品中必不可少的。通常作为时间或地点的空镜头，通过拍摄的手法很容易获得这样的素材，但通过后期特技的手法可以创作自己需要的素材，比如本例中的海上日出效果。

设计思路

在本例中主要应用Psunami插件创建自然景观，选择不同的预设基本能满足景观的需要。如图9-98所示为案例分解部分效果展示。

图9-98　效果展示

技术要点

- Psunami：一款创建自然景观的插件。

制作过程

案例文件	工程文件\第9章\155 海上日出		
视频文件	视频\第9章\实例155.mp4		
难易程度	★★★	学习时间	28分39秒

❶ 打开After Effects软件，选择主菜单"图像合成"|"新建合成组"命令，创建一个新合成，设置时长为6秒。

❷ 新建一个黑色固态层，选择主菜单"效果"|"Red Giant Psunami"|"Psunami"命令，添加Psunami滤镜，如图9-99所示。

图9-99　添加Psunami滤镜

❸ 单击播放按钮，查看默认的海面效果，如图9-100所示。

图9-100　海面效果

❹ 从预设库中选择需要的预设选项，如图9-101所示。

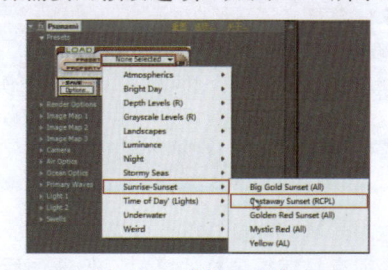

图9-101　选择预设选项

❺ 单击GO按钮，应用该预设。单击播放按钮，查看海面日出的动画效果，如图9-102所示。

图9-102　海面日出效果

❻ 拖动当前指针到合成的起点，展开Camera选项组，调整Tilt的数值并设置关键帧，如图9-103所示。

图9-103　设置摄像机关键帧

❼ 拖动当前指针到4秒，调整Tilt的数值为100，如图9-104所示。

图9-104　调整摄像机关键帧

❽ 单击播放按钮，查看最终海面日出的动画效果，如图9-105所示。

图9-105　海面日出动画效果

实例156　光影变字

文字如何入画在影视后期工作中一直是一件费神的事，无论是片头的标题，还是片尾的定版，都要讲究包装和特色，追求画面的设计感，使其给观众留下深刻的印象。

设计思路

在本例中主要应用分形杂波创建随机的杂波纹理，用混合模糊和置换映射的贴图创建烟雾状的光影效果，最终形成定版文字的动画。如图9-106所示为案例分解部分效果展示。

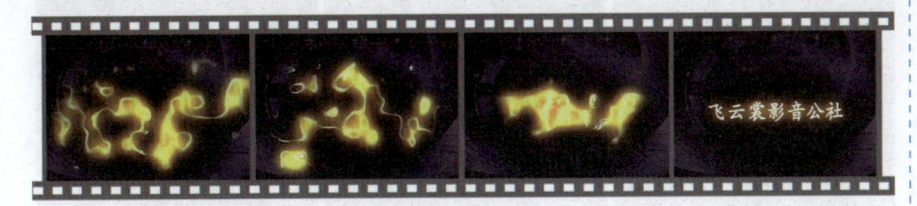

图9-106　效果展示

技术要点

- 分形杂波：创建文字模糊和置换变形的噪波贴图。
- 置换映射：产生文字的烟雾状变形。

制作过程

案例文件	工程文件\第9章\156 光影变字		
视频文件	视频\第9章\实例156.mp4		
难易程度	★★★	学习时间	16分44秒

① 打开After Effects软件，选择主菜单"图像合成"|"新建合成组"命令，创建一个新的合成，选择"预置"为PAL D1/DV，设置时长为5秒。

② 新建一个黑色固态层，添加"分形杂波"滤镜，设置"对比度"为200，"复杂性"为2，如图9-107所示。

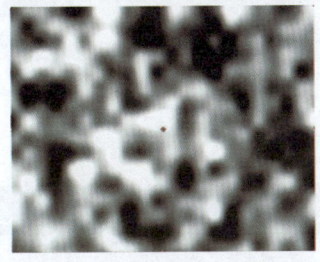

图9-107　设置分形杂波参数

③ 设置"演变"的关键帧，0秒时数值为0°，4秒时数值为720°。

④ 在时间线面板中设置该图层淡出的关键帧，3秒时不透明度为100%，4秒时为0%。

⑤ 导入一个背景图片"科技02.jpg"，将其拖动到时间线的底层，适配到合成尺寸。

⑥ 绘制一个圆形遮罩，如图9-108所示。

图9-108　设置遮罩参数

⑦ 选择文本工具，输入字符"飞云裳影音公社"，选择合适的字体、字号和勾边，如图9-109所示。

图9-109　创建文本层

⑧ 选择黑色固态层，预合成，命名为"分形纹理"，关闭其可视性。

⑨ 选择文本图层，选择主菜单"效果"|"模糊与锐化"|"复合模糊"命令，添加"复合模糊"滤镜，具体参数设置和效果如图9-110所示。

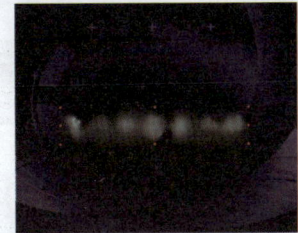

图9-110　设置复合模糊参数

⑩ 选择主菜单"效果"|"扭曲"|"置换映射"命令，添加"置换映射"滤镜，指定"映射图层"为"2.分形纹理"，其他参数设置和效果如图9-111所示。

图9-111　设置置换映射参数

⑪ 添加"辉光"滤镜，具体参数设置和效果如图9-112所示。

⑬ 从项目窗口中拖动"合成1"到合成图标 上，创建一个新的合成，重命名为"最终光影"，选择图层，选择主菜单"图层"|"时间"|"启用时间重置"命令，自动添加两个关键帧，如图9-114所示。

图9-114 应用时间重置

⑭ 分别在3秒10帧和4秒添加关键帧，向后移动4秒的关键帧到4秒15帧，减慢文字变形前的速度。

⑮ 单击播放按钮 ，查看最终光影变字的动画效果，如图9-115所示。

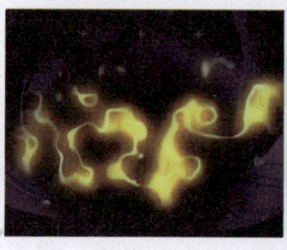

图9-115 最终光影变字效果

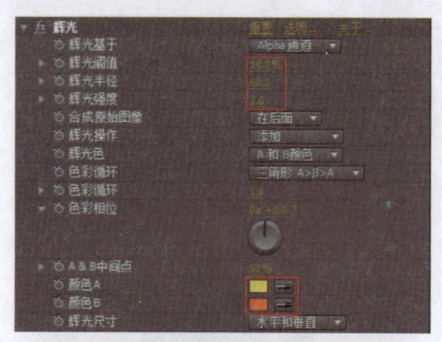

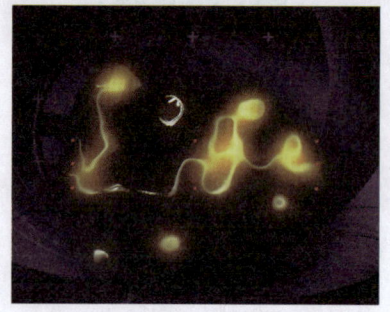

图9-112 设置辉光参数

实例157　场景补光

无论是现实中还是影片里，都离不开光线。光线不仅提供照明，可以使事物被看清，而且不同的光线还可以从视觉传达的直观认识转入形象思维的心理感应。

设计思路

在本例中首先应用动态跟踪设定灯光的运动与运动场景匹配，然后再仔细调整灯光的参数，增强灯光的造型效果。如图9-116所示为案例分解部分效果展示。

⑫ 选择文本层，设置缩放的关键帧，0秒时数值为（150,100%），3秒时数值为（100,100%）。单击播放按钮 ，查看光影变成文字的动画效果，如图9-113所示。

图9-116 效果展示

技术要点

- 动态跟踪：应用运动跟踪器对场景中的物体进行跟踪，将运动数据应用到新的灯光。
- 灯光特性：主要是调整灯光的强度、颜色的设置，尽量与原场景匹配。

案例文件	工程文件\第9章\157 场景补光		
视频文件	视频\第9章\实例157.mp4		
难易程度	★★★	学习时间	10分44秒

实例158　LOMO色调

LOMO风格是一种带有暗角的非主流风格，一直以来因其独特的韵味受人们的喜爱。

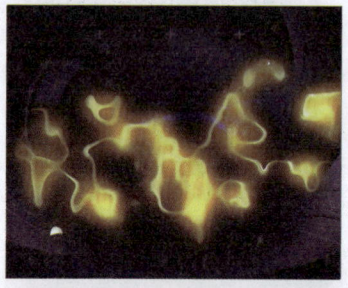

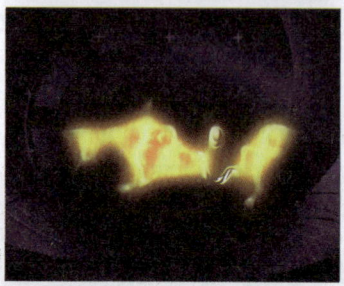

图9-113 光影变字效果

第 9 章 MV情调

▶ 设计思路

本例巧妙运用曲线调整图层，应用CC合成操作滤镜制作出主要色调，最后通过创建选区为图像添加暗角效果，完成最终效果的制作。如图9-117所示为案例分解部分效果展示。

图9-117 效果展示

▶ 技术要点

- CC合成操作：图像自身的合成操作。
- 图层混合模式：通过应用不同的混合模式，调整图像的色调和对比度。

▶ 制作过程

案例文件	工程文件\第9章\158 LOMO色调
视频文件	视频\第9章\实例158.mp4
难易程度	★★★ 学习时间 15分43秒

❶ 打开After Effects软件，导入实拍素材"女孩.mpg"到项目窗口中，拖动其到合成图标上，创建一个新的合成，如图9-118所示。

图9-118 导入素材

❷ 选择图层，添加"曲线"滤镜，降低红色通道，如图9-119所示。

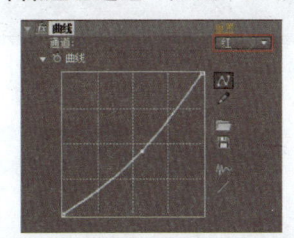

图9-119 调整曲线

❸ 添加"CC合成"滤镜，选择"合成原始图层"的选项为"强光"，调整"透明度"为75%，如图9-120所示。

图9-120 设置CC合成操作参数

❹ 新建一个黄色固态层，放置于底层，如图9-121所示。

图9-121 新建固态层

❺ 选择图像，添加"混合"滤镜，具体参数设置和效果如图9-122所示。

图9-122 设置混合参数

❻ 复制图层，关闭"混合"滤镜，添加"色相位/饱和度"滤镜，勾选"彩色化"项，调整色调和饱和度，如图9-123所示。

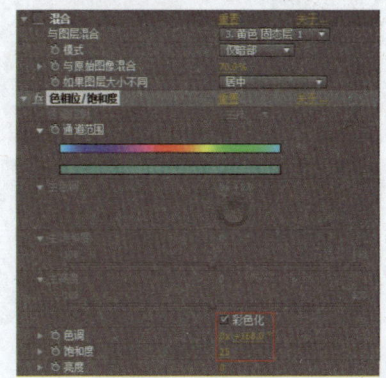

图9-123 设置色相位饱和度参数

❼ 设置图层的混合模式为"柔光"，查看合成预览效果，如图9-124所示。

图9-124 设置图层混合模式

❽ 复制图层，关闭"CC合成操作"和"色相位/饱和度"滤镜，设置图层混合模式为"屏幕"，如图9-125所示。

图9-125 复制图层并设置混合模式

❾ 绘制圆形遮罩，设置遮罩属性，如图9-126所示。

图9-126 绘制圆形遮罩

❿ 新建一个调节图层，添加"色相位/饱和度"滤镜，降低饱和度，如图9-127所示。

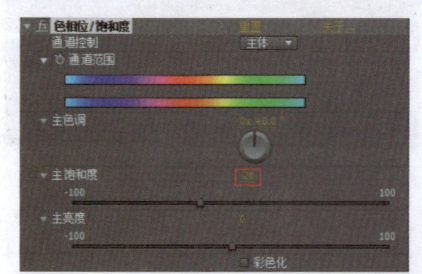

图9-127 降低饱和度

⓫ 添加"曲线"滤镜，稍降低亮度，如图9-128所示。

⓬ 新建一个黑色固态层，绘制椭圆形遮罩，形成暗角，如图9-129所示。

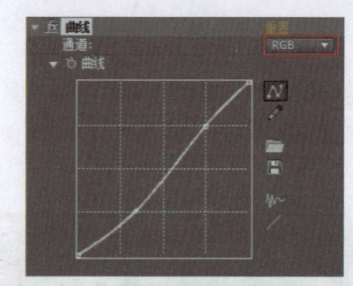

图9-128 调整曲线

图9-129 绘制圆形遮罩

⓭ 选择图层2，调整透明度为70%。单击播放按钮，查看校色后的画面效果，如图9-130所示。

图9-130 校色后画面效果

⓮ 选择文本工具，输入字符"肆意的青春"，然后添加"阴影"滤镜，如图9-131所示。

图9-131 设置阴影参数

⓯ 单击播放按钮，查看最终的LOMO色调效果，如图9-132所示。

图9-132 最终LOMO色调效果

实例159 稀落的字符

字幕的特效可谓样式繁多，破碎感、腐蚀感更能带来一种怀旧和忧伤，同时字幕的入画形式也是吸引观众的一种手段。

设计思路

本例巧妙运用分形杂波创建纹理贴图，应用紊乱置换创建文字的稀落动画效果，再通过粗糙边缘强化边缘的破损感，最后应用颜色链接滤镜赋予色彩。如图9-133所示为案例分解部分效果展示。

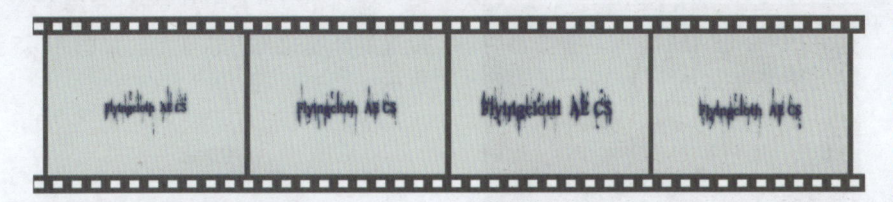

图9-133 效果展示

技术要点

- 杂乱置换：通过置换变形创建文字稀落的边缘。
- 粗糙边缘：应用其他图层的颜色。

案例文件	工程文件\第9章\159 稀落的字符		
视频文件	视频\第9章\实例159.mp4		
难易程度	★★★	学习时间	12分57秒

实例160 水晶球

晶莹剔透的水晶球总能带来美好的印象。无论是拍摄还是制作这种场景，都需要注意地面以及球体可能反射到的顶棚和反光板，否则整体效果会大打折扣。

设计思路

本例运用CC球体滤镜创建球体，通过图层混合来模拟球体表面的反射效果，再添加反射效果插件完成最终效果的制作。如图9-134所示为案例分解部分效果展示。

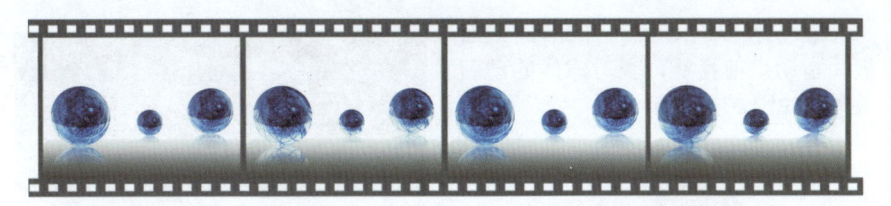

图9-134 效果展示

技术要点

- CC球体：创建立体球效果。
- VC Flect：创建模拟反射的效果。

制作过程

案例文件	工程文件\第9章\160 水晶球		
视频文件	视频\第9章\实例160.mp4		
难易程度	★★★	学习时间	40分36秒

❶ 打开After Effects软件，导入一张纹理图片pic01.jpg，拖动其到合成图标 上，创建一个合成，设置时长为10秒，如图9-135所示。

图9-135 创建新合成

❷ 选择主菜单"效果"|"扭曲"|"极坐标"命令，添加"极坐标"滤镜，如图9-136所示。

图9-136 设置极坐标参数

❸ 复制该图层，设置缩放比例为（100,-100）。选择主菜单"效果"|"过渡"|"线性擦除"命令，添加"线性擦除"滤镜，调整该图层的比例和位置，对齐视图边缘，消除中间的漏洞，如图9-137所示。

图9-137 复制图层并设置线性擦除参数

❹ 新建一个合成，选择"预置"为"PAL D1/DV方形像素"，设置时长为10秒，拖动合成pic01到时间线上，适配为合成的宽度，如图9-138所示。

图9-138 创建新合成

❺ 添加"CC球体"滤镜，具体参数设置和效果如图9-139所示。

图9-139　设置球体参数

❻ 在"CC球体"滤镜控制面板中，设置"渲染"选项为"内侧"，效果如图9-140所示。

图9-140　设置渲染选项

❼ 复制图层，设置"渲染"选项为"外侧"，设置该图层的混合模式为"屏幕"，如图9-141所示。

图9-141　设置渲染选项

❽ 在项目窗口中，复制合成pic01，重命名为"纹理"。双击打开其时间线面板，删除两个图层，导入一张HDR图片，拖动到时间线上，适配到合成尺寸，如图9-142所示。

❾ 创建一个新的合成，选择"预置"为"PAL D1/DV方形像素"，设置时长为10秒，拖动其合成"纹理"到时间线上，适配为合成的宽度。

图9-142　导入HDR图片

❿ 复制"合成1"时间线面板中pic1的"CC球体"滤镜，粘贴到"合成2"时间线面板中的图层"纹理"，如图9-143所示。

图9-143　复制球体滤镜

⓫ 切换到合成"纹理"的时间线面板，新建一个调节层，添加"偏移"滤镜，设置"中心移位"的关键帧，0秒时为（640,360），10秒时为（1920,360）。

⓬ 切换到"合成2"的时间线面板，拖动当前指针，查看球体的动画效果，如图9-144所示。

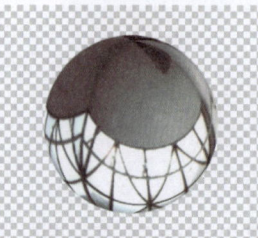

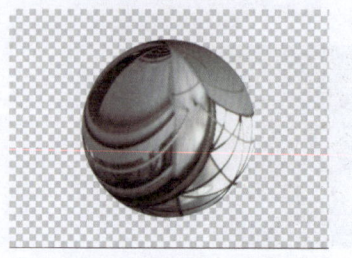

图9-144　球体动画效果

⓭ 切换到"合成1"的时间线面板，拖动其到"合成2"到时间线上，设置混合模式为"屏幕"，如图9-145所示。

图9-145　设置图层混合模式

⓮ 新建一个黑色固态层，命名为"蒙版"，绘制一个圆形遮罩，与球中心对齐，设置羽化为100，设置图层"合成 2"的蒙板模式为Alpha Inverted Matte，如图9-146所示。

图9-146　绘制圆形遮罩

⓯ 新建一个固态层，命名为"雪花"。选择主菜单"效果"|"模拟仿真"|"CC下雪"命令，添加"CC下雪"滤镜，设置"数量"为500、"速度"为0.50，如图9-147所示。

图9-147　设置CC下雪参数

⑯ 选择主菜单"效果"|"扭曲"|"光学补偿"命令，添加"光学补偿"滤镜，设置"可视区域（FOV）"为120，如图9-148所示。

图9-148　设置光学补偿参数

⑰ 拖动该图层到底层，调整比例，设置图层pic 01的混合模式为"屏幕"。单击播放按钮，查看球体的动画预览效果，如图9-149所示。

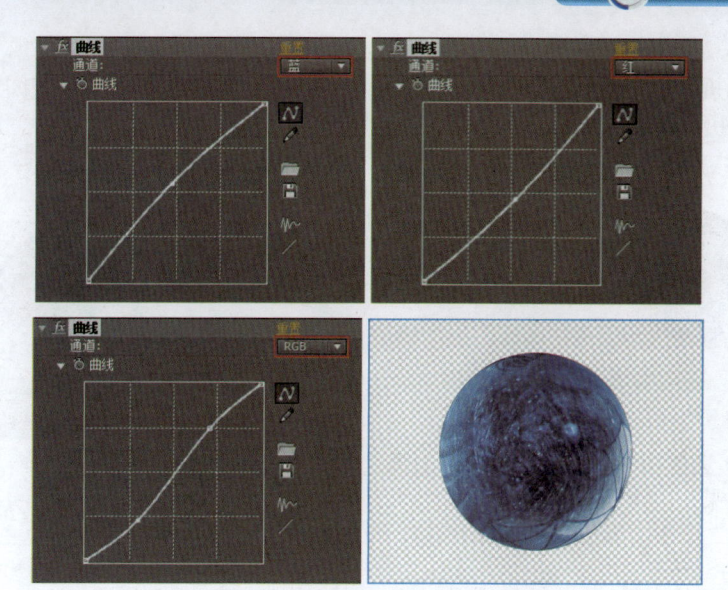

图9-150　调整曲线

图9-151　绘制椭圆遮罩

⑳ 复制图层pic 01，拖动到顶层，设置图层的混合模式为"模版Alpha"。设置图层"地平线"的混合模式为"添加"，如图9-152所示。

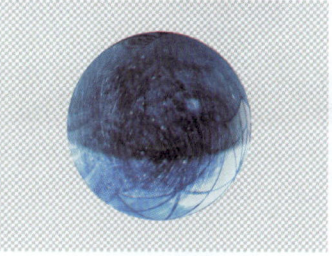

图9-152　设置图层混合模式

㉑ 拖动"合成 1"到合成图标上，创建一个新的合成，重命名为"水晶球场景"。

㉒ 新建一个固态层，命名为"地面"，添加"渐变"滤镜，激活该图层的3D属性，旋转成水平。再新建一个白色图层，命名为"背景"，调整图层"地面"的比例和位置，效果如图9-153所示。

图9-149　球体动画效果

⑱ 新建一个调节层，添加"曲线"滤镜，提高亮度和对比度，改变色调，如图9-150所示。

⑲ 新建一个白色固态层，命名为"地平线"。绘制一个椭圆遮罩，勾选"反转"项，设置羽化值为10，效果如图9-151所示。

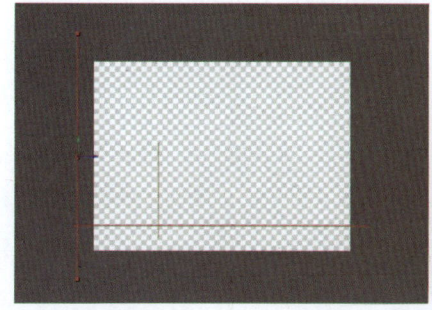

图9-153　创建背景和地面

㉓ 新建一个35mm的摄像机，调整摄像机视图，获得满意的构图，如图9-154所示。

图9-154　调整摄像机构图

㉔ 选择图层"球 1"，选择主菜单"效果"|"Video Copilot"|"VC Reflect"命令，添加VC Reflect滤镜，如图9-155所示。

㉕ 两次复制图层"球 1"，分别调整3个球体图层的位置和大小，获得一个比较好的构图，同时具有空间感，如图9-156所示。

图9-156　复制球体图层

㉖ 单击播放按钮，查看最后的水晶球动画效果，如图9-157所示。

图9-155　设置VC Relect参数

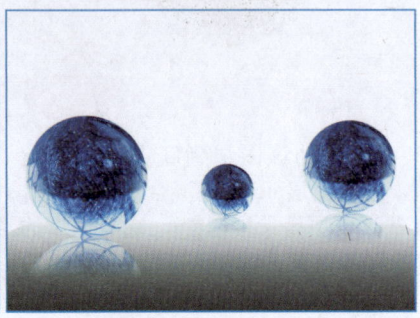

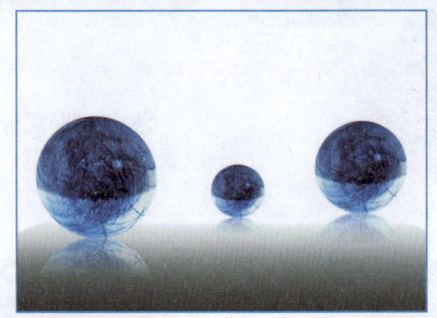

图9-157　最终水晶球动画效果

第 10 章　美术风格

媒体平台迅猛发展，电影电视作品越来越多，可观众没办法欣赏和记忆如此之多的作品，这就对创作者提出了一些要求。除了追求更高层次的创意水平之外，还要能不断运用新的表现形式，给观众带来不同味道的视觉盛宴。这一章节就对在影视作品中常用的美术风格进行探讨和交流。影视后期中的美术效果，简单地说就是组合应用滤镜让画面看起来更贴近人工创作的效果，如卡通色、水墨画效果、涂鸦和炫彩效果等。

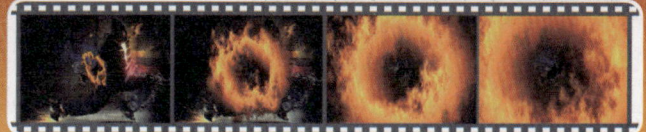

实例161　立体卡通色

卡通色的特点在于填充的颜色不需要过多细节，而图形边缘具有灰度的勾边，本例还有另一个特点就是在平面图形的基础上强调三维立体感。

设计思路

本例中主要应用描边滤镜创建多边形的轮廓，对位置运动的图层应用高密度的拖尾，从而形成立体感的色块。如图10-1所示为案例分解部分效果展示。

图10-1　效果展示

技术要点

- 描边：创建多边形的轮廓勾边。
- 拖尾：根据运动的对象创建拖尾，增强立体感。

制作过程

案例文件	工程文件\第10章\161 立体卡通色	
视频文件	视频\第10章\实例161.mp4	
难易程度	★★★	学习时间	31分56秒

❶ 启动After Effects软件，创建一个新的合成，选择"预置"为"PAL D1/DV方形像素"，设置时长为6秒。

❷ 新建一个黑色固态层，绘制五角星遮罩，如图10-2所示。

❸ 添加"描边"滤镜，设置"画笔大小"为3，如图10-3所示。

图10-2　绘制遮罩

图10-3　设置描边参数

❹ 拖动当前指针到合成的起点，调整图层的变换参数，并激活关键帧，如图10-4所示。

图10-4　创建图层变换关键帧

❺ 拖动当前指针到合成的终点，

调整图层的变换参数，如图10-5所示。

图10-5 创建图层变换关键帧

❻ 在预览视图中调整图层的运动路径，如图10-6所示。

图10-6 调整运动路径

❼ 在时间线面板中重命名黑色图层为"黄色星"。复制该图层，重命名为"紫色星"，调整定位点，如图10-7所示。

图10-7 调整图层定位点

> **提 示**
> 调整图层的缩放关键帧，使大小不同，更有层次感。

❽ 新建一个调节层，添加"拖尾"滤镜，具体参数设置和效果如图10-8所示。

图10-8 设置拖尾参数

❾ 双击图层"黄色星"，打开其时间线面板，新建一个黑色固态层，添加"四色渐变"滤镜，放置于底层，设置蒙板模式为"亮度"，如图10-9所示。

图10-9 设置图层蒙板模式

❿ 切换到"合成1"的时间线，调整"拖尾"滤镜的参数，如图10-10所示。

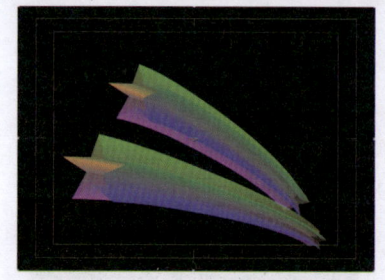

图10-10 调整拖尾参数

> **提 示**
> "重影数量"能够控制拖尾的连续性。

⓫ 双击图层"黄色星"，打开预合成的时间线，调整"四色渐变"的方位参数，如图10-11所示。

图10-11 调整四色渐变

⓬ 切换到"合成1"的时间线面板，选择图层"紫色星"，添加"色相位/饱和度"滤镜，调整主色调，如图10-12所示。

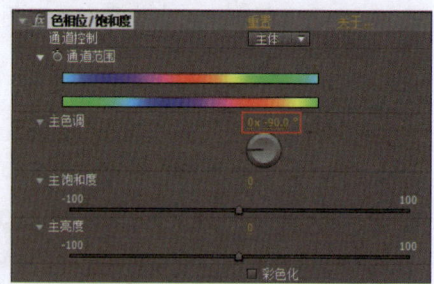

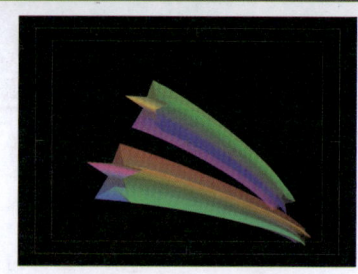

图10-12 调整色调

⓭ 双击图层"黄色星"，打开预合成的时间线，新建一个白色固态层，在五角星的顶点处绘制几个小黑点，设置该图层的透明度为60%，如图10-13所示。

图10-13 添加小黑点

> **提示**
>
> 图层上的小黑点在拖尾中将形成连续的线条。

⑭ 切换到"合成1"的时间线面板，查看卡通色的轮廓线，如图10-14所示。

图10-14　卡通色轮廓线

⑮ 在项目窗口中选择合成"黑色固态层1 合成1"，重命名为"星星边"。复制该图层，重命名为"星星面"。复制"合成1"，重命名为"合成2"。

⑯ 双击打开"星星面"的时间线面板，关闭顶层，设置底层的蒙板模式为Alpha，如图10-15所示。

图10-15　设置图层蒙板模式

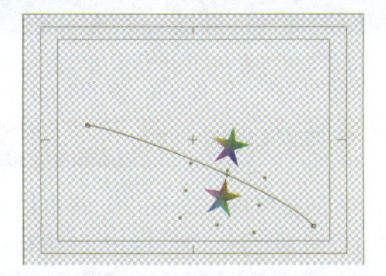

⑰ 双击"合成2"，打开其时间线面板，用图层"星星面"替换图层"紫色星"和图层"黄色星"，如图10-16所示。

图10-16　替换图层

⑱ 新建一个合成，命名为"卡通笔画"，选择"预置"为"PAL D1/DV方形像素"，设置时长为6秒。

⑲ 拖动"合成1"和"合成2"到时间线上，选择顶层的"合成2"，添加"查找边缘"滤镜，如图10-17所示。

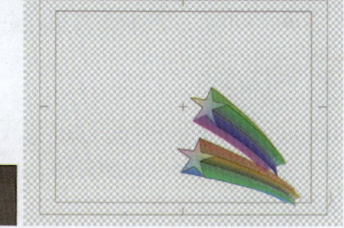

图10-17　设置查找边缘参数

⑳ 新建一个固态层，命名为"背景"，放置于底层，添加"渐变"滤镜，如图10-18所示。

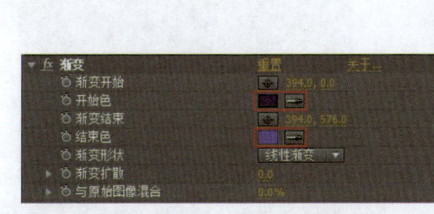

图10-18　设置渐变参数

㉑ 新建一个调节层，添加"亮度与对比度"滤镜，设置"对比度"的数值为35。

㉒ 单击播放按钮，查看最终的立体卡通色的笔画效果，如图10-19所示。

图10-19　最终立体卡通色效果

实例162　水彩画效果

水彩画是用水调和透明颜料作画的一种绘画方法，一层颜色覆盖另一层可以产生特殊的效果，适合制作风景等清新明快的小幅画作。在影视作品中也可以模拟这种效果，带给观众耳目一新的感觉，同时也会因为特殊的表现形式，增强观众的记忆。

设计思路

本例中包含两部分，一部分是通过置换映射增加图像的凹凸感，再一部分就是应用艺术画效果插件来创建水彩画的风格。如图10-20所示为案例分解部分效果展示。

图10-20　效果展示

技术要点

- 置换映射：通过亮度通道产生置换变形，增加立体感。
- Video Gogh：艺术画滤镜，创建水彩或油彩的效果。

制作过程

案例文件	工程文件\第10章\162 水彩画效果		
视频文件	视频\第10章\实例162.mp4		
难易程度	★★★	学习时间	16分48秒

① 打开After Effects软件，导入一段实拍素材"树林湖泊.MOV"到项目窗口，拖动该素材到合成图标上创建一个合成。单击播放按钮，查看素材内容，如图10-21所示。

图10-21　查看素材内容

② 复制图层，选择顶层，添加"色相位/饱和度"滤镜，降低饱和度，如图10-22所示。

图10-22　降低饱和度

③ 添加"曲线"滤镜，提高亮度和对比度，如图10-23所示。

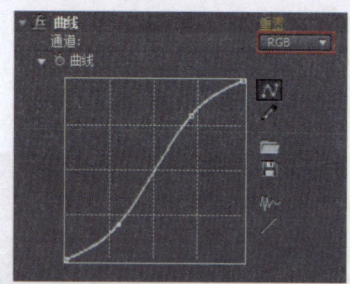

图10-23　调整曲线

④ 选择顶层，预合成，重命名为"通道"，关闭其可视性。

⑤ 新建一个调节层，添加"置换映射"滤镜，具体参数设置和效果如图10-24所示。

图10-24　设置置换映射参数

⑥ 选择主菜单"效果"|"RE:Vision Plug-ins"|"Video Gogh"命令，添加艺术画滤镜，如图10-25所示。

图10-25　设置Video Gogh参数

⑦ 单击播放按钮，查看森林的水彩画效果，如图10-26所示。

图10-26　森林水彩画效果

实例163　留色效果

突出主体的方法很多，其中颜色对比就是常用的一种。对比色具有对抗性，巧妙运用可以给人强烈的视觉效果。而留色效果则是除主体保留颜色之外所有对象都呈现灰度，以此来强调主体的重要性。

设计思路

本例中包含两个部分：一部分是通过分色滤镜将需要保留颜色的区域分离出来；第二部分则是针对分离的两个区域调整颜色。如图10-27所示为案例分解部分效果展示。

图10-27　效果展示

技术要点

- 分色：根据选取的颜色确定保留颜色和消除颜色的区域。
- 色相位/饱和度：调整色调和饱和度。

案例文件	工程文件\第10章\163 留色效果		
视频文件	视频\第10章\实例163.mp4		
难易程度	★★★	学习时间	4分53秒

实例164　水墨效果

近几年的影视作品越来越多地融入了中国传统的绘画风格，模拟水墨效果的作品也成为流行，其中的主要技巧在于图像的细节处理、色块化以及笔触边缘等方面。

设计思路

在本例中首先通过调整色阶消除画面的大部分细节，再应用中值滤镜对画面进一步柔化，最终应用笔触滤镜完善水墨效果。如图10-28所示为案例分解部分效果展示。

图10-28　效果展示

技术要点

- 色阶：调高亮度，消除图像的细节。
- 中值：图像色块化，将轮廓和色彩交界进一步柔化。
- 笔触：创建人工画笔的效果。

制作过程

案例文件	工程文件\第10章\164 水墨效果		
视频文件	视频\第10章\实例164.mp4		
难易程度	★★★	学习时间	24分30秒

❶ 打开After Effects软件，导入一段实拍素材"航拍森林湖泊.mov"，将其拖动到合成图标上，创建一个新的合成，然后设置合成的时长为10秒。

❷ 拖动当前指针，查看素材内容，如图10-29所示。

图10-29　查看素材内容

❸ 在时间线面板中复制该图层。选择下面的图层，激活Solo属性，添加"色相位/饱和度"滤镜，降低"主饱和度"为-100%，消除图像的颜色。

❹ 添加"色阶"滤镜，向左移动右边的小三角，增加输入白点，消除图像的部分明暗细节，如图10-30所示。

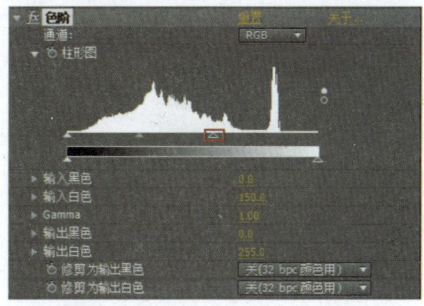

图10-30　调整色阶

❺ 添加"高斯模糊"滤镜，设置"模糊量"为6，如图10-31所示。

图10-31 设置模糊参数

❻ 选择主菜单"效果"|"杂波与颗粒"|"中值"命令，添加"中值"滤镜，设置"半径"为4，将图像色块化，如图10-32所示。

图10-32 设置中值参数

❼ 添加"非锐化遮罩"滤镜，具体参数设置和效果如图10-33所示。

图10-33 设置非锐化遮罩参数

❽ 关闭该图层的Solo属性。选择上面的图层，激活Solo属性，添加"色相位/饱和度"滤镜，降低"主饱和度"，消除图像的颜色。

❾ 添加"高斯模糊"滤镜，设置"模糊量"为8。

❿ 添加"查找边缘"滤镜，提取景物的轮廓，如图10-34所示。

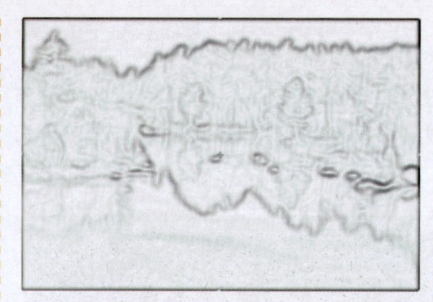

图10-34 应用查找边缘

⓫ 添加"色阶"滤镜，调整亮度和对比度，如图10-35所示。

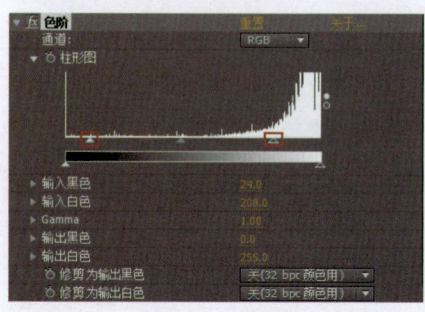

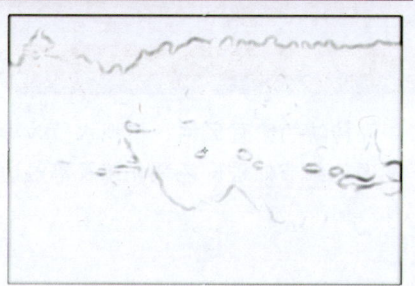

图10-35 调整色阶

⓬ 关闭顶层的Solo属性，设置该图层的混合模式为"变暗"，如图10-36所示。

图10-36 设置图层混合模式

⓭ 添加"高斯模糊"滤镜，设置"模糊量"为4，效果如图10-37所示。

图10-37 模糊图像

⓮ 添加"最大/最小"滤镜，将其拖动到"色阶"的下一级，调整参数，如图10-38所示。

图10-38 设置最大最小参数

⓯ 调整"色阶"参数，如图10-39所示。

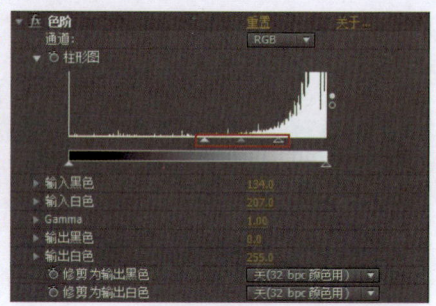

图10-39 调整色阶

⓰ 添加"笔触"滤镜，将其拖动到"高斯模糊2"的上一级，如图10-40所示。

图10-40 添加滤镜

⓱ 单击播放按钮，查看动态视频的水墨效果，如图10-41所示。

图10-41　动态视频水墨效果

实例165　淡彩效果

淡彩效果有一种梦幻的感觉，在MV和温馨的微电影作品中大量的出现。无论是风光画面，还是包含人物的镜头，如果主题气氛合适，都可以考虑这种画面的风格。

设计思路

本例中主要应用中值滤镜柔化画面的细节，再适当降低主饱和度和提高亮度，最后绘制遮罩并设置比较大的羽化值，使画面的边缘与背景自然融合。如图10-42所示为案例分解部分效果展示。

图10-42　效果展示

技术要点

- 中值：图像色块化，将轮廓和色彩交界进一步柔化。
- 绘制遮罩：淡化图像的边缘，与单色背景融合。

案例文件	工程文件\第10章\165 淡彩效果		
视频文件	视频\第10章\实例165.mp4		
难易程度	★★★	学习时间	9分56秒

实例166　墨迹飘逸

墨迹的随机动画虽然不是绘画的效果，但已经成为很抢眼的镜头内容，一是因为它的不确定性给人无限遐想，再一个就是所包含的传统元素依然具有强烈的情感吸引力。

设计思路

本例中首先应用3D描边滤镜创建沿路径的线条，然后应用两个蓝宝石系列的插件创建墨迹的边缘渗透和飘逸动画效果。如图10-43所示为案例分解部分效果展示。

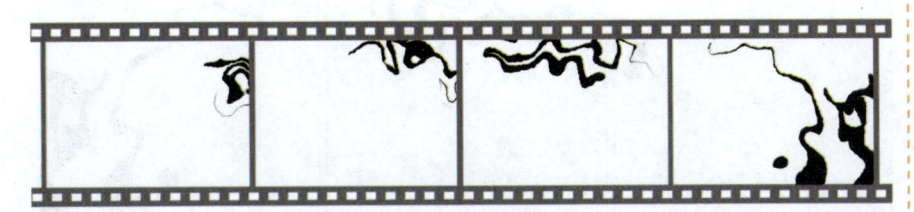

图10-43　效果展示

第10章　美术风格

技术要点

- 3D Stroke（3D描边）：创建沿路径立体描边的效果。
- S_WarpBubble：Sapphire插件组的变形效果，制作墨迹飘逸效果。

制作过程

案例文件	工程文件\第10章\166 墨迹飘逸
视频文件	视频\第10章\实例166.mp4
难易程度	★★★
学习时间	23分07秒

① 运行After Effects件，选择主菜单"图像合成"|"新建合成组"命令新建一个合成，选择"预置"为PAL D1/DV，设置时长为5秒。

② 创建一个白色的固态层，在工具栏选择钢笔工具，直接在合成预览窗口中绘制一条曲线，如图10-44所示。

图10-44　绘制自由遮罩

③ 添加"3D Stroke"滤镜，设置"厚度"为10，如图10-45所示。

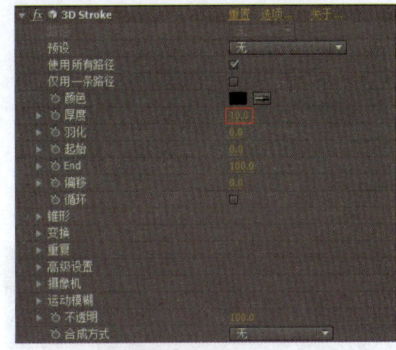

图10-45　设置3D描边参数

❹ 激活"锥形"选项组的"启用"项，这时的勾边两端是尖的，设置"锥形结尾"的参数值为100，如图10-46示。

图10-46 设置锥形参数

❺ 展开"变换"选项组，调整旋转参数，如图10-47所示。

图10-47 调整变换参数

❻ 新建一个28mm的摄像机，选择白色图层，在3D Stroke滤镜面板中展开"摄像机"选项组，勾选"使用合成摄像机"项，然后选择摄像机工具调整构图，如图10-48所示。

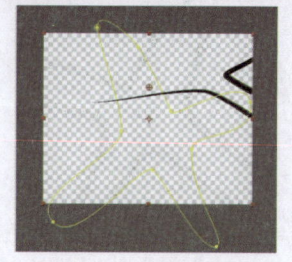

图10-48 调整摄像机

❼ 拖动当前指针到合成的起点，激活"偏移"和"Z轴方向旋转"前的码表创建关键帧。拖动当前时间指针到合成的终点，调整"偏移"的数值为100、"Z轴方向旋转"的数值为-108°，创建动画。拖动当前指针，查看描边的动画效果，如图10-49所示。

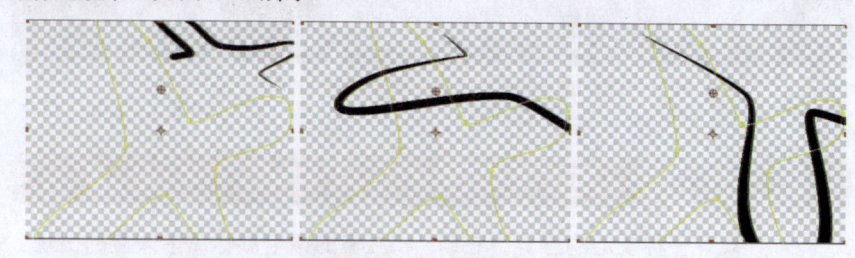

图10-49 描边动画效果

❽ 在项目窗口中，拖动"合成1"到合成图标上，创建一个新的合成，重命名为"飘逸"。在时间线面板中选择图层"合成1"，选择主菜单"效果"｜"Sapphire Distort"｜"S_WarpBubble2"命令，添加S_WarpBubble2滤镜，如图10-50所示。

图10-50 设置S_WarpBubble2参数

❾ 选择主菜单"效果"｜"Sapphire Distort"｜"S_WarpBubble"命令，添加S_WarpBubble滤镜，如图10-51所示。

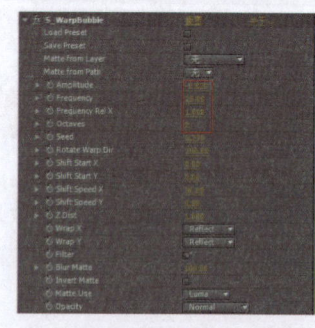

图10-51 设置S_WarpBubble参数

❿ 新建一个白色固态层，命名为"背景"，放置于底层。单击播放按钮，查看最终的墨迹飘逸的动画效果，如图10-52所示。

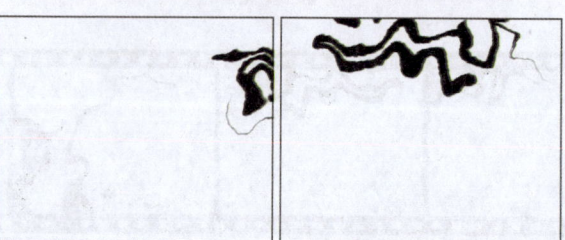

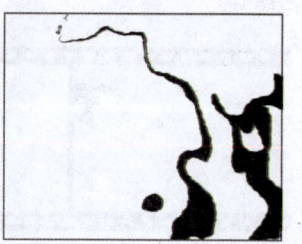

图10-52 最终墨迹飘逸效果

实例167 墨滴晕开

墨滴晕开的图片素材很容易找到，也有多种用于影视作品的方法。墨滴慢慢晕开不是简单的缩放变形，其中黑色和白色的分布也是变化的，边缘的变化更是复杂。

设计思路

本例中通过镜头光斑和分形杂波创建墨滴边缘和内部的动态纹理，应用置换映射和粗糙边缘来强调边缘的不规则效果。如图10-53所示为案例分解部分效果展示。

图10-53 效果展示

技术要点

- Light Factory：光工厂，创建墨滴扩散边缘晕染的效果。
- 置换映射：创建墨滴根据杂波变形的效果。
- 粗糙边缘：创建墨滴边缘不规则的效果。

案例文件	工程文件\第10章\167 墨滴晕开	
视频文件	视频\第10章\实例167.mp4	
难易程度	★★★	学习时间 15分57秒

实例168 涂鸦背景

涂鸦的本意是指在墙壁上乱涂乱写出的图像或画，基本上文字占的比重很大，形象的符号或标志、图形也是常见的内容。现在的涂鸦艺术中，图画相对于文字更能体现出作者所要表达的内容和其作品的主导思想。涂鸦风格多样，更新很快，且经常与其他艺术形式搭配在一起展示。

设计思路

本例中首先通过多个墨滴图层的空间排列和叠加方式组成立体感的背景，再应用描边滤镜创建了笔画动画，体现墨滴未干向下流的效果。如图10-54所示为案例分解部分效果展示。

图10-54 效果展示

技术要点

- 三维图层混合：构建多层次墨滴背景。
- 描边：创建墨滴流涎的动画效果。

制作过程

案例文件	工程文件\第10章\168 涂鸦背景
视频文件	视频\第10章\实例168.mp4
难易程度	★★★
学习时间	23分32秒

❶ 打开After Effects软件，创建一个新的合成，选择"预置"为PAL D1/DV，设置长度为5秒。

❷ 导入两个墨滴图片素材，然后拖动"墨滴01.ai"到时间线上，激活3D属性，调整位置和大小，如图10-55所示。

图10-55 调整图层位置和大小

❸ 复制该图层，重命名为"墨滴01-2"，调整位置和大小，如图10-56所示。

图10-56 调整图层位置和大小

❹ 选择底层，选择主菜单"效果"|"生成"|"填充"命令，添加"填充"滤镜，设置颜色为红色，如图10-57所示。

图10-57 设置填充颜色

⑤ 新建一个白色固态层，命名为"背景"，放置于底层。

⑥ 从项目窗口中拖动"墨滴02.ai"到时间线上，激活3D属性，调整位置和大小，如图10-58所示。

图10-58 调整图层位置和大小

⑦ 添加"渐变"滤镜，如图10-59所示。

图10-59 添加滤镜

⑧ 复制图层，重命名为"墨滴02-2"，调整位置和大小，如图10-60所示。

图10-60 调整图层位置和大小

⑨ 复制图层，重命名为"墨滴02-3"，调整位置和大小，如图10-61所示。

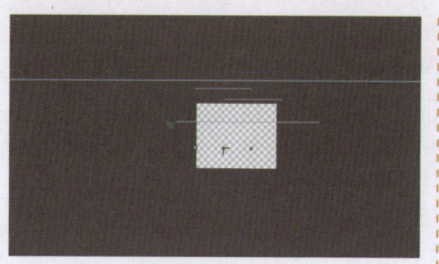

图10-61 调整图层位置和大小

⑩ 新建一个28mm的摄像机，选择摄像机工具调整构图，拖动当前指针到12帧，创建摄像机的关键帧，如图10-62所示。

图10-62 创建摄像机关键帧

⑪ 拖动当前指针到合成的起点，调整摄像机视图，如图10-63所示。

图10-63 调整摄像机构图

⑫ 拖动当前指针到合成的终点，调整摄像机视图，如图10-64所示。

图10-64 调整摄像机构图

提示

根据构图需要，可以对不同关键帧位置的视图进行调整。

⑬ 单击播放按钮，查看墨滴背景的动画效果，如图10-65所示。

图10-65 墨滴背景动画效果

⑭ 新建一个白色固态层，命名为"流动"，选择钢笔工具绘制多条遮罩，如图10-66所示。

⑮ 选择图层"流动"，添加"描边"滤镜，激活该图层的3D属性，设置混合模式为"变暗"，调整图层位

272

置和大小，如图10-67所示。

图10-66　绘制多条遮罩

图10-67　设置描边参数

⑯ 在"描边"滤镜面板中设置"结束"的关键帧，1秒时设置为0，5秒时数值为100。

⑰ 复制图层"流动"，重命名为"流动-红"，调整缩放数值为70%，在"描边"滤镜面板中调整颜色为红色，如图10-68所示。

图10-68　调整描边参数

> **提示**
> 取消勾选"连续描边"项，可以使描边动画不按照遮罩的顺序。

⑱ 拖动当前指针，查看墨迹流动的动画效果，如图10-69所示。

图10-69　墨迹流动效果

⑲ 选择文本工具，输入字符"飞云裳AE特效"，激活3D属性，调整位置和大小，如图10-70所示。

图10-70　创建文字层

第 10 章　美术风格

⑳ 添加"渐变"滤镜，调整位置，获得比较理想的构图，如图10-71所示。

图10-71　调整渐变参数

㉑ 保存工程文件，单击播放按钮，查看最终的涂鸦背景效果，如图10-72所示。

图10-72　最终涂鸦背景效果

273

实例169　铅笔素描

素描，是一种以朴素的方式去描绘客观事物，并且通常以单色的笔触及点、线、面来塑造形体的方法。在影视作品中，素描虽然不可能达到很完美的要求，但这种简单的样式往往能在眼花缭乱中得到关注。

设计思路

本例中主要应用查找边缘和笔触滤镜创建描边和笔触的效果。如图10-73所示为案例分解部分效果展示。

图10-73　效果展示

技术要点

- 查找边缘：勾勒出图像中人物的轮廓。
- 笔触：产生画笔的笔触效果。

案例文件	工程文件\第10章\169 铅笔素描		
视频文件	视频\第10章\实例169.mp4		
难易程度	★★	学习时间	3分02秒

实例170　炫彩LOGO

炫彩粒子Logo展示具有强烈的色彩对比，捉摸不定的变幻方式，让观众体味着浪漫、唯美、梦幻以及震撼的感觉，已经成为片头包装、电视栏目、企业宣传片和影视广告常用设计元素。

设计思路

本例主要应用Particular创建粒子发射，以彩色LOGO图层作为发射器，设置风向和分形场等物理参数，创建炫彩的粒子动画效果。如图10-74所示为案例分解部分效果展示。

图10-74　效果展示

技术要点

- Particular：以彩色图层作为发射器，创建彩色的粒子效果。

制作过程

案例文件	工程文件\第10章\170 炫彩LOGO		
视频文件	视频\第10章\实例170.mp4		
难易程度	★★★★	学习时间	16分34秒

❶ 运行After Effects软件，选择主菜单"图像合成"|"新建合成组"命令，新建一个合成，命名为LOGO，选择"预置"为PAL D1/DV，设置时长为5秒。

❷ 选择文本工具，输入字符"云裳幻像"，颜色为红色；再输入文字"视觉特效"和"AE CS"，颜色为蓝色和白色，如图10-75所示。

图10-75　创建文本LOGO

❸ 在项目窗口中拖动"合成1"到合成图标上，创建一个新的合成，重命名为"炫彩"。选择图层"合成1"，激活3D属性，关闭可视性。

❹ 新建一个黑色固态层，命名为"粒子"，添加Particular滤镜。展开"发射器"选项组，选择"发射类型"为"图层网格"；展开"发射图层"选项组，设置具体参数和效果如图10-76所示。

图10-76　设置发射器参数

❺ 设置"速率"为0，展开"网格发射"选项组，设置各方向的粒子数量，如图10-77所示。

第 10 章 美术风格

⑧ 展开"扰乱场"选项组,设置"影响位置"的数值为800,如图10-80所示。

图10-77 设置网格发射参数

> **提示**
> 当速率数值为0时,粒子完全保持在图层网格发射器的节点上。

⑥ 展开"粒子"选项组,设置"生命"、"尺寸"以及"不透明度"等参数,如图10-78所示。

图10-80 设置扰乱场参数

> **提示**
> 影响位置的数值直接影响粒子运动的强烈程度。

⑨ 拖动当前指针到3秒,激活"风向X""风向Y""风向Z"和"影响位置"参数的关键帧记录器,创建关键帧。

⑩ 拖动当前指针到5秒,设置"生命"为5秒,"生命随机"的数值为25%,调整"风向X""风向Y""风向Z"和"影响位置"的参数值均为0,效果如图10-81所示。

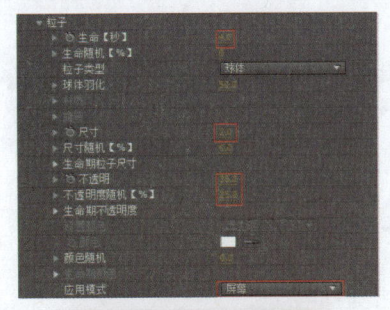

图10-78 设置粒子参数

⑦ 展开"物理学"下的Air选项组,设置风向参数,如图10-79所示。

图10-81 修改风向参数

⑪ 单击播放按钮,查看LOGO图层发射粒子的动画效果,如图10-82所示。

⑫ 新建一个28mm的摄像机,拖动当前指针到3秒,选择摄像机工具调整视图,并创建摄像机关键帧,如图10-83所示。

⑬ 拖动当前指针到合成的终点,调整摄像机视图,创建摄像机关键帧,如图10-84所示。

图10-79 设置风向参数

图10-82 图层发射粒子效果

图10-83 创建摄像机关键帧

图10-84 创建摄像机关键帧

275

⑭ 在时间线面板中，向前拖动摄像机的两组关键帧到2秒。

⑮ 新建一个调节层，添加"辉光"滤镜，具体参数设置和效果如图10-85所示。

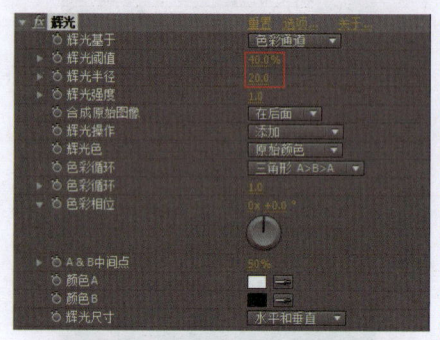

图10-85 设置辉光参数

⑯ 保存工程文件，单击播放按钮，查看最终炫彩LOGO的动画效果，如图10-86所示。

图10-86 最终炫彩LOGO效果

实例171　炫彩图案

动态的机理图案超出了日常所见，一旦出现在影视作品中都将成为亮点，因为奇特的图案样式而增强了吸引力。

设计思路

在本例中首先应用蜂巢图案创建随机运动的光点阵列，再通过放射状模糊效果使其发射光束，最终应用CC两点扭曲创建奇特的炫彩图案，需要多次尝试关键帧的调整以获得比较满意的效果。如图10-87所示为案例分解部分效果展示。

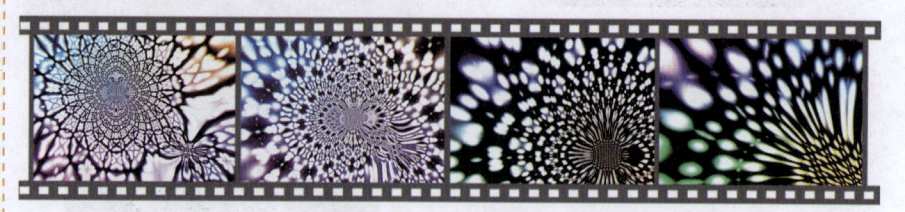

图10-87 效果展示

技术要点

- 蜂巢图案：创建随机的光点。
- CC放射状快速模糊：创建光点发射光束的效果。
- CC两点扭曲：一种奇特的扭曲变形效果。

制作过程

案例文件	工程文件\第10章\171 炫彩图案
视频文件	视频\第10章\实例171.mp4
难易程度	★★★★ 　　学习时间　　23分44秒

❶ 打开After Effects软件，创建一个新的合成，选择"预置"为PAL D1/DV，设置时长为10秒。

❷ 新建一个黑色固态层，选择主菜单"效果"|"生成"|"蜂巢图案"命令，添加"蜂巢图案"滤镜，如图10-88所示。

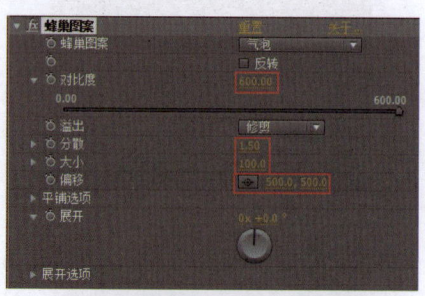

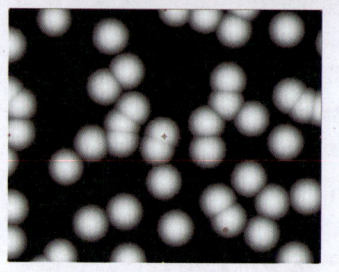

图10-88 设置蜂巢图案参数

❸ 展开"平铺选项"，具体参数设置和效果如图10-89所示。

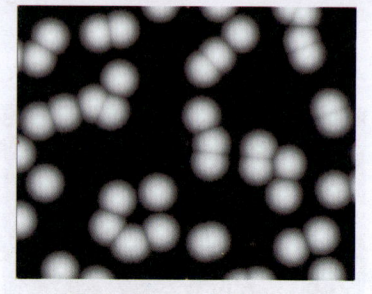

图10-89 设置平铺选项

❹ 拖动当前指针到合成起点，激活"分散""大小""偏移"和"展开"的关键帧，拖动当前指针到合成的终点，调整"分散""大小""偏移"和"展开"的数值，如图10-90所示。

❺ 单击播放按钮，查看圆点阵列的动画效果，如图10-91所示。

第 10 章 美术风格

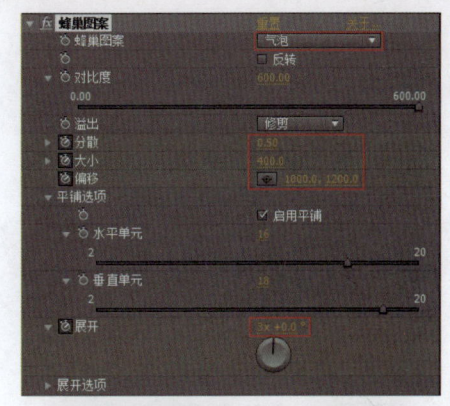

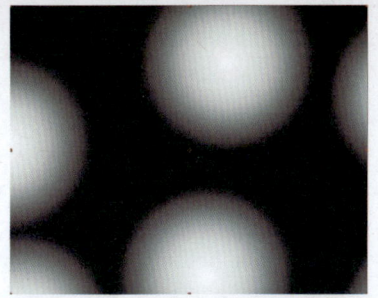

图10-90 创建蜂巢图案关键帧

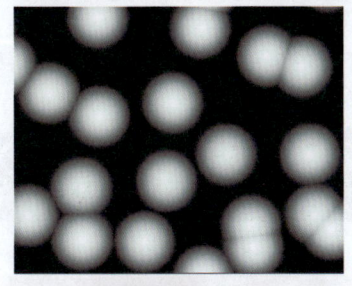

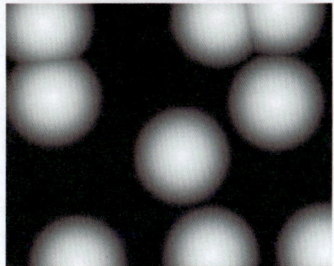

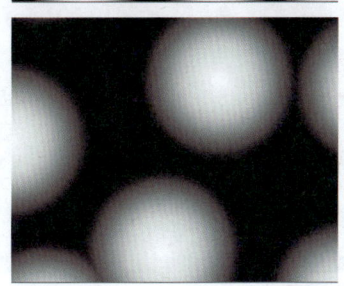

图10-91 圆点阵列动画效果

图10-92 设置放射状快速模糊参数

图10-93 设置CC两点扭曲参数

❽ 拖动当前指针到合成的起点，激活"结头1""数量1""数量2"和"衰减"参数的码表，创建第一组关键帧。拖动当前指针到合成的终点，调整这些参数，如图10-94所示。

图10-94 创建CC两点扭曲关键帧

❾ 单击播放按钮，查看动态图案的效果，如图10-95所示。

❿ 新建一个黑色固态层，命名为"四色"，添加"四色渐变"滤镜，如图10-96所示。

⓫ 拖动当前指针到合成的起点，激活"颜色1""颜色2""颜色3"和"颜色4"的码表，创建关键帧。拖动当前指针到合成的终点，调整颜色，如图10-97所示。

❻ 添加"CC放射状快速模糊"滤镜，创建圆点发射光束效果，如图10-92所示。

❼ 选择主菜单"效果"|"扭曲"|"CC两点扭曲"命令，添加"CC两点扭曲"滤镜，如图10-93所示。

图10-95 动态图案效果

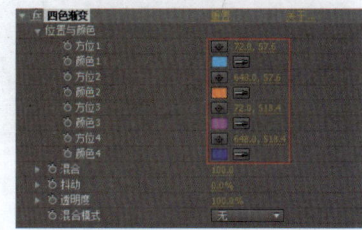

图10-96 设置四色渐变参数

图10-97 创建四色渐变关键帧

⓬ 拖动图层"四色"到底层，选择顶层，设置混合模式为"线性

277

光"。单击播放按钮▶,查看炫彩图案的动态效果,如图10-98所示。

图10-98 炫彩图案动态效果

实例172 巧克力

丝滑、柔顺,这些词是不是大多都出现在丝绸或者是最爱的巧克力身上呢?在这里,就一起来看看如何用After Effects制作出丝质柔滑的巧克力色调,那将是非常甜美的背景。

设计思路

本例中主要应用Form滤镜创建密集的粒子网格,通过设置球力场和位置置换创建表面的流动感,再应用Shine滤镜发射光芒来呈现巧克力的柔滑和颜色。如图10-99所示为案例分解部分效果展示。

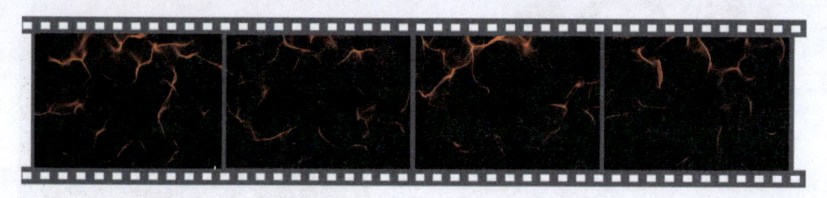

图10-99 效果展示

技术要点

- Form:创建流动纹理。
- Shine:创建发光效果,柔滑纹理。

案例文件	工程文件\第10章\172 巧克力		
视频文件	视频\第10章\实例172.mp4		
难易程度	★★★	学习时间	11分28秒

实例173 异彩流光

七彩的光线,完全依靠快速运动的模糊效果来形成,而且光线组成的颜色由画笔颜色来定制。

设计思路

在本例中的第一步是绘制多种颜色多种形状的笔画,然后设置图层的快速运动,当激活运动模糊时就有了光线的效果。拼接组合多个图层后形成比较长的光线,最后通过贝塞尔弯曲将光线变成需要的形状。如图10-100所示为案例分解部分效果展示。

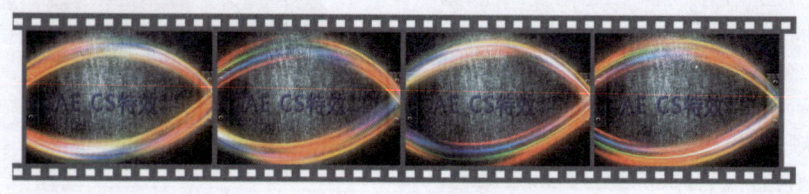

图10-100 效果展示

技术要点

- 绘画:绘制不同颜色、不同形状的笔画。
- 运动模糊:快速运动的色块因为运动模糊变得连续。
- 贝塞尔弯曲:调整光线的形状。

制作过程

案例文件	工程文件\第10章\173 异彩流光
视频文件	视频\第10章\实例173.mp4
难易程度	★★★★
学习时间	30分29秒

❶ 打开After Effects软件,选择主菜单"图像合成"|"新建合成组"命令,创建一个新的合成,设置"宽"的数值为1500、"高"的数值为300,设置时长为6秒。

❷ 新建一个黑色固态层,双击该图层以打开图层视图。选择笔刷工具🖌,直接在图层视图中绘制笔画,更换不同的颜色和笔刷大小,如图10-101所示。

图10-101 绘制多样笔画

提示

绘制笔画时,尽量使形状和颜色不规则,这样在后面产生的光线才更绚丽。

❸ 新建一个合成,选择"预置"为PAL D1/DV,命名为"流光",设置时长为6秒。拖动"合成1"到时间线面板中,设置该图层在10帧的时间内飞越屏幕的关键帧,如图10-102所示。

图10-102 创建图层飞越屏幕动画

第 10 章 美术风格

④ 激活合成和该图层的运动模糊，如图10-103所示。

图10-103 激活运动模糊

⑤ 选择主菜单"图像合成"|"图像合成设置"命令，弹出"图像合成设置"对话框，打开"高级"选项卡，设置"快门角度"为360，如图10-104所示。

图10-104

> **提 示**
>
> 增大快门角度，是增强运动模糊效果的有效途径；还有一种方法就是增加运动速度。

⑥ 设置图层的纵向缩放数值为35%。然后多次复制图层，在时间线面板中调整入点，使运动过程保持连续，如图10-105所示。

图10-105 多个图层连续排列

> **提 示**
>
> 间隔不要求均匀，这样的效果反而更好一些。

⑦ 拖动当前指针，查看图层的连续运动效果，如图10-106所示。

图10-106 图层连续运动效果

⑧ 在项目窗口中拖动合成"流光"到合成图标上，新建一个合成，重命名为"异彩流光"。在时间线面板中选择图层"流光"，添加"贝塞尔弯曲"滤镜，在合成视图中直接调整控制点，形成曲线效果，如图10-107所示。

图10-107 调整光线形状

⑨ 选择主菜单"效果"|"风格化"|"辉光"命令，添加"辉光"滤镜，具体参数设置和效果如图10-108所示。

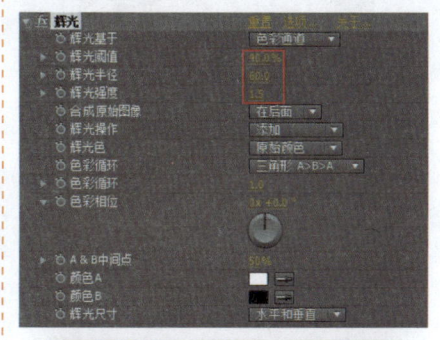

图10-108 设置辉光参数

⑩ 设置图层的混合模式为"屏幕"，激活图层的3D属性，调整图层旋转参数，如图10-109所示。

⑪ 复制该图层，自动命名为"流光2"，调整位置和角度，如图10-110所示。

279

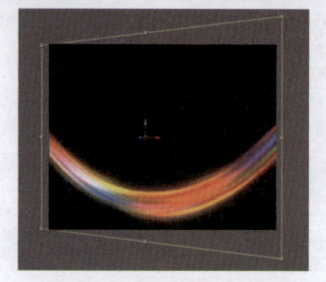

图10-109　调整图层变换参数

图10-110　调整图层位置和角度

⑫ 导入"铁纹理"图片作为背景，放置于底层，查看合成预览效果，如图10-111所示。

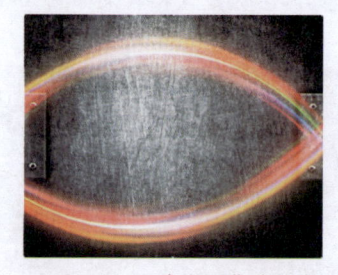

图10-111　合成预览效果

⑬ 选择文本工具，输入字符"AE CS特效"，设置文本属性，添加"斜角Alpha"滤镜，接受默认设置即可，如图10-112所示。

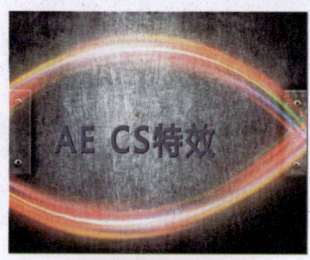

图10-112　创建文本层

⑭ 选择文本图层，设置混合模式为"强光"，查看合成预览效果，如图10-113所示。

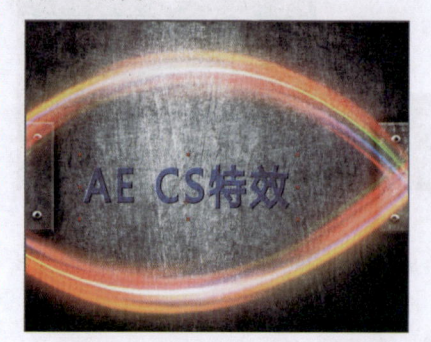

图10-113　设置图层混合模式

⑮ 选择背景图片，添加"曲线"滤镜，降低亮度，稍减少红色，如图10-114所示。

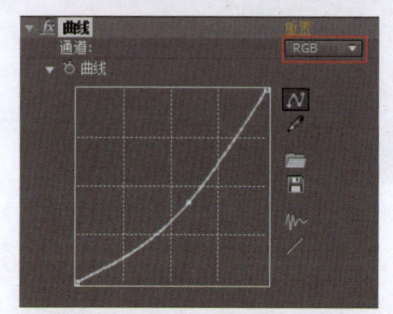

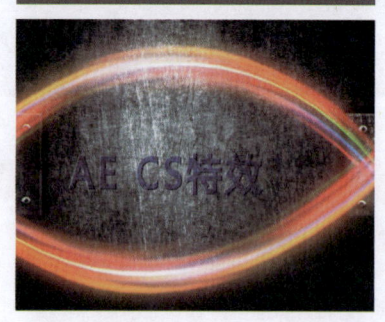

图10-114　调整曲线

⑯ 单击播放按钮，查看光线的流动效果，如图10-115所示。

⑰ 选择上面的图层"流光"，选择主菜单"图层"|"时间"|"时间伸缩"命令，在弹出的"时间伸缩"对话框中设置"伸缩比例"为125%；选择下面的图层"流光"，设置时间伸缩比例为120%。

图10-115　光线流动效果

⑱ 单击播放按钮，查看异彩流光的动画效果，如图10-116所示。

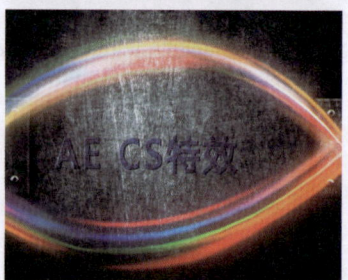

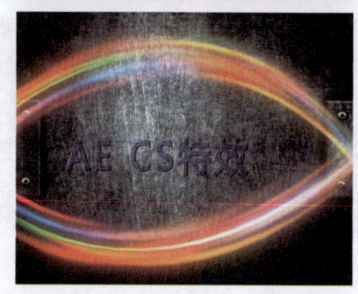

图10-116　异彩流光动画效果

实例174　燃烧效果

将图像燃烧成灰烬或者显露出另一个图像，那么燃烧就承载着时空转变的意义，在视觉上具有强烈的冲击力，同时火焰与图像的合成也具有独特的多样性和设计感。

设计思路

本例中首先应用椭圆滤镜创建由小变到大逐渐扩展的圆形，这也是产生燃烧的主体部分。再应用置换映射滤镜产生支离破碎的动画，通过选择合适的图层叠加模式，创建火焰的颜色效果。如图10-117所示为案例分解部分效果展示。

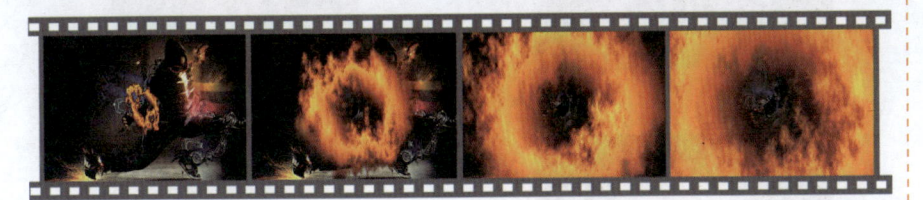

图10-117　效果展示

技术要点

- 椭圆：创建椭圆形状，设置由小到大的动画。
- 置换映射：产生支离破碎的效果。
- 图层叠加：创建火焰的颜色效果。

制作过程

案例文件	工程文件\第10章\174 燃烧效果		
视频文件	视频\第10章\实例174.mp4		
难易程度	★★★★	学习时间	21分29秒

❶ 运行After Effects软件，新建一个合成，命名为"火"，选择"预置"为PAL/DV，设置时长为6秒。

❷ 新建一个黑色固态层，选择主菜单"效果"|"生成"|"椭圆"命令，添加"椭圆"滤镜，具体参数设置和效果如图10-118所示。

❸ 拖动当前指针到合成的起点，在时间线面板中激活"宽""高"和"厚度"前的码表，创建关键帧，拖动当前指针到合成的终点，调整参数值，如图10-119所示。

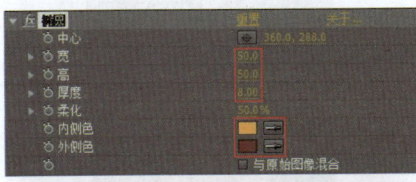

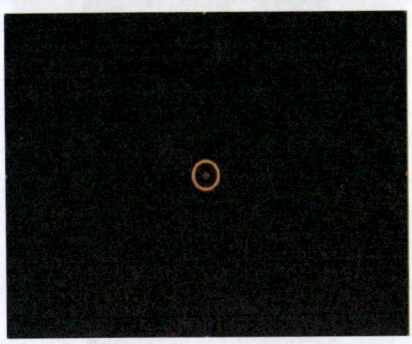

图10-118　设置椭圆参数

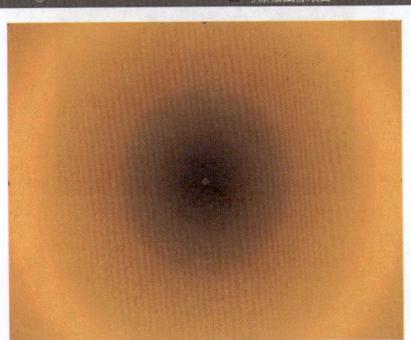

图10-119　创建椭圆尺寸关键帧

❹ 拖动当前指针，查看圆环的动画效果，如图10-120所示。

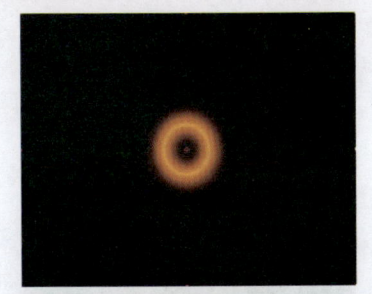

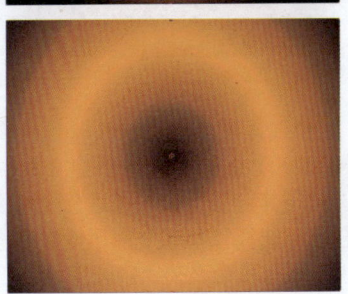

图10-120　圆环动画效果

❺ 新建一个黑色固态层，命名为"杂波"，添加"分形杂波"滤镜，拖动当前指针到合成的起点，具体参数设置和效果如图10-121所示。

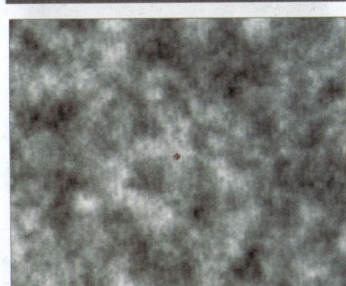

图10-121　设置分形杂波参数

❻ 拖动当前指针到合成的终点，调整参数，如图10-122所示。

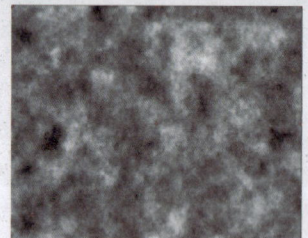

图10-122 调整分形杂波参数

❼ 选择图层"杂波",预合成,选择"移动全部属性到新建合成中"项,关闭其可视性。选择黑色固态层,预合成,选择"移动全部属性到新建合成中"项,重命名为"椭圆"。

❽ 导入一张海报图片,放置于底层。选择主菜单"图层"|"变换"|"适配为合成高度"命令,然后预合成,选择"移动全部属性到新建合成中"项,重命名为"背景"。

❾ 选择图层"背景",设置蒙板模式为"Alpha反转",如图10-123所示。

图10-123 设置蒙板模式

❿ 选择图层"椭圆",添加"置换映射"滤镜,具体参数设置和效果如图10-124所示。

⓫ 复制图层"椭圆",打开可视性,查看合成预览效果,如图10-125所示。

⓬ 复制图层"椭圆",放置于顶层。选择图层"杂波 合成1",打开

其可视性,设置混合模式为Alpha,查看合成预览效果,如图10-126所示。

图10-124 设置置换映射参数

图10-125 合成预览效果

图10-126 合成预览效果

⓭ 设置图层的混合模式,获得火焰灼烧的颜色,如图10-127所示。

图10-127 设置混合模式

⓮ 单击播放按钮,查看模拟燃烧的动画效果,如图10-128所示。

⓯ 分别选择3个"椭圆"图层,在"置换映射"滤镜面板中勾选"像素包围"项,消除边缘的空缺,如图10-129所示。

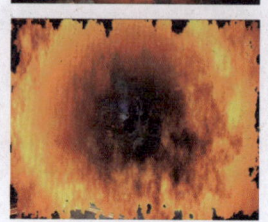

图10-128 模拟燃烧效果

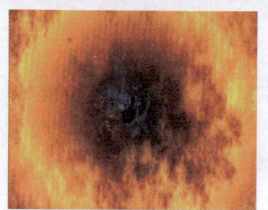

图10-129 调整置换映射参数

⓰ 单击播放按钮,查看最终的燃烧效果,如图10-130所示。

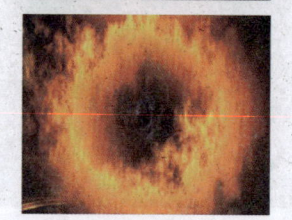

图10-130 最终燃烧效果

实例175　火龙

接下来又是一个火焰的色彩，不过是一个很抽象的飞龙。这种效果往往不是一开始就想到的，而是在调整分形杂波参数时偶然获得的，然后多次调整参数直到满意的结果。

设计思路

本例中主要应用分形杂波滤镜创建紊乱的噪波纹理，模拟火龙的运动效果，应用彩色光滤镜为纹理上色，呈现火红的颜色。如图10-131所示为案例分解部分效果展示。

图10-131　效果展示

技术要点

- 分形杂波：创建紊乱的噪波纹理。
- 彩色光：为纹理上色，呈现火红的效果。

案例文件	工程文件\第10章\175 火龙		
视频文件	视频\第10章\实例175.mp4		
难易程度	★★★	学习时间	24分28秒

实例176　铁艺花饰

铁艺即铁艺术，有着悠久的历史，主要运用于建筑、家居、园林的装饰等领域。铁制品已经从实用性向装饰性、艺术性以及向更有诗情画意的境地前进了一大步。由于艺术家的参与，才使铁制品获得了生命力，而且具有不同的风格，既可以整体形象庄严、肃穆，线条与构图较为简单明朗，也可以充满浪漫温馨、雍容华贵的气息。

设计思路

本例中首先参照铁艺花饰的轮廓绘制遮罩，然后应用描边滤镜创建显露这些花饰的动画，再添加不同的图层样式增加花饰的立体感、光泽以及叠加颜色。如图10-132所示为案例分解部分效果展示。

图10-132　效果展示

技术要点

- 描边：创建沿花饰轮廓的描边动画效果。
- 图层样式：创建花饰浮雕、光泽以及图层叠加效果。

制作过程

案例文件	工程文件\第10章\176 铁艺花饰
视频文件	视频\第10章\实例176.mp4
难易程度	★★★
学习时间	33分04秒

❶ 打开After Effects软件，导入花饰图片素材004.psd、006.psd、012.psd和013.psd，选择主菜单"图像合成"|"新建合成组"命令，创建一个新的合成，选择"预置"为PAL D1/DV，设置时长为5秒。

❷ 拖动004.psd到时间线上，选择钢笔工具，参考花饰图案绘制自由遮罩，如图10-133所示。

图10-133　绘制自由遮罩

❸ 复制遮罩，调整遮罩的位置和形状，如图10-134所示。

图10-134　复制遮罩

❹ 添加"描边"滤镜，具体参数设置和效果如图10-135所示。

图10-135　设置描边参数

283

⑤ 分别在0帧和15帧创建"结束"的关键帧，设置数值为0%和100%。选择"绘制风格"选项为"显示原始图像"，拖动当前指针，查看花饰元素显现的动画效果，如图10-136所示。

图10-136　花饰显现动画效果

⑥ 选择该图层，预合成。

⑦ 拖动006.psd到时间线上，激活Solo属性，选择钢笔工具参考花饰图案绘制自由遮罩，如图10-137所示。

图10-137　绘制自由遮罩

⑧ 添加"描边"滤镜，具体参数设置和效果如图10-138所示。

⑨ 分别在0帧和20帧创建"结束"的关键帧，设置数值为0%和100%。选择"绘制风格"的选项为"显示原始图像"，拖动当前指针，查看花饰元素显现的动画效果，如图10-139所示。

⑩ 选择该图层，预合成。

图10-138　设置描边参数

图10-139　花饰显现动画效果

⑪ 用上面的方法为花饰素材012.psd和013.psd创建显现的动画并进行预合成，如图10-140所示。

图10-140　多个花饰动画预合成

⑫ 分别调整花饰元素的位置、旋转和大小，构成一朵完整的花，如图10-141所示。

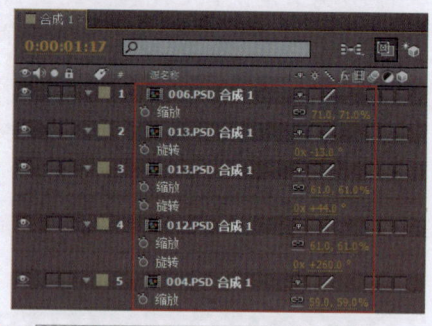

图10-141　调整图层变换参数

⑬ 在项目窗口中拖动"合成1"到合成图标上，创建一个新的合成，命名为"合成2"。新建一个固态层，命名为"背景"，放置于底层，添加"渐变"滤镜，接受默认值。

⑭ 选择图层"合成1"，选择主菜单"图层"|"图层样式"|"阴影"命令，参数和效果如图10-142所示。

图10-142　添加阴影样式

⑮ 选择主菜单"图层"|"图层样式"|"内侧辉光"命令，参数和效果如图10-143所示。

⑯ 选择主菜单"图层"|"图层样式"|"斜边与浮雕"命令，参数和效果如图10-144所示。

第 10 章 美术风格

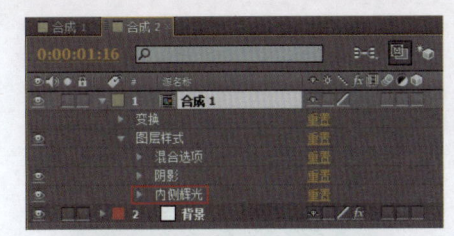

图10-143 添加内侧辉光样式

图10-144 添加斜边与浮雕样式

⑰ 选择主菜单"图层"|"图层样式"|"光泽"命令，参数和效果如图10-145所示。

图10-145 添加光泽样式

⑱ 选择主菜单"图层"|"图层样式"|"颜色叠加"命令，参数和效果如图10-146所示。

图10-146 添加颜色叠加样式

⑲ 选择主菜单"图层"|"图层样式"|"渐变叠加"命令，参数如图10-147所示。

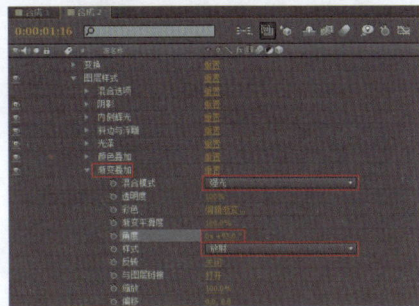

图10-147 添加渐变叠加样式

⑳ 拖动当前指针，查看花饰逐渐显现的动画效果，如图10-148所示。

㉑ 绘制一个圆形图形，设置描边宽度为13，添加图层样式"阴影"、"内侧辉光"、"斜边与浮雕"和"光泽"，颜色为蓝色，如图10-149所示。

图10-148 花饰显现动画效果

图10-149 创建蓝色浮雕圆环

㉒ 新建一个白色固态层，命名为"蒙版"。绘制一个圆形遮罩，添加"描边"滤镜，分别在0秒和3秒设置"结束"的关键帧，数值为0%和100%，如图10-150所示。

图10-150 设置描边参数

㉓ 选择圆形形状图层，设置蒙板模式为Alpha，这样就实现了圆环逐渐显现的动画。根据时间线先后调整花

285

饰单元"合成1"的位置和出现的起点，如图10-151所示。

图10-151 调整图层起点顺序

24 创建一个调节层，添加"色彩平衡"滤镜，调整"饱和度"至 -100。再添加"曲线"滤镜，如图10-152所示。

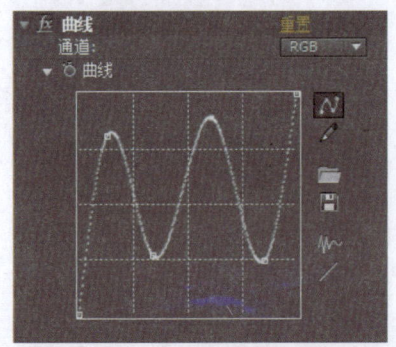

图10-152 调整曲线

25 关闭"背景"图层的可视性，添加"色相位/饱和度"滤镜，如图10-153所示。

26 在项目窗口中拖动"合成2"到合成图标 上，创建一个新的合成，重命名为"合成3"。复制"合成2"中的图层"背景"并粘贴到"合成3"的时间线中，放置于底层，查看合成预览效果，如图10-154所示。

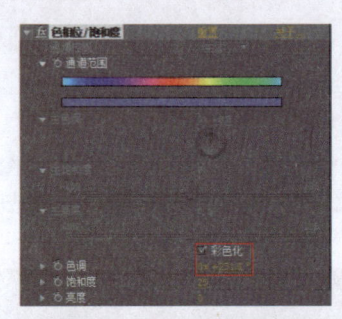

图10-153 设置色相位/饱和度参数

图10-154 合成预览效果

27 选择文本工具 ，输入字符"云裳幻像"，设置字符属性，如图10-155所示。

28 添加"渐变"滤镜，如图10-156所示。

29 添加"斜边Alpha"滤镜和图层样式"阴影"。

图10-155 创建文本层

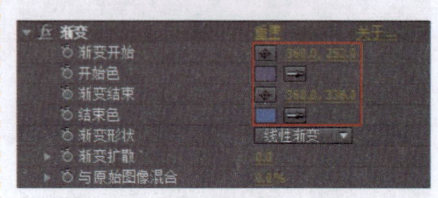

图10-156 设置渐变参数

30 设置文本图层3秒到3秒15帧的淡入动画，单击播放按钮 ，查看最终铁艺花饰的动画效果，如图10-157所示。

图10-157 最终铁艺花饰动画效果

实例177 泥胎文字

泥塑工艺有着相当大的吸引人，把这种凹凸感和破裂感用于文字效果，同样会有着意想不到的惊奇。

设计思路

在本例中首先要创建泥胎的质感和破裂动画，通过矢量模糊将泥胎文字进行光滑处理，使其看起来更像泥。如图10-158所示为案例分解部分效果展示。

图10-158 效果展示

技术要点

- 置换映射：创建泥胎文字的破裂感和凹凸感。
- CC矢量模糊：通过矢量模糊创建泥胎的光滑质感。

案例文件	工程文件\第10章\177 泥胎文字		
视频文件	视频\第10章\实例177.mp4		
难易程度	★★★	学习时间	6分01秒

实例178 字幻飞舞

这是一个算不上美术风格的特效，不过文字的变换和优美的拖尾相当有吸引力和冲击力，具备一种令人幻想的美感。

设计思路

本例中主要应用自动跟踪将文本转化成路经，再应用电波滤镜创建放射波动画，获得字幻飞舞的动画效果。如图10-159所示为案例分解部分效果展示。

图10-159 效果展示

技术要点

- 电波：创建放射波效果。
- 自动跟踪：文本转化成路经。

制作过程

案例文件	工程文件\第10章\178 字幻飞舞		
视频文件	视频\第10章\实例178.mp4		
难易程度	★★★★	学习时间	31分22秒

① 打开After Effects软件，选择主菜单"图像合成"|"新建合成组"命令，创建一个新的合成，命名为"变幻"，选择"预置"为PAL D1/DV，设置时长为40秒。

② 新建一个白色固态图层，选择主菜单"效果"|"生成"|"电波"命令，添加"电波"滤镜，如图10-160所示。

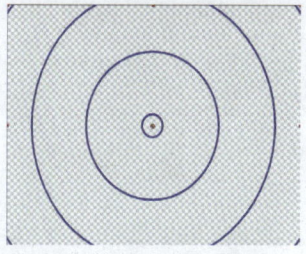

图10-160 添加电波滤镜

③ 按住Alt键单击"产生点"前的码表，添加如下表达式。单击播放按钮，查看电波的动画效果，如图10-161所示：

wiggle(1,200);

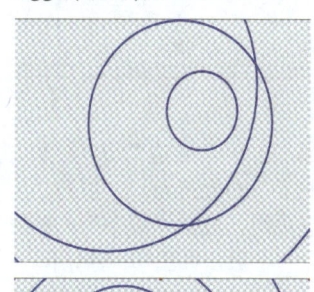

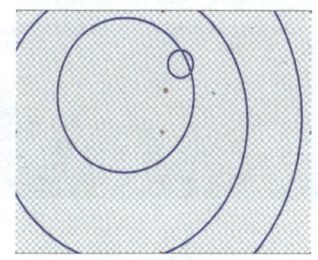

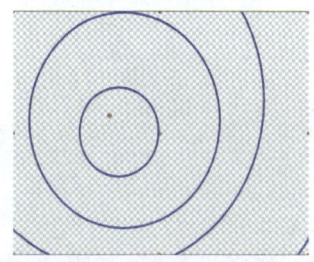

图10-161 电波动画效果

❹ 展开"多边形"选项组,设置"边数"的数值为4,效果如图10-162所示。

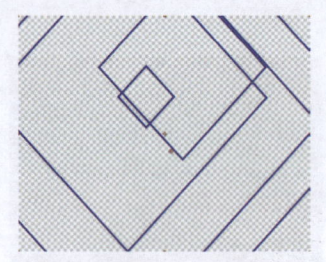

图10-162 设置多边形参数

❺ 在合成视图中直接绘制一个矩形遮罩,在滤镜控制面板中选择"波形类型"为"遮罩",选择"遮罩""遮罩1",如图10-163所示。

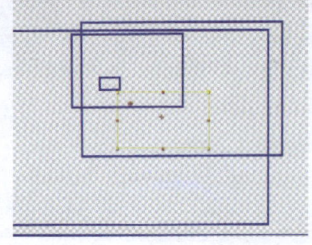

图10-163 调整电波参数

❻ 展开"描边"选项组,设置"透明度"的数值为0.5。展开"波形运动"选项组,设置"频率""扩展"和"寿命"参数,如图10-164所示。

图10-164 设置波形运动参数

❼ 新建一个白色固态层,命名为"背景",放置于底层,添加"渐变"滤镜,如图10-165所示。

图10-165 设置渐变参数

❽ 选择主菜单"图像合成"|"新建合成组"命令,创建一个新的合成,命名为"文本变形",选择"预置"为PAL D1/DV,设置长度为40秒。

❾ 选择文本工具,输入字符AE,减小字间距,使两个字符连接在一起。选择主菜单"图层"|"自动跟踪"命令,弹出对话框,设置如图10-166所示。

图10-166 设置"自动跟踪"对话框

❿ 单击"确定"按钮,自动创建一个图层,如图10-167所示。

图10-167 创建自动跟踪图层

⓫ 选择文本工具输入字符CS,减小字间距,使两个字符连接在一起。选择主菜单"图层"|"自动跟踪"命令,设置和效果如图10-168所示。

图10-168 创建自动跟踪图层

⓬ 新建一个白色图层,命名为"变形"。选择遮罩工具绘制一个矩形遮罩,拖动当前指针到合成的起点,激活"路径形状"前的码表,创建第一个关键帧。

⓭ 拖动当前指针到15秒,选择图层"自动跟踪AE",激活"路径形状"前的码表,创建一个关键帧。然后复制该关键帧,粘贴到图层"变形"上。拖动当前指针到30秒,选择图层"自动跟踪CS",激活"路径形状"前的码表,创建一个关键帧,然后复制该关键帧,粘贴到图层"变形"上,这样图层"变形"就具备了一个变形的遮罩,如图10-169所示。

图10-169 遮罩变形

第 10 章 美术风格

⑭ 在时间线面板中单击"遮罩形状"属性，选择全部的关键帧并进行复制。切换到"合成1"的时间线面板，拖动当前指针到合成的起点，选择"遮罩形状"进行粘贴，如图10-170所示。

图10-170　复制遮罩关键帧

⑮ 拖动当前指针，查看字符变换的动画效果，如图10-171所示。

⑰ 保存工程文件，单击播放按钮，查看字幻飞舞的预览效果，如图10-173所示。

图10-173　字幻飞舞效果

实例179　油面背景

不规则的背景纹理因为多变而一直受部分设计师偏爱，比如一旦在水面上有散落的油，波光粼粼中就会显示绚丽的色彩，可以用作字幕的背景。

设计思路

本例中首先应用分形杂波滤镜创建波动的油面动画，再通过四色渐变滤镜为液面上色，获得多彩的油面效果。如图10-174所示为案例分解部分效果展示。

图10-174　效果展示

图10-171　字符变换动画

⑯ 调整描边的颜色，如图10-172所示。

技术要点

- 分形杂波：创建液面的波动效果。
- 四色渐变：为液面上色。

案例文件	工程文件\第10章\179 油面背景
视频文件	视频\第10章\实例179.mp4		
难易程度	★★	学习时间	3分59秒

实例180　七彩折扇

扇子是中国传统的工艺品，被用作设计元素的情形越来越多。在影视作品中可以用在镜头转场时，可以用于字幕或LOGO显现的动画。

设计思路

折扇展开并非简单地按顺序旋转动画，相邻的扇片之间是存在角度关联

图10-172　调整描边颜色

289

的。本例中主要应用表达式控制图层的旋转动画和颜色的变化。如图10-175所示为案例分解部分效果展示。

图10-175 效果展示

技术要点

- 表达式：应用表达式控制图层的旋转动画和颜色的变化。

制作过程

案例文件	工程文件\第10章\180 七彩折扇
视频文件	视频\第10章\实例180.mp4
难易程度	★★★★ 学习时间 12分23秒

① 打开After Effects软件，选择主菜单"图像合成"|"新建合成组"命令，创建一个新的合成，选择"预置"为PAL D1/DV，设置时长为6秒。

② 选择矩形工具绘制一个长条矩形，如图10-176所示。

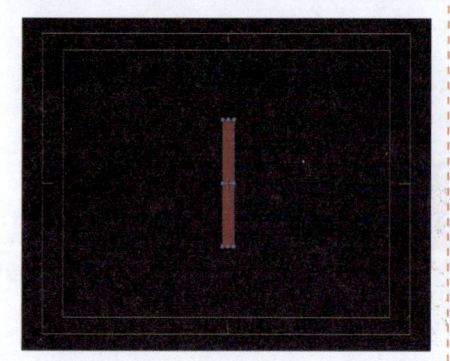

图10-176 绘制矩形

③ 调整矩形的位置，选择锚点工具调整轴心点在矩形的底端，如图10-177所示。

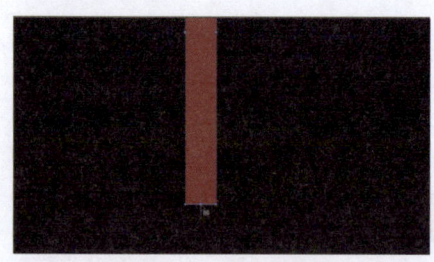

图10-177 调整轴线点

④ 添加"色相位/饱和度"滤镜，设置如图10-178所示。

⑤ 新建一个空白对象，选择主菜单"效果"|"表达式控制"|"角度控制"命令，添加"角度控制"滤镜，设置Angle的关键帧，0秒时为0°，5秒为12°。

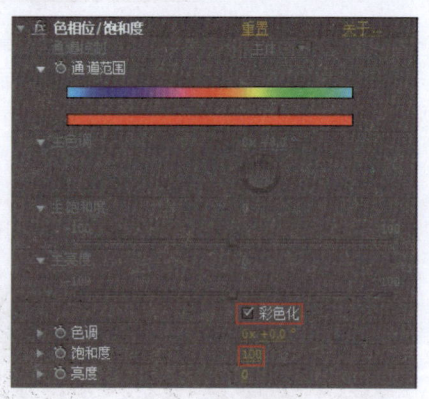

图10-178 调整色相位/饱和度参数

⑥ 在时间线面板中，选择"形状图层1"，按R键展开"旋转"属性，按住Alt键单击码表，然后添加如下表达式。拖动时间线指针，查看红色矩形的动画效果，如图10-179所示：

controller=thisComp.layer("空白1");

angle=thisComp.layer("空白 1").effect("角度控制")("Angle");

angle*(index-controller.index);

⑦ 复制"形状图层 1"，重命名为"形状图层 2"，在"色相位/饱和度"滤镜制面板中，调整"色调"为黄色，如图10-180所示。

⑧ 连续10次复制图层"形状图层2"，分别调整"色调"的颜色，组成一个七彩的折扇，如图10-181所示。

图10-179 矩形动画效果

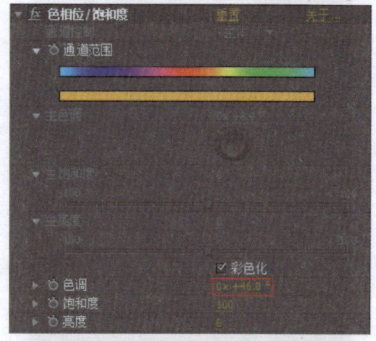

图10-180 调整色相位饱和度

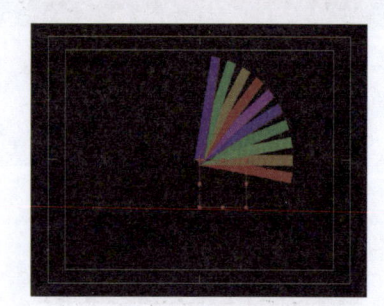

图10-181 多次复制图层

第 10 章 美术风格

⑨ 在时间线面板中选择全部图形图层，调整缩放比例，如图10-182所示。

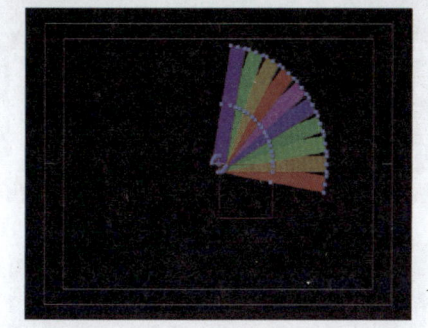

图10-182 调整缩放比例

⑩ 选择图层"空白 1"，在"角度控制"滤镜控制面板中，调整5秒时Angle的数值为9°，查看合成预览效果，如图10-183所示。

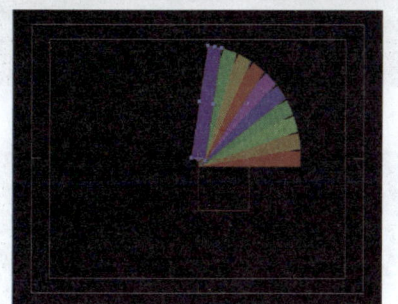

图10-183 调整角度控制参数

⑪ 还可以再复制几个形状图层，然后调整它们的色调，如图10-184所示。

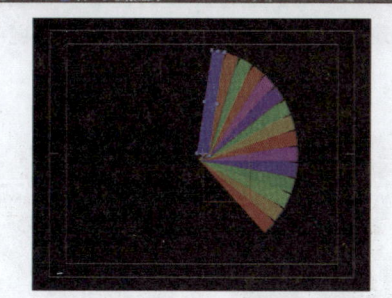

图10-184 多次复制图层

⑫ 单击播放按钮，查看折扇展开的动画效果，如图10-185所示。

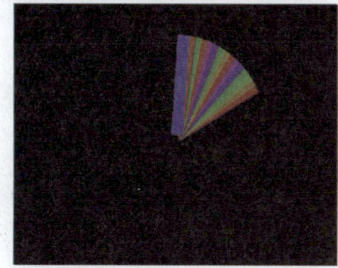

图10-185 折扇展开动画效果

⑬ 新建一个调节层，添加"斜面Alpha"滤镜，接受默认值即可，效果如图10-186所示。

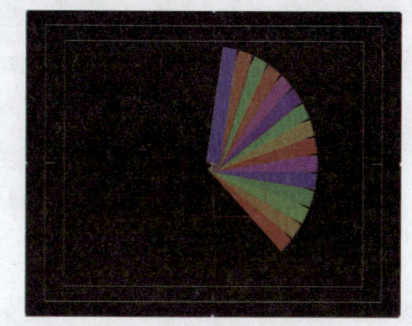

图10-186 添加斜面Alpha滤镜

⑭ 新建一个固态层，命名为"背景"，添加"渐变"滤镜，接受默认值。

⑮ 单击播放按钮，查看缤纷绚丽的折扇效果，如图10-187所示。

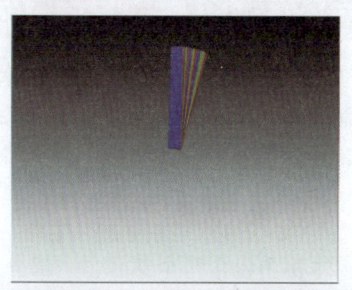

图10-187 彩色折扇动画效果

291

第 11 章 影视特效

电影在影视中，人工制造出来的假象和幻觉，被称为影视特效（也被称为特技效果）。电影摄制者利用它们来避免让演员处于危险的境地、减少电影的制作成本、拍摄一些真实环境中没有或者不容易出现的画面，而且可以给观众一种震撼力。

实例181　定向爆破

定向爆破就是只破坏楼群中指定的高楼，而不会伤及其他。通过三维模型来制作如此效果相当容易，而在后期中针对一张城市背景破坏掉其中的一栋楼，还是需要一定技巧的。

设计思路

本例中包含两个部分，一部分是通过绘制遮罩将需要爆破的高楼分离开，再一部分就是应用碎片滤镜到高楼，设置力和倾斜，控制实现定向爆破的效果。如图11-1所示为案例分解部分效果展示。

图11-1　效果展示

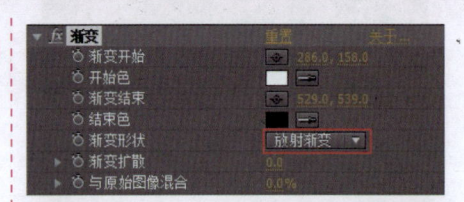

图11-2　设置渐变参数

图11-3　调整图片大小

技术要点

- 绘制遮罩：将需要爆破的高楼从背景分离开。
- 碎片：创建破碎效果。

制作过程

案例文件	工程文件\第11章\181 定向爆破		
视频文件	视频\第11章\实例181.mp4		
难易程度	★★★	学习时间	21分48秒

❶ 启动After Effects软件，选择主菜单"图像合成"|"新建合成组"命令，创建一个新的合成，选择"预置"为PAL D1/DV，设置时长为4秒。

❷ 新建一个白色固态层，添加"渐变"滤镜，如图11-2所示。

❸ 预合成，选择"移动全部属性到新建合成中"项，重命名为"渐变"。

❹ 导入一张城市图片，选择主菜单"图层"|"变换"|"适配为合成高度"命令，自动调整图片的大小，如图11-3所示。

❺ 预合成，选择"移动全部属性到新建合成中"项。

❻ 选择图层"城市.jpg 合成1"，选择主菜单"效果"|"模拟仿真"|"碎片"命令，添加"碎片"滤镜，如图11-4所示。

第 11 章　影视特效

果，如图11-7所示。

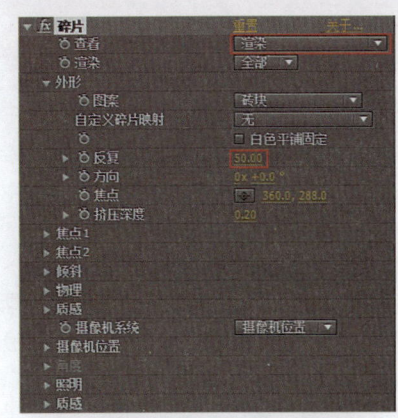

图11-4　设置碎片参数

图11-7　楼房破碎效果

⑦ 展开"焦点1"选项组，具体参数设置如图11-5所示。

⑩ 在"焦点1"选项组中，设置"半径"的关键帧，0秒时数值为0.18，3秒时数值为0.25，设置"强度"的关键帧，0秒时数值为1，3秒时数值为2，单击播放按钮，查看高楼破碎的动画效果，如图11-8所示。

图11-10　高楼破碎动画效果

⑬ 展开"物理"选项组，设置"重力"的数值为1，如图11-11所示。

图11-5　设置焦点参数

⑧ 双击图层"城市.jpg 合成1"打开该预合成的时间线，选择图层"城市.jpg"，选择钢笔工具，沿其中一个高楼的轮廓绘制遮罩，如图11-6所示。

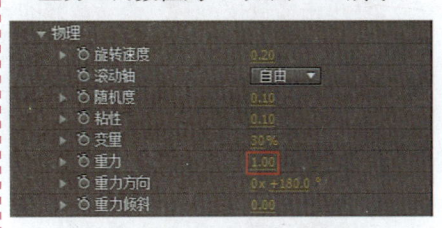

图11-11　设置物理参数

⑭ 在项目窗口中复制合成"城市.jpg 合成1"，自动命名为"城市.jpg 合成2"。双击打开该合成的时间线，选择图层"城市.jpg"，展开遮罩属性，勾选"反转"项。复制该图层，调整遮罩参数，修补场景，如图11-12所示。

图11-8　高楼破碎动画效果

⑪ 展开"倾斜"选项组，指定"倾斜图层"为"2.渐变"，如图11-9所示。

图11-6　绘制遮罩

⑨ 切换到"合成1"的时间线，在"碎片"滤镜面板中调整"挤压深度"的数值为0.1，查看楼房破碎的效

图11-9　设置倾斜参数

⑫ 设置"碎片界限值"的关键帧，0秒时数值为0，4秒时数值为100%，单击播放按钮，查看高楼破碎的动画效果，如图11-10所示。

图11-12　调整遮罩参数

293

⑮ 添加"曲线"滤镜，调整底层颜色，使其尽量与周边的天空相近，如图11-13所示。

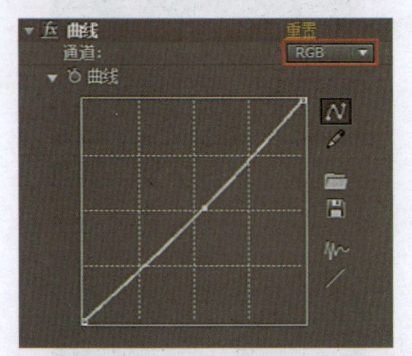

图11-13 调整曲线

⑯ 切换到"合成 1"的时间线，从项目窗口中拖动"图片.jpg 合成2"到时间线的底层作为背景。

⑰ 单击播放按钮，查看最终的定向爆破效果，如图11-14所示。

图11-14 最终定向爆破效果

实例182　喷墨效果

喷墨效果早已不是稀奇的画面，有高速摄影实拍的素材，还有三维软件中制作的特效。而在After Effects中制作这种效果，其实最初的思路就是来自三维粒子特效。

设计思路

本例中主要应用Particular滤镜创建快速喷射的粒子，之所以能模拟喷墨的烟雾状，重点在于指定烟雾贴图作为粒子的形状贴图，再配合力学参数的合理设置，最终获得比较理想的喷墨效果。如图11-15所示为案例分解部分效果展示。

图11-15　效果展示

技术要点

● Particular：以烟雾贴图作为粒子贴图，通过力学参数的设置，模拟喷墨的效果。

案例文件	工程文件\第11章\182 喷墨效果		
视频文件	视频\第11章\实例182.mp4		
难易程度	★★★★	学习时间	19分18秒

实例183　古街飘雪

模拟特殊的自然风景也是在影视剧后期经常要做的工作，如风霜、雨雪、雷电、洪水，等等，下面要讲解的案例虽然也是下雪，但有自己的特色，它模仿了雪落在地面上并堆积起来的场景，增强真实感。

设计思路

本例中主要应用Particular滤镜创建纷纷飘落的雪花，然后指定地面图层，通过设置粒子的碰撞参数完成雪花在地面上堆积的效果。如图11-16所示为案例分解部分效果展示。

图11-16　效果展示

技术要点

● Particular：创建白雪飘落的动画，通过设置地面碰撞的参数，形成地面雪花的堆积效果。

制作过程

案例文件	工程文件\第11章\183 古街飘雪		
视频文件	视频\第11章\实例183.mp4		
难易程度	★★★	学习时间	25分05秒

① 启动After Effects软件，导入一段实拍的古镇素材，将其拖动到合成图标 上，新建一个合成。单击播放按钮，查看素材内容，如图11-17所示。

图11-17　查看素材内容

② 添加"曲线"滤镜，降低亮度，稍增加蓝色，如图11-18所示。

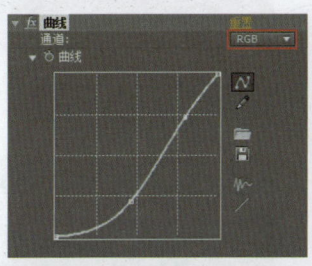

图11-18　调整曲线

③ 添加"色相位/饱和度"滤镜，降低饱和度，如图11-19所示。

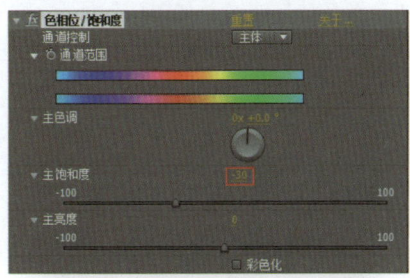

图11-19　降低饱和度

④ 新建一个黑色固态层，命名为"粒子"。选择主菜单"效果"|"Trapcode"|"Particular"命令，添加Particular滤镜，展开"发射器"选项组，具体参数设置如图11-20所示。

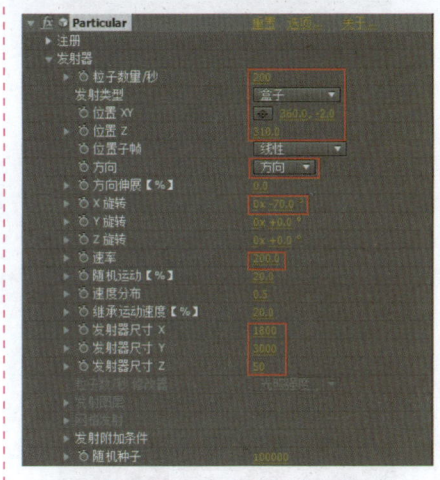

图11-20　设置发射器参数

提示

调整"位置Z"的数值，是为了增加雪的纵深感。

⑤ 单击播放按钮，查看粒子的动画效果，如图11-21所示。

⑥ 展开"粒子"选项组，设置"生命"和"尺寸"等参数，如图11-22所示。

图11-21　粒子动画效果

图11-22　设置粒子参数

⑦ 新建一个黑色固态层，命名为"遮幅"，绘制一个矩形遮罩，如图11-23所示。

⑧ 新建一个黑色固态层，放置于"遮幅"的下一层，激活3D属性，调整角度成地面水平方向。创建一个35mm的摄像机，根据背景的地面来调整视图，如图11-24所示。

图11-23 绘制矩形遮罩

图11-24 调整地面和视图

⑨ 关闭"地面"的可视性，选择图层"粒子"，在粒子滤镜面板中展开"物理学"选项组，选择"物理学模式"为"碰撞"，指定地面图层并设置碰撞参数，如图11-25所示。

图11-25 设置物理学参数

💡 **提示**

如果要粒子堆积起来，需要设置"碰撞"和"跌落"参数为0。

⑩ 选择摄像机工具调整摄像机视图，如图11-26所示。

图11-26 摄像机视图

⑪ 展开"渲染"选项组，展开"运动模糊"选项组，选择"开"项，如图11-27所示。

图11-27 打开运动模糊

⑫ 展开"可见度"选项组，设置淡化距离，设置消退的参数，如图11-28所示。

图11-28 设置可见度参数

⑬ 在时间线面板中复制图层"地面"，重命名为"雾"，调整角度与地面匹配，如图11-29所示。

图11-29 调整图层角度

⑭ 绘制一个矩形遮罩，调整遮罩参数，如图11-30所示。

图11-30 绘制遮罩

⑮ 调整图层的透明度为45%，添加"分形杂波"滤镜，如图11-31所示。

图11-31 设置分形杂波参数

⑯ 设置图层"雾"的透明度关键帧，0秒时数值为0%，4秒时数值为40%。

⑰ 选择图层"粒子"，在粒子滤镜面板"发射器"下的"发射附加条

件"选项组,设置"预运行"的数值为20,如图11-32所示。

图11-32 设置滤镜

> **提示**
>
> "预运行"的数值决定粒子提前开始发射的帧数。

⑱ 单击播放按钮▶,查看最终古街小街飘雪的合成效果,如图11-33所示。

图11-33 最终古街飘雪效果

实例184 揉纸效果

揉纸动画具有太多的随机性,也正是这一点才足够吸引观众。有时候还可以倒放这样的镜头,让揉皱的纸慢慢展开,显示其中的内容,增加其神秘感。

> **设计思路**

本例主要使用DE_FreeForm AE插件,不断变换视角调整网格结点的位置,从而改变图层形状,创建揉纸的动画效果。如图11-34所示为案例分解部分效果展示。

图11-34 效果展示

> **技术要点**

● DE_FreeForm AE:通过控制网格节点改变图层在立体空间的形状。

案例文件	工程文件\第11章\184 揉纸效果		
视频文件	视频\第11章\实例184.mp4		
难易程度	★★★★	学习时间	23分33秒

实例185 太空星球

太空、星球总会在影视作品中出现,可以作为字幕入画的背景,也可以作为震撼的镜头。

> **设计思路**

本例中包含两个部分:一部分是应用CC球体将一个纹理图层变成星球;再一部分就是应用分形杂波创建星云背景,并应用辉光滤镜增强星球局部的亮度。如图11-35所示为案例分解部分效果展示。

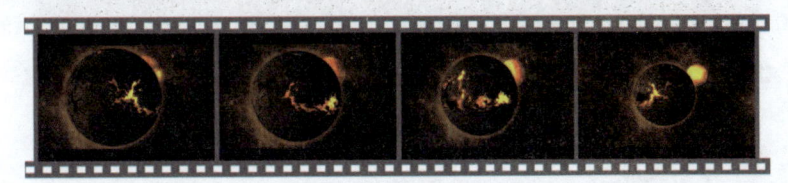

图11-35 效果展示

> **技术要点**

● CC球体:创建立体球效果。
● 分形杂波:创建星云效果。
● 辉光:重复应用,创建强烈的光感。

案例文件	工程文件\第11章\185 太空星球		
视频文件	视频\第11章\实例185.mp4		
难易程度	★★★	学习时间	20分39秒

实例186 眼睛发光

在科幻类影视作品中常见激光元素,如激光剑、遥控光波以及眼睛发光,等等。创建这些光效并不难,比较麻烦的工作在于光效跟随挥舞的手臂或者转动头部的眼睛运动,下面就讲解这样的问题该如何解决。

> **设计思路**

在本例中首先创建一个空白对象,通过动态跟踪确定空白对象跟随人物眼睛运动的路径。然后创建光束图层,通过表达式链接到空白对象,实现光束跟随眼睛的运动效果。如图11-36所示为案例分解部分效果展示。

> **技术要点**

● 动态跟踪:跟踪人物眼部的运动。
● 光束:创建激光束效果。

图11-36　效果展示

案例文件	工程文件\第11章\186 眼睛发光		
视频文件	视频\第11章\实例186.mp4		
难易程度	★★★★	学习时间	17分35秒

实例187　释放光波

在战争和科技的影片中，总会出现代表能量的冲击波，带着烈焰效果滚滚而来，可见其冲击力绝对不一般。

设计思路

本例中主要应用粗糙边缘为扩展动画的圆环添加边缘的不规则效果，形成类似火焰的杂波；再应用Shine滤镜产生强光效果，获得巨大热量的颜色和动感。如图11-37所示为案例分解部分效果展示。

图11-37　效果展示

技术要点

- 粗糙边缘：使圆环边缘粗糙。
- Shine：基于圆环的边缘产生发光效果。

案例文件	工程文件\第11章\187 释放光波		
视频文件	视频\第11章\实例187.mp4		
难易程度	★★★	学习时间	8分04秒

实例188　机枪扫射

影视剧中的枪火、爆炸效果除了使用真实的火药之外，大量地使用后期特效来模拟，这样不仅节省成本，也是从演职员安全的角度考虑。通过后期特效模拟的枪火镜头更具有可控性和设计感。

设计思路

机枪扫射包括两个部分，一是子弹连续打到墙面溅起烟尘，另一个是墙上出现连续的凹洞。本例中主要应用Particular发射粒子，用烟雾素材定义粒子形状，通过蒙板图层控制粒子区域来模拟子弹射击墙面，连续的凹坑是通过图层混合来实现的。如图11-38所示为案例分解部分效果展示。

图11-38　效果展示

技术要点

- Particular：发射粒子，蒙板图层控制粒子区域。
- 图层混合：选择强光混合模式和动态遮罩。

制作过程

案例文件	工程文件\第11章\188 机枪扫射
视频文件	视频\第11章\实例188.mp4
难易程度	★★★★
学习时间	21分06秒

❶ 打开After Effects软件，新建一个合成，选择"预置"为PAL D1 / DV，设置时长为4秒。

❷ 导入一张破损墙面的图片素材，拖动到时间线上，适配到合成尺寸，如图11-39所示。

图11-39　导入图片

❸ 导入破碎素材Dirt_Debris.mov和Wall_Debris.mov。拖动Dirt_Debris.mov到合成图标■上，创建一个合成，命名为dirt。多次复制图层，组成连续的破碎动画，如图11-40所示。

❹ 切换到"合成1"的时间线，从项目窗口中拖动合成dirt到时间线上，关闭其可视性。

❺ 新建一个黑色固态层，命名为"射击"，添加Particular滤镜。然后新建一个空白对象，在时间线面板中展开Particular滤镜的"发射器"选项组，为"位置XY"添加表达式，链接到"空白1"的位置属性。

❻ 设置空白对象"空白1"扫过墙面的动画，如图11-41所示。

❼ 切换到dirt的时间线，设置该合成的"宽"和"高"的数值均为200。然后缩小全部图层到40%，与合成尺寸匹配。

图11-40 复制并排列图层

图11-41 创建空白对象移动路径

⑧ 切换到"合成1"的时间线，选择图层"射击"，激活Solo属性，在Particular滤镜面板中展开"粒子"选项组，具体参数设置和效果如图11-42所示。

图11-42 设置粒子参数

⑨ 展开"发射器"选线组，具体参数设置和效果如图11-43所示。

图11-43 设置发射器参数

⑩ 取消Solo属性，单击播放按钮，查看粒子射击到墙面的效果，如图11-44所示。

图11-44 粒子射击墙面效果

⑪ 切换到合成dirt的时间线，选择全部图层，按住Alt键从项目窗口中拖动动态素材Wall_Debris.mov替换原来的素材，如图11-45所示。

图11-45 替换素材

⑫ 调整素材的长度，删除不必要的素材，构成连续的破碎动画，如图11-46所示。

图11-46 连续排列图层

⑬ 切换到"合成1"的时间线，选择图层"射击"，在Particular滤镜面板中设置"粒子数量/秒"的数值为5。单击播放按钮，查看粒子射击墙面的效果，如图11-47所示。

图11-47 粒子射击墙面效果

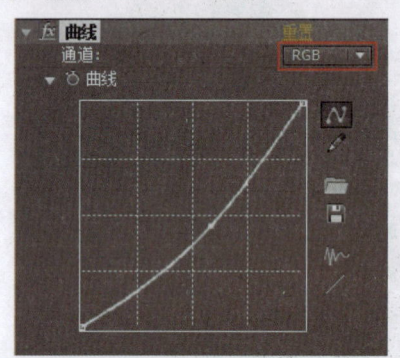

⑭ 选择图层"破墙",添加"曲线"滤镜,如图11-48所示。

图11-48 调整曲线

⑮ 添加"色相位/饱和度"滤镜,降低饱和度,如图11-49所示。

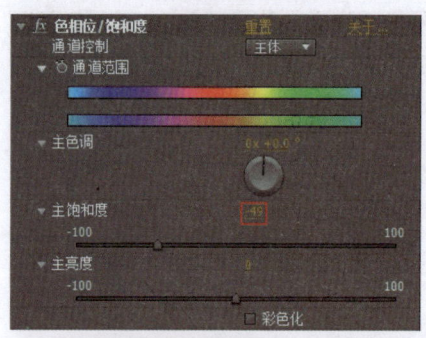

图11-49 降低饱和度

⑯ 导入图片素材"墙洞",拖动到时间线上,绘制一个自由遮罩,如图11-50所示。

⑰ 选择图层"墙洞",调整"遮罩羽化"的数值为45,设置图层的混合模式为"强光",查看合成预览效果,如图11-51所示。

图11-50 绘制自由遮罩

图11-51 合成预览效果

⑱ 复制图层"墙洞"两次,调整图层的位置和角度,沿着射击的路线进行排列,如图11-52所示。

图11-52 复制并排列图层

⑲ 选择3个图层"墙洞",预合成,设置混合模式为"强光"。

⑳ 选择该图层,绘制一个矩形遮罩,勾选"反转"项,效果如图11-53所示。

图11-53 绘制矩形遮罩

㉑ 设置矩形遮罩随着射击烟尘的移动而移动,使得墙洞逐渐显露出来,如图11-54所示。

㉒ 选择图层"射击",设置"粒子数量/秒"的关键帧,3秒时数值为5,3秒12帧时数值为0。设置粒子"生命"的关键帧,3秒时数值为2,3秒12帧时数值为1。

㉓ 单击播放按钮,查看机枪扫射墙面的效果,如图11-55所示。

图11-54 创建遮罩动画

图11-55 机枪扫射效果

实例189　牛奶倾倒

液体的模拟一直是影视特效中比较有难度的工作，主要是因为液体的形式多样和运动复杂性，在三维动画和后期软件中需要设置大量的流体物理参数，才能获得比较理想的结果。而下面要讲述的实例则使用了比较简单的滤镜来快速模拟牛奶的流动效果。

设计思路

在本例中首先应用CC喷胶枪滤镜创建液体流动的效果，应用CC水银滴落滤镜创建溅起水花的效果，最后应用紊乱置换滤镜增加液体流动的不规则性，使其看起来更真实一些。如图11-56所示为案例分解部分效果展示。

图11-56　效果展示

技术要点

- CC喷胶枪：创建喷射的水柱效果。
- CC水银滴落：创建水花四溅的效果。

案例文件	工程文件\第11章\189 牛奶倾倒		
视频文件	视频\第11章\实例189.mp4		
难易程度	★★★★	学习时间	20分46秒

实例190　水底效果

在影视后期特效中模拟自然景观，不仅需要技术手段，还需要提前准备大量的参照素材，仔细查看和分析，然后制定比较完善的制作流程。

设计思路

本例的水底效果包括水底光线、底部亮光和气泡3个部分，主要应用分形杂波滤镜模拟水底的不均匀光线效果，应用蜂巢图案滤镜创建水底焦散的亮光效果，应用气泡滤镜创建大量慢慢升腾的小泡泡。如图11-57所示为案例分解部分效果展示。

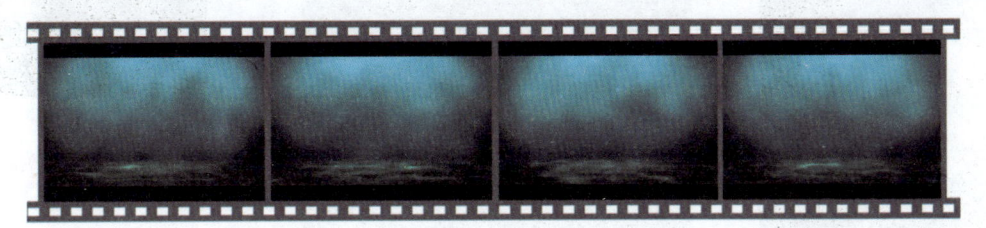

图11-57　效果展示

技术要点

- 分形杂波：创建海底的背景纹理。
- 蜂巢图案：创建水底焦散的效果。
- 气泡：创建气泡上升的效果。

案例文件	工程文件\第11章\190 水底效果		
视频文件	视频\第11章\实例190.mp4		
难易程度	★★★★	学习时间	19分38秒

实例191　脸皮脱落

在护肤美白产品的广告中，见识过皮肤演变甚至破碎更换的画面，由此来直观地表现产品的功效。下面尝试在后期软件中去实现这个效果。

设计思路

本例中主要应用贴图控制碎片滤镜的破碎顺序，自定义控制脸皮脱落碎片的效果。如图11-58所示为案例分解部分效果展示。

图11-58　效果展示

技术要点

- 碎片：创建脸皮破碎效果，使脸皮脱落。

制作过程

案例文件	工程文件\第11章\191脸皮脱落		
视频文件	视频\第11章\实例191.mp4		
难易程度	★★★	学习时间	12分56秒

❶ 打开After Effects软件，选择主菜单"图像合成"|"新建合成组"命令，创建一个新的合成，选择"预置"为PAL D1/DV，设置时长为8秒。

❷ 导入一张psd格式的图片"人脸.psd"，将其拖动到时间线上。选择主菜单"图层"|"变换"|"适配为合成高度"命令，效果如图11-59所示。

图11-59　调整素材尺寸

❸ 新建一个固态层，命名为"背景"，放置于合成的底层。添加"渐变"滤镜，查看合成预览效果，如图11-60所示。

❹ 复制图层"人脸"，重命名为"人脸-暗"。添加"曲线"滤镜，调整图像的亮度和对比度，如图11-61所示。

图11-60　合成预览效果

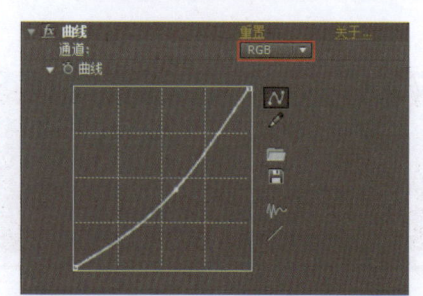

图11-61　调整曲线

❺ 选择主菜单"效果"|"模拟仿真"|"碎片"命令，添加"碎片"滤镜，选择"查看"为"渲染"。展开"外形"选项组，选择"图案"为"玻璃"，调整"挤压深度"为0.02，如图11-62所示。

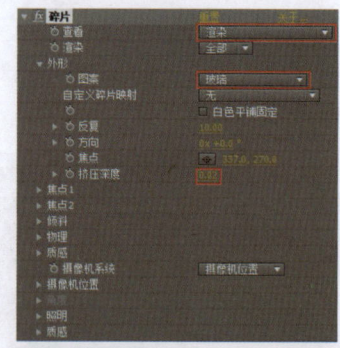

图11-62　设置外形参数

❻ 新建一个固态层，命名为"渐变"，添加"渐变"滤镜，如图11-63所示。

图11-63　设置渐变参数

提示

为了便于将白色区域与脸部破碎区域对齐，可以暂时设置图层的混合模式为"柔光"，如图11-64所示。

图11-64　设置图层混合模式

⑦ 将图层"渐变"预合成,在弹出的"预合成"面板中选择"移动全部属性到新建合成中"项,然后关闭该图层的可视性。

⑧ 选择图层"人脸-暗",在"碎片"滤镜面板中展开"倾斜"选项组,指定"倾斜图层"为"1.渐变 合成1",如图11-65所示。

图11-65 设置倾斜参数

⑨ 设置"碎片界限值"的关键帧,0秒的时候数值为0%,8秒时数值为100%。拖动当前指针,查看碎片剥落的动画效果,如图11-66所示。

图11-66 碎片剥落效果

⑩ 切换到合成"渐变 合成1"的时间线面板,在视图中调整渐变起止点的位置,如图11-67所示。

图11-67 调整渐变起止点

⑪ 切换到"合成1"的时间线面板,在"碎片"滤镜面板调整"外形"选项组中的"反复"的数值为25,查看合成预览效果,如图11-68所示。

图11-68 合成预览效果

⑫ 展开"焦点1"选项组,调整"位置"参数,如图11-69所示。

图11-69 设置焦点参数

⑬ 在时间线面板中展开"碎片"滤镜属性,调整"碎片界限值"的运动曲线,如图11-70所示。

图11-70 调整运动曲线

提示

调整运动曲线的形状,可以控制运动速度。

⑭ 为了获得比较理想的破碎位置,需要多次调整渐变的起止点位置,如图11-71所示。

图11-71 调整渐变起止点

⑮ 切换到"合成1"的时间线面板,单击播放按钮,查看碎片剥落的动画效果,如图11-72所示。

图11-72 碎片剥落动画效果

⑯ 选择图层"人脸-暗"，添加"斜面Alpha"滤镜，设置和效果如图11-73所示。

图11-73　设置斜面Alpha参数

> **提示**
> 应用斜面Alpha滤镜可增加倒角效果，从而有厚度感。

⑰ 单击播放按钮，查看最终脸皮脱落的动画效果，如图11-74所示。

图11-74　脸皮脱落效果

实例192　粒子流线

无论是影视剧还是电视广告，不仅非常讲究字幕的入画形式，也都刻意追求背景的设计感。在After Effects中粒子总能给人们出乎意料的效果，尤其是超出想象力的变幻样式。

设计思路

本例中主要应用Form滤镜创建线条空间，重点在于设置球力场的参数控制线条的形状动画。如图11-75所示为案例分解部分效果展示。

图11-75　效果展示

技术要点

● Form：创建线条，由球力场控制线条的形状动画。

案例文件	工程文件\第11章\192 粒子流线		
视频文件	视频\第11章\实例192.mp4		
难易程度	★★★★	学习时间	24分24秒

实例193　实拍场景修饰

由于一些客观的因素，实拍的场景经常会出现一些不尽如人意的情况，比如有多余的物体，或者缺少一些必要的物体。若是很大的场景就很难在现场修补，这就给后期工作人员增加了一项很重要的任务，那就是对实拍场景的修饰。

设计思路

在本例中由于实拍镜头是运动的，首先要应用运动跟踪对画面中的特征点进行跟踪，然后将跟踪数据应用给空白对象，再把添加的建筑物作为空白对象的子对象，这样就完成了添加的建筑物跟随镜头运动的效果。如图11-76所示为案例分解部分效果展示。

图11-76　效果展示

技术要点

● 动态跟踪：跟踪实拍场景的运动，将运动数据赋予要添加的图层。

制作过程

案例文件	工程文件\第11章\193 实拍场景修饰		
视频文件	视频\第11章\实例193.mp4		
难易程度	★★★★	学习时间	14分10秒

❶ 打开After Effects软件，选择主菜单"图像合成"|"新建合成组"命令，创建一个新的合成，选择"预置"为PAL D1/DV，设置时长为5秒。

❷ 导入一段实拍的场景素材，拖动到时间线上，拖动当前指针查看素材内容，如图11-77所示。

图11-77　查看素材内容

❸ 接下来要在空旷的场景中添加一些建筑物。首先新建一个空白对象，然后调整素材的亮度和对比度，添加"曲线"滤镜，如图11-78所示。

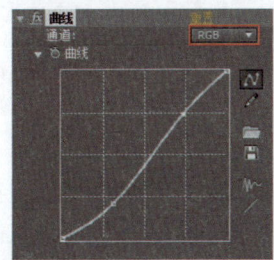

图11-78　调整曲线

❹ 添加"非锐化遮罩"滤镜，具体参数设置如图11-79所示。

图11-79　设置非锐化遮罩参数

❺ 预合成，选择"移动全部属性到新建合成中"项，重命名为"实拍场景调色"。

❻ 选择主菜单"动画"|"动态跟踪"命令，添加运动跟踪器。在"跟踪"控制面板中勾选"旋转"项，在素材视图中出现两个跟踪点，如图11-80所示。

图11-80　设置跟踪器参数

❼ 拖动当前指针到合成的终点，在视图中调整跟踪点的位置，如图11-81所示。

图11-81　调整跟踪点位置

❽ 单击向后分析按钮，开始跟踪运算，如图11-82所示。

图11-82　跟踪运算

提示

如果出现跟踪点丢失的情况，可以重新定位跟踪框，也可以手动修整跟踪点。

❾ 单击"设置目标"按钮，弹出"目标"对话框，选择"图层"为"空白1"，单击"确定"按钮关闭对话框。

❿ 单击"应用"按钮，弹出"动态跟踪应用选项"对话框，直接单击"确定"按钮关闭对话框，这样空白对象的位置和旋转属性就应用了跟踪数据，产生了关键帧，如图11-83所示。

图11-83　应用跟踪数据并产生关键帧

⓫ 单击播放按钮，查看空白对象跟随场景运动的效果，如图11-84所示。

图11-84　空白对象运动效果

⑫ 在时间线面板中选择"位置"关键帧，选择主菜单"窗口"|"平滑器"命令，对关键帧进行平滑处理，如图11-85所示。

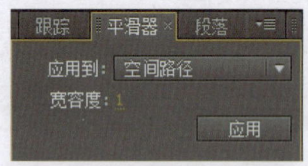

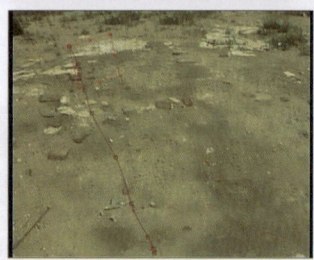

图11-85 应用平滑器

⑬ 导入建筑物图片素材到时间线，调整位置和比例，链接为"空白1"的子对象。拖动时间线指针，查看建筑物跟随实拍镜头的运动效果，如图11-86所示。

图11-86 建筑物跟随运动效果

⑭ 选择建筑物图层，选择钢笔工具，绘制遮罩，设置"遮罩羽化"的数值为23%，使得建筑物与地面交接的区域尽量自然融合，如图11-87所示。

图11-87 绘制自由遮罩

⑮ 选择建筑物图层，添加"曲线"滤镜，如图11-88所示。

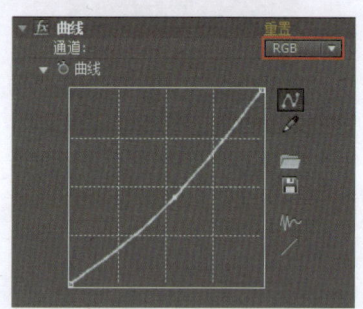

图11-88 调整曲线

⑯ 导入一张天空图片素材，设置该图层的混合模式为"柔光"，链接该图层作为"空白1"的子对象，适当调整天空图层的位置，如图11-89所示。

图11-89 添加天空图层

⑰ 绘制自由遮罩，设置"遮罩羽化"的数值为70%，如图11-90所示。

图11-90 绘制自由遮罩

⑱ 单击播放按钮，查看最终添加造型后的实拍场景效果，如图11-91所示。

图11-91 最终场景动画效果

实例194 深入地下

其实实际拍摄深入地下的镜头也具有相当的难度，大多数是由几组镜头组接起来完成的。下面要讲解的实例是基于一张照片的地面进行立体化，通过摄像机的运动来模拟深入地下的效果。

设计思路

本例中主要应用网格和灯光传输特性将参考背景投射到组成立体空间的图层上，再通过摄像机的运动来完成深入地下的特效。如图11-92所示为案例分解部分效果展示。

图11-92　效果展示

> 技术要点

- 网格：创建参考网格。
- 灯光特性：应用灯光的投影特性，将场景图片影射到参考图层，配合摄像机的运动，实现二维图片的三维转化。
- 摄像机运动：模拟移镜效果。

案例文件	工程文件\第11章\194 深入地下		
视频文件	视频\第11章\实例194.mp4		
难易程度	★★★★★	学习时间	34分38秒

实例195　游动波纹

水面波纹总是能激起人们的兴趣，愿意花时间去观察水面上反射、折射变形的效果。

> 设计思路

本例中主要应用水波世界滤镜创建立体的波形。如图11-93所示为案例分解部分效果展示。

图11-93　效果展示

> 技术要点

- 水波世界：创建立体波形。

案例文件	工程文件\第11章\195 游动波纹		
视频文件	视频\第11章\实例195.mp4		
难易程度	★★★	学习时间	9分45秒

实例196　恐怖字效

血淋淋的恐怖字在影视作品中很常见，随着凹凸不平的墙面有起伏变化，还要特别注意血流的厚度感。

> 设计思路

本例中首先应用液化滤镜创建文字边角红色流淌的效果，应用粗糙边缘增加边缘不规则的真实感，最后应用置换映射和斜面Alpha滤镜创建文字和流血在墙面的凹凸感与厚度。如图11-94所示为案例分解部分效果展示。

图11-94　效果展示

技术要点

- 液化：产生文字流涎的效果。
- 粗糙边缘：增加笔画的不规则效果。
- 置换映射：创建文字流过背景墙面时的凹凸变形。

案例文件	工程文件\第11章\196 恐怖字效		
视频文件	视频\第11章\实例196.mp4		
难易程度	★★★★	学习时间	15分17秒

实例197　水漫LOGO

晶莹剔透的水面逐渐升起，所经过的图像或LOGO会产生折射变形，这种效果在酒类和饮料类的广告里出现过多次。如果使用三维软件制作起来应该难度小一些，但调整参数和多次渲染也比较费时间，下面就讲解如何在后期软件中轻松实现这个效果。

设计思路

本例中主要应用波浪变形滤镜创建波形，应用CC玻璃滤镜创建动态的液面效果，为了在水面经过时使LOGO产生变形效果，应用了置换映射滤镜。如图11-95所示为案例分解部分效果展示。

图11-95　效果展示

技术要点

- 波浪变形：创建波纹变形效果。
- CC玻璃：创建液体效果。
- 置换映射：创建置换变形，模拟折射效果。

制作过程

案例文件	工程文件\第11章\197 水漫LOGO		
视频文件	视频\第11章\实例197.mp4		
难易程度	★★★★★	学习时间	34分32秒

❶ 打开After Effects软件，选择主菜单"图像合成"|"新建合成组"命令，创建一个新的合成，选择"预置"为PAL D1/DV，设置时长为3秒。

❷ 新建一个黑色固态层，再建一个白色图层，创建由屏幕下方向上移动的动画，如图11-96所示。

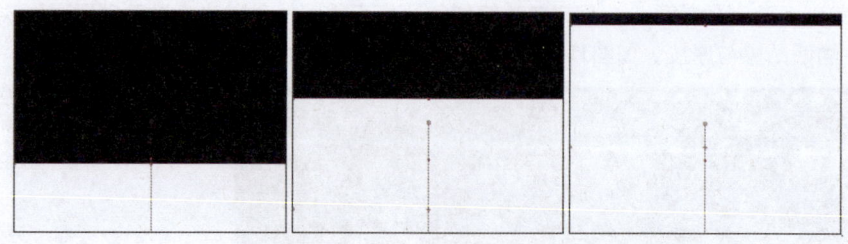

图11-96　创建图层位移动画

❸ 新建一个调节图层，选择主菜单"效果"|"扭曲"|"波形弯曲"命令，添加"波浪弯曲"滤镜，设置"波纹宽度"为70，选择"抗锯齿"为"高"，如图11-97所示。

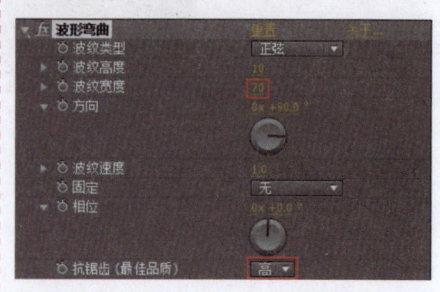

图11-97　设置波纹弯曲参数

❹ 拖动当前指针到合成的起点，激活"波形高度"和"波形宽度"这两个参数前的码表，创建关键帧，拖动时间线指针到3秒，调整"波形高度"和"波形宽度"的数值分别为5和50，效果如图11-98所示。

图11-98　波形动画效果

❺ 添加"快速模糊"滤镜，设置"模糊量"的数值为2，勾选"重复边缘像素"项。

❻ 添加"紊乱置换"滤镜，设置"数量"为30、"大小"为75，如图11-99所示。

第 11 章　影视特效

⑪ 拖动当前指针到合成的起点和终点，分别设置关键帧，如图11-103所示。

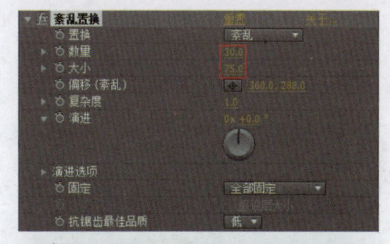

图11-99　设置紊乱置换参数

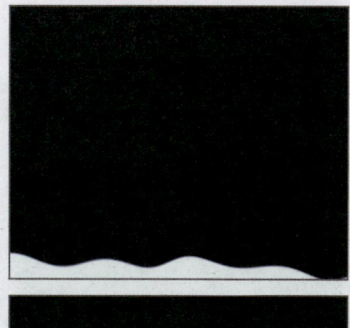

图11-101　波浪变形效果

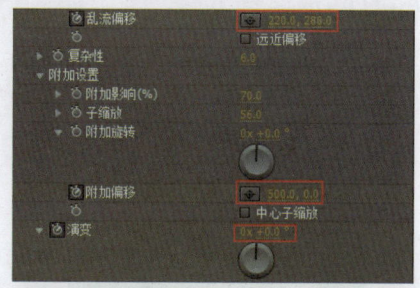

图11-103　设置分形杂波关键帧

⑦ 设置"演进"的关键帧，0秒时数值为-25，3秒时数值为25。单击播放按钮，查看波浪变形的动画效果，如图11-100所示。

⑨ 选择这3个图层，预合成，重命名为"水蒙版"。

⑩ 新建一个黑色固态层，添加"分形杂波"滤镜，具体参数设置如图11-102所示。

⑫ 选择该图层，进行预合成，重命名为"水纹理"，拖动到底层，设置蒙板模式为"亮度"，调整"缩放"参数为（500,100%）。单击播放按钮，查看水波纹的动画效果，如图11-104所示。

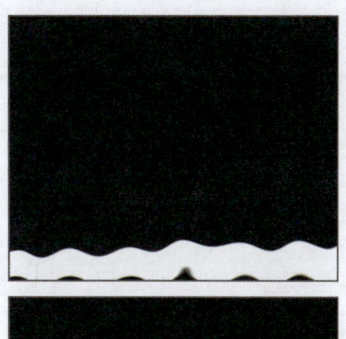

图11-100　波浪变形效果

⑧ 拖动当前指针到合成的起点，激活"宽度比例"和"倾斜"前面的码表，创建关键帧，设置数值为145和5。拖动当前指针到合成的终点，调整数值分别为200和-5。单击播放按钮，查看波浪变形的动画效果，如图11-101所示。

图11-102　设置分形杂波参数

图11-104　水波纹动画效果

309

⑬ 选择主菜单"效果"|"风格化"|"CC玻璃"命令，添加"CC玻璃"滤镜，具体参数设置和效果如图11-105所示。

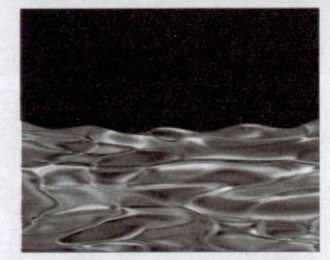

图11-105 设置CC玻璃参数

⑭ 选择主菜单"效果"|"扭曲"|"置换映射"命令，添加"置换映射"滤镜，具体参数设置和效果如图11-106所示。

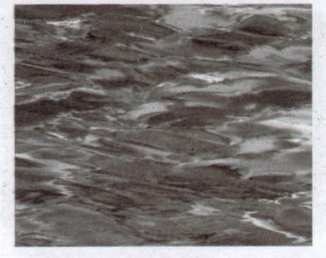

图11-106 设置置换映射参数

⑮ 添加"CC调色"滤镜，设置"中间色"为青色，如图11-107所示。

图11-107 设置滤镜

⑯ 添加"色阶"滤镜，增加对比度，如图11-108所示。

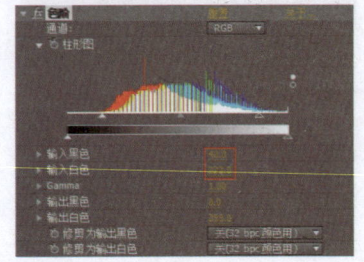

图11-108 调整色阶

⑰ 单击播放按钮，查看水波纹的动画效果，如图11-109所示。

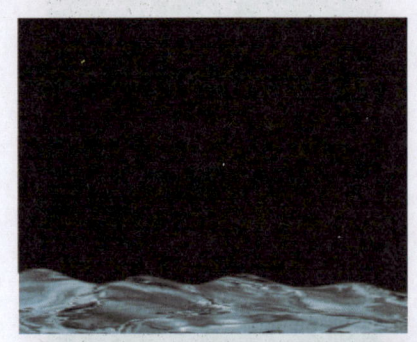

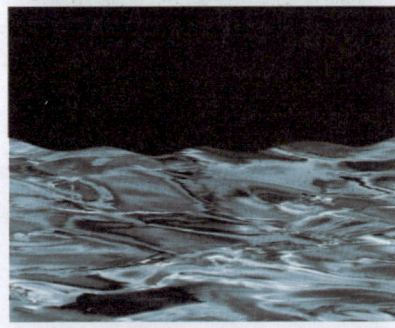

图11-109 水波纹动画效果

⑱ 复制图层"水蒙版"，设置混合模式为"轮廓亮度"，设置位置参数，使水面由底部上升到顶部，如图11-110所示。

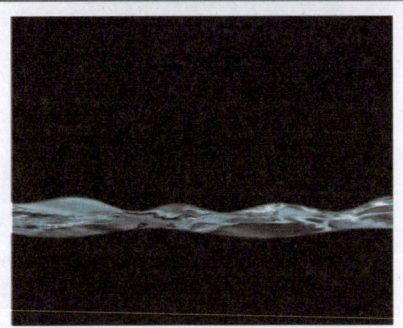

图11-110 设置图层混合模式

⑲ 选择主菜单"效果"|"风格化"|"CC玻璃"命令，添加"CC玻璃"滤镜，具体参数设置和效果如图11-111所示。

图11-111 设置CC玻璃参数

⑳ 添加"色阶"滤镜，提高亮度，如图11-112所示。

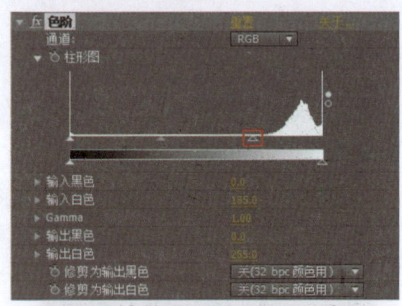

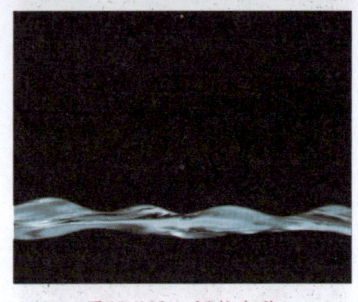

图11-112 调整色阶

㉑ 设置顶层"水蒙版"的位置关键帧，0秒时数值为（360,360），3秒时数值为（360,315）。单击播放按钮，查看水面波浪的动画效果，如图11-113所示。

㉒ 从项目窗口中拖动"合成1"到合成图标上，创建一个新的合成，重命名为"水漫最终"。选择文本工具输入字符"云裳幻像"和"AE CS特效"，如图11-114所示。

㉓ 选择这两个文本层，预合成，命名为LOGO，拖动到底层，设置"合成1"的混合模式为"强光"，如图11-115所示。

第11章 影视特效

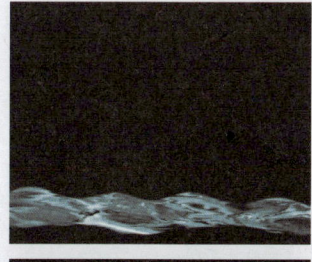

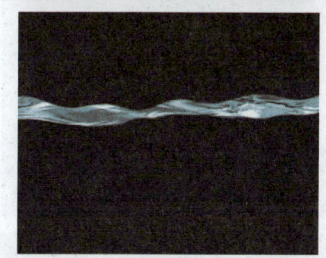

图11-113 水面波浪动画效果

图11-114 创建文本层

图11-115 设置图层混合模式

图11-116 设置置换映射参数

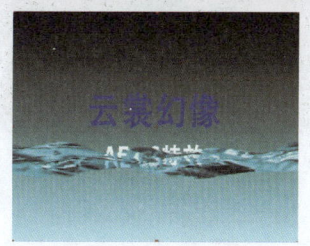

图11-117 设置渐变参数

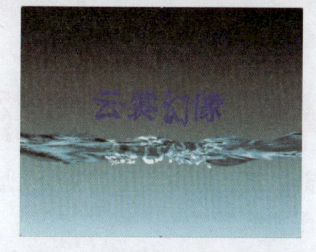

图11-118 设置置换映射参数

㉔ 选择图层LOGO，添加"置换映射"滤镜，具体参数设置和效果如图11-116所示。

㉕ 新建一个固态层，命名为"背景"，放置于底层，添加"渐变"滤镜，如图11-117所示。

㉖ 在项目窗口中复制合成"水纹理"，重命名为"水纹理2"。双击打开该合成的时间线，在"分形杂波"滤镜中调整"缩放"的数值为150%、"复杂性"的数值为3、"演变"的最后一个关键帧数值为1周。

㉗ 切换到合成"水漫最终"的时间线，拖动合成"水纹理2"到时间线的底层，然后选择图层LOGO，添加"置换映射"滤镜，具体参数设置和效果如图11-118所示。

㉘ 单击播放按钮▶，查看最终水面漫过LOGO的动画效果，如图11-119所示。

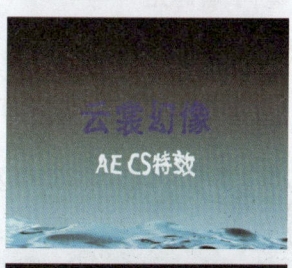

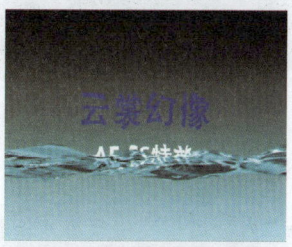

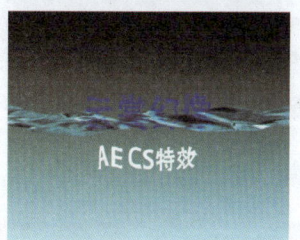

图11-119 最终水漫LOGO效果

实例198 真实立体LOGO

在片名或片尾的标版中，习惯呈现金属质感的立体LOGO，一般都是使用在三维软件中制作并输出的立体字。为了提高效果，也经常使用插件在后期软件中创建真实立体LOGO，相比较而言操作最方便的是Element插件。

设计思路

本例中主要应用Element插件导入LOGO的三维模型，重新赋予材质，调整灯光和摄像机，创建金属LOGO的动画效果。如图11-120所示为案例分解部分效果展示。

图11-120 效果展示

技术要点

- Element：导入三维模型，赋予材质，创建真实的3D金属LOGO。

案例文件	工程文件\第11章\198 真实立体LOGO		
视频文件	视频\第11章\实例198.mp4		
难易程度	★★★★★	学习时间	19分19秒

实例199　火焰效果

前面已经讲解了几个关于火焰和燃烧的实例，本例的火焰效果更具有随机的动感和细节。

设计思路

本例中首先将一张彩色的图片应用线性擦除和粗糙边缘创建模拟火焰的效果，再通过上色和辉光以及图层的叠加获得比较理想的火焰效果。如图11-121所示为案例分解部分效果展示。

图11-121　效果展示

技术要点

- 线性擦除：创建图片逐渐消失的动画效果。
- 粗糙边缘：创建火焰的形态。
- 辉光：添加火焰的颜色和光效。

案例文件	工程文件\第11章\199 火焰效果		
视频文件	视频\第11章\实例199.mp4		
难易程度	★★★★	学习时间	27分25秒

实例200　人物烟化

烟化这样的特效不仅出现在影视剧中，广告和包装作品中也经常用到，可大大提高神秘感和科技感。也可以用作字幕LOGO的入画方式，吸引观众的眼球。

设计思路

在本例中首先应用Keylight滤镜将实拍的人物分离开，再对其中单独的人物图层应用Form滤镜创建发散烟雾的效果，重点是控制分散和球力场参数，获得比较理想的烟化动画。如图11-122所示为案例分解部分效果展示。

图11-122　效果展示

技术要点

- Keylight：高级抠像工具。
- Form：应用粒子发散创建烟雾效果。

制作过程

案例文件	工程文件\第11章\200 人物烟化		
视频文件	视频\第11章\实例200.mp4		
难易程度	★★★★★		
学习时间	27分53秒		

❶ 打开After Effects软件，导入一段两个女孩跳舞的视频素材。双击打开素材视图，拖动当前指针查看素材内容，如图11-123所示。

图11-123　查看素材内容

❷ 拖动视频素材到合成图标上，创建一个新的合成，设置合成的长度为5秒10帧。

❸ 拖动当前指针到合成的起点，选择钢笔工具，围绕左边的女孩绘制遮罩，如图11-124所示。

图11-124　绘制遮罩

④ 拖动时间线指针到不同的位置，参照左边女孩的轮廓不断调整遮罩形状，创建动态遮罩的关键帧，将两个女孩分开，如图11-125所示。

图11-125　创建关键帧

> **提示**
>
> 手动设置关键帧的原则是尽可能地少，而不是越多越好。

⑤ 单击播放按钮，查看动态遮罩的效果，如图11-126所示。

图11-126　动态遮罩效果

⑥ 复制该图层，选择底层，勾选"遮罩"选项栏中的"反转"项，显现右边的女孩。

⑦ 选择顶层，选择主菜单"效果"｜"键控"｜"Keylight(1.2)"命令，添加Keylight抠像滤镜。单击"屏幕颜色"对应的吸管，吸取屏幕中的蓝色，如图11-127所示。

图11-127　吸取屏幕蓝色

⑧ 设置其他抠像参数，如图11-128所示。

图11-128　设置抠像参数

⑨ 选择底层，用上面的方法进行抠像，如图11-129所示。

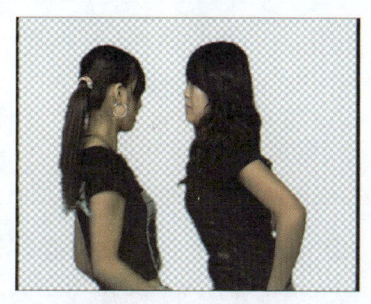

图11-129　底层抠像

⑩ 新建一个固态层，命名为"背景"，放置于底层，添加"渐变"滤镜，如图11-130所示。

图11-130　设置渐变参数

⑪ 新建一个合成，选择"预置"为PAL D1/DV，设置时长为5秒10帧。新建一个固态图层，添加"渐变"滤镜，如图11-131所示。

图11-131　设置渐变参数

⑫ 创建该图层0～5秒之间从左向右移动的动画，如图11-132所示。

图11-132　创建图层平移动画

⑬ 新建一个固态层，命名为"紊乱"，添加"分形杂波"滤镜，具体参数设置和效果如图11-133所示。

313

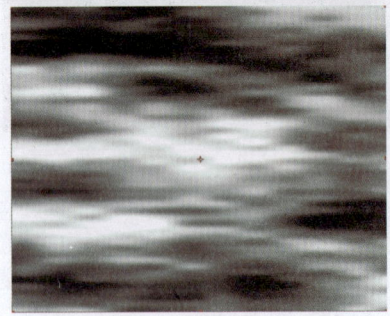

图11-133　设置分形杂波参数

(14) 拖动图层"紊乱"到底层，设置蒙板模式为"亮度"，查看合成预览效果，如图11-134所示。

图11-134　合成预览效果

(15) 添加"紊乱置换"滤镜，具体参数设置如图11-135所示。

图11-135　设置紊乱置换参数

(16) 单击播放按钮，查看合成预览效果，如图11-136所示。

(17) 切换到合成MV20的时间线面板，拖动"合成1"到时间线的底层。

图11-136　合成预览效果

(18) 选择顶层，预合成，重命名为"人物烟化"。添加Form滤镜，展开"形态基础"选项组，设置大小和方向等参数，如图11-137所示。

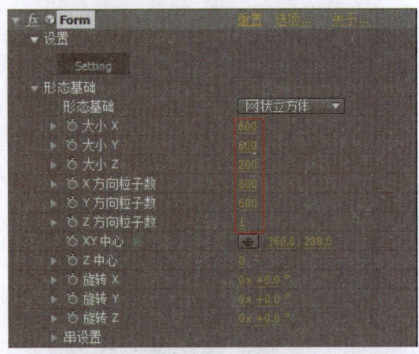

图11-137　设置形态基础参数

(19) 展开"粒子"选项组，选择"粒子类型"为"发光球体（无DOF）"，如图11-138所示。

图11-138　设置粒子参数

(20) 展开"图层映射"选项组，指定"颜色和Alpha"选项，如图11-139所示。

图11-139　设置图层映射选项

(21) 展开"分散和扭曲"选项组，设置"分散"的数值为200。展开"分形场"选项组，设置"位置置换"的数值为400，效果如图11-140所示。

图11-140　粒子分散效果

(22) 在"贴图映射"选项组中，指定"分形强度"和"图层"选项，如图11-141所示。

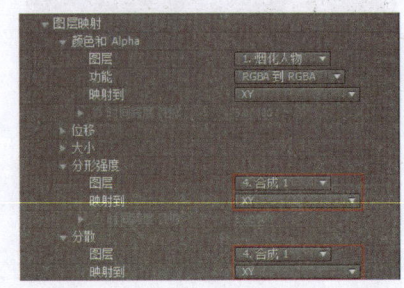

图11-141　指定图层映射选项

㉓ 拖动时间线，查看人物烟化的预览效果，如图11-142所示。

图11-142　人物烟化效果

㉔ 拖动当前指针到4秒，激活"扭曲"和"XY中心"前的码表 创建关键帧。拖动当前指针到合成的终点，调整"扭曲"的数值为3和"XY中心"的数值为（340,48）。

㉕ 拖动当前指针到4秒，展开"球形场"选项组，展开"球形1"的选项组，激活"强度"钱的码表 创建关键帧，调整"位置XY"的数值为（260,574）。

㉖ 拖动当前指针到合成的终点，调整"强度"的数值为100、"半径"的数值为500，查看合成预览效果，如图11-143所示。

图11-143　合成预览效果

㉗ 保存工程文件，单击播放按钮 ，查看最终的人物烟化效果，如图11-144所示。

图11-144　最终人物烟化效果

第 12 章 《音乐巅峰》栏目片头

这是一档推介音乐新作品的栏目，主要是以歌手介绍和新歌MV的形式，其中也会包括一些创作者讲述创作历程的故事。整体包装采用了比较多的音频符号来直接面对观众，放弃了使用视频素材的方式，这样既追求作品形式的独特性，也能通过这种简洁的设计更能给观众一种吸引力。如图12-1所示为案例分解部分效果展示。

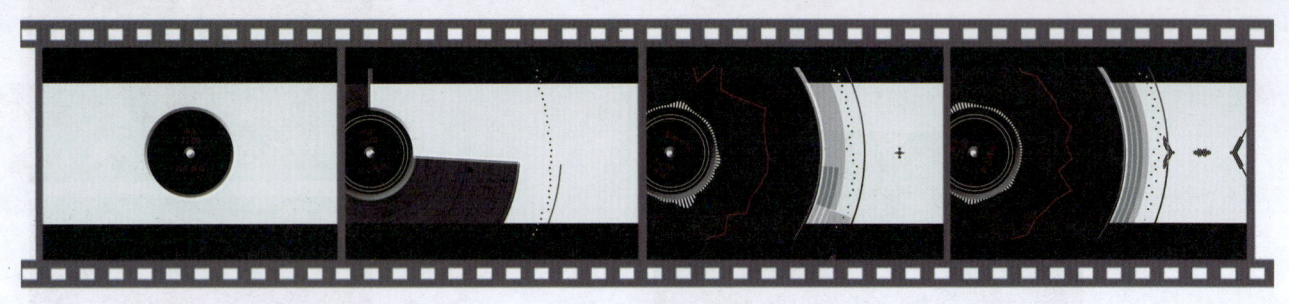

图12-1　效果展示

实例201　唱盘标题

设计思路

本例中包含两个部分，一部分是唱盘中心立体小圆盘的制作以及入场动画效果，再一部分就是标题字幕的设计。如图12-2所示为案例分解部分效果展示。

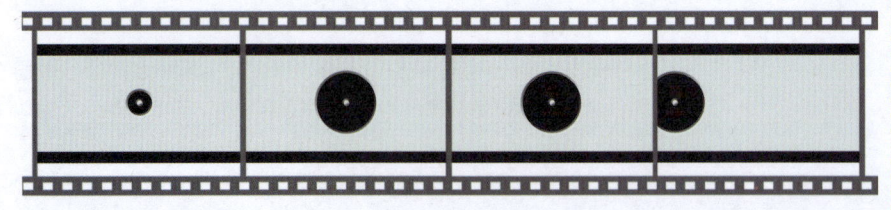

图12-2　效果展示

技术要点

- 绘制遮罩：创建圆盘图形。
- 图层样式：应用斜边与浮雕样式创建图层的立体效果。

制作过程

案例文件	工程文件\第12章\201 唱盘标题.aep		
视频文件	视频\第12章\实例201.mp4		
难易程度	★★★	学习时间	8分24秒

❶ 打开After Effects软件，新建一个合成，命名为"音乐巅峰"，选择"预置"为HDV/HDTV 720 25，设置长度为50秒。

❷ 新建一个深灰色固态层，命名为"黑底"，设置固态层的颜色值，如图12-3所示。

图12-3　设置颜色值

❸ 新建一个白色固态层，命名为"白色背景"，分别在0帧、5帧、12帧和20帧添加缩放的关键帧，数值分别为（0,0）、（0.5,0.5）、（110,0.5）和（100,81.5）。拖动当前指针，查看动画效果，如图12-4所示。

❹ 新建一个深灰色固态层，命名为"唱盘"，设置"宽"和"高"的数值均为1280。

❺ 绘制两个圆形遮罩，参数和效果如图12-5所示。

起点为2秒。

图12-4 图层缩放动画

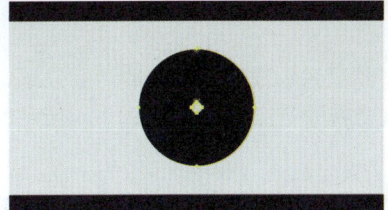

图12-5 绘制遮罩

图12-6 调整遮罩形状

图12-7 调整遮罩形状

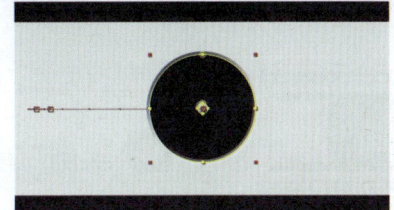

图12-8 应用图层样式

> **提示**
>
> 应用斜边与浮雕样式，可以增加图层边缘的厚度感。

❻ 拖动当前指针到1秒08帧，在时间线面板中激活"遮罩 1"的"遮罩形状"关键帧，拖动当前指针到1秒16帧，调整"遮罩1"的形状稍小一点，如图12-6所示。

❼ 拖动当前指针到1秒，调整"遮罩1"的形状，如图12-7所示。

❽ 选择图层"唱盘"，选择主菜单"图层"|"图层样式"|"斜边与浮雕"命令，添加图层样式"斜边与浮雕"，如图12-8所示。

❾ 拖动当前指针到3秒，激活图层"唱盘"的"位置"属性关键帧，数值为（640,360）。拖动指针到3秒08帧，调整"位置"的参数值为（72,360）。拖动当前指针到3秒18帧，调整"位置"参数为（120,360），创建唱盘的动画效果，如图12-9所示。

❿ 选择文本工具，输入字符"周末 20:00"和"音乐巅峰"，如图12-10所示。

⓫ 选择这两个文本层，预合成，重命名为"栏目名称"，调整图层的

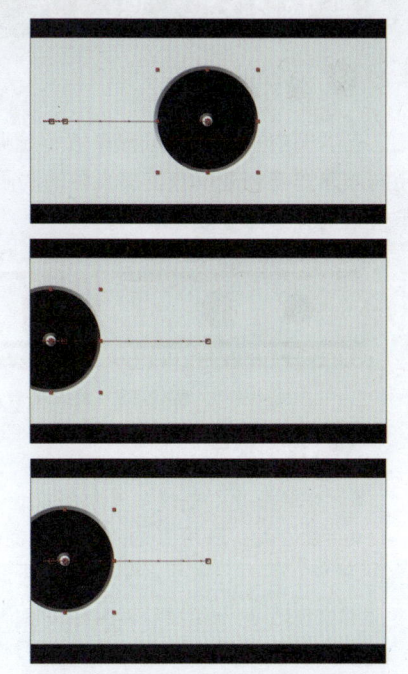

图12-9 唱盘动画效果

图12-10 创建文本层

⓬ 拖动当前指针到3秒，复制图层"唱盘"的"位置"属性关键帧并粘贴到图层"栏目名称"的"位置"属性，如图12-11所示。

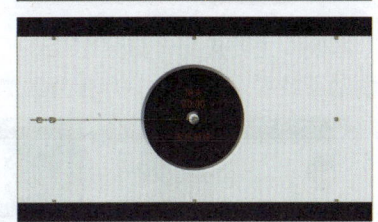

图12-11 复制位置关键帧

实例202　唱盘制作

设计思路

在本例中主要应用分形杂波创建唱盘的纹理，再通过径向擦除滤镜创建唱盘旋转入画的动画效果。如图12-12所示为案例分解部分效果展示。

图12-12　效果展示

技术要点

- 分形杂波：创建唱盘螺旋纹理。
- 表达式：应用表达式创建唱盘的旋转动画效果。

案例文件	工程文件\第12章\202 唱盘制作.aep		
视频文件	视频\第12章\实例202.mp4		
难易程度	★★★	学习时间	8分25秒

实例203　唱盘装饰

设计思路

在本例中主要应用遮罩组合创建围绕唱盘旋转的装饰性元素，再应用径向擦除滤镜分割这些圆弧或线，形成不均匀的片段，反而增强了旋转的运动感。如图12-13所示为案例分解部分效果展示。

图12-13　效果展示

技术要点

- 绘制遮罩：创建圆弧或圆形线条。
- 径向擦除：分割圆弧的片段。

案例文件	工程文件\第12章\203 唱盘装饰.aep		
视频文件	视频\第12章\实例203.mp4		
难易程度	★★★	学习时间	14分41秒

实例204　音频波线动画

设计思路

本例中主要应用音频频谱和音频波形滤镜创建音频波线的动画效果。如图12-14所示为案例分解部分效果展示。

图12-14　效果展示

技术要点

- 音频频谱：创建沿路径的音频振幅的动画效果。
- 音频波形：创建沿路径的音频波形线的动画效果。

案例文件	工程文件\第12章\204 音频波线动画.aep		
视频文件	视频\第12章\实例204.mp4		
难易程度	★★★	学习时间	10分32秒

实例205　音频点状元素

设计思路

本例中主要应用音频频谱和音频波形滤镜创建音量振幅和跳动小点的动画效果。如图12-15所示为案例分解部分效果展示。

图12-15　效果展示

技术要点

- 音频频谱：创建沿路径的音频振幅的动画效果。
- 音频波形：创建沿路径的音频跳动小点的动画效果。

案例文件	工程文件\第12章\205 音频点状元素.aep		
视频文件	视频\第12章\实例205.mp4		
难易程度	★★★	学习时间	6分54秒

实例206　音频花饰

设计思路

本例中主要应用音频频谱创建音量振幅的动画效果，再应用万花筒滤镜创建奇特的花饰效果。如图12-16所示为案例分解部分效果展示。

图12-16　效果展示

技术要点

- 音频频谱：创建跟随音乐跳动的振幅动画。
- CC万花筒：创建十字交叉型花饰效果。

案例文件	工程文件\第12章\206 音频花饰.aep		
视频文件	视频\第12章\实例206.mp4		
难易程度	★★★	学习时间	5分40秒

第13章 《新闻聚焦》栏目片头

新闻栏目是众多电视频道中最常见的栏目，有着共同的特点——庄重与可信度。大多数的新闻栏目片头都会使用蓝色作为主色调，配以红色、紫色或橙色作为装饰元素，运动的光线更能强调场景的深度感或者用来强调文字信息。如图13-1所示为案例分解部分效果展示。

图13-1　效果展示

实例207　背景制作

设计思路

本例中包含3个部分：第1部分是通过四色渐变创建背景；第2部分是通过应用分形杂波和彩色光创建条状的光线；第3部分是将光线变形成圆柱形，调整摄像机的角度产生纵深感。如图13-2所示为案例分解部分效果展示。

图13-2　效果展示

技术要点

- 分形杂波：创建条形的动态光线效果。
- CC圆柱体：将图层变形成圆柱效果。

制作过程

案例文件	工程文件\第13章\207 背景制作.aep		
视频文件	视频\第13章\实例207.mp4		
难易程度	★★★	学习时间	8分32秒

① 打开After Effects软件，新建一个合成，命名为"新闻聚焦"，选择"预置"为HDV/HDTV 720 25，设置长度为5秒。

② 新建一个黑色固态层，命名为"黑底"。

③ 新建一个黑色固态层，命名为"渐变"，添加"四色渐变"滤镜，如图13-3所示。

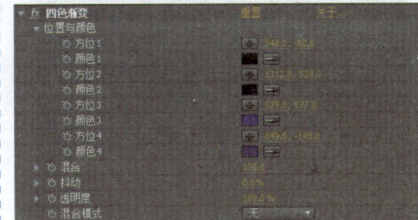

图13-3　设置四色渐变参数

④ 新建一个黑色固态层，命名为"分形光"，添加"分形杂波"滤镜，如图13-4所示。

图13-4　设置分形杂波参数

❺ 展开"变换"选项组，设置变换参数，如图13-5所示。

图13-5　设置变换参数

❻ 按住Alt键单击"演变"前的码表，打开表达式输入栏，输入表达式"time*100"。单击播放按钮，查看杂波的动画效果，如图13-6所示。

图13-6　杂波动画效果

❼ 选择该图层的混合模式为"屏幕"，绘制一个矩形遮罩，并设置"遮罩羽化"的数值为（0,100），如图13-7所示。

图13-7　绘制矩形遮罩

❽ 添加"彩色光"滤镜，具体参数设置和效果如图13-8所示。

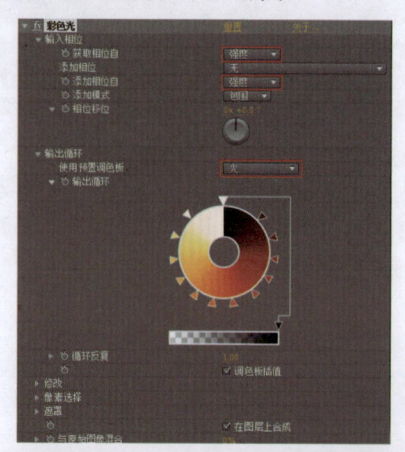

图13-8　设置彩色光参数

❾ 添加"线性擦除"滤镜，具体参数设置和效果如图13-9所示。

图13-9　设置线性擦除参数

❿ 添加"CC圆柱体"滤镜，具体参数设置和效果如图13-10所示。

图13-10　设置圆柱体参数

⓫ 新建一个摄像机，设置参数如图13-11所示。

图13-11　新建摄像机

⓬ 调整摄像机的位置参数，如图13-12所示。

图13-12　调整摄像机

⓭ 选择图层"分形光"，添加"辉光"滤镜，接受默认值即可。

⓮ 拖动当前指针，查看分形光的动画效果，如图13-13所示。

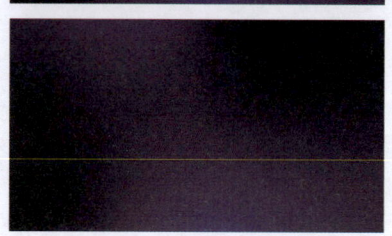

图13-13　分形光动画效果

实例208　环绕文字效果

设计思路

本例中主要应用文字的路径属性创建沿圆形路径排列的众多字符，并设置图层的旋转动画。如图13-14所示为案例分解部分效果展示。

图13-14　效果展示

技术要点

- 文本路径选项：使字符沿路径排列。

案例文件	工程文件\第13章\208 环绕文字效果.aep		
视频文件	视频\第13章\实例208.mp4		
难易程度	★★★	学习时间	12分38秒

实例209　点阵装饰

设计思路

本例中包含两个部分，一部分是将分形条状光线变形成圆柱形，再一部分是创建沿路径分布的小圆点阵列。如图13-15所示为案例分解部分效果展示。

图13-15　效果展示

技术要点

- CC圆柱体：将条状光线变形成圆柱形。
- 3D Stroke：创建沿路径的点状阵列效果。

案例文件	工程文件\第13章\209 点阵装饰.aep		
视频文件	视频\第13章\实例209.mp4		
难易程度	★★★★	学习时间	14分55秒

实例210　圆形装饰

设计思路

在本例中主要应用圆滤镜创建圆环图形，由表达式控制多项参数来创建圆环的动画效果。如图13-16所示为案例分解部分效果展示。

图13-16　效果展示

技术要点

- 圆：创建圆环图形。
- 表达式：控制圆环动画效果。

案例文件	工程文件\第13章\210 圆形装饰.aep		
视频文件	视频\第13章\实例210.mp4		
难易程度	★★★	学习时间	11分17秒

实例211　彩色大圆组合

设计思路

在本例中主要应用路径工具绘制圆形，再添加图层样式创建多种圆环装饰元素，在三维空间中对这些元素进行合理的排列。如图13-17所示为案例分解部分效果展示。

图13-17　效果展示

技术要点

- 遮罩工具：绘制圆形图形。
- 应用图层样式：创建多种圆环效果。

案例文件	工程文件\第13章\211 彩色大圆组合.aep		
视频文件	视频\第13章\实例211.mp4		
难易程度	★★★	学习时间	12分03秒

实例212　刻度圆环

设计思路

在本例中主要应用路径工具绘制圆形，再添加椭圆属性创建多种环状刻度元素，并在三维空间中对这些元素进行合理的排列。如图13-18所示为案例分解部分效果展示。

图13-18　效果展示

技术要点

- 渐变描边属性：设置描边和破折号参数，创建刻度圆环效果。

案例文件	工程文件\第13章\212 刻度圆环.aep		
视频文件	视频\第13章\实例212.mp4		
难易程度	★★★★	学习时间	12分28秒

实例213　栏目标题倒影

设计思路

在本例中主要通过复制标题图层并调整变换参数创建倒影层，应用线性擦除和模糊来增强倒影的真实效果。如图13-19所示为案例分解部分效果展示。

图13-19　效果展示

技术要点

- 调整图层位置和角度：模拟倒影效果。
- 线性擦除：创建倒影边缘的淡化效果。

案例文件	工程文件\第13章\213 栏目标题倒影.aep		
视频文件	视频\第13章\实例213.mp4		
难易程度	★★★	学习时间	6分31秒

实例214　摄像机动画

设计思路

本例中包含两个部分，一部分是通过设置摄像机的位置关键帧创建整个场景的动画，另一部分就是应用光斑插件Light Factory（光工厂）创建光斑效果。如图13-20所示为案例分解部分效果展示。

图13-20　效果展示

技术要点

- 摄像机动画：创建场景动画。
- Light Factory：一款非常实用的光斑插件，用于创建绚丽的光斑效果。

案例文件	工程文件\第13章\214 摄像机动画.aep		
视频文件	视频\第13章\实例214.mp4		
难易程度	★★★	学习时间	10分11秒

实例215　拖尾光效

设计思路

在本例中首先设置灯光的动画效果，然后将灯光作为粒子发射器创建拖尾的粒子效果。如图13-21所示为案例分解部分效果展示。

图13-21　效果展示

技术要点

- Particular：以运动的灯光作为发射器，创建拖尾粒子的效果。

案例文件	工程文件\第13章\215 拖尾光效.aep		
视频文件	视频\第13章\实例215.mp4		
难易程度	★★★	学习时间	8分28秒

实例216　场景照明效果

设计思路

本例中主要应用Lux、Shine和LF Glow滤镜来调整整个场景的亮度和发光效果。如图13-22所示为案例分解部分效果展示。

图13-22　效果展示

技术要点

- Lux：基于场景中的灯光来调整照明效果。
- Shine：创建发射光束的效果。
- LF Glow：插件光工厂中的辉光效果。

案例文件	工程文件\第13章\216 场景照明效果.aep		
视频文件	视频\第13章\实例216.mp4		
难易程度	★★★★	学习时间	5分43秒

第 14 章 婚庆片头

婚庆片头作为婚礼现场的开篇，首先营造气氛，其次就是让双方亲朋好友短时间了解对方，做一个很好的感情铺垫。从形式上讲，主要包括视频拍摄剪辑和婚纱照编辑两种样式，下面主要讲解如何利用大量的照片结合多变的画中画和剪辑手法制作婚庆片头。如图14-1所示为案例分解部分效果展示。

图14-1　效果展示

实例217　标题版制作

设计思路

本例是根据整个影片的风格来确定的，无论是颜色和文字动画都是简洁的，主要应用遮罩动画和文字动画，完成标题版式的设计和制作。如图14-2所示为案例分解部分效果展示。

图14-2　效果展示

技术要点

- 遮罩动画：创建色块和文字入场的动画方式。
- 投影：创建线条和文字的阴影效果。

案例文件	工程文件\第14章\217 标题版制作.aep		
视频文件	视频\第14章\实例217.mp4		
难易程度	★★★	学习时间	12分19秒

实例218　靓照进场

设计思路

本例主要应用遮罩动画和配合文字动画实现多个图片闪亮进场的效果。如图14-3所示为案例分解部分效果展示。

图14-3　效果展示

技术要点

- 遮罩动画：图片的入场效果。

案例文件	工程文件\第14章\218 靓照进场.aep		
视频文件	视频\第14章\实例218.mp4		
难易程度	★★★	学习时间	9分45秒

实例219　靓照组合（一）

设计思路

本例整合标题版和画中画靓照，通过调整图层的位置来完成多个照片的排列和分布，通过转场特效和摄像机运动完成多画面的入场组合方式与动画效果。如图14-4所示为案例分解部分效果展示。

图14-4　效果展示

技术要点

- 卡片擦除：将需要爆破的高楼从背景分离开。
- 摄像机运动：强化场景的三维效果。

案例文件	工程文件\第14章\219 靓照组合（一）.aep		
视频文件	视频\第14章\实例219.mp4		
难易程度	★★★	学习时间	40分19秒

实例220　照片滑入动画

定向爆破就是只破坏楼群中指定的高楼，而不会伤及其他，通过三维模型来制作如此效果相对容易些。而在后期中针对一张城市背景破坏掉其中的一栋楼，还是需要一定技巧的。

设计思路

本例主要应用遮罩动画实现多个图片滑动进场的效果。如图14-5所示为案例分解部分效果展示。

图14-5　效果展示

技术要点

- 绘制遮罩：将需要爆破的高楼从背景分离开。
- 碎片：创建破碎效果。

案例文件	工程文件\第14章\220 照片滑入动画.aep		
视频文件	视频\第14章\实例220.mp4		
难易程度	★★★	学习时间	8分16秒

实例221　单色调效果

定向爆破就是只破坏楼群中指定的高楼，而不会伤及其他，通过三维模型来制作如此效果相对容易些。而在后期中针对一张城市背景破坏掉其中的一栋楼，还是需要一定技巧的。

设计思路

本例中包含两个部分：一部分是通过绘制遮罩将需要爆破的高楼分离开；再一部分就是应用碎片滤镜到高楼，设置力和倾斜控制实现定向爆破的效果。如图14-6所示为案例分解部分效果展示。

图14-6　效果展示

技术要点

- 绘制遮罩：将需要爆破的高楼从背景分离开。
- 碎片：创建破碎效果。

案例文件	工程文件\第14章\221 单色调效果.aep		
视频文件	视频\第14章\实例221.mp4		
难易程度	★★★	学习时间	16分15秒

实例222　靓照组合（二）

定向爆破就是只破坏楼群中指定的高楼，而不会伤及其他，通过三维模型来制作如此效果相对容易些。而在后期中针对一张城市背景破坏掉其中的一栋楼，还是需要一定技巧的。

设计思路

本例中包含两个部分：一部分是通过绘制遮罩将需要爆破的高楼分离开；再一部分就是应用碎片滤镜到高楼，设置力和倾斜控制实现定向爆破的效果。如图14-7所示为案例分解部分效果展示。

图14-7　效果展示

技术要点

- 绘制遮罩：将需要爆破的高楼从背景分离开。
- 碎片：创建破碎效果。

案例文件	工程文件\第14章\222 靓照组合（二）.aep		
视频文件	视频\第14章\实例222.mp4		
难易程度	★★★	学习时间	16分03秒

实例223　转场动画

定向爆破就是只破坏楼群中指定的高楼，而不会伤及其他，通过三维模型来制作如此效果相对容易些。而在后期中针对一张城市背景破坏掉其中的一栋楼，还是需要一定技巧的。

设计思路

本例中包含两个部分：一部分是通过绘制遮罩将需要爆破的高楼分离开；再一部分就是应用碎片滤镜到高楼，设置力和倾斜控制实现定向爆破的效果。如图14-8所示为案例分解部分效果展示。

图14-8　效果展示

技术要点

- 绘制遮罩：将需要爆破的高楼从背景分离开。
- 碎片：创建破碎效果。

案例文件	工程文件\第14章\223 转场动画.aep		
视频文件	视频\第14章\实例223.mp4		
难易程度	★★★	学习时间	8分05秒

实例224　滑动入画

定向爆破就是只破坏楼群中指定的高楼，而不会伤及其他，通过三维模型来制作如此效果相对容易些。而在后期中针对一张城市背景破坏掉其中的一栋楼，还是需要一定技巧的。

设计思路

本例中包含两个部分：一部分是通过绘制遮罩将需要爆破的高楼分离开；再一部分就是应用碎片滤镜到高楼，设置力和倾斜控制实现定向爆破的效果。如图14-9所示为案例分解部分效果展示。

图14-9　效果展示

技术要点

- 绘制遮罩：将需要爆破的高楼从背景分离开。
- 碎片：创建破碎效果。

案例文件	工程文件\第14章\224 滑动入画.aep		
视频文件	视频\第14章\实例224.mp4		
难易程度	★★★	学习时间	8分17秒

实例225　靓照组合（三）

定向爆破就是只破坏楼群中指定的高楼，而不会伤及其他，通过三维模型来制作如此效果相对容易些。而在后期中针对一张城市背景破坏掉其中的一栋楼，还是需要一定技巧的。

设计思路

本例中包含两个部分：一部分是通过绘制遮罩将需要爆破的高楼分离开；再一部分就是应用碎片滤镜到高楼，设置力和倾斜控制实现定向爆破的效果。如图14-10所示为案例分解部分效果展示。

图14-10　效果展示

技术要点

- 绘制遮罩：将需要爆破的高楼从背景分离开。
- 碎片：创建破碎效果。

案例文件	工程文件\第14章\225 靓照组合（三）.aep		
视频文件	视频\第14章\实例225.mp4		
难易程度	★★★	学习时间	14分43秒

实例226　转场特效

定向爆破就是只破坏楼群中指定的高楼，而不会伤及其他，通过三维模型来制作如此效果相对容易些。而在后期中针对一张城市背景破坏掉其中的一栋楼，还是需要一定技巧的。

设计思路

本例中包含两个部分：一部分是通过绘制遮罩将需要爆破的高楼分离开；再一部分就是应用碎片滤镜到高楼，设置力和倾斜控制实现定向爆破的效果。如图14-11所示为案例分解部分效果展示。

图14-11　效果展示

技术要点

- 绘制遮罩：将需要爆破的高楼从背景分离开。
- 碎片：创建破碎效果。

案例文件	工程文件\第14章\226 转场特效.aep		
视频文件	视频\第14章\实例226.mp4		
难易程度	★★★	学习时间	6分43秒

实例227　最终合成

定向爆破就是只破坏楼群中指定的高楼，而不会伤及其他，通过三维模型来制作如此效果相对容易些。而在后期中针对一张城市背景破坏掉其中的一栋楼，还是需要一定技巧的。

设计思路

本例中包含两个部分：一部分是通过绘制遮罩将需要爆破的高楼分离开；再一部分就是应用碎片滤镜到高楼，设置力和倾斜控制实现定向爆破的效果。如图14-12所示为案例分解部分效果展示。

图14-12　效果展示

技术要点

- 绘制遮罩：将需要爆破的高楼从背景分离开。
- 碎片：创建破碎效果。

案例文件	工程文件\第14章\227 最终合成.aep		
视频文件	视频\第14章\实例227.mp4		
难易程度	★★★	学习时间	19分30秒

第 15 章　企业宣传广告

企业宣传片作为传递商品信息、促进商品流通的重要手段，已经被广泛地应用于商业活动中。重点介绍自有企业主营业务、产品、企业规模及人文历史的专题片，主要有纪实型和表现型两种。企业宣传广告一般包括5种题材：企业宣传片，企业形象片，企业专题片，企业历史片，企业文化片。在当今的信息时代，宣传片不仅要追求艺术化的唯美效果，重点还要解决宣传片个性化的问题。本例着重讲解一个宣传片片头的制作，它完全通过粒子特效追求作品形式的独特性，从而能给观众一种吸引力。如图15-1所示为案例分解部分效果展示。

图15-1　效果展示

实例228　制作LOGO图形

设计思路

本例中主要应用遮罩工具创建图形组成LOGO，然后通过图层叠加的方式创建LOGO表面的光感。如图15-2所示为案例分解部分效果展示。

图15-2　效果展示

技术要点

- 钢笔工具：绘制LOGO图形。
- 图层添加：模拟LOGO表面动感光效。

制作过程

案例文件	工程文件\第15章\228 制作LOGO图形.aep		
视频文件	视频\第15章\实例228.mp4		
难易程度	★★★	学习时间	18分13秒

❶ 打开After Effects软件，新建一个合成，命名为LOGO，选择"预置"为HDV/HDTV 720 25，设置长度为20秒。

❷ 选择文本工具，输入字符AE&VFX，选择合适的字体、字号并调整位置，如图15-3所示。

图15-3　创建文本层

❸ 选择主菜单"图层"|"图层样式"|"渐变叠加"命令，应用"渐变叠加"样式，在时间线面板中展开图层属性，设置"渐变叠加"的参数，如图15-4所示。

❹ 选择矩形工具，绘制图形，如图15-5所示。

第15章 企业宣传广告

图15-7 绘制多个图形

❼ 选择这些图形进行预合成，复制文本图层的样式并粘贴到预合成，如图15-8所示。

图15-8 复制图层样式

❽ 新建一个浅青色固态层，如图15-9所示。

图15-9 创建固态层

❾ 设置该图层的混合模式为"添加"，绘制矩形遮罩，如图15-10所示。

图15-10 绘制矩形遮罩

❿ 激活该图层的保持相关透明属性，如图15-11所示。

图15-11 保持相关透明

⓫ 分别在合成的起点和3秒设置遮罩形状的关键帧，如图15-12所示。

图15-12 设置遮罩形状关键帧

⓬ 单击播放按钮，查看LOGO的完成效果，如图15-13所示。

图15-13 LOGO完成效果

图15-4 应用渐变叠加样式

图15-5 绘制矩形

❺ 选择钢笔工具，绘制图形，如图15-6所示。

图15-6 绘制自由图形

❻ 用同样的方法绘制其他图形，如图15-7所示。

327

实例229　LOGO淡出效果

设计思路

本例中首先绘制圆形遮罩并设置扩展动画，然后选择蒙板Alpha和轮廓Alpha两种图层混合方式创建LOGO由中心向外扩散的淡出效果。如图15-14所示为案例分解部分效果展示。

图15-14　效果展示

技术要点

- 圆形遮罩工具：绘制圆形遮罩并设置遮罩形状动画。
- 图层混合模式：应用蒙板Alpha和轮廓Alpha方面确定LOGO显示的区域。

案例文件	工程文件\第15章\229 LOGO淡出效果.aep		
视频文件	视频\第15章\实例229.mp4		
难易程度	★★★	学习时间	5分56秒

实例230　LOGO发射粒子

设计思路

本例中应用Particular创建LOGO图形发射粒子效果，设置辅助系统参数产生具有长度的粒子效果。如图15-15所示为案例分解部分效果展示。

图15-15　效果展示

技术要点

- Particular：创建基于LOGO图形的粒子，设置辅助系统参数生成粒子长度效果。

案例文件	工程文件\第15章\230 LOGO发射粒子.aep		
视频文件	视频\第15章\实例230.mp4		
难易程度	★★★★	学习时间	15分38秒

实例231　完成场景（一）

设计思路

本例中包含两个部分：一部分是调整摄像机的位置创建粒子的空间效果，增强立体感；另一部分就是创建一个圆圈状的粒子背景。如图15-16所示为案例分解部分效果展示。

图15-16　效果展示

技术要点

- 摄像机动画：创建立体感的粒子空间。

案例文件	工程文件\第15章\231 完成场景（一）.aep		
视频文件	视频\第15章\实例231.mp4		
难易程度	★★★★	学习时间	22分25秒

实例232　完成场景（二）

设计思路

本例中主要是调整摄像机的位置创建粒子的空间效果，增强立体感。如图15-17所示为案例分解部分效果展示。

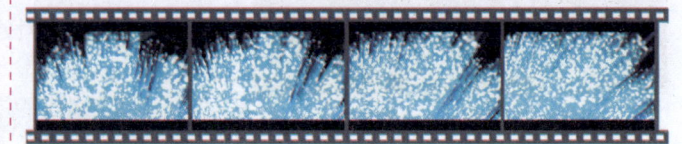

图15-17　效果展示

技术要点

- 摄像机动画：创建立体感的粒子空间。

案例文件	工程文件\第15章\232 完成场景（二）.aep		
视频文件	视频\第15章\实例232.mp4		
难易程度	★★★	学习时间	15分44秒

实例233　定版粒子

设计思路

本例中应用Particular创建LOGO图形发射粒子的效果，设置辅助系统参数产生具有长度的粒子效果。如图15-18所示为案例分解部分效果展示。

图15-18　效果展示

技术要点

- Particular：创建基于LOGO图形的粒子，设置辅助系统参数生成粒子长度效果。

案例文件	工程文件\第15章\233 定版粒子.aep		
视频文件	视频\第15章\实例233.mp4		
难易程度	★★★	学习时间	13分46秒

实例234　定版转场动画

设计思路

在本例中主要调整摄像机的位置关键帧,创建穿越粒子空间的动画效果,最终实现定版的转场。如图15-19所示为案例分解部分效果展示。

图15-19　效果展示

技术要点

- 摄像机动画:创建穿越粒子空间的效果。

案例文件	工程文件\第15章\234定版转场动画.aep		
视频文件	视频\第15章\实例234.mp4		
难易程度	★★★	学习时间	9分10秒

实例235　片段编辑

设计思路

在本例中主要将前面制作的片段组接在一起,添加闪白效果,实现片段之间的过渡。如图15-20所示为案例分解部分效果展示。

图15-20　效果展示

技术要点

- 片段编辑:设置图层起点和终点,组接在一起。
- 闪白:设置白色固态层的透明度关键帧,作为片段之间转场。

案例文件	工程文件\第15章\235片段编辑.aep		
视频文件	视频\第15章\实例235.mp4		
难易程度	★★	学习时间	20分24秒

实例236　圆圈装饰（一）

设计思路

本例中主要应用Particular滤镜创建圆圈状的粒子效果,作为装饰元素与LOGO进行叠加。如图15-21所示为案例分解部分效果展示。

图15-21　效果展示

技术要点

- Particular:创建圆圈形状的粒子效果。

案例文件	工程文件\第15章\236圆圈装饰（一）.aep		
视频文件	视频\第15章\实例236.mp4		
难易程度	★★★	学习时间	4分06秒

实例237　圆圈装饰（二）

设计思路

本例中主要应用Particular滤镜创建圆圈状的粒子效果,作为装饰元素进行叠加,通过设置生命期颜色值赋予粒子不同的颜色效果。如图15-22所示为案例分解部分效果展示。

图15-22　效果展示

技术要点

- Particular:创建圆圈形状的粒子效果。

案例文件	工程文件\第15章\237圆圈装饰（二）.aep		
视频文件	视频\第15章\实例237.mp4		
难易程度	★★★	学习时间	5分53秒

实例238　炫目光斑（一）

设计思路

在本例中主要应用光斑插件Optical Flares创建炫目的光斑效果,并与定版图层进行叠加。如图15-23所示为案例分解部分效果展示。

图15-23　效果展示

技术要点

- Optical Flares:创建炫目的光斑效果。

案例文件	工程文件\第15章\238 炫目光斑（一）.aep	
视频文件	视频\第15章\实例238.mp4	
难易程度	★★★ 学习时间	12分05秒

实例239　炫目光斑（二）

设计思路

在本例中主要应用光斑插件Optical Flares创建炫目的光斑效果，并设置光斑的移动动画。如图15-24所示为案例分解部分效果展示。

图15-24　效果展示

技术要点

- Optical Flares：创建炫目的光斑效果。

案例文件	工程文件\第15章\239 炫目光斑（二）.aep	
视频文件	视频\第15章\实例239.mp4	
难易程度	★★★ 学习时间	11分45秒

实例240　炫目光斑（三）

设计思路

在本例中主要应用光斑插件Optical Flares创建炫目的光斑效果，并与背景图层进行混合，起到装饰作用。如图15-25所示为案例分解部分效果展示。

图15-25　效果展示

技术要点

- Optical Flares：创建炫目的光斑效果。

案例文件	工程文件\第15章\240 炫目光斑（三）.aep	
视频文件	视频\第15章\实例240.mp4	
难易程度	★★★ 学习时间	17分14秒

实例241　最终合成

设计思路

本例中主要应用调节层进行整体的颜色和亮度等的调整。如图15-26所示为案例分解部分效果展示。

图15-26　效果展示

技术要点

- 着色：调整映射到白色的颜色，从而改变色调。
- 色阶：针对个别通道进行调整，改变亮度和色调。

案例文件	工程文件\第15章\241 最终合成.aep	
视频文件	视频\第15章\实例241.mp4	
难易程度	★★★ 学习时间	14分42秒

第 16 章　珍爱相册

电子相册作为目前很流行的展示照片的方式，早已超出了展示图片的层面。无论是封面设计，还是其中页面的制作，电子相册都很讲究画面感，通过大量使用动态的装饰元素，增强电子相册的可欣赏性。也可根据照片的风格刻意追求一些个性，在颜色、版式以及音乐方面强调一些个人更喜欢的样式。如图16-1所示为案例分解部分效果展示。

图16-1　效果展示

实例242　花饰背景制作

设计思路

本例中主要通过调整花饰素材的位置、大小和角度进行很合理的排列和分布，再设置摄像机的运动赋予整个场景在三维空间的运动效果。如图16-2所示为案例分解部分效果展示。

图16-2　效果展示

技术要点

- 三维图层变换属性：调整图层在三维空间的位置、大小和旋转。
- 摄像机运动：创建三维空间的运动效果。

制作过程

案例文件	工程文件\第16章\242 花饰背景制作.aep		
视频文件	视频\第16章\实例242.mp4		
难易程度	★★★	学习时间	16分26秒

① 打开After Effects软件，新建一个合成，命名为"珍爱相册"，选择"预置"为HDTV 1080 25，设置长度为5秒，如图16-3所示。

② 导入图片素材"黄丝绸.psd"，添加到时间线上，激活3D属性，调整位置和大小，如图16-4所示。

图16-3　新建合成

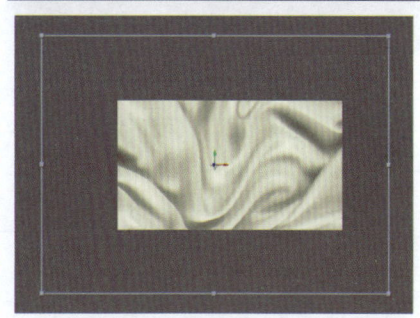

图16-4　调整图层位置和大小

331

③ 导入图片素材"绿叶.psd"，添加到时间线上，激活3D属性，调整图层的位置，如图16-5所示。

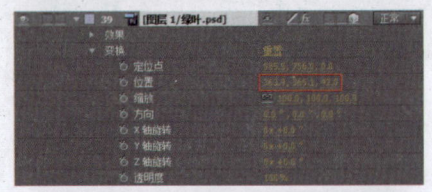

图16-5 调整图层位置

④ 添加"阴影"滤镜，具体参数设置和效果如图16-6所示。

图16-6 设置阴影参数

⑤ 新建一个摄像机，具体参数设置如图16-7所示。

图16-7 新建摄像机

⑥ 调整摄像机的变换参数，获得比较理想的构图，如图16-8所示。

⑦ 复制图层"绿叶.psd"，调整变换参数，如图16-9所示。

⑧ 导入图片素材"玫瑰01.psd"，添加到时间线上，激活3D属性，调整位置、大小和角度，如图16-10所示。

图16-8 调整摄像机位置和角度

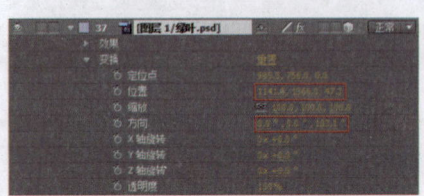

图16-9 调整图层位置和角度

图16-10 调整图层位置大小和角度

⑨ 添加"阴影"滤镜，具体参数设置和效果如图16-11所示。

图16-11 设置阴影参数

⑩ 复制图层"玫瑰01.psd"，调整变换参数，如图16-12所示。

图16-12 调整变换参数

⑪ 确定当前指针在合成的起点，激活摄像机的"目标兴趣点""位置"和"Z轴旋转"的关键帧，拖动当前指针到2分7秒，调整参数，如图16-13所示。

图16-13 调整摄像机参数

⑫ 拖动当前指针到5秒，调整参数，如图16-14所示。

图16-14 调整摄像机参数

⑬ 拖动当前指针到1分54秒，调整参数，如图16-15所示。

图16-15　调整摄像机参数

图16-19　花饰背景动画效果

实例243　封皮制作

设计思路

本例中包含两个部分，一部分是通过灯光营造怀旧色调的封皮，另一部分就是应用文本动画预设创建封皮文字的入场动画效果。如图16-20所示为案例分解部分效果展示。

图16-20　效果展示

技术要点

- 聚光灯：照射封皮图层以产生需要的色调。
- 文字动画：应用文本动画预设创建文字的动画效果。

案例文件	工程文件\第16章\243 封皮制作.aep		
视频文件	视频\第16章\实例243.mp4		
难易程度	★★★	学习时间	17分02秒

⑭ 单击图形编辑器图标 ，选择"目标兴趣点"属性，调整运动曲线，如图16-16所示。

图16-16　调整运动曲线

⑮ 单击"位置"属性，展开运动曲线视图，添加关键帧，如图16-17所示。

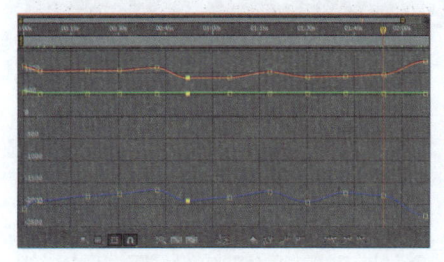

图16-17　添加关键帧

⑯ 单击"Z轴旋转"属性，展开运动曲线视图，添加关键帧，如图16-18所示。

实例244　封面装饰

设计思路

本例中主要通过多个装饰素材的排列和分布，调整不同的位置、大小和角度，增强封面的艺术效果。如图16-21所示为案例分解部分效果展示。

图16-21　效果展示

技术要点

- 多图层排列：导入或复制多个图层，通过调整变换参数达到理想的构图。

案例文件	工程文件\第16章\244 封面装饰.aep		
视频文件	视频\第16章\实例244.mp4		
难易程度	★★★	学习时间	18分08秒

图16-18　添加关键帧

⑰ 单击播放按钮 ，查看花饰背景的动画效果，如图16-19所示。

实例245　相册第一页

设计思路

本例中主要应用灯光营造页面背景的色调效果，再通过调整图层的位置和大小将多个图片就行排列和分布，获得比较理想的版式。如图16-22所示为案例分解部分效果展示。

图16-22　效果展示

技术要点

- 聚光灯：照射页面图层，以产生需要的色调。
- 多图层排列：导入或复制多个图层，通过调整变换参数达到理想的构图。

案例文件	工程文件\第16章\245 相册第一页.aep		
视频文件	视频\第16章\实例245.mp4		
难易程度	★★★	学习时间	25分41秒

实例246　第一页花饰动画

设计思路

本例中主要通过复制和调整图层的变换参数，构成艺术化的版式，使这些动态生长素材发挥很好的装饰作用。如图16-23所示为案例分解部分效果展示。

图16-23　效果展示

技术要点

- 启用时间重置：调整时间重置的关键帧来调整素材的速度。
- 调整变换参数：调整图层位置、大小和角度，形成比较理想的构图。

案例文件	工程文件\第16章\246 第一页花饰动画.aep		
视频文件	视频\第16章\实例246.mp4		
难易程度	★★★★	学习时间	15分35秒

实例247　翻页效果

设计思路

本例中主要设置三维图层的旋转动画来实现页面翻转，应用CC弯曲滤镜增强翻页过程的真实性，再通过复制滤镜和关键帧的方法创建多个图层的翻页效果。如图16-24所示为案例分解部分效果展示。

图16-24　效果展示

技术要点

- CC弯曲：创建翻转页面的弯曲效果，模拟柔软的效果。
- 复制滤镜和关键帧：创建多图层一致的动画效果。

案例文件	工程文件\第16章\247 翻页效果.aep		
视频文件	视频\第16章\实例247.mp4		
难易程度	★★★★	学习时间	12分44秒

实例248　相册第二页

设计思路

本例中主要通过调整图层的位置和大小，将多个图片进行排列和分布，获得比较理想的版式。如图16-25所示为案例分解部分效果展示。

图16-25　效果展示

技术要点

- 调整图层变换参数：实现多图层的排布效果。
- 替换素材：针对相同样式的图层，替换其中的素材。

案例文件	工程文件\第16章\248 相册第二页.aep		
视频文件	视频\第16章\实例248.mp4		
难易程度	★★★	学习时间	12分45秒

实例249　第二页花饰动画

设计思路

本例中主要通过复制和调整图层的变换参数，构成艺术化的版式，使这些动态生长素材发挥很好的装饰作用。如图16-26所示为案例分解部分效果展示。

图16-26　效果展示

技术要点

- 启用时间重置：调整时间重置的关键帧来调整素材的速度。
- 调整变换参数：调整图层位置、大小和角度，形成比较理想的构图。

案例文件	工程文件\第16章\249 第二页花饰动画.aep		
视频文件	视频\第16章\实例249.mp4		
难易程度	★★★	学习时间	11分15秒

实例250　翻页动画

设计思路

本例中主要设置三维图层的旋转动画来实现页面翻转，应用CC弯曲滤镜增强翻页过程的真实性，再通过复制滤镜和关键帧的方法创建多个图层的翻页效果。如图16-27所示为案例分解部分效果展示。

图16-27　效果展示

技术要点

- CC弯曲：创建翻转页面的弯曲效果，模拟柔软的效果。
- 复制滤镜和关键帧：创建多图层一致的动画效果。

案例文件	工程文件\第16章\250 翻页动画.aep		
视频文件	视频\第16章\实例250.mp4		
难易程度	★★★	学习时间	7分04秒

实例251　相册第三页

设计思路

本例中主要通过调整图层的位置和大小，将多个图片进行排列和分布，获得比较理想的版式，尤其在更换素材时大大提高了工作效率。如图16-28所示为案例分解部分效果展示。

图16-28　效果展示

技术要点

- 调整图层变换参数：实现多图层的排布效果。
- 替换素材：针对相同样式的图层，替换其中的素材加快进度。

案例文件	工程文件\第16章\251 相册第三页.aep		
视频文件	视频\第16章\实例251.mp4		
难易程度	★★★	学习时间	13分45秒

实例252　第三页动画效果

设计思路

本例中主要通过复制和调整图层的变换参数，构成画面感很强的版式，使这些动态生长素材起到很好的装饰作用。如图16-29所示为案例分解部分效果展示。

图16-29　效果展示

技术要点

- 启用时间重置：调整时间重置的关键帧来调整素材的速度。
- 调整变换参数：调整图层位置、大小和角度形成比较理想的构图。

案例文件	工程文件\第16章\252 第三页动画效果.aep		
视频文件	视频\第16章\实例252.mp4		
难易程度	★★★	学习时间	13分50秒

实例253　相册合成

设计思路

本例中包含两个部分：一部分是将前面制作完成的页面组接在一起，另一部分就是应用粒子效果强调装饰效果。如图16-30所示为案例分解部分效果展示。

图16-30　效果展示

技术要点

- 多片段组接：将每个页面的正面和背面按顺序排列在时间线上。
- CC粒子仿真世界：创建装饰粒子效果。

案例文件	工程文件\第16章\253 相册合成.aep		
视频文件	视频\第16章\实例253.mp4		
难易程度	★★★★	学习时间	15分05秒

第 17 章 影院推广片

以影院推广为主题的广告片，一般有两种方式：可以是预告最新或将要上映的影片，用著名导演、当红影星或者新奇的创作题材作为宣传的卖点；也可以用纯视觉效果来吸引观众，目标是引起观众的注意，通过一些简洁的文字信息传递该影院的特色。本例就是在视觉效果方面下足功夫，以烟雾变化作为主要元素，配以黑或白的文字，强调影视的幻妙感和文字信息的直观性。如图17-1所示为案例分解部分效果展示。

图17-1　效果展示

实例254　LOGO制作

设计思路

本例中包含两个部分：一部分是绘制圆形遮罩并设置形状动画，另一部分是创建沿圆形路径分布的文字。如图17-2所示为案例分解部分效果展示。

图17-2　效果展示

技术要点

- 圆形遮罩：创建形状动画。
- 路径文字：创建文字沿路径分布的效果。

案例文件	工程文件\第17章\254 LOGO制作.aep		
视频文件	视频\第17章\实例254.mp4		
难易程度	★★	学习时间	19分37秒

实例255　烟雾阵列

设计思路

在本例中主要通过多次复制动态烟雾图层并设置递进的旋转数值，形成烟雾阵列的效果。如图17-3所示为案例分解部分效果展示。

图17-3　效果展示

技术要点

- 调整变换参数：按照固定的间隔设置多图层的旋转角度。

案例文件	工程文件\第17章\255 烟雾阵列.aep		
视频文件	视频\第17章\实例255.mp4		
难易程度	★★	学习时间	6分18秒

实例256　圆环装饰效果

设计思路

本例中包含两个部分：一部分是按照时间顺序排列不同装饰图案；另一部分是多次复制图案图层，设置不同的旋转角度，构成一个圆环并创建缩放动画。如图17-4所示为案例分解部分效果展示。

图17-4　效果展示

技术要点

- 调整变换参数：按照固定的间隔设置多图层的旋转角度并设置缩放动画。

案例文件	工程文件\第17章\256 圆环装饰效果.aep		
视频文件	视频\第17章\实例256.mp4		
难易程度	★★★	学习时间	10分12秒

实例257 初步合成

设计思路

在本例中将前面完成的LOGO和装饰图案以及其他的动态素材组合在一起，通过设置合适的混合模式获得理想的预览效果。如图17-5所示为案例分解部分效果展示。

图17-5 效果展示

技术要点

- 片段组接：按照顺序将前面制作的元素组合在一起并设置混合模式。

案例文件	工程文件\第17章\257 初步合成.aep		
视频文件	视频\第17章\实例257.mp4		
难易程度	★★★	学习时间	16分52秒

实例258 合成润饰

设计思路

在本例中继续导入了一些动态素材并设置混合模式，添加四色渐变以及粒子效果对整个场景进行修饰和美化。如图17-6所示为案例分解部分效果展示。

图17-6 效果展示

技术要点

- 四色渐变：通过颜色混合方式为场景上色。
- CC Particle System：应用粒子发射创建星星效果。

案例文件	工程文件\第17章\258 合成润饰.aep		
视频文件	视频\第17章\实例258.mp4		
难易程度	★★★	学习时间	12分38秒

实例259 三维灯笼旋转

设计思路

在本例中用多个平面图层构建立体灯笼，通过设置父物体——空白对象的旋转动画，实现灯笼在三维空间的旋转效果。如图17-7所示为案例分解部分效果展示。

图17-7 效果展示

技术要点

- 三维空间合成：调整多个图层的位置和角度，构成立体效果。

案例文件	工程文件\第17章\259 三维灯笼旋转.aep		
视频文件	视频\第17章\实例259.mp4		
难易程度	★★★	学习时间	26分02秒

实例260 广告（二）初合成

设计思路

在本例中首先创建了烟雾重复平铺的背景，应用四色渐变滤镜赋予多彩效果，然后再将上节制作的三维灯笼合成在一起。如图17-8所示为案例分解部分效果展示。

图17-8 效果展示

技术要点

- CC RepeTile：创建烟雾图层重复平铺的效果。
- 四色渐变：创建烟雾多彩效果。

案例文件	工程文件\第17章\260 广告(二)初合成.aep		
视频文件	视频\第17章\实例260.mp4		
难易程度	★★★	学习时间	9分47秒

实例261 色彩润饰

设计思路

本例中继续导入了一些动态素材并设置混合模式，添加四色渐变以及粒子效果对整个场景进行修饰和美化。如图17-9所示为案例分解部分效果展示。

图17-9　效果展示

技术要点

- 四色渐变：通过颜色混合方式为场景上色。
- CC Particle System：应用粒子发射创建星星效果。

案例文件	工程文件\第17章\261 色彩润饰.aep		
视频文件	视频\第17章\实例261.mp4		
难易程度	★★★	学习时间	36分21秒

实例262　广告（三）初合成

设计思路

本例中主要将动态烟雾素材与字幕标版一起构建初步的场景效果，应用三色调和四色渐变赋予绚丽的颜色。如图17-10所示为案例分解部分效果展示。

图17-10　效果展示

技术要点

- 三色调：为灰度的烟雾素材上色。
- 四色渐变：创建烟雾多彩效果。

案例文件	工程文件\第17章\262 广告(三)初合成.aep		
视频文件	视频\第17章\实例262.mp4		
难易程度	★★★	学习时间	18分07秒

实例263　星云场景动画

设计思路

本例中包含两个部分：一部分是应用CC Particle World创建星空效果；另一部分就是设置摄像机的动画，从而实现整个场景的运动效果。如图17-11所示为案例分解部分效果展示。

图17-11　效果展示

技术要点

- CC Particle World：发射粒子创建星星效果。
- 摄像机动画：创建场景的运动效果。

案例文件	工程文件\第17章\263 星云场景动画.aep		
视频文件	视频\第17章\实例263.mp4		
难易程度	★★★★	学习时间	9分13秒

实例264　星星光斑装饰

设计思路

本例中主要混合了一些动态素材，还创建了多层粒子效果来丰富场景，不仅能增强深度感，也起到了很好的装饰作用。如图17-12所示为案例分解部分效果展示。

图17-12　效果展示

技术要点

- CC Particle World：发射粒子创建星星效果。

案例文件	工程文件\第17章\264 星星光斑装饰.aep		
视频文件	视频\第17章\实例264.mp4		
难易程度	★★★★	学习时间	17分27秒

实例265　最终合成

设计思路

在本例中主要是组接前面完成的3个片段，设置合适的入点和出点。根据需要，也可以添加过渡效果。如图17-13所示为案例分解部分效果展示。

图17-13　效果展示

技术要点

- 多片段组接：将前面制作的片段组接在一起，形成完整的影片。

案例文件	工程文件\第17章\265 最终合成.aep		
视频文件	视频\第17章\实例265.mp4		
难易程度	★★★	学习时间	4分08秒

第 18 章　子弹冲击波

在After Effects中制作影视特效也是非常高效的,不仅可以模拟爆炸的烟尘效果,也可以制作子弹射击在墙面使其剥落的效果,下面将详细讲解一颗子弹击碎金属字和穿透玻璃板的特技效果。如图18-1所示为案例分解部分效果展示。

图18-1　效果展示

实例266　路径跟踪

设计思路

本例中制作的是跟随发射时枪口的运动,创建一个空白对象的路径和摄像机动画。如图18-2所示为案例分解部分效果展示。

图18-2　效果展示

技术要点

- **手动关键帧**:参照运动物体人工添加位置关键帧,创建运动路径。

制作过程

案例文件	工程文件\第18章\266 路径跟踪.aep		
视频文件	视频\第18章\实例266.mp4		
难易程度	★★★	学习时间	11分39秒

① 打开After Effects软件,新建一个合成,命名为"发射子弹",选择"预置"为HDTV 1080 25,设置长度为6秒。

② 导入素材"发射.mov"到项目窗口中,拖动到时间线上。单击播放按钮▶,查看素材内容,如图18-3所示。

③ 选择该图层进行预合成,重命名为"发射-透明"。导入素材"发射蒙版.mov",放置于顶层。选择底层"发射.mov",设置蒙板模式为"亮度"。

单击播放按钮▶,查看合成预览效果,如图18-4所示。

图18-3　查看发射素材内容

图18-4 合成预览效果

④ 切换到合成"发射子弹"的时间线面板，新建一个黑色固态层，命名为"渐变背景"，放置于底层，添加"渐变"滤镜，如图18-5所示。

图18-5 设置渐变参数

⑤ 新建一个黑色固态层，放置于底层的上一层，添加"高斯模糊"滤镜，设置"模糊量"为200，选择图层的混合模式为"叠加"，查看合成预览效果，如图18-6所示。

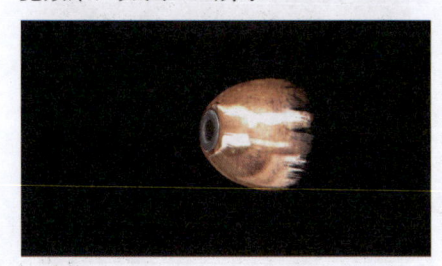

图18-6 合成预览效果

⑥ 导入素材"发射景深蒙版.mov"，放置于底层，关闭其可视性。

⑦ 选择图层"发射-透明"，添加"镜头模糊"滤镜，如图18-7所示。

图18-7 设置镜头模糊参数

⑧ 新建一个空白对象，激活3D属性，调整位置参数，如图18-8所示。

图18-8 调整位置参数

⑨ 新建一个摄像机，具体参数设置如图18-9所示。

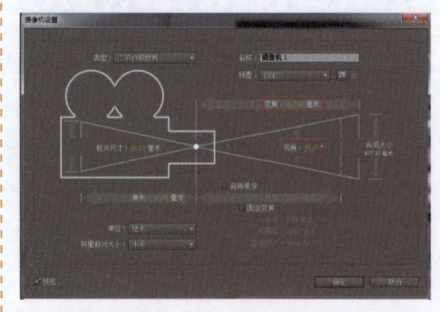

图18-9 新建摄像机

⑩ 参照手枪的动作，设置摄像机的关键帧。拖动当前指针到1秒08帧，调整摄像机的位置参数，如图18-10所示。

⑪ 分别在1秒22帧、2秒02帧、2秒10帧和3秒05帧调整摄像机位置关键帧，如图18-11所示。

图18-10 调整摄像机位置参数

图18-11 调整摄像机位置关键帧

⑫ 拖动当前指针，查看空白对象跟随发射素材的运动效果，如图18-12所示。

图18-12 空白对象跟随运动效果

实例267　子弹拖尾烟雾

设计思路

在本例中首先创建一个跟随子弹飞行的白色图层的运动路径，然后创建白色图层作为粒子的发射器，这样就形成了子弹射出枪膛后的烟雾效果。如图18-13所示为案例分解部分效果展示。

图18-13　效果展示

技术要点

- 手动关键帧：参照运动物体人工添加位置关键帧，创建运动路径。
- Particualr：创建拖尾烟雾效果。

案例文件	工程文件\第18章\267 子弹拖尾烟雾.aep		
视频文件	视频\第18章\实例267.mp4		
难易程度	★★★★	学习时间	16分14秒

实例268　枪火特效

设计思路

在本例中主要应用Particular滤镜在枪口的位置创建烟雾和火焰效果。如图18-14所示为案例分解部分效果展示。

图18-14　效果展示

技术要点

- Particular：创建粒子效果，通过设置生命期颜色来模拟烟雾和火焰效果。

案例文件	工程文件\第18章\268 枪火特效.aep		
视频文件	视频\第18章\实例268.mp4		
难易程度	★★★★	学习时间	13分52秒

实例269　碎片喷发

设计思路

在本例中主要调整复制的粒子图层的滤镜参数，包括发射器、粒子和生命期贴图，创建又一组烟雾和碎片喷射的效果。如图18-15所示为案例分解部分效果展示。

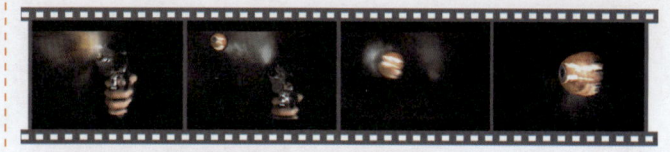

图18-15　效果展示

技术要点

- Particular：通过粒子创建烟雾和碎片效果。

案例文件	工程文件\第18章\269 碎片喷发.aep		
视频文件	视频\第18章\实例269.mp4		
难易程度	★★★★	学习时间	11分25秒

实例270　金属字破碎

设计思路

本例中包含两个部分，首先要创建具有很强立体感的金属字效果，然后再进行破碎，体现子弹的冲击力。如图18-16所示为案例分解部分效果展示。

图18-16　效果展示

技术要点

- Element：创建立体文字并赋予金属材质。
- 碎片：创建破碎效果。

案例文件	工程文件\第18章\270 金属字破碎.aep		
视频文件	视频\第18章\实例270.mp4		
难易程度	★★★	学习时间	10分26秒

实例271　子弹击碎金属字

设计思路

在本例中将飞行的子弹素材与金属字的破碎组接在一起，添加光斑效果强化视觉感受。如图18-17所示为案例分解部分效果展示。

图18-17　效果展示

技术要点

- 强制动态模糊：创建运动模糊效果，增强运动速度感。

案例文件	工程文件\第18章\271 子弹击碎金属字.aep		
视频文件	视频\第18章\实例271.mp4		
难易程度	★★★	学习时间	16分53秒

实例272　烟尘效果

设计思路

在本例中应用两种粒子来模拟金属字破碎时的烟尘和细小颗粒效果。如图18-18所示为案例分解部分效果展示。

图18-18　效果展示

技术要点

- Particular：通过不同的粒子参数创建烟尘和颗粒效果。

案例文件	工程文件\第18章\272 烟尘效果.aep		
视频文件	视频\第18章\实例272.mp4		
难易程度	★★★★	学习时间	11分49秒

实例273　玻璃板破碎

设计思路

本例中包含两个部分：首先要创建玻璃板，通过设置边缘厚度和反射图层混合来增强质感；另一部分就是应用碎片滤镜实现定向破碎的效果。如图18-19所示为案例分解部分效果展示。

图18-19　效果展示

技术要点

- 碎片：创建破碎效果。
- 斜面Alpha：增加碎片的厚度感。

案例文件	工程文件\第18章\273 玻璃板破碎.aep		
视频文件	视频\第18章\实例273.mp4		
难易程度	★★★	学习时间	8分04秒

实例274　子弹击穿玻璃板

设计思路

因为玻璃板和碎片都是透明的，本例通过选择合适的混合模式和蒙板再现子弹与玻璃的透明效果。如图18-20所示为案例分解部分效果展示。

图18-20　效果展示

技术要点

- 碎片：调整碎片参数，创建玻璃破碎的效果。
- 选择混合模式和蒙板模式：创建子弹穿过玻璃板前后的透明关系。

案例文件	工程文件\第18章\274 子弹击穿玻璃板.aep		
视频文件	视频\第18章\实例274.mp4		
难易程度	★★★	学习时间	7分24秒

实例275　立体字效

设计思路

在本例中主要应用图层样式来创建立体效果。如图18-21所示为案例分解部分效果展示。

图18-21　效果展示

技术要点

- 图层样式：应用图层样式创建金属质感的立体字。
- CC扫光：增强立体字表面的光感。

案例文件	工程文件\第18章\275 立体字效.aep		
视频文件	视频\第18章\实例275.mp4		
难易程度	★★★	学习时间	8分38秒

实例276　铬钢字幕

设计思路

在本例中通过设置碎片滤镜的力学和质感参数创建立体感的带有高亮金属感的铬钢字效果。如图18-22所示为案例分解部分效果展示。

图18-22　效果展示

技术要点

● 碎片：创建挤出立体并赋予质感的铬钢字效果。

案例文件	工程文件\第18章\276 铬钢字幕.aep		
视频文件	视频\第18章\实例276.mp4		
难易程度	★★★	学习时间	3分21秒

实例277　击穿铬钢字幕

设计思路

本例中主要通过调整碎片滤镜的参数创建铬钢字幕定向爆破的效果。如图18-23所示为案例分解部分效果展示。

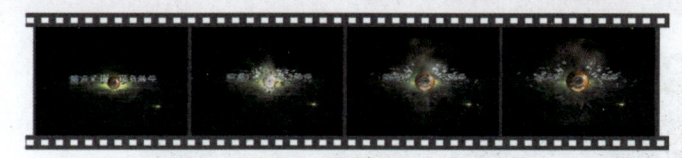

图18-23　效果展示

技术要点

● 碎片：创建破碎效果。

案例文件	工程文件\第18章\277 击穿铬钢字幕.aep		
视频文件	视频\第18章\实例277.mp4		
难易程度	★★	学习时间	6分47秒

实例278　最终校色合成

设计思路

本例中包含两个部分，一部分是将前面完成的片段组接在一起，另一部分主要针对破碎效果的镜头进行校色。如图18-24所示为案例分解部分效果展示。

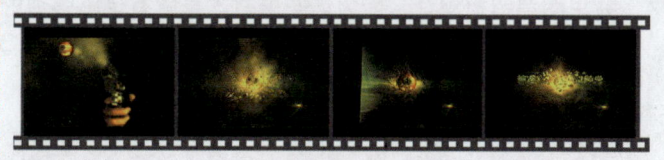

图18-24　效果展示

技术要点

● 色阶：针对个别通道进行颜色的调整。
● SA Color Finesse 3：这是一款很高级的校色工具，选择合适的预设能快速获得理想的效果。

案例文件	工程文件\第18章\278 最后校色合成.aep		
视频文件	视频\第18章\实例278.mp4		
难易程度	★★★	学习时间	9分50秒

第 19 章　赛事聚焦

体育栏目是众多电视频道中最常见的栏目，它有着强烈的节奏和速度，不仅会大量使用经典赛场的镜头，也会用明星招揽观众。因为这些素材本身就有足够强烈的吸引力和冲击力，所以在包装的设计方面更应注重考虑如何排列和装饰这些素材。下面的片子主要使用光斑作为装饰元素，配以粒子效果和倒影来丰富场景和增强空间感。如图19-1所示为案例分解部分效果展示。

图19-1　效果展示

实例279　粒子光点背景

设计思路

在本例中主要应用Particular滤镜创建粒子发射的动画，设置粒子生命期的颜色值为粒子赋予色彩，通过设置摄像机的景深效果来增强整个场景的纵深感。如图19-2所示为案例分解部分效果展示。

图19-2　效果展示

技术要点

- Particular：创建彩色粒子动画效果。
- 摄像机景深：创建场景的虚实效果来强化深度感。

案例文件	工程文件\第19章\279 粒子光点背景.aep		
视频文件	视频\第19章\实例279.mp4		
难易程度	★★★	学习时间	6分11秒

实例280　立体字变形

设计思路

本例中包含两个部分：一部分是应用渐变和斜面Alpha滤镜创建立体文字的效果；另一部分就是应用紊乱置换滤镜创建文字的变形效果。如图19-3所示为案例分解部分效果展示。

图19-3　效果展示

技术要点

- 斜面Alpha：创建文字的立体效果。
- 紊乱置换：创建文字变形的效果。

案例文件	工程文件\第19章\280 立体字变形.aep		
视频文件	视频\第19章\实例280.mp4		
难易程度	★★★	学习时间	18分03秒

实例281　文字破碎

设计思路

本例中主要应用碎片滤镜到立体文字，产生文字破碎的效果。如图19-4所示为案例分解部分效果展示。

图19-4　效果展示

技术要点

- 碎片：创建破碎效果。

案例文件	工程文件\第19章\281 文字破碎.aep		
视频文件	视频\第19章\实例281.mp4		
难易程度	★★★	学习时间	24分02秒

实例282　光斑动效

设计思路

在本例中应用Optical Flares滤镜创建多种强光斑效果，并创建位移动画，作为文字的装饰。如图19-5所示为案例分解部分效果展示。

图19-5　效果展示

技术要点

- Optical Flares：选择光斑预设Tac Light创建光斑效果。

案例文件	工程文件\第19章\282 光斑动效.aep		
视频文件	视频\第19章\实例282.mp4		
难易程度	★★★	学习时间	14分57秒

实例283　光斑装饰

设计思路

在本例中应用Optical Flares滤镜创建多种光斑效果，并创建位移动画，作为文字的装饰。如图19-6所示为案例分解部分效果展示。

图19-6　效果展示

技术要点

- Optical Flares：应用光斑预设Polar Sun快速创建光斑效果。

案例文件	工程文件\第19章\283 光斑装饰.aep		
视频文件	视频\第19章\实例283.mp4		
难易程度	★★★	学习时间	9分35秒

实例284　动态地面效果

设计思路

在本例中主要通过设置摄像机动画，创建地面晃动的冲击效果。如图19-7所示为案例分解部分效果展示。

图19-7　效果展示

技术要点

- 摄像机旋转动画：创建三维地面图层的晃动效果。

案例文件	工程文件\第19章\284 动态地面效果.aep		
视频文件	视频\第19章\实例284.mp4		
难易程度	★★	学习时间	15分39秒

实例285　闪烁星光

设计思路

在本例中应用Particular滤镜创建粒子效果，再应用StarGlow增添发光效果。如图19-8所示为案例分解部分效果展示。

图19-8　效果展示

技术要点

- Particular：创建飞散的星光效果。
- StarGlow：创建彩色发光效果。

案例文件	工程文件\第19章\285 闪烁星光.aep		
视频文件	视频\第19章\实例285.mp4		
难易程度	★★★★	学习时间	8分29秒

实例286　粒子光点

设计思路

在本例中应用Particular滤镜创建粒子效果，再应用StarGlow增添发光效果。如图19-9所示为案例分解部分效果展示。

图19-9　效果展示

技术要点

- Particular：创建飞散的星光效果。
- StarGlow：创建彩色发光效果。

案例文件	工程文件\第19章\286 粒子光点.aep		
视频文件	视频\第19章\实例286.mp4		
难易程度	★★★	学习时间	9分07秒

实例287　赛事（一）转场动画

设计思路

在本例中主要包含两个部分：一部分是通过绘制遮罩将体育素材切割成多个长条形状，再设置每一部分的动画来创建素材的分裂动画；另一部分就是应用碎片滤镜到每一块素材，制作碎块飞奔离场的效果。如图19-10所示为案例分解部分效果展示。

图19-10　效果展示

技术要点

- 绘制遮罩：将素材划分成多个条块。
- 碎片：创建破碎效果。

案例文件	工程文件\第19章\287 赛事（一）转场动画.aep		
视频文件	视频\第19章\实例287.mp4		
难易程度	★★★★	学习时间	33分37秒

实例288　赛事（二）转场动画

设计思路

在本例中主要包含两个部分：一部分是通过绘制遮罩将体育素材切割成多个长条形状，再设置每一部分的动画来创建素材的分裂动画；另一部分就是应用碎片滤镜到每一块素材，制作碎块飞奔离场的效果。如图19-11所示为案例分解部分效果展示。

图19-11　效果展示

技术要点

- 绘制遮罩：将素材划分成多个条块。
- 碎片：创建破碎效果。

案例文件	工程文件\第19章\288 赛事（二）转场动画.aep		
视频文件	视频\第19章\实例288.mp4		
难易程度	★★★	学习时间	13分25秒

实例289　赛事转场组接

设计思路

在本例中将前面完成的赛事场景导入并组接在一起，重点在于激活变换塌陷属性之后保持原合成的三维属性，这样就便于在新的场景中创建立体转换的效果。如图19-12所示为案例分解部分效果展示。

图19-12　效果展示

技术要点

- 变换塌陷：激活该属性保留嵌套合成的三维特性。
- 线性擦除：创建倒影效果。

案例文件	工程文件\第19章\289 赛事转场组接.aep		
视频文件	视频\第19章\实例289.mp4		
难易程度	★★★★	学习时间	21分11秒

实例290　片头总合成

设计思路

在本例中将前面制作完成的所有片段组接在一起，在片段相连的位置上添加调节层，通过模糊和曝光度的动画实现片段之间的过渡效果。如图19-13所示为案例分解部分效果展示。

图19-13　效果展示

技术要点

- 曝光：通过亮度变换完成片段之间的转场。

案例文件	工程文件\第19章\290 片头总合成.aep		
视频文件	视频\第19章\实例290.mp4		
难易程度	★★	学习时间	11分03秒

第 20 章　AE特效大讲堂

本章主要针对AE特效大讲堂的LOGO做了多种光线效果，不仅应用现有的动态素材，也制作了不同样式的粒子和光线效果，希望能起到抛砖引玉的作用，让读者打开思路，扩展创意空间。其实很多看似酷炫的效果，都是由一些简单的元素创作出来的，关键在于敢想和不断尝试。如图20-1所示为案例分解部分效果展示。

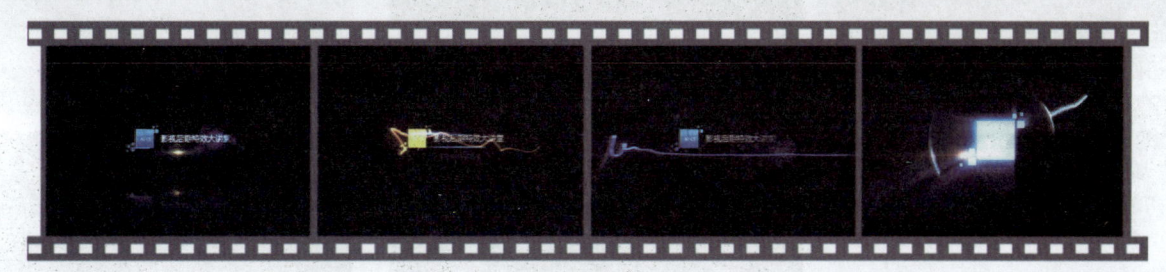

图20-1　效果展示

实例291　LOGO动画

设计思路

在本例中是通过图层混合模拟LOGO表面的反射效果，再应用卡片擦除滤镜完成LOGO的入场动画效果。如图20-2所示为案例分解部分效果展示。

图20-2　效果展示

技术要点

- 图层混合：模拟表面发射效果。
- 卡片擦除：创建LOGO的碎块动画。

制作过程

案例文件	工程文件\第20章\291 LOGO动画.aep		
视频文件	视频\第20章\实例291.mp4		
难易程度	★★★	学习时间	13分08秒

① 新建一个合成，选择"预置"为HDTV 1080 25，设置长度为4秒，命名为"LOGO反射"。单击项目窗口图标，设定32bpc。

② 导入图片LOGO，调整大小和位置，如图20-3所示。

③ 新建一个白色固态层，命名为"发射"，添加"网格"滤镜，具体参数设置和效果如图20-4所示。

图20-3　调整图片大小和位置

图20-4　设置网格参数

④ 添加"快速模糊"滤镜，设置"模糊量"为17。

⑤ 选择图层的混合模式为"添加"，勾选"保持相关透明"项，设置透明度为50%，查看合成预览效果，如图20-5所示。

图20-5　设置图层混合模式

❻ 新建一个固态层，添加"渐变"滤镜，具体参数设置和效果如图20-6所示。

图20-6　设置渐变参数

❼ 选择图层"反射"，选择蒙板模式为"亮度反转"，效果如图20-7所示。

图20-7　设置图层蒙板

❽ 展开图层"发射"的变换属性，调整缩放比例为120%。设置位置关键帧，在合成的起点时数值为（960,560），合成的终点时数值为（960,520）。单击播放按钮▶，查看LOGO表面反射的动画效果，如图20-8所示。

❾ 从项目窗口中拖曳合成"LOGO发射"到合成图标■上，创建一个新的合成，重命名为"LOGO动画"。

❿ 激活该图层的3D属性■，创建一个50mm的摄像机，如图20-9所示。

⓫ 调整图层的位置和大小，并调整摄像机，获得比较理想的构图，如图20-10所示。

图20-8　LOGO表面反射效果

图20-9　新建摄像机

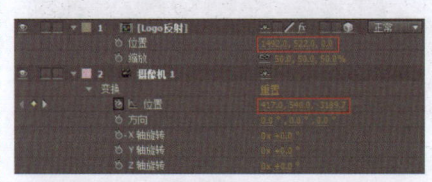

图20-10　调整摄像机构图

⓬ 确定当前指针在合成的起点，激活摄像机位置关键帧，拖动当前指针到18帧，调整摄像机，如图20-11所示。

⓭ 拖动当前指针到1秒04帧，调整摄像机视图，如图20-12所示。

⓮ 选择图层"LOGO反射"，添加"卡片擦除"滤镜，具体参数设置如图20-13所示。

图20-11　调整摄像机构图

图20-12　调整摄像机视图

图20-13　设置卡片擦除参数

⓯ 拖动当前指针到18帧，展开"位置振动"选项组，设置"X振动量""Y振动量""Z振动量"的关键帧为均为1，1秒02帧时调整"X振动量"和"Z振动量"的数值为0。

⓰ 拖动当前指针到18帧，激活"变换完成度"和"卡片比例"的关键帧。拖动当前指针到24帧，调整"卡片比例"的数值为1。拖动当前指针到1秒12帧，调整"变换完成度"的数值为0。拖动当前指针，查看卡片擦除的动画效果，如图20-14所示。

⓱ 选择文本工具■，输入字符"云裳幻像特效工作室"，选择合适的字体、字号并调整位置，如图20-15所示。

图20-14　卡片擦除动画效果

图20-15　创建文本层

⑱ 设置文本层的透明度关键帧，1秒20帧时数值为0%，2秒14帧时数值为100%。单击播放按钮，查看LOGO动画效果，如图20-16所示。

图20-16　LOGO动画效果

实例292　LOGO粒子动效

设计思路

在本例中导入动态的粒子素材并设置LOGO蒙板模式，添加辉光滤镜，创建在LOGO表面与粒子的合成效果。如图20-17所示为案例分解部分效果展示。

图20-17　效果展示

技术要点

- 辉光：创建粒子的发光效果。
- 勾画：创建沿LOGO轮廓的描边效果。

案例文件	工程文件\第20章\292 LOGO粒子动效.aep		
视频文件	视频\第20章\实例292.mp4		
难易程度	★★	学习时间	10分53秒

实例293　光效倒影

设计思路

本例中首先创建一道绚丽的光斑作为LOGO的装饰，然后复制图层并调整图层的变换参数，添加模糊滤镜等创建倒影效果。如图20-18所示为案例分解部分效果展示。

图20-18　效果展示

技术要点

- Optical Flares：选择光斑预设Outpost创建光斑效果。

案例文件	工程文件\第20章\293 光效倒影.aep		
视频文件	视频\第20章\实例293.mp4		
难易程度	★★★	学习时间	9分36秒

实例294　光纤LOGO动画

设计思路

本例中将导入动态素材并与LOGO合成，再通过光斑效果进行装饰，如图20-19所示为案例分解部分效果展示。

349

图20-19　效果展示

> **技术要点**

- Optical Flares：选择光斑预设dune-auto-light创建光斑效果。

案例文件	工程文件\第20章\294 光纤LOGO动画.aep		
视频文件	视频\第20章\实例294.mp4		
难易程度	★★	学习时间	7分53秒

实例295　光纤特效LOGO

> **设计思路**

在本例中调整多个动态素材的起点，形成光纤特效的层次感，通过调整色相位和饱和度来创建多彩的效果。如图20-20所示为案例分解部分效果展示。

图20-20　效果展示

> **技术要点**

- 调整图层的时间点：创建光线效果的层次感。
- 色相位/饱和度：调整图层的色调。

案例文件	工程文件\第20章\295 光纤特效LOGO.aep		
视频文件	视频\第20章\实例295.mp4		
难易程度	★★	学习时间	5分45秒

实例296　创建立体LOGO

> **设计思路**

在本例中首先由LOGO图形生成沿边缘的路径，然后应用Element滤镜创建立体LOGO并赋予材质。如图20-21所示为案例分解部分效果展示。

图20-21　效果展示

技术要点

- 自动跟踪：创建沿图形轮廓的路径。
- Element：基于路径创建立体LOGO效果。

案例文件	工程文件\第20章\296 创建立体LOGO.aep		
视频文件	视频\第20章\实例296.mp4		
难易程度	★★★	学习时间	5分30秒

实例297　3D光线LOGO

设计思路

在本例中导入动态的光线素材与立体LOGO进行合成，再创建光斑进行装饰。如图20-22所示为案例分解部分效果展示。

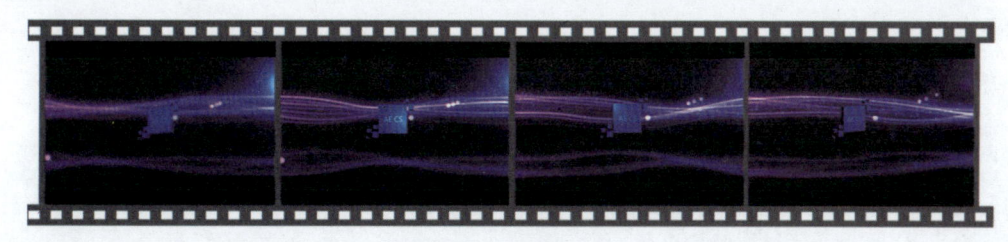

图20-22　效果展示

技术要点

- 时间重置：调整动态素材的速度。
- Optical Flares：创建光斑效果。

案例文件	工程文件\第20章\297 3D光线LOGO.aep		
视频文件	视频\第20章\实例297.mp4		
难易程度	★★★	学习时间	12分42秒

实例298　扫光LOGO

设计思路

本例中首先导入动态光线素材与LOGO进行合成，再创建光斑作为装饰元素进而完善场景的效果。如图20-23所示为案例分解部分效果展示。

图20-23　效果展示

技术要点

- Light Factory：光工厂插件，创建光斑效果。

案例文件	工程文件\第20章\298 扫光LOGO.aep		
视频文件	视频\第20章\实例298.mp4		
难易程度	★★★	学习时间	8分13秒

实例299　闪光LOGO过渡

设计思路

在本例中通过卡片擦除实现LOGO图层与发光LOGO图层的过渡，从而获得了LOGO闪光的动画效果。如图20-24所示为案例分解部分效果展示。

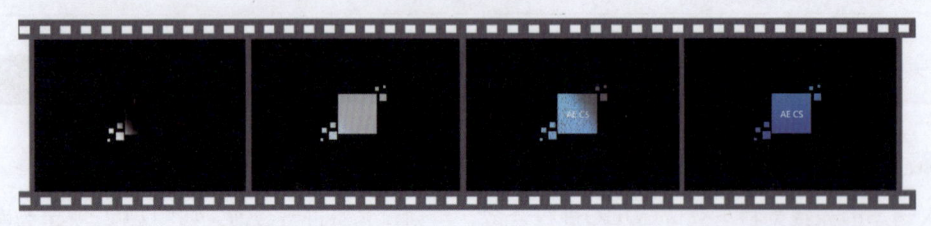

图20-24　效果展示

技术要点

- 卡片擦除：创建LOGO碎块转场的动画效果。
- 辉光：创建LOGO的发光效果。

案例文件	工程文件\第20章\299 闪光LOGO过渡.aep		
视频文件	视频\第20章\实例299.mp4		
难易程度	★★★	学习时间	13分53秒

实例300　粒子球LOGO

设计思路

在本例中导入动态的粒子球素材与前面的闪光LOGO进行合成，再创建一个移动的光斑作为装饰效果。如图20-25所示为案例分解部分效果展示。

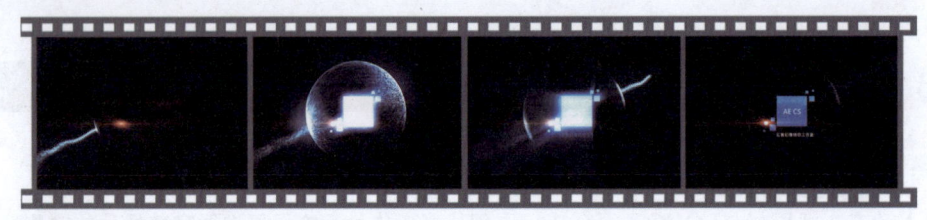

图20-25　效果展示

技术要点

- Light Factory：光工厂插件，创建光斑效果。

案例文件	工程文件\第20章\300 粒子球LOGO.aep		
视频文件	视频\第20章\实例300.mp4		
难易程度	★★	学习时间	8分16秒